No.140

ブラシ付き/ブラシレスからベクトル制御まで！静かに力強く回す

# トコトン実験！モータのメカニズムと高効率駆動

CQ出版社

# トランジスタ技術SPECIAL No.140

## CONTENTS

表紙／扉デザイン：ナカヤ デザインスタジオ（柴田 幸男）
本文イラスト：神崎 真理子



▶ 本書の各記事は，「トランジスタ技術」に掲載された記事を再編集したものです．初出誌は各記事の稿末に掲載してあります．

Introduction
今どきのモータ制御がお手軽に
モータの入手が困難
モータ1個
用意しろ！
うお！
2万個から
かっ!!!
2万個
から
学習環境を整えるのに
お金と時間がかかる
FET
マイコン
モータ
Master
ツール
基板
おこし
昔
半導体の
性能が悪い
信号速度が
遅い
大きい
壊れ
やすい
発熱
ツールがなく
開発は手探り
慎重に
はんだ付け
ウィイ～ン
やり直し！
60回目だぁ!!!
やり直し

# 始められる時代がきた! Let'sモータ制御

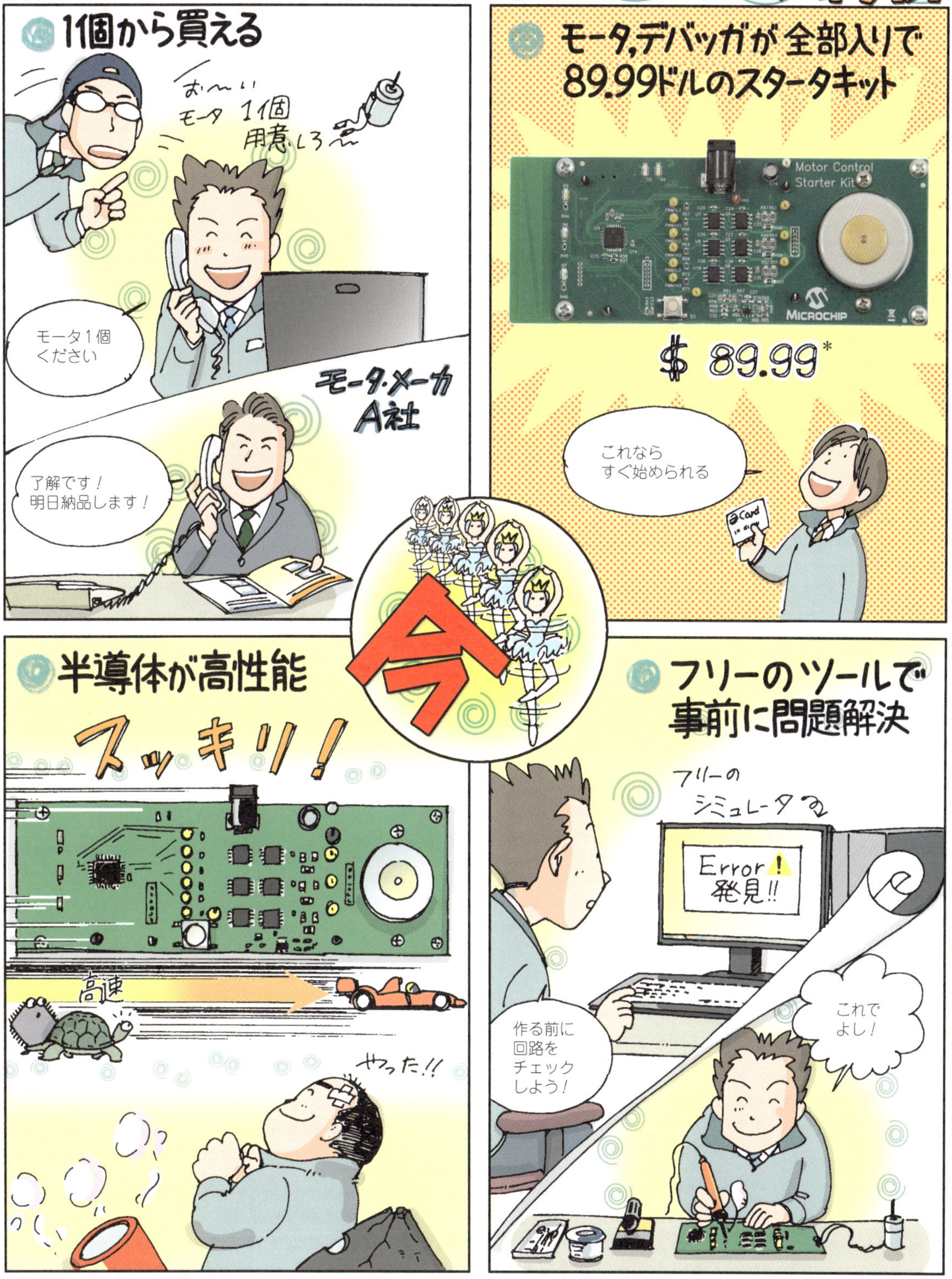

## 1個から買える

おーい
モータ 1個
用意しろ

モータ1個
ください

モータ・メーカ
A社

了解です!
明日納品します!

## モータ，デバッガが全部入りで89.99ドルのスタータキット

Motor Control
Starter Kit

MICROCHIP

$ 89.99*

これなら
すぐ始められる

今

## 半導体が高性能

スッキリ!

高速

やった!!

## フリーのツールで事前に問題解決

フリーの
シミュレータ

Error
発見!!

作る前に
回路を
チェック
しよう!

これで
よし!

＊2017年9月時点での価格

（初出：「トランジスタ技術」2013年1月号）

モータ写真館 A

# ブラシ付きモータ大解剖

## 超定番モータその①

モータは，電気を加えるとグルグルと勢いよく回り出します．本稿では，モータをばらばらに分解して中がどんなしくみになっているのか見てみましょう．〈編集部〉

森本 雅之 Masayuki Morimoto

### ● こんなモータ

ブラシ付き直流モータ(以下，ブラシ付きモータ)は，DVDのトレイの開閉や電気カミソリなど，身近な家電をはじめ自動車にもたくさん搭載されている，世界でもっとも生産台数の多いモータです．

分解するのは，12 Vのブラシ付きモータです．**写真1**に示します．70 W，2500 rpmのモータです．トルクを計算で求めてみましょう．

出力［W］＝0.1047×トルク［Nm］×回転数［rpm］…………………………………………(1)

ですから，トルクは0.28 Nmです．サイズは外径77 mm，長さ100 mmです．

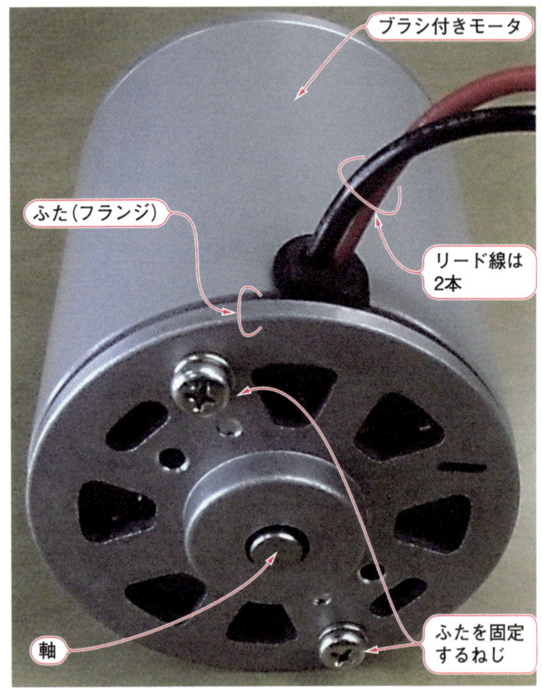


**写真1　分解したブラシ付きモータ KM77-KIT**（津川製作所）
軸は反対側に突き抜けている．手前の2本のねじから外す

### ● 回転子はブラシ・ユニットに挟まれている

**写真1**の手前に見える2本のねじを外します．ふた(フランジ)が外れてふたにくっついて内部の回転子が抜けて出てきます．

ふた(フランジ)に付いた，回転子を**写真2**に示します．回転子は，ふたに取り付けられているブラシで両側から挟まれているので，フランジにくっついて出てきました．

挟んでいるブラシを外してフランジから外し，回転子だけにしたのが**写真3**です．

### ● 整流子に二つのコイルが接続されると電流が流れる

回転子のコイルが入っている溝をスロットと呼びます．各スロットにはコイルにふたをするように絶縁紙が挿入されています．ここに入れる絶縁紙をくさびと呼びます．

くさびを1枚抜いたようすを**写真4**に示します．さらにコイルを一つずつ外していきます．いくつかのコイルを外すと**写真5**のようになります．

**写真6**は2組のコイルが残ったようすです．コイルを1組だけ残すと**写真7**のようになります．これを見てわかるのが，コイルは180°離れたところと直径状に巻いているのではなく，1スロットずれた，150°離れたスロット間に巻いてあります．コイルは12組巻いてありました．

コイルの巻き始めは整流子の一片に接続していますが，巻き終わった反対側は**図1**のように隣の整流子の一片と接続されています．一片の整流子には，二つのコイルが接続されています．このように接続されているので，すべてのコイルにはプラス側のブラシからマイナス側のブラシに向けて電流が流れます．

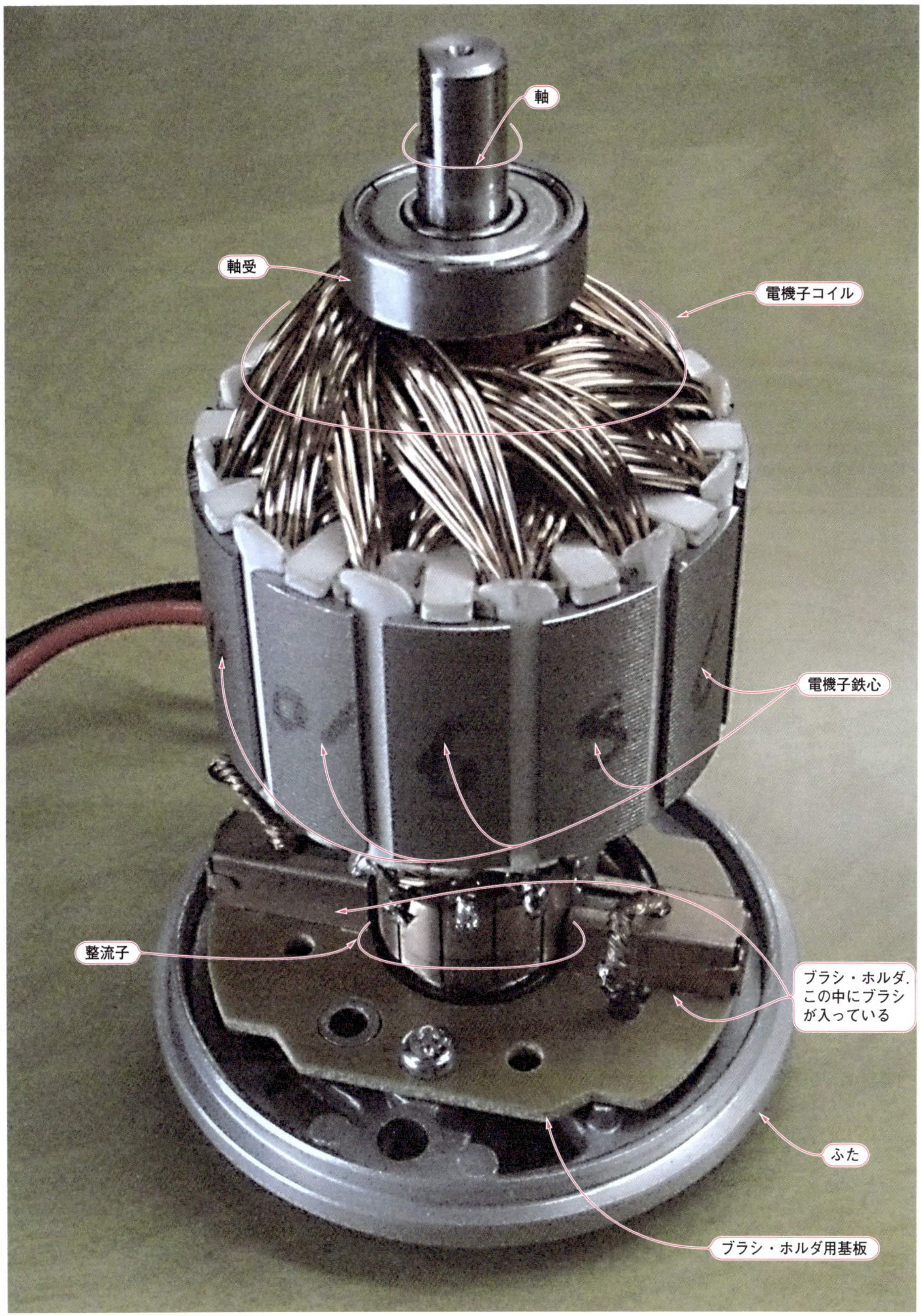


**写真2　ふた(フランジ)と一緒に取り出した回転子ユニット**

ふた(フランジ)に付けられたブラシが両側から整流子を押し付けているので，ふたと一体になっている

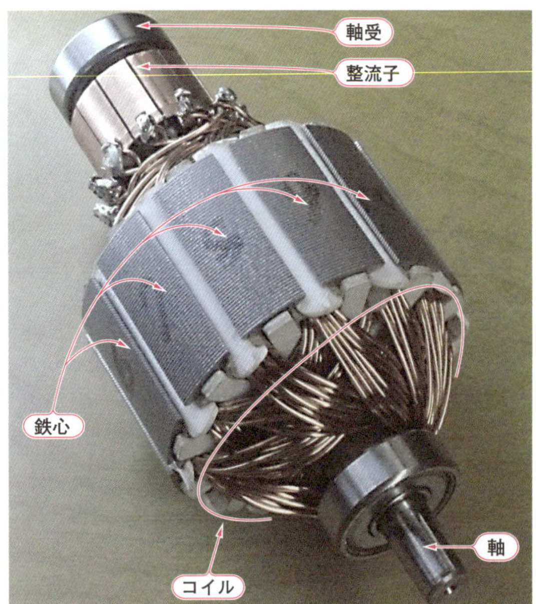


**写真3　取り出した回転子**
上下に軸受がついている左上部にあるのが整流子

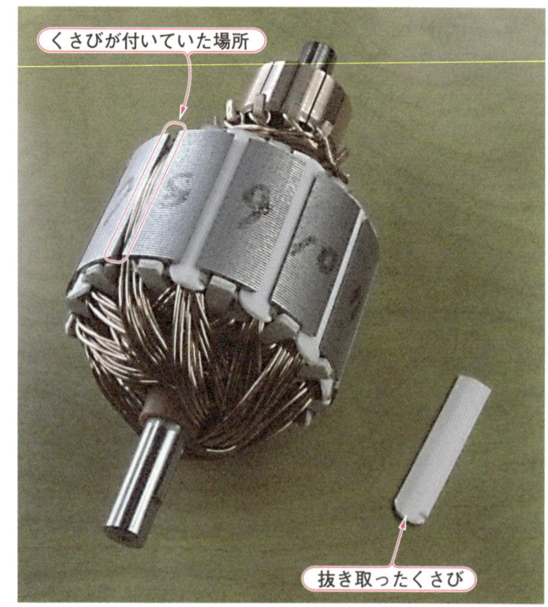


**写真4　くさびを抜き取ってみる**
コイルの上にふたのように取り付けられている

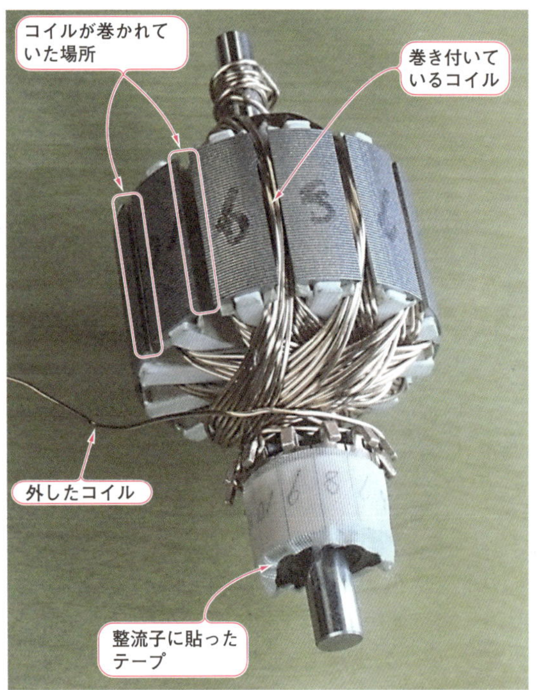


**写真5　コイルをいくつか外したようす**
整流子は，保護のためにテープを貼った

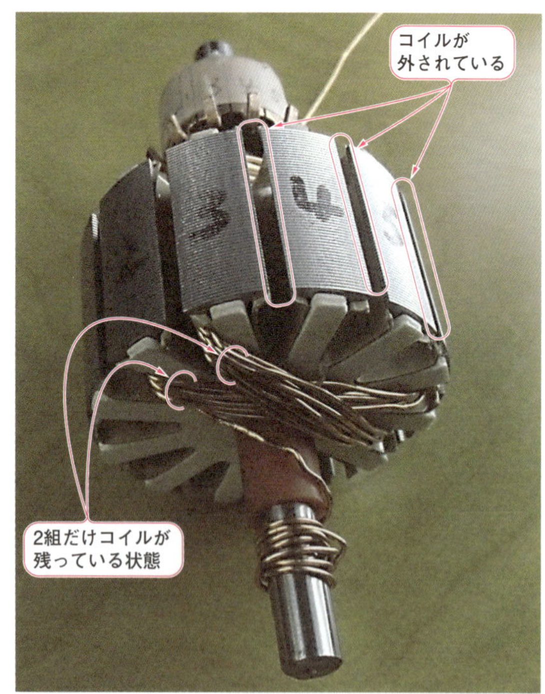


**写真6　コイルが2組残ったようす**

### ● スロットの内壁は絶縁紙におおわれている

コイルを外すと，スロットの内側に**写真8**に示すような絶縁紙が入っています．これはスロット絶縁用です．使っている絶縁紙は，ノーメックス紙といって，ナイロンの一種です．

スロット内面を絶縁することで，コイルは，鉄心と直接，接触しない構造になっています．**図2**にスロット内部の構造を示します．スロット内部のコイルは絶縁紙におおわれています．

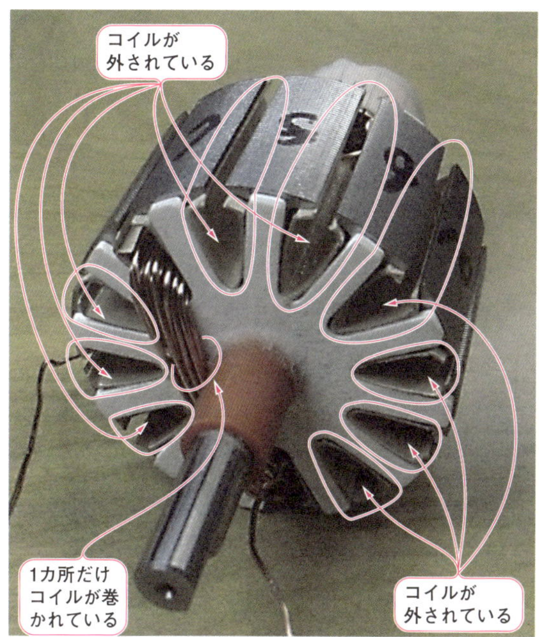

写真7　コイルが1組残ったところ

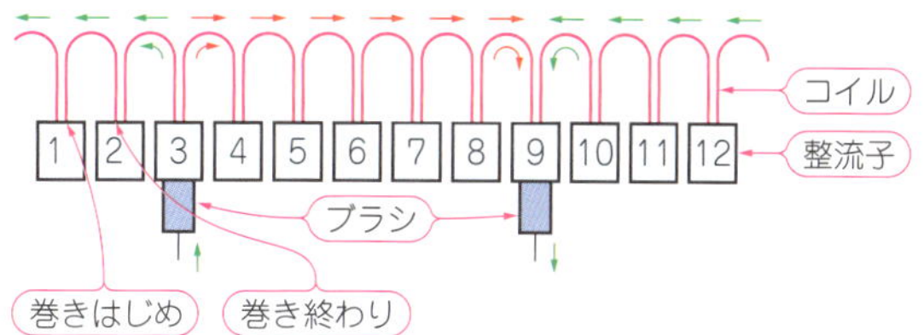

図1　コイルは隣の整流子と結線されている
整流子とブラシとコイルの関係でコイルの電流の向きが変わる

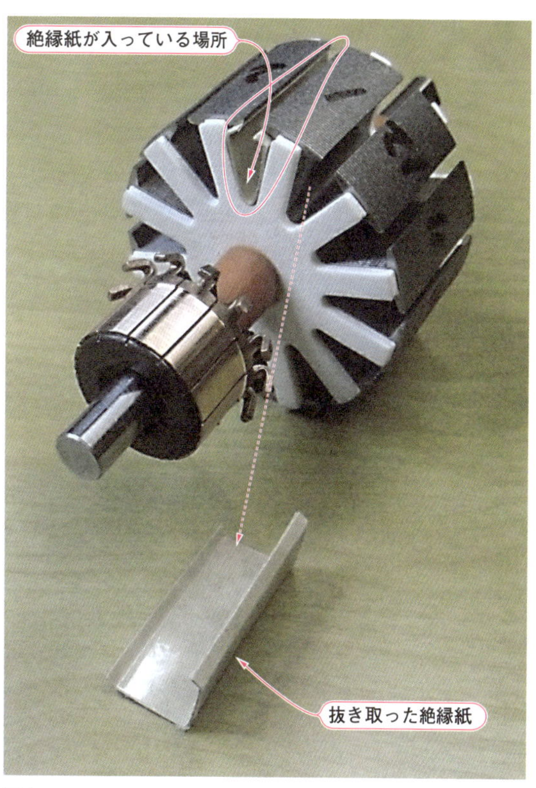

写真8　スロットの内面には絶縁紙が入っている
絶縁紙を抜き取るとスロットの形になるように折り曲げられている

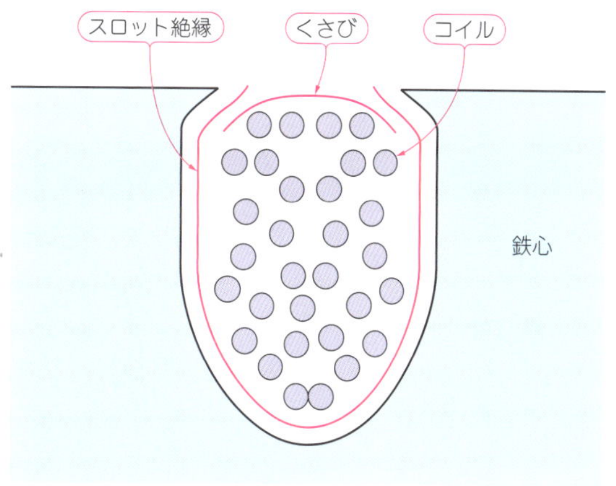

図2　スロット内部のようす
絶縁紙で内壁が覆われ，コイルはくさびでふたをされている

● ブラシ・ユニットは複雑な形

**写真9**に示すのは取り出したブラシ・ユニットです．ブラシは角柱状で，鉛筆の芯のような色をした黒鉛製です．

ブラシ・ホルダからブラシを取り出すと，**写真10**に示すようにブラシの後にばねが入っています．ブラシは，ばねで整流子に押し付けられています．ブラシは回転しませんが，回転する整流子に押し付けられています．

**写真11**は，回転子を取り去った後の固定子です．内部に120°に広がった二つの磁石が見えます．N極とS極の磁石です．

● 分解してわかった内部構造

分解の結果，ブラシ付きモータは，**図3**に示すような構造でした．

磁石，コイルのほかに整流子とブラシがあります．ブラシによって外部の電源からコイルに電流が供給されます．整流子によってコイルに流れる電流の方向が切り換えられ，結果として同じ位置では同じ向きの電流が流れます．また，回転するコイルは絶縁紙でおおわれて保護されています．

● ブラシ付きモータの二つの欠点

ブラシ付きモータにはブラシがあります．ブラシは，常時整流子とこすられて接触しています(これを摺動(しゅうどう)という)．ブラシは摩耗して長さが短くなっていきます．

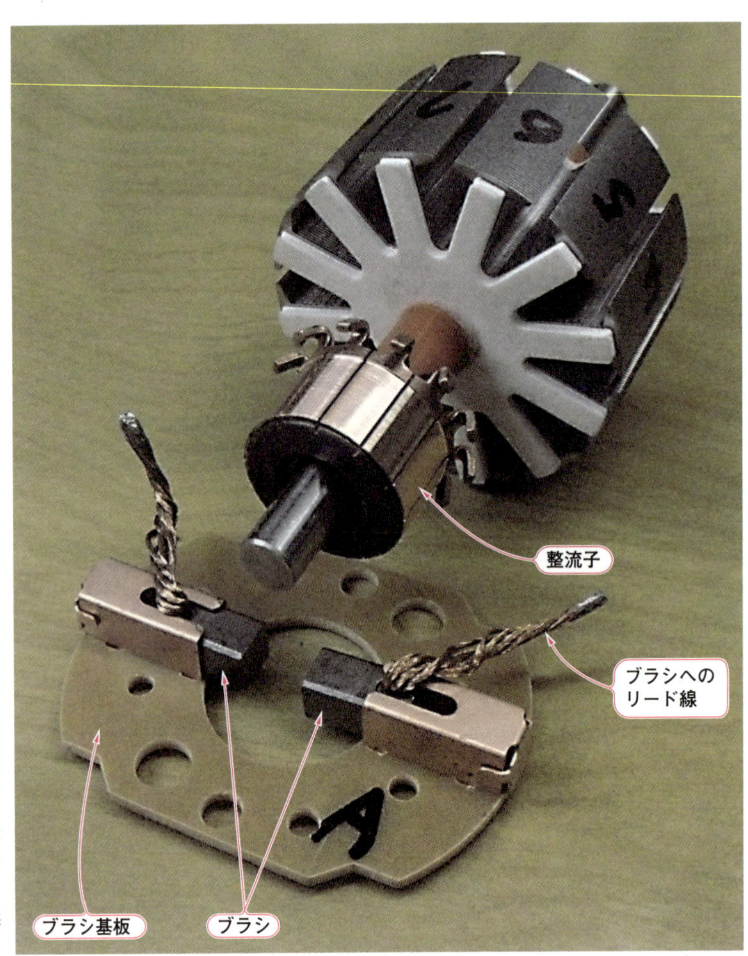


**写真9　ブラシ基板の上にブラシ・ホルダ内に，ブラシが入っている**
ブラシに接続されたリード線が出ている

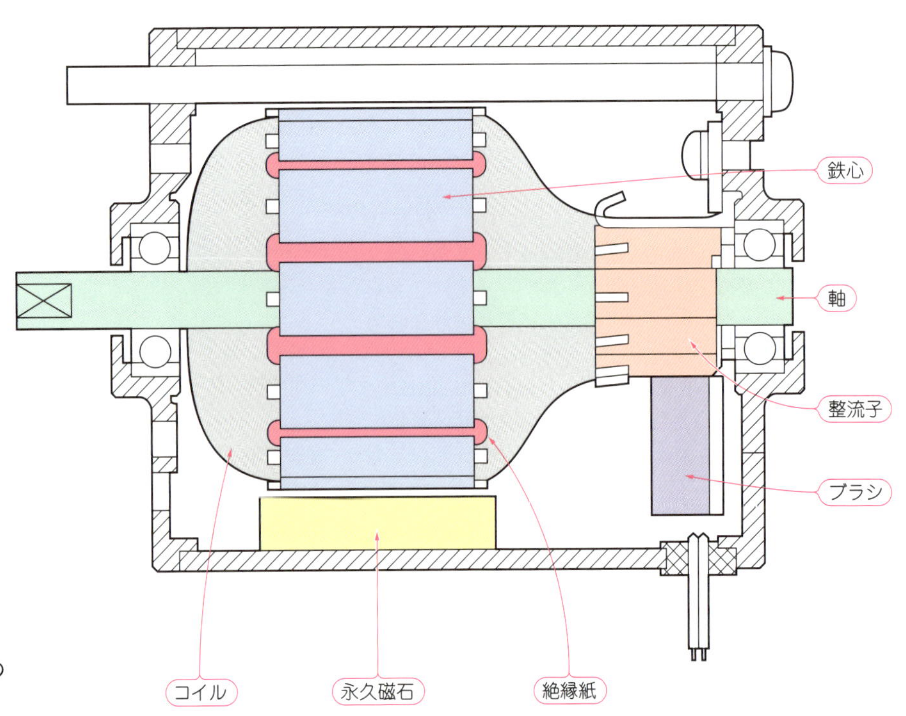


**図3　ブラシ付きモータの構造**

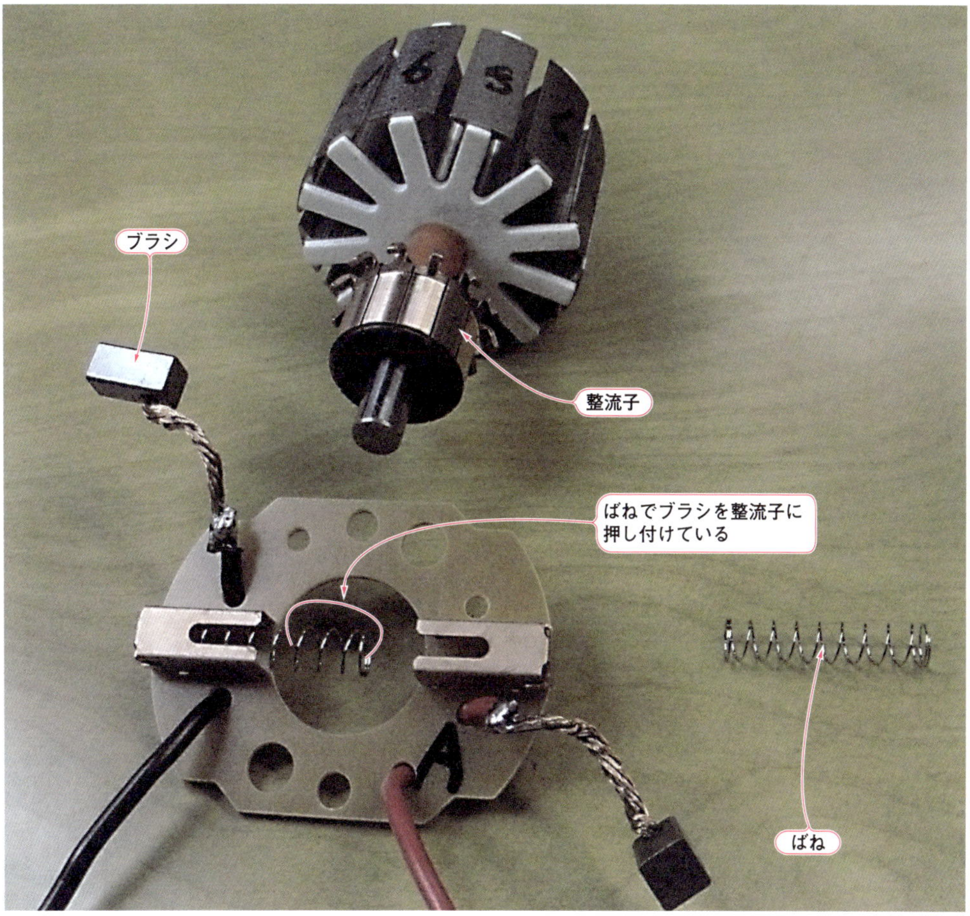

写真10　ブラシはブラシ・ホルダ内部のばねで整流子に押しつけられている
電流はブラシを通して整流子に伝わりコイルに流れる

一般には1000時間とか2000時間でブラシの摩耗が進み，交換しなくてはなりません．ブラシの寿命が欠点なのです．

ブラシと整流子は，電流を流しながら摺動しています．整流子を流れる電流は，プラスからマイナスに切り替わります．

この電流の変化が大きいので，時には火花が出ます．火花が大きければモータの外部で引火したり，整流子の表面を溶かしたりします．火花がでるのはブラシ付きモータの欠点の一つです．

（初出：「トランジスタ技術」2013年1月号）

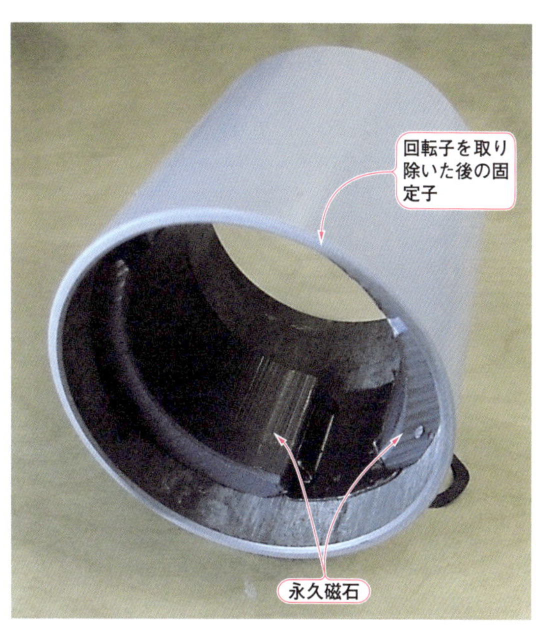


写真11　両側のふたを外した固定子
内部に円弧状の永久磁石が取り付けられている

# モータ写真館 B

# ブラシレス・モータ大解剖

## 超定番モータその②

イントロダクションAに続いて，ブラシレス・モータを分解して内部構造と動作原理を研究してみます．〈**編集部**〉

森本 雅之 Masayuki Morimoto

### ● こんなモータ

私たちが日常使っているパソコンなどに組み込まれている，モータの代表的なものにブラシレス・モータがあります．DVDドライブやハード・ディスクなど，精密な回転制御が必要な用途に使われています．

分解するのは定格12 Vのブラシレス・モータです(**写真1**)．出力は100 W，回転数は2500 rpmです．

出力［W］＝0.1047×トルク［Nm］×回転数［rpm］………………………………………(1)

という関係があるので，トルクは0.38 Nmです．大きさは直径65 mm，軸方向の長さ60 mmです．このモータを分解していきます．

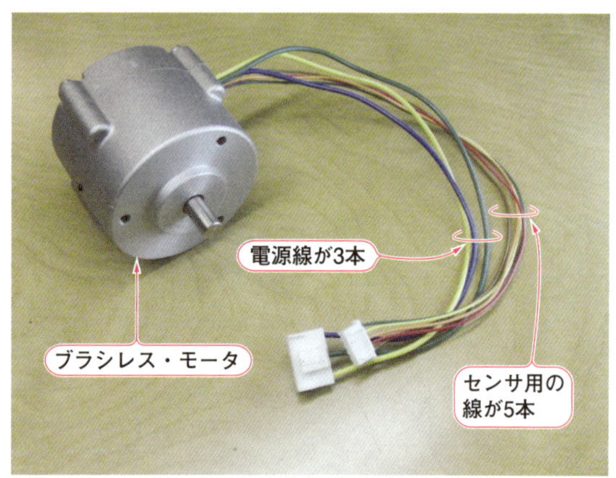


**写真1　分解したブラシレス・モータ BML-KIT**（津川製作所）
2組のケーブルが出ている．太い線3本は電源線で，三相コイルに電流を流す．細い線5本は位置検出基板の信号線で，3個のセンサからの信号が出力される

### ● ふたの裏側に位置検出用のセンサ基板がある

端面の4か所のビスをゆるめてケースのふたを外してみます．ふたを軸から抜くように外します．回転する部分が見えます．このような回転部分を回転子と呼びます．回転子は磁石なので他の部品にくっついているのです．回転子をエイッと引っ張り出すと軸の付いた回転子が出てきます(**写真2**)．

ふた(フランジ)の裏側にセンサ基板(**写真3**)が付いています．この基板は，回転子の磁石のN極またはS極を検出するための基板です．このような機能を位置検出といいます．この基板では，センサにホール素子を使って回転子の磁石のN極とS極を検出しています．ホール素子の出力信号は，N極，S極の接近により信号のプラスとマイナスが反転します．

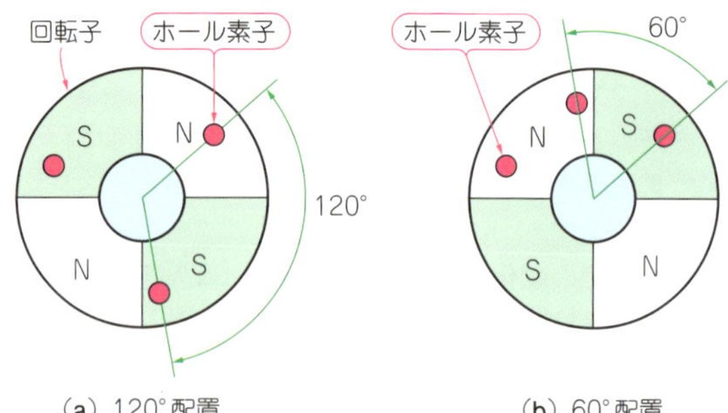


**図1　回転子のN極とS極を検出するセンサの配置**
三相コイルは120°間隔で離れているので，コイルと対応するとセンサは120°離す必要がある．一つのセンサが逆極性を検出するようにすればセンサは60°間隔で配置できるので，センサ基板は半円より小さくなる

### ● センサで磁極を検出している

コイルなどの回転しない部分を固定子と呼びます．固定子のコイルには電流を流します．電流の流れる方向と回転子の磁石のN極とS極との関係で，発生する力の方向が変わります．そのため，それぞれのコイルに流れる電流の向きを制御しなくてはなりません．コイルの近くにある回転子の磁極がN極なのかS極なのかを検出をして，電流の向きを決めます．

磁極の検出は，それぞれのコイルごとに3カ所で行います．つまり，**図1(a)**に示すように120°おきに配置します．しかし，分解したものは60°おきに配置し

**写真2　ブラシレス・モータを分解すると回転子と固定子に分かれる**
回転子は磁石なので，引っ張り出さないと出てこない

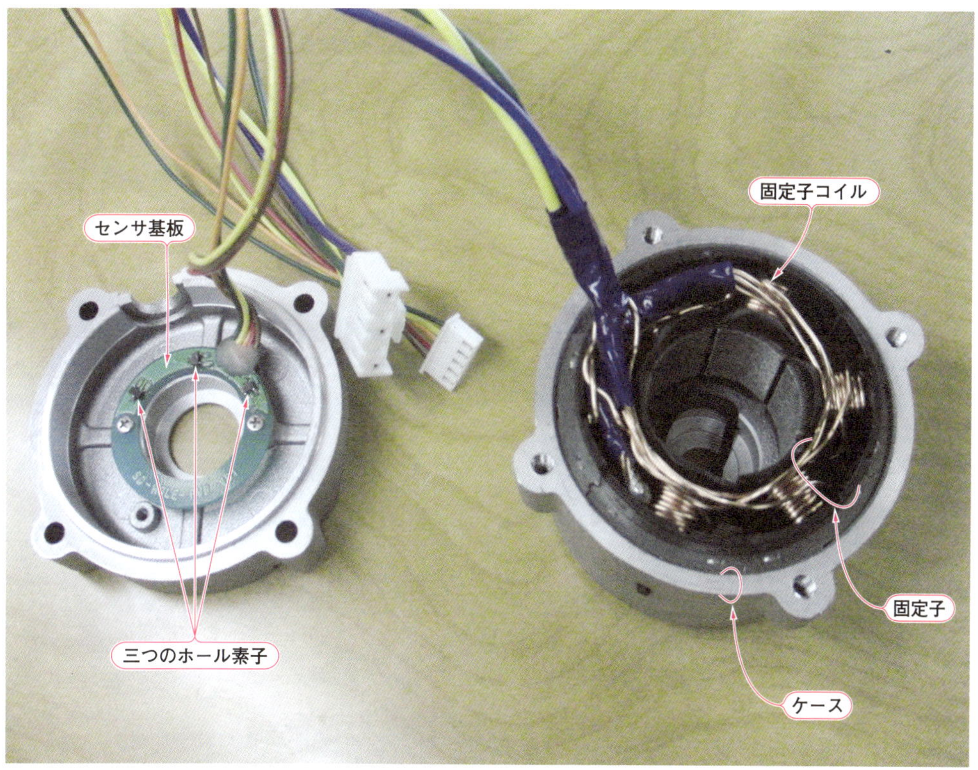


**写真3　外したふた（フランジ）の裏側にはセンサ基板が取り付けられている**
センサ基板にはホール素子が三つ装着されている

てあります．これで**図1(b)**に示すように，真ん中のセンサが逆の極性を検出できるのです．こうすればセンサを半円の中に集中して取り付けられます．

### ● 磁石の極数が多いとゆっくり回る

**写真4**に回転子を示します．回転子の表面は永久磁石です．回転子の表面の磁石のようすを観察してみました．マグネット観察シートを使うと，磁石の強弱が色の濃さでわかります．N極とS極の中間には必ず磁力がゼロになるところがあり，ここでN極とS極が切り替わる位置がわかります．

**写真4**を見ると回転子の表面が4分割されています．**写真5**のマグネット観察シートを見ると，表面にある金属のつなぎ目の磁極が切り替わっています．この回転子はN-S-N-Sの4極の磁石で構成されています．磁石の極数が多いほどゆっくり回転します．

**写真4　回転子は強力な磁石**

### ● 固定子コイル

**写真3**のケースから固定子を取り出したのが**写真6**です．固定子をよく見ると，コイルが6分割されています．三相のプラス・マイナスだから6です．

1個のコイルを**写真7**に示します．このコイルからエナメル線を外してみると，**写真8**のようになります．コイルは，プラスチック製の巻き心(ボビン)に巻いてあります．

プラスチック製のボビンを外したのが**写真9**です．ボビンは，上下からはめ込まれています．その内部からは**写真8**のように，薄い板を積み重ねた鉄心が現れます．プラスチックで鉄心とコイルのエナメル線の間を絶縁しています．プラスチックの絶縁物(ボビン)を外した鉄心だけ6個を組み合わせたのが**写真10**です．

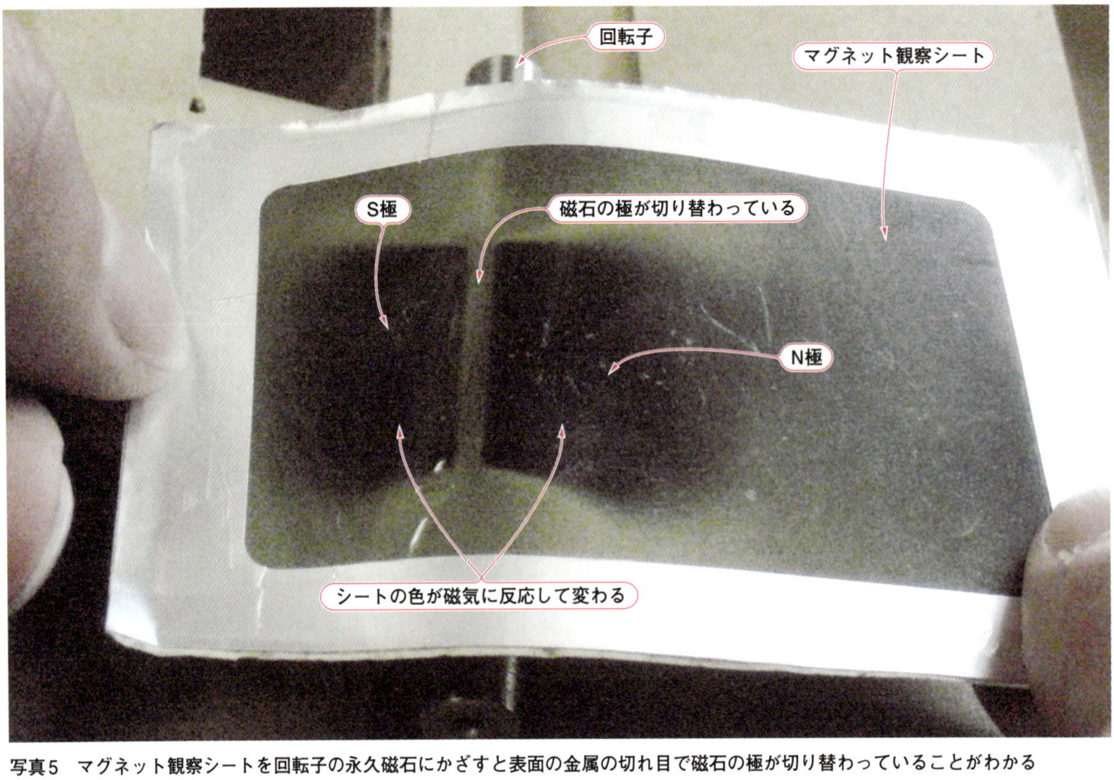

回転子
マグネット観察シート
S極
磁石の極が切り替わっている
N極
シートの色が磁気に反応して変わる

**写真5　マグネット観察シートを回転子の永久磁石にかざすと表面の金属の切れ目で磁石の極が切り替わっていることがわかる**

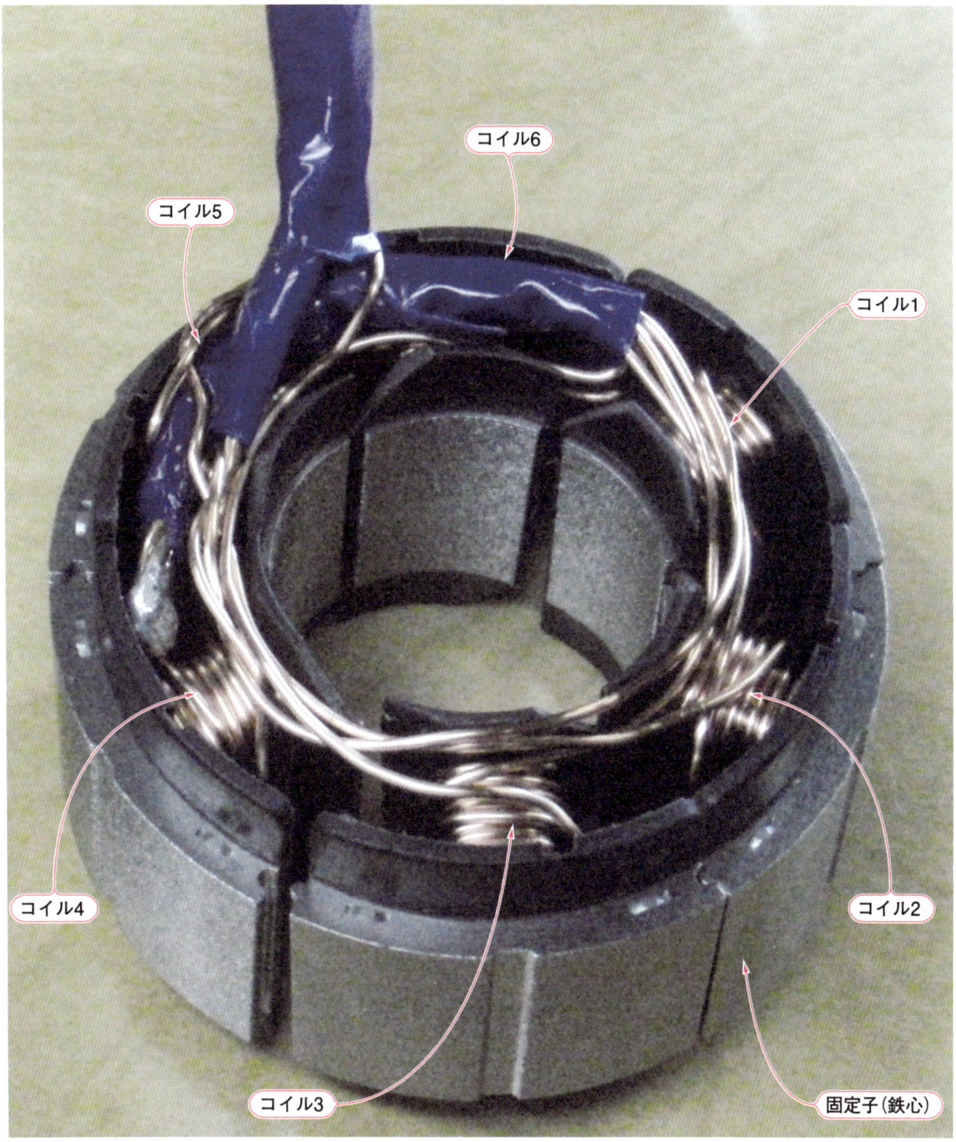

**写真6　ケースから固定子の鉄心を取り出してみる**
固定子の鉄心に巻かれたコイルが6分割されている

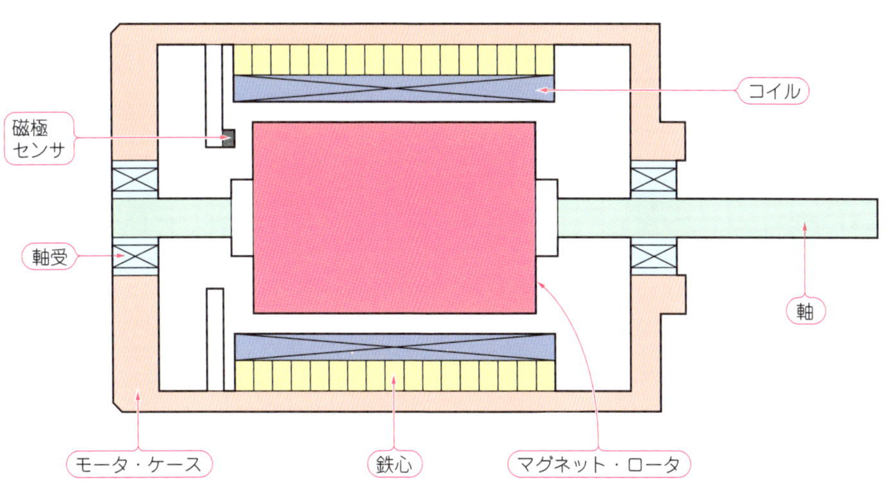


**図2　ブラシレス・モータの断面図**

写真7　固定子の鉄心は6個の分割したコイル部品に分かれる

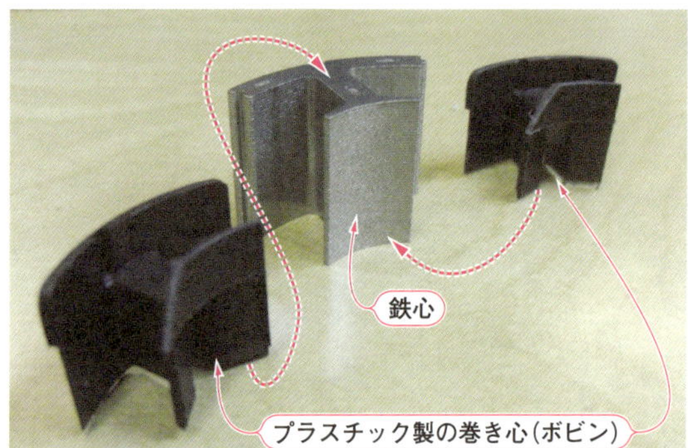


写真9　鉄心に絶縁のための巻き心(ボビン)が上下からはめ込まれている

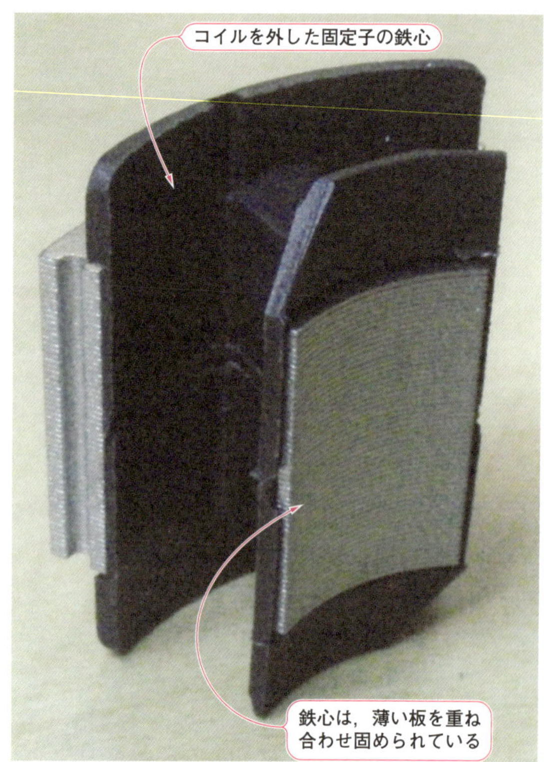


写真8　コイルを取り外したところ

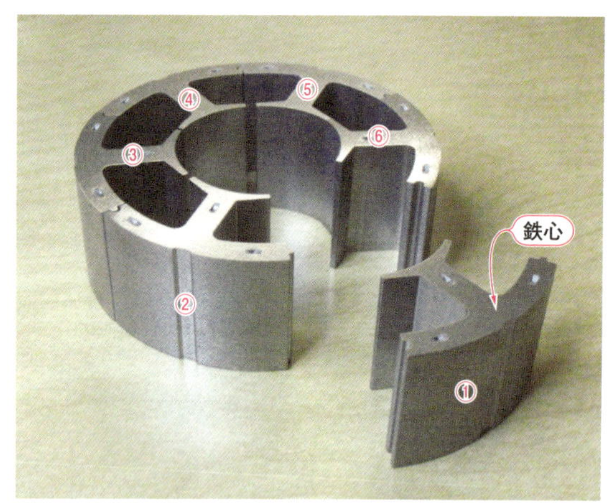


写真10　鉄心は6分割されている
それぞれにコイルが巻かれる

## ● 考察

ブラシレス・モータを分解してみて，回転するのは磁石と軸だけであることがわかりました(**図2**)．ブラシレス・モータは，回転子の磁石のN極とS極に応じて電流をプラス↔マイナスと切り替えます．そのための位置検出センサが内部にありました．センサレス制御というのは，このセンサを使わずにモータをコントロールする制御方式です．

三相の固定子は，6個のコイルから構成されていることがわかりました．固定子の鉄心は6分割していて，それぞれプラスチックのボビンでおおわれています．このような固定子を集中巻きと呼びます．この巻き方が最近よく使われるようになってきたと感じます．

ブラシレス・モータは内部にセンサ基板があり，エレクトロニクスと密接な関係があるモータであることがよくわかります．

(初出：「トランジスタ技術」2013年1月号)

第1章　性質を理解して上手に組み合わせよう

# モータは電源や駆動回路とワンセット

森本 雅之 Masayuki Morimoto

図1　モータは使いかたによって宝にもゴミにもなる

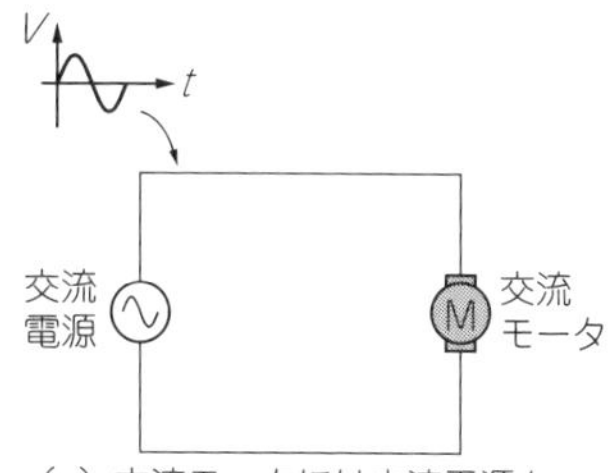


(a) 交流モータには交流電源を…

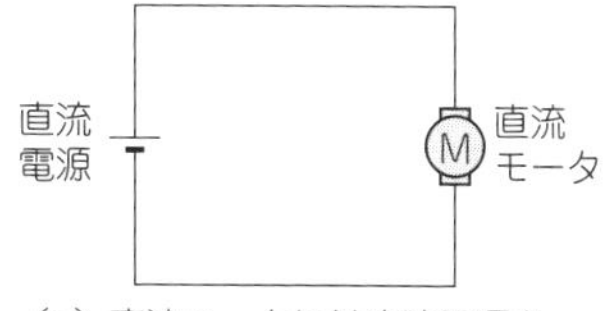


(b) 直流モータには直流電源を…

**図2　モータの多くは，直流電源では回らない**
モータの種類で使う電源は異なる

## ● 組み合わせる電源や駆動回路で宝にもゴミにも

モータの種類はたくさんありますが，直流電源でも交流電源でも回るものはほとんどありません．つまり，直流電源で回るように作られたモータの多くは交流電源では回りません．逆に，交流電源で回るように作られたモータの多くは直流電源では回りません(**図2**)．

**図3**に示すように，直流電源を交流電源に変換する電子回路(インバータ)を追加すれば，直流電源で交流モータを回すことができます．

さらに，この電子回路をマイコンなどを使ってインテリジェント化すれば，モータに流れる電圧や電流を調整したり，回転方向や速度，力を自在にコントロールすることもできます．

このようにモータを回すと一口に言っても，組み合わせる電源回路によっては，まったく回らなかったり，低回転から高回転までスムーズに回ってくれたり，はたまた壊れてしまったりもします．

モータはシンプルな部品だからこそ，そのしくみや性質をしっかり理解して，最適な電源回路や駆動回路と組み合わせる必要があります．本章では，モータ制御の第一歩として，大分類である交流モータと直流モータの性質とそれらの駆動に適した電子回路(駆動回路)の基礎知識を解説します． **〈編集部〉**

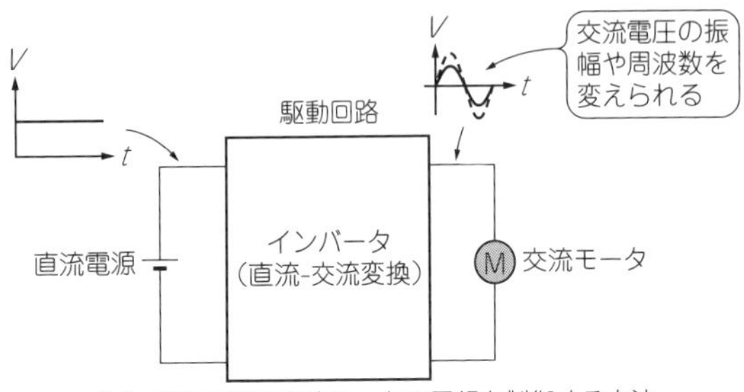

(a) 直流電源で交流モータの回転を制御する方法

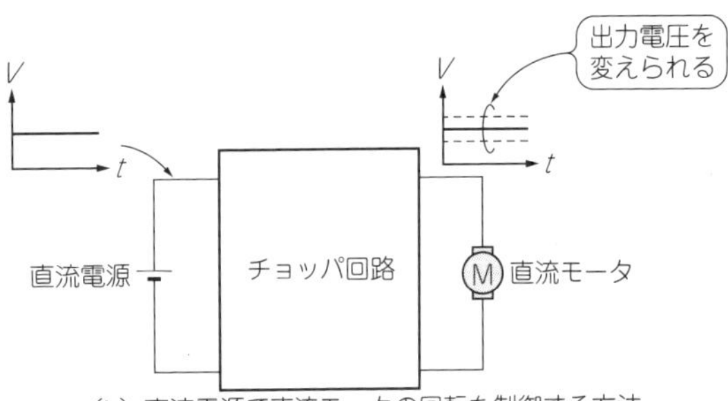

(b) 直流電源で直流モータの回転を制御する方法

**図3　交流電源に変換する電子回路を追加すれば直流電源で交流モータを回せる**

**表1　モータの分類**

| 大分類 | 中分類 | 名　称 |
|---|---|---|
| 直流モータ | 巻き線界磁 | 直巻型直流モータ |
| | | 分巻型直流モータ |
| | | 複巻型直流モータ |
| | 永久磁石界磁 | 永久磁石直流モータ |
| 交流モータ(正弦波) | 同期 | 巻き線界磁型同期モータ |
| | | 表面磁石型同期モータ(SPM) |
| | | 埋め込み磁石型同期モータ(IPM) |
| | | リラクタンス・モータ |
| | 非同期 | 誘導モータ |
| 特殊波形(交流または脈流) | | ブラシレス・モータ |
| | | スイッチト・リラクタンス・モータ |
| | | ステッピング・モータ |

## モータと電源の組み合わせ

### ■ 直流モータ

#### ● 回り続けるしくみ

モータは**表1**のように分類できます．**図4**に直流モータの基本構造を示します．

上下にあるのは永久磁石(界磁)で固定されています．界磁に挟まれた内側のコイル(電機子コイル)は，軸を中心に回転します．ブラシは固定されていますが，整流子はコイルと一緒に回転します．

**図4**は整流子とブラシを拡大したところです．このモータは，整流子が2個のパーツからできています．電機子コイルが回転すると，ブラシに接触する整流子が切り替わり，コイルにつながっている電源の極性が切り替わります．結果的にコイルは回転しても，コイルには同じ向きに電流が流れ続けます．**図5**に1組の整流子と1個のコイルを示します．整流子はコイルの数に対応して設けられます．

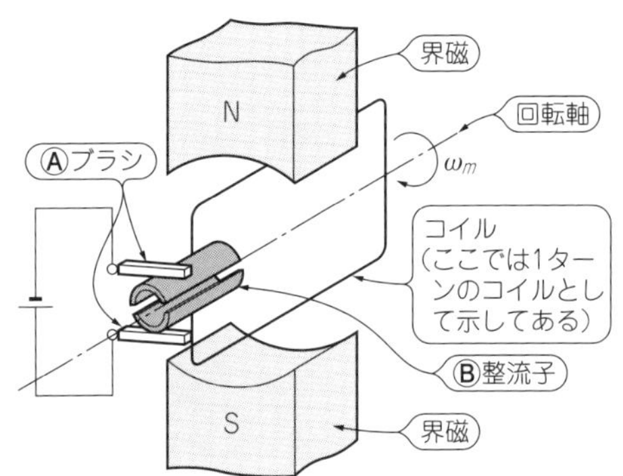

**図4　ブラシ付きモータの整流子とブラシ**
この整流子は，2個のパーツからできている．コイルが回転するとブラシに接触する整流子が切り替わる

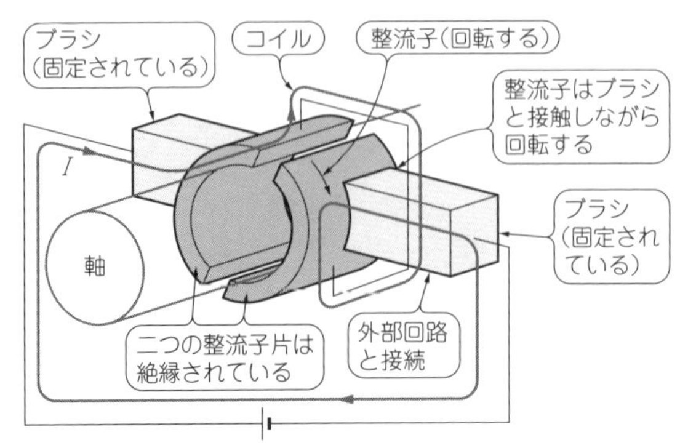

**図5　1組の整流子と1個のコイル**
整流子は，コイルの数に対応して設けられる

● フレミングの左手の法則どおりに動く

**図6**に示すように，磁界中の導体（コイル）に電流が流れると導体に力が働きます．力は，フレミングの左手の法則により親指の方向に作用し，コイルはこの力を利用して回転し続けます．

$$F = IB\ell \quad \cdots\cdots (1)$$

導体に働くトルクは，力$F$と回転軸から導体までの長さを掛けた値です．界磁が永久磁石ではなく，コイルで作られた電磁石のモータもあり，巻き線界磁形と呼ばれています．回る原理は永久磁石型と同じで，産業用の大型のモータに見られます．

● 直流モータの駆動回路

直流モータの場合，直流電圧が高いほどモータの回転が速くなります．モータに発生するトルクは電流に比例するので，大きなトルクを出すためには電流をたくさん流す必要があります．

駆動回路は，直流の電圧，電流を制御して直流モータを制御します．一般には直流電圧を変換するチョッパ回路が使われます．

## ■ 交流モータ

● 回転数が交流電流の周波数に同期するタイプと同期しないタイプがある

交流モータは交流電源で回り，コイルに流れる交流電流の周波数と回転数は深く関係しています．

交流モータは，大きく同期型と非同期型に分けられます．同期型は，交流電流の周波数の整数倍の回転数で回ります．これを同期しているといいます．

● 交流モータの固定子

**図7**に示すのは，交流モータの外側の回らない部品「固定子」です．固定子の内周側にはスロットと呼ばれる溝があり，溝の内部にコイルが配置されています．

コイルはU，V，Wの3組が三相分布巻き線です．商用電源を利用できるという理由から三相が一般的で

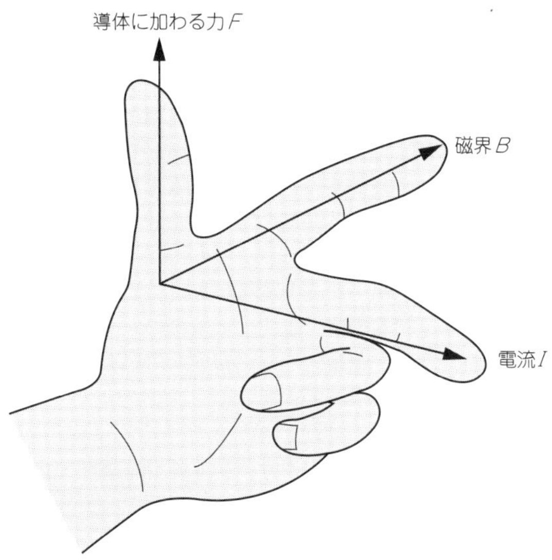


**図6　フレミングの左手の法則**
磁界中の導体（コイル）に電流が流れると導体に力が働く

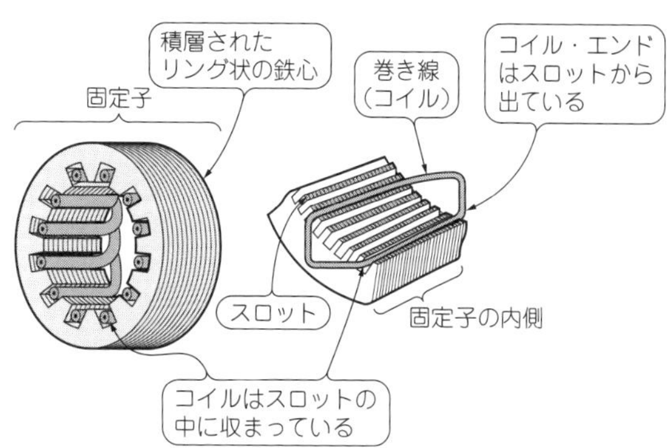


**図7　交流モータの外側の回らない部品「固定子」**
内周側にはスロットと呼ばれる溝があり内部にコイルが配置されている

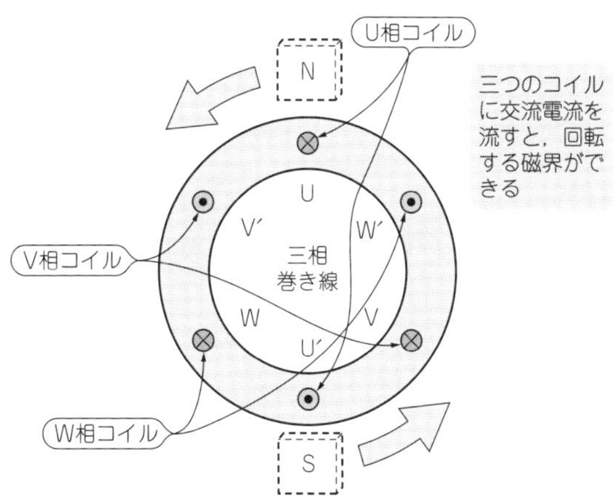


**図8　交流モータの回転原理**
固定子の外側で磁石が回転しているイメージ

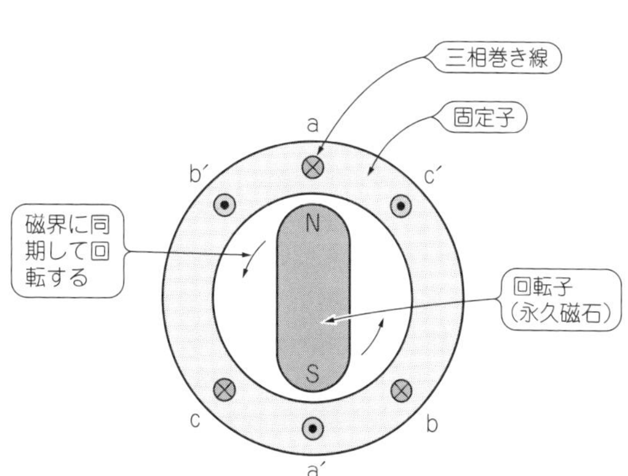


**図9　同期モータの回転原理**
回転磁界の回転速度と固定子は，同じ速度で同期して回る

す．大型のモータには六相モータというものも存在します．コイルに三相交流電流を流すと，電流によって発生する磁界が回転します．これを回転磁界といいます．**図8**に示すように，外側にN，Sの磁石が回転しているようなイメージです．

### ● 同期モータの原理

**図9**に同期モータの原理を示します．

固定子に三相電流を流すと回転磁界が作られます．回転子は，回転磁界の回転速度と同じ速度で(同期)回ります．

同期モータの回転子が永久磁石(N極とS極)の場合は，回転子の磁石が界磁の役割を果たします．回転子にN極とS極ができればよいので電磁石でもかまいません．回転子のN極，S極は，固定子のコイルによる回転磁界の移動に応じて回転します．

同期モータの回転数は，電源周波数と同期しており次のように表されます．

$$N = 120f/P \quad \cdots\cdots (2)$$

ただし，$N$：回転数［rpm］，$f$：電源周波数［Hz］，$P$：極数

極数とはN極とS極の1組で2極と数えます．

同期モータは始動トルクがほとんどありません．駆動回路があれば始動できますが，始動装置を用いて始動すれば駆動回路がなくても回転を継続できます．

▶駆動回路

同期型交流モータの回転数は，交流電流の周波数に比例するため，回転数を制御するためには，周波数を制御する必要があります．このとき周波数と同時に電圧も制御します．

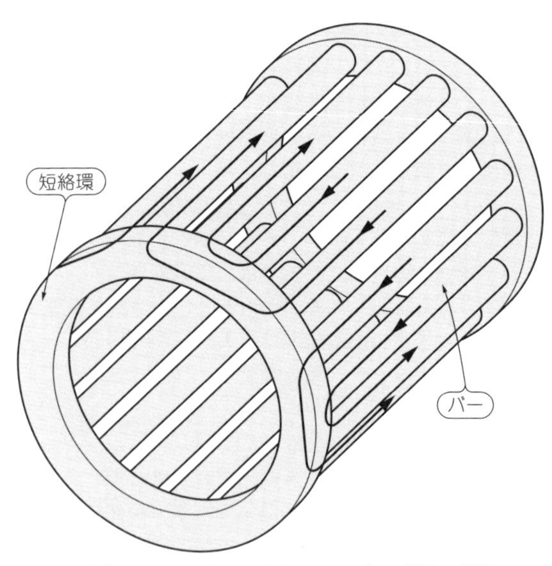


**図10　誘導モータの回転子の内部にある「かご形」の導体**
棒状の導体を円周上に配置し，端部でリングにより短絡されている

周波数が低いとコイルで発生する逆起電力も小さくなるため，コイルに流れる電流が過大になり，磁束が過剰に発生して磁気飽和します．対策として，周波数に応じて電圧を比例させて制御することが行われます．これをVVVF制御といいます．

駆動回路は，出力する交流電圧および周波数を制御して交流モータを制御します．そのため，一般には直流を交流に変換するインバータ回路が用いられます．

### ● 非同期モータの原理

非同期の交流モータの代表的なものに誘導モータと呼ばれるものがあります．

---

## 交流でも直流でも回る交直両用モータ　Column 1

交直両用で駆動回路がなくても回るモータは，交流整流子機またはユニバーサル・モータと呼ばれています．掃除機やミキサなどの回転数の高い家電品によく使われています．

**図A**に，交流整流子モータの回転原理を示します．交流整流子モータは，直巻直流モータの1種なので，端子に直流電圧を加えれば界磁に直流が流れ，直流モータとして回転します．

一方，このモータの端子に交流電圧を加えると，交流電圧の極性が反転し，界磁の極性も反転して，電機子コイルの流れる電流も反転します．結果的に，同一方向にトルクが出ます．したがって同一のモータが交流でも直流でも回転します．〈森本 雅之〉

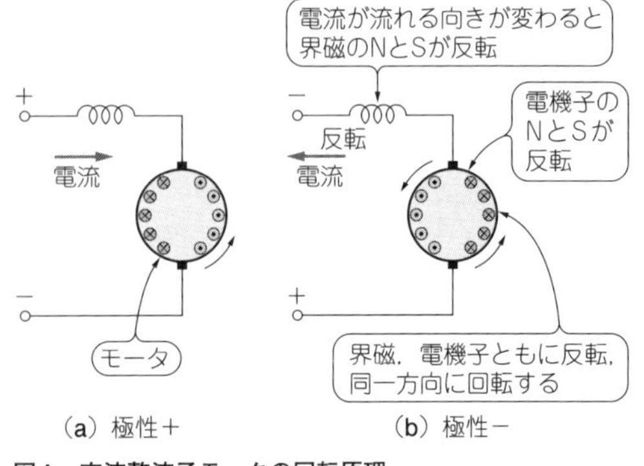


**図A　交流整流子モータの回転原理**
端子に直流電圧を加えれば界磁に直流が流れるので，直流モータとして回る

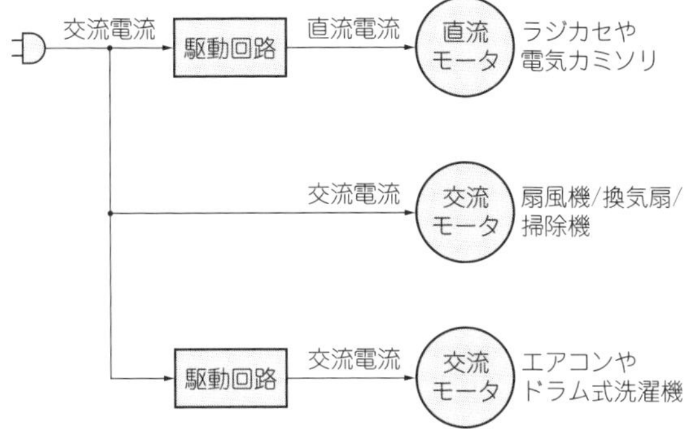


**図11　駆動回路のあるモータと駆動回路のないモータ**

誘導モータは電源周波数に同期しないで，同期回転数よりわずかに遅い回転数で回転します．

誘導モータの回転子の内部にある導体を**図10**に示します．その形状から，かご形の導体と呼ばれています．かご形導体は棒状の導体を円周上に配置し，端部でリングにより短絡されています．このような導体を使った回転子は，かご形回転子と呼ばれています．通常は，アルミ・ダイキャストで製作されます．

## モータ駆動回路の基礎知識

### ● 駆動回路の役割は電力の形を変えること

最近のモータの多くは，交流電源や直流電源を直結したのでは，うまく回ってくれません．ステッピング・モータやブラシレス・モータはその代表です．駆動回路と呼ばれる電子回路が必要です．

モータは電気エネルギを回転という運動エネルギに変換する部品です．駆動回路は，商用電源や電池などの電力をモータの回転動作にふさわしい形態の電力に変換する回路です(**図11**)．モータは機械を動かすのが目的です．駆動回路の目的はエネルギを制御することです．

**図12**に示すように，駆動回路はモータの回転に合わせて電力(電圧と電流)の形態を変換します．交流電力の場合，電圧，電流のほかに周波数，位相および波形を変換します．ステッピング・モータの駆動回路は，パルスの数や間隔を調節します．

同期モータは，始動装置があれば駆動回路がなくても回りますが，最近の永久磁石同期モータは始動装置を用いないので，専用の駆動回路がないと始動できませんし，運転もできません．永久磁石同期モータも駆動回路が必要です．

### ● ブラシレス・モータの駆動回路

ブラシレス・モータは，**図13**に示すように，コイルの近くにある永久磁石がN極か，S極かをセンサ(ホールIC)で検出して，コイルに流れる電流の向きを電子回路で切り替えます．

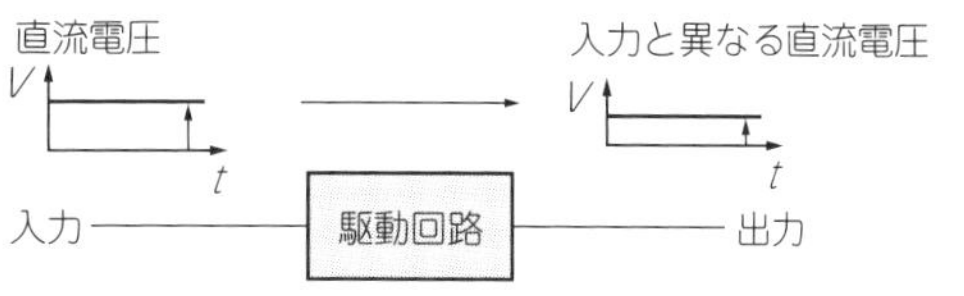


(a) 直流電圧から異なる直流電圧をつくる

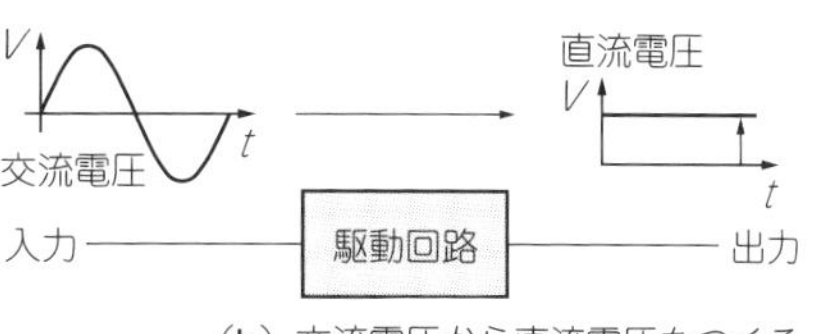


(b) 交流電圧から直流電圧をつくる

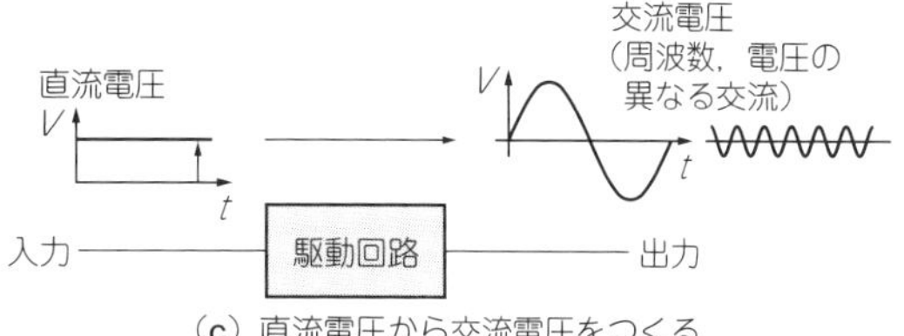


(c) 直流電圧から交流電圧をつくる

**図12　駆動回路は電力(電圧と電流)の形態を変換する**

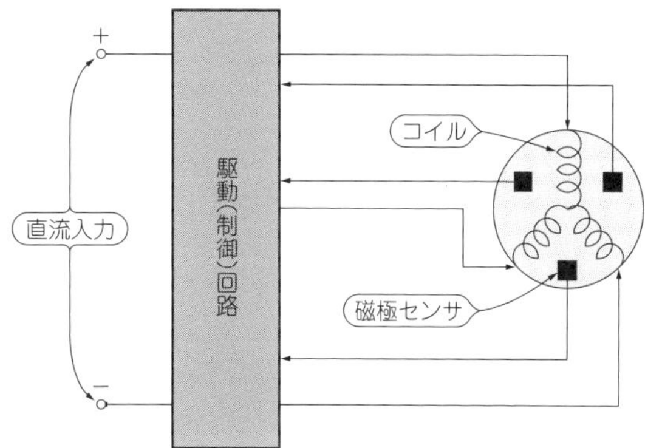


**図13　ブラシレス・モータの駆動回路**
回転子の磁極センサ，駆動回路を含めたモータのシステムとして考える

**図14**に示すように，ブラシレス・モータはコイル近くの磁石のN，Sに応じて，電流の向きを，トランジスタなどの電子的なスイッチで切り替えます．

**図13**に示すように，ブラシレス・モータは，駆動回路とセンサおよびモータが一つのシステムになっています．回転子の磁石のNとSの極性を検出する検出センサが必要です．

ブラシレス・モータは，駆動回路とモータを一体となったものと考えればブラシ付きモータと同じです．最近，実際にブラシレス・モータの内部に駆動回路が組み込まれたものも出現しました．

### ● ステッピング・モータはパルスで動作する

ステッピング・モータとは，パルス電流の入力に対応してある角度だけ動くモータです．階段(ステップ)状に動くのでパルス・モータとも呼びます．

大きな特徴は，それぞれの磁極の位置に保持できることです．これは回転するのではなく，直流電流を流し続ければ止めたまま，その位置を保持しようというトルクが発生することを示しています．止めておく力が発生するモータです．

**図15**に動作原理を示します．

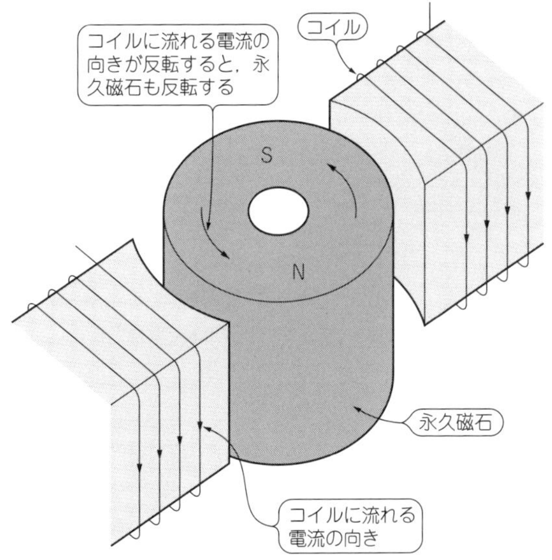


**図14　ブラシレス・モータの駆動原理**
自動的に電流の極性が切り変わる

固定子のコイルはそれぞれスイッチに接続されています．

$S_1$をONすると，コイル1に電流が流れて，コイル1の磁極がN極になる方向に電流が流れます．永久磁石回転子のS極が吸引されてNとSが対向する①の位置で安定します．

次に$S_1$をOFFして$S_2$をONします．コイル2に電流が流れ，コイル2の磁極がN極になります．コイル1の磁極直下にあった回転子のS極が吸引されて，②の位置のコイル2の磁極の直下まで回転します．

$S_3$と$S_4$と順次ONしていくと回転子が90°ずつ回転します．このように電流を流すごとに1ステップずつ回転します．スイッチをONするごとにステップ動作するので，電流の一つのパルスで1ステップ回転します．

## ● さいごに…進化を続ける駆動回路と制御技術

本章で紹介した駆動法は，モータの回転数を制御する基本中の基本であり，モータの駆動制御にはトルクを直接制御する駆動技術もあります．

モータの制御技術は進化を続けています．最近の車両の駆動では，弱め磁束制御と呼ばれる最高速度を高める制御法が利用されます．トルク制御では反力に応じてトルクを発生させる高度な駆動法もあります．高度な制御法をマスタすれば，自由自在にモータ制御でき豆腐をつかめるロボットの製作も夢ではないでしょう．奥深いモータの世界を楽しんでください．

(初出：「トランジスタ技術」2013年1月号)

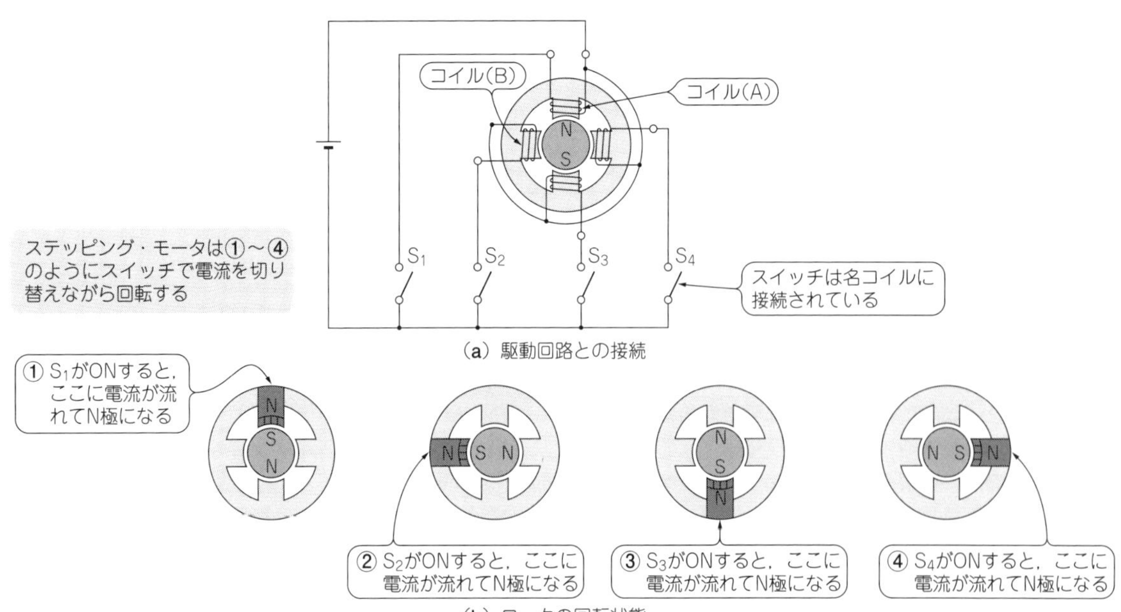


**図15　ステッピング・モータの動作原理**
パルス電流の入力に対応してある角度だけ動く

# Appendix 1

実験の動画がご覧いただけます！
http://toragi.cqpub.co.jp/tabid/652/Default.aspx



ナンテ恐ろしい！ 性能が出せないどころか壊れてしまう

# 実験！ やってはいけないモータと電源の組み合わせ

モータには，直流で駆動するものと交流で駆動するものがあります．この組み合わせを間違えるとモータの性能が出せないどころか壊れてしまうこともあります．

ここでは，モータと組み合わせる電源の種類を間違えたときに起こる現象とその原因を見てみます．

## 実験1 直流モータに交流を加えると燃える

**写真1 実験に使用したブラシ付きモータ**(日本電産サーボのDME37J)

**写真2 焼損した回転子**
整流子が一部溶けている．全体が煤(すす)で黒くなっている

### ● 実験の方法

直流モータは，直流電流を流すと回転します．直流のプラスとマイナスを逆につなぐと逆転し，直流電圧が高いほど回転が速くなります．その直流モータに誤って交流を接続したらどうなるのでしょうか？

ここでは，直流モータに交流100 Vを加えてみて，何が起こるか実験します．

実験に使用したブラシ付きモータ(日本電産サーボ，DME37J，**写真1**)は，24 Vで出力17 Wのモータです．定格電流は約1 Aです．このモータに商用電源のAC 100 Vをつないでみましょう．

### ● 実験開始

電源が入った瞬間に約8 Aの電流が流れますが回転しません．ガタガタとモータが振動して踊っています．モータを固定していないので電磁力でモータが動くのです．交流電流の向きが変わるのでそのたびに力の向きが変わり振動します．1秒後に火花が飛び出し振動しなくなり煙が出ます．このとき最大で40 A流れました．

実験終了後コイル抵抗を測定したところ，無限大でした．実験前には抵抗値は16 Ωでしたのでコイルが焼損して断線しているでしょう．分解して内部を見たところ，内部は煤(すす)で真っ黒です．整流子の一部分は溶けています．**写真2**に示します．整流子の溶けたあとを見ると，焼けて断線する間に少しは回転したようです．

### ● 実験で起こった現象を整理しよう！

▶現象1

定格が24 Vのモータに100 Vを加えたので4倍以上の過電圧を加えたことになります．したがってオームの法則からは電流が4倍以上流れたということがわかります．過大な電流が流れたのです．

このモータは定格電圧24 Vで，端子間に24 V加えたときに決められた電流が流れるように設計されています．

モータの端子間のインピーダンスを$Z$とするとオームの法則から電流$I$は，

$$I = V/Z \quad \cdots\cdots (1)$$

で求まります．電圧Vが24 Vから100 Vに上昇すると，

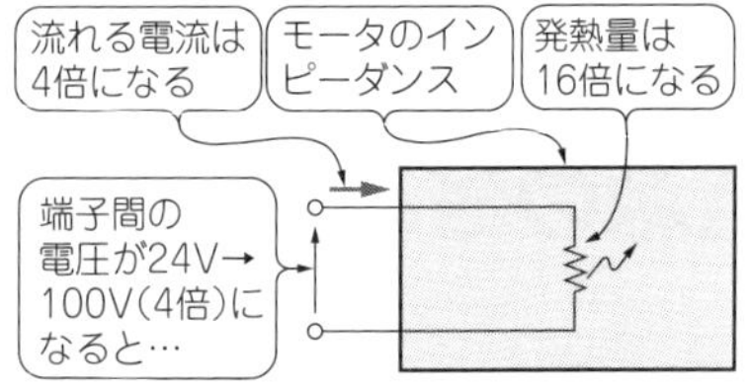
流れる電流は
4倍になる
モータのイン
ピーダンス
発熱量は
16倍になる
端子間の
電圧が24V→
100V(4倍)に
なると…

**図1 直流モータのどの端子に交流を加えたのか**
電圧が4倍になると流れる電流も4倍になる．そのときコイルの発熱は16倍になってしまう

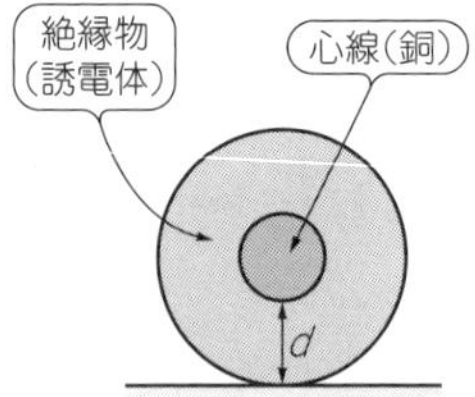
絶縁物
(誘電体)
心線(銅)
d
(a) ケースなどの他の部分

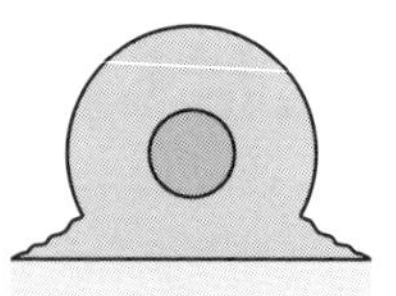
(b) 熱で溶けてくる

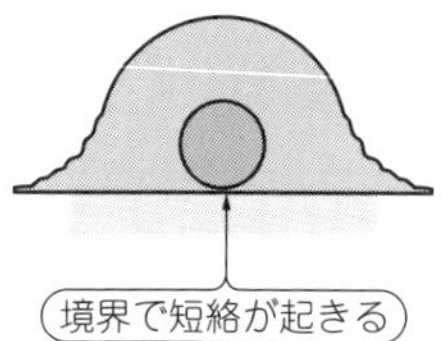
境界で短絡が起きる
(c) 電流が急増する

**図2 短絡(ショート)が起こる過程**
心線に過剰な電流が流れて温度が上昇し絶縁体が溶ける．この状態がループし温度の上昇が加速する

電流$I$は約4倍です．モータ内部のインピーダンスの発熱量$P$は，

$$P = ZI^2 \cdots\cdots (2)$$

で表されるので，発熱量は16倍($=4^2$)です(**図1**)．

▶現象2

直流モータに交流電流を流したので，一定方向に連続回転はしていません．交流電圧の極性はプラスとマイナスに切り替わり，これに応じて内部で発生する電磁力の向きも逆転します．交流の周波数で力の向きが入れ替わり振動します．

電磁力の向きは，フレミングの左手の法則で決まるので，電流の向きが反対になると電磁力の向きも反転します．

▶現象3

過電流が流れると発熱し，約1秒後に局部的に温度が上昇します．このような部分をホット・スポットと呼びます．

高温になると絶縁体は性能が落ちて，絶縁物に電流が流れるようになります．これを漏れ電流と呼び，温度の上昇とともに増加します．

絶縁が完全になくなると短絡状態(ショート)になり，急激に電流が増えます．急激に電流が増えると火花を伴う絶縁破壊が起きます．この現象が繰り返されて周囲がどんどん溶けていきます［**図2(a)**］．

▶現象4

過電流が流れ続けると絶縁体の一部が溶けて変形します［**図2(b)**］．

▶現象5

規定以上の電流が流れると温度が上昇して電線の被覆などの絶縁物が溶け始めます．さらに温度が上がると，電流が流れている心線が他の部分と触れてしまい，急激に大電流が流れます．この状態では電流がさらに大きくなるので，さらに温度が上がります．そのため，銅の心線は溶けて断線してしまうのです［**図2(c)**］．

### ● 結論

交流電流を流して回転しない状態になっているときに，交流電流は内部の発熱を招きます．しかも定格電圧よりも高い電圧を加えたので，電流が増加して焼損したのです．直流モータに交流電流を流してはいけません．

## 実験2 ステッピング・モータも交流を加えると燃える

ステッピング・モータはパルス電流を流し込むと回転します．パルス電流は0Aと正の電流の繰り返しで交流に少し似ているので，直流モータよりは交流に強いかもしれません．

### ● 実験の方法

ステッピング・モータ(日本電産サーボ，KH56JM2.6V，2A)にAC 100 Vを加えてみました．実験に使うステッピング・モータは，カタログによるとAC 500 V，50 Hzを加えても1分間の絶縁耐圧試験に合格しています．交流100 Vよりも高い電圧です．このモータを**写真3**に示します．内部に四つのコイルをもつ4相モータです．

### ● 実験開始

四つのコイルのうちの一つのコイルにAC 100 Vを加えてみました．その瞬間にガタガタ振動し，電流が17 Aも流れ，3秒後には30 Aに達しました．このときモータから火花が出ました．コイルの抵抗値を測ってみたところ無限大になっていました．

分解して内部をみると，**写真4**に示すように内部は煤(すす)で真っ黒です．コイルが1本断線して飛び出しています．

### ● 実験で起こった現象を整理しよう！

耐圧500 Vのモータが，なぜ100 Vで火を噴いてしまったのでしょう？　それは，耐圧試験では**図3**のように端子間に高電圧を加えているわけではありません．

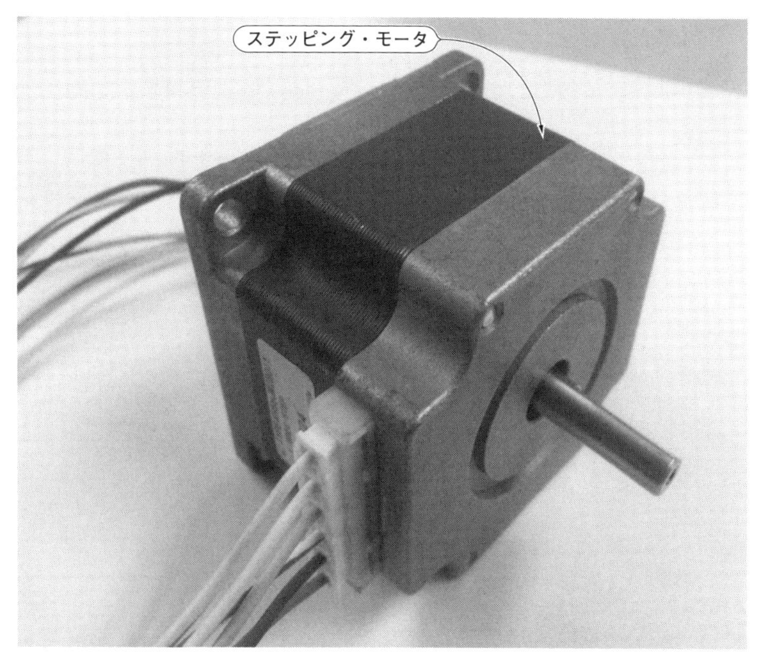
ステッピング・モータ

写真3　実験に使ったステッピング・モータ

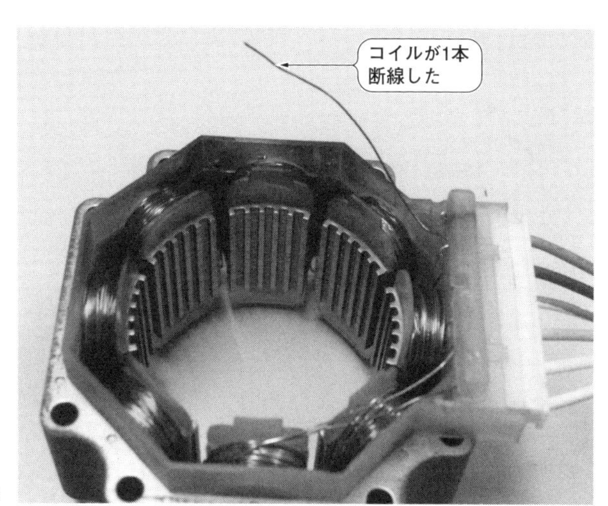
コイルが1本
断線した

写真4　焼損したステッピング・モータ
一部に煤がついている．コイルが1本断線している

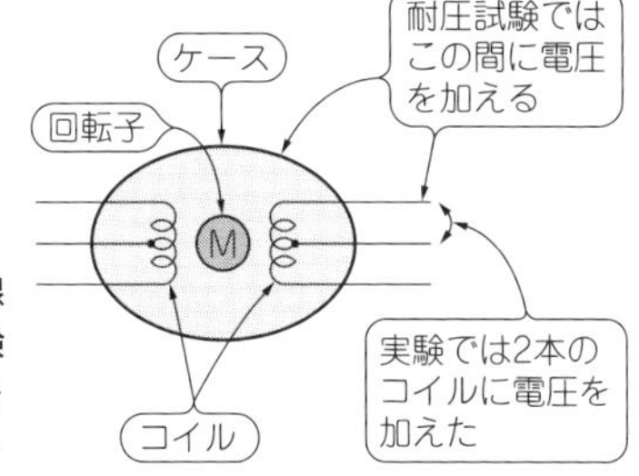
ケース
回転子
耐圧試験では
この間に電圧
を加える
M
実験では2本の
コイルに電圧を
加えた
コイル

図3　2本のリード線に100 Vを加えた実験で，耐圧性能500 Vを持つモータがショート

リード線1本とケースなどのアース部分に電圧を加えています．専門用語では一線対地間といいます．ここでの実験では，本来2.6 Vの電圧しか加わらないはずの2本のリード線の間に100 Vを加わっています．だから500 Vの耐圧性能のあるモータでも焼損したのです．

## モータは電源の種類を間違えるとアブナイ！

このような接続の間違いでモータに起きる現象は焼損です．この二つの実験の場合，モータに問題はありませんでした．焼損の原因は，あきらかに接続が間違えているからです．モータに交流100 Vを接続したことが直接の原因です．しかし，焼損したのはモータです．これを見た人はモータが壊れた，と思うでしょう．「モータが焼けた」というのです．でも，この実験では，モータは犯人ではなく被害者です．

〈森本 雅之〉

（初出：「トランジスタ技術」2013年1月号）

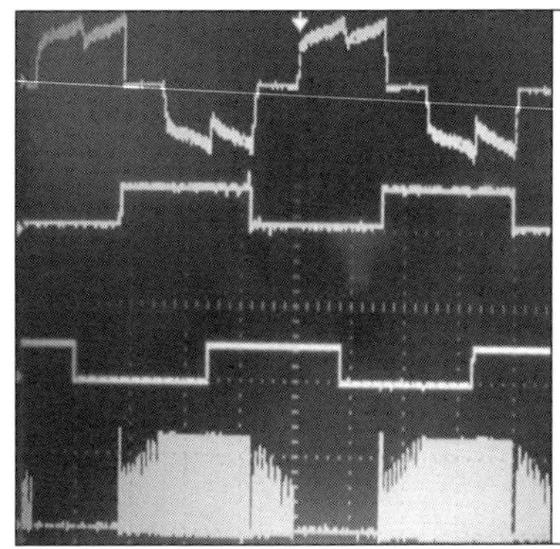

第2章 ブラシ付き / ブラシレス / ステッピングを操るための第一歩

# 駆動方法と回転性能を改善するフィードバック制御の基礎

百目鬼 英雄 Hideo Dohmeki

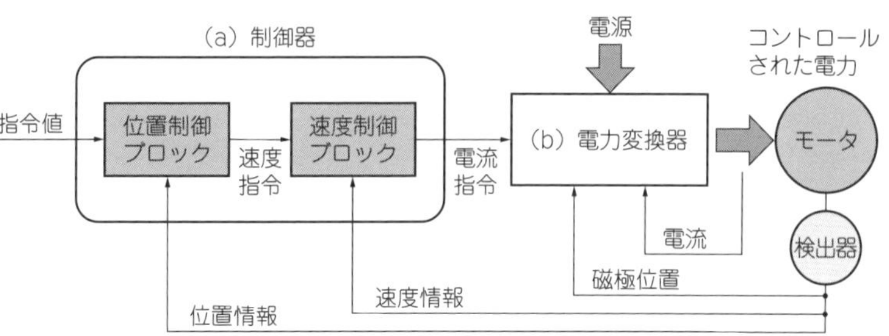


**図1 モータに加える電圧や電流の量を自動調節「制御」する電子回路**
負荷が重くなっても回転数を一定に保てたり，一定時間に狙った回転数まで上げたり，意のままに操ることができる

本章では，ブラシ付き，ブラシレス，ステッピングの代表的な三つのモータの回転数を上げたり下げたりする駆動の方法と，速度などの回転性能を改善できるフィードバック制御の基礎を解説します．

ラジコン用のモータは電池をつなぐだけでグルグルと回り出しますが，回転軸を指でつかむと回転速度が落ちてしまいます．そこで電池を1個増やして加える電圧を上げてやると，回る力が強まり回転数が上がります．ここでは，加える電圧や電流の量を電子回路(**図1**)を使って自動調節する「制御」をかけます．負荷が重くなっても回転数を一定に保てたり，一定時間の間に狙った回転数まで上げたり，意のままに操ることができます．

本章では，たくさんの機器に組み込まれているブラシ付き，ブラシレス，ステッピングの3種類のモータを駆動する方法に加え，回転数やトルクを飛躍的に改善できるフィードバック制御の基礎を紹介します．

〈編集部〉

## 実験1 ブラシ付きモータの駆動と制御

### ■ 基礎知識

#### ● 直流電圧を加えるだけで回る

ブラシ付きモータには，N極とS極の永久磁石と回転子(ロータ)が置かれています．ロータは銅線が巻かれた電磁石であり，永久磁石が作る磁界の中に置かれています．

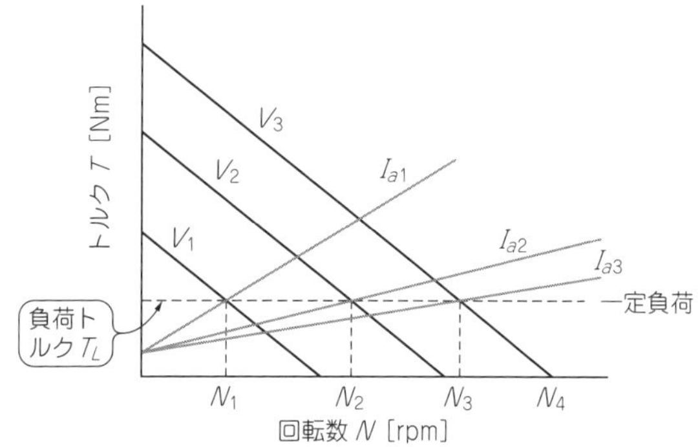


**図2 ブラシ付きモータの速度-トルク特性**
トルク-速度特性は加える直流電圧の大きさによって調節できる

ロータの巻き線に電流を流すと，有名なフレミングの左手則に基づく力(トルク)が発生して回り出します．電流の向きを逆にすると，この電磁石(ロータ)が帯びる極性が入れ替わります．

ブラシと整流子と呼ばれる部品を使って，ロータと永久磁石の位置関係によってタイミング良く電流の向きを入れ換えることで回転を持続させます．

このような構造をしているので，ブラシ付きモータは直流電圧を加えるだけで回ります．

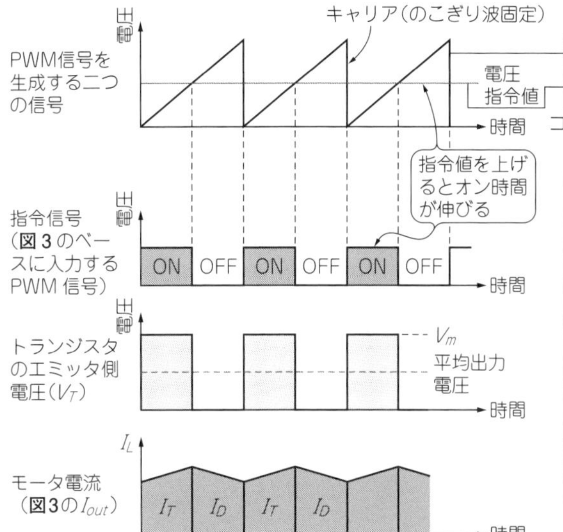


図4　PWMパルスの発生原理
のこぎり波と指令電圧をコンパレータで比較し，指令値がのこぎり波より下回っていればON("H")，上回っていればOFF("L")になる

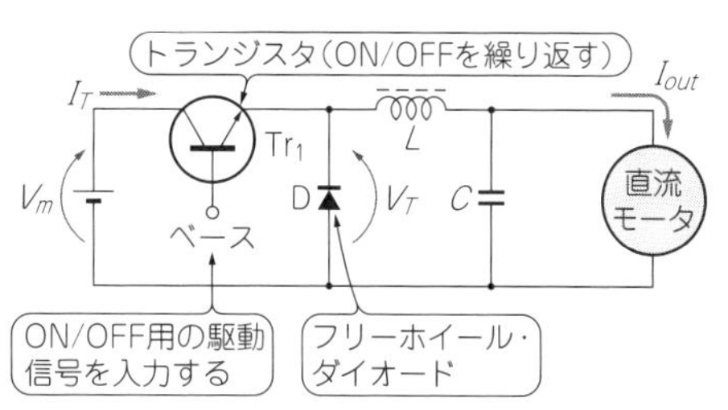


図3　モータに加える電圧を変化させる回路
トランジスタ1個で構成できる．トランジスタはON/OFFを繰り返すスイッチング動作する

## ● 直流電圧によるトルクと速度の変化のようす

**図2**に示すように，ブラシ付きモータのトルク-速度特性は，加える直流電圧の大きさによって調節できます．

電圧$V_1$［V］で駆動したとします．無負荷のときは，$N$［rpm］の速度で回転し，最大トルク$T$［Nm］を出力します．$V_2$，$V_3$［V］と電圧を変えることで，速度-トルク特性は**図2**のように変化します．

負荷が速度によらず一定ならば，加える電圧を$V_1$，$V_2$，$V_3$と変化させると，モータの速度は，$N_1$，$N_2$，$N_3$というふうに直流電圧に比例して変化します．

モータに流れる電流は，加える直流電圧の変化とともに，$I_{a1}$，$I_{a2}$，$I_{a3}$と変化しますが，負荷が一定であれば負荷トルク・ライン上の電流値は等しくなります．

## ● 直流電圧を調節できる回路

**図3**に示すのは，モータに加える電圧を変化させる回路で，トランジスタ1個で構成できます．トランジスタはON/OFFを繰り返すスイッチング動作をします．

トランジスタのベースに加えるスイッチング用の信号(オン/オフ信号)は，振幅が一定でパルス幅が変化するPWM(Pulse Width Modulation)信号です．**図4**に示すように，基準電圧とのこぎり波をコンパレータで比べて生成します．これがパワー素子のスイッチング周波数(キャリア周波数)になります．

もう少し詳しく**図4**を見てみましょう．

のこぎり波と指令電圧をコンパレータで比較し，指令値がのこぎり波より下回っていればON("H")，上回っていればOFF("L")です．つまり，指令電圧を上げるとオン時間が増え，下げると減ります．

この指令電圧でオン/オフ比が調節されたパルス信号をトランジスタのベースに加えると，トランジスタのコレクタとエミッタ間の抵抗値が上がったり下がったりします．これがスイッチング動作です．トランジスタの後段にはコイル($L$)とコンデンサ($C$)があり，**図4**に示す方形波状のエミッタ側電圧$V_T$を平たんにならして(直流電圧に変換)モータに加えます．

モータに流れる電流$I_{out}$は，トランジスタがONの間は電源$V_m$からトランジスタを通じてモータに直接流れます．トランジスタがOFFすると，グラウンドからフリーホイール・ダイオード(D)を通って，モータに流れます．これはコイル($L$)に，いったん自身に流れた電流を急に止めることができないという性質があるからです．

説明を簡単にするためにのこぎり波を搬送波としましたが，後に示す正負の電圧を指示するために，実際の回路では三角波が使われます．

以上のしくみで，モータに加わる直流電圧は指令電圧によって調節されます．この制御方式をPWM制御と呼びます．トランジスタがスイッチング動作するので，発熱が少なく，回路を小型化できる駆動方法です．

## ● 回転方向を逆転できる回路

ブラシ付きモータの回る向きは，モータに加える電圧の極性を入れ替えれば変わります．

**図3**の回路では，加える電圧の極性を切り替えられないので，同じ向きにしか回せませんが，**図5**に示す

**図5　四つのトランジスタで構成したフル・ブリッジ回路**
(a)は，トランジスタ$Q_1$と$Q_4$をONすると，右から左に向かって電流が流れる．この向きを正回転とした場合，(b)のように$Q_2$と$Q_3$をONすると，左から右に向かって電流が流れて逆回転する

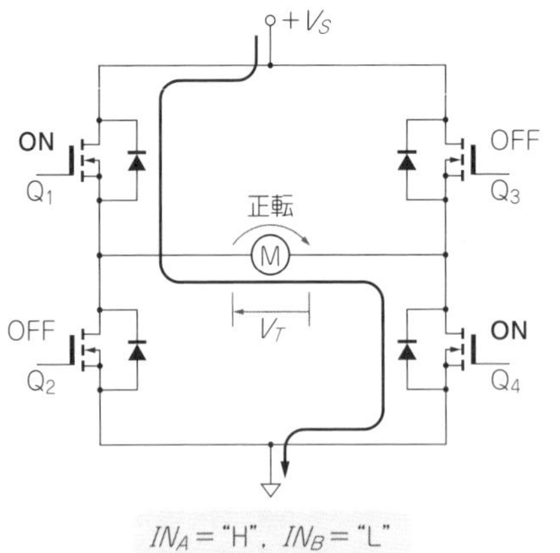

(a) 正転(右回転)

(b) 逆転(左回転)

**図6　三角波比較PWMパルス**
デューティ比が50％のときに，正転方向と逆転方向の駆動電圧が0Vになり，電流が0Aになって停止する

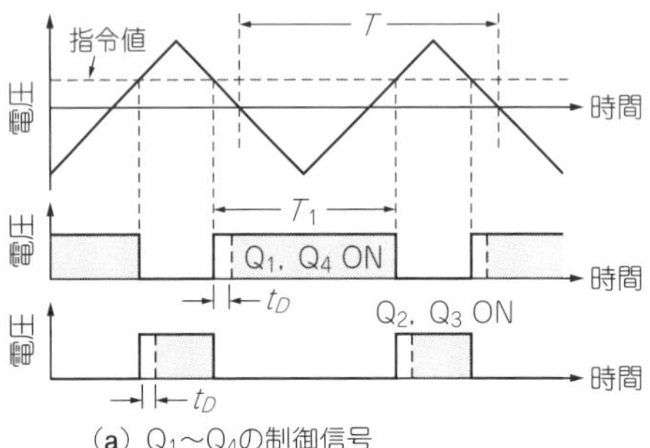

(a) $Q_1$～$Q_4$の制御信号

(b) 出力電圧$V_T$と指令値の関係

ように，四つのトランジスタで構成したフル・ブリッジ回路なら実現できます．

**図5**(**a**)に示すように，トランジスタ$Q_1$と$Q_4$をONすると，右から左に向かって電流が流れます．この向きを正回転とします．**図5**(**b**)のように$Q_2$と$Q_3$をONすると，左から右に向かって電流が流れて逆回転します．さらにトランジスタに加えるPWM信号のデューティを調節すれば回転速度を制御できます．正回転をCW(Crock Wise，時計回り)，逆回転をCCW(Counter Clock Wise)と呼びます．

正転から逆転まで連続的に変えるには，正から負に出力電流をスムーズに変える必要があります．正から負にスムーズに切り替わるPWMパルスを得るには，キャリア信号をのこぎり波(**図4**)から三角波に変えるアナログ回路が必要です．デューティ比が50％のときに，正転方向と逆転方向の駆動電圧が0Vになり，電流が0Aになって停止します(**図6**)．50％以上で正転，50%未満で逆転します．

**図5**に示すブラシ付きモータの駆動回路では，$Q_1$がONのとき$Q_2$は常にOFFです．正転から逆転にスムーズに電流の切り替えが行えていませんが，$Q_1$と$Q_4$がONのとき$Q_2$，$Q_3$がOFFする相補スイッチング制御を行えば，0A付近の電流を連続的にコントロールできます．

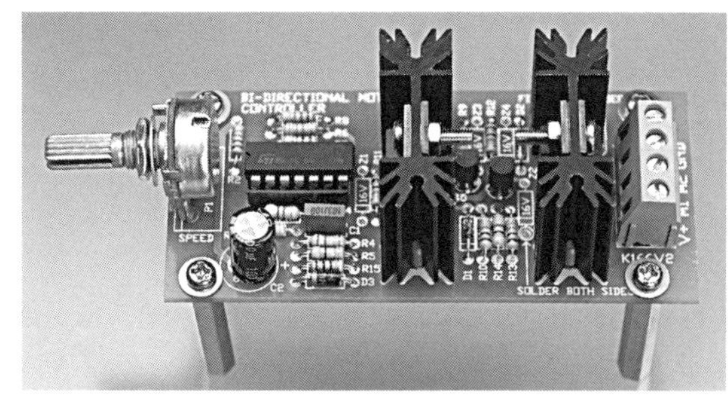

**写真1　実験に使ったブラシ付きモータ・コントローラ・キット MK-508**(マイコンキットドットコム)

## ■ 実験で確認する

### ● 実験キットを利用する

**写真1**に実験に使用したキットの外観を，**写真2**に実験装置の全体を示します．

このキットのスイッチング素子はMOSFET(IRFZ324)，制御部はOPアンプ(LM324)です．

モータの出力は60Wで，モータの後ろ側に速度検出用のセンサ(タコジェネレータ)が付いています．電源電圧は20Vに設定します．

**図7**に示すのはドライブ基板の回路です．PWM信号生成回路とパワーMOSFET 4個で構成されたフル・ブリッジ回路で構成されていて，単一電源で動作

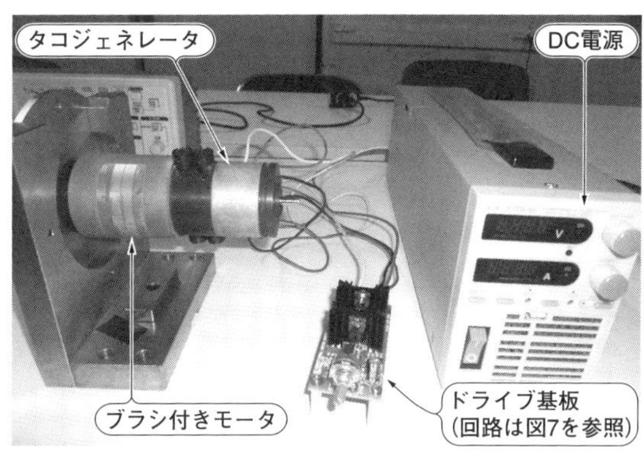


写真2　ブラシ付きモータの回転の向きと速度を連続的に変える実験のようす
モータの実際の性質を実験で確かめる

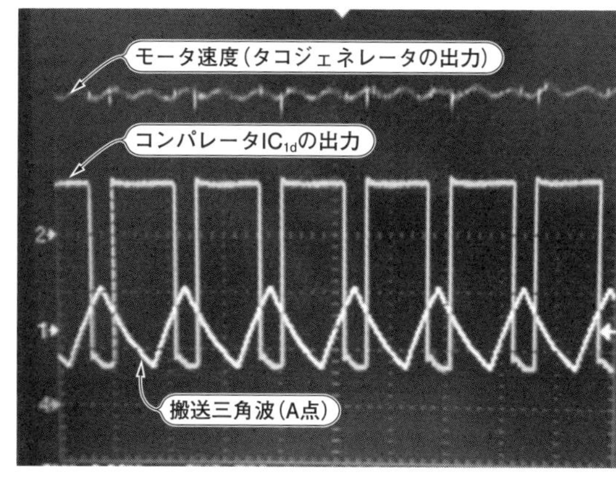


写真3　駆動回路各部(図7)の波形
$VR_1$を回して指令電圧を上げていきあるところで固定して観測

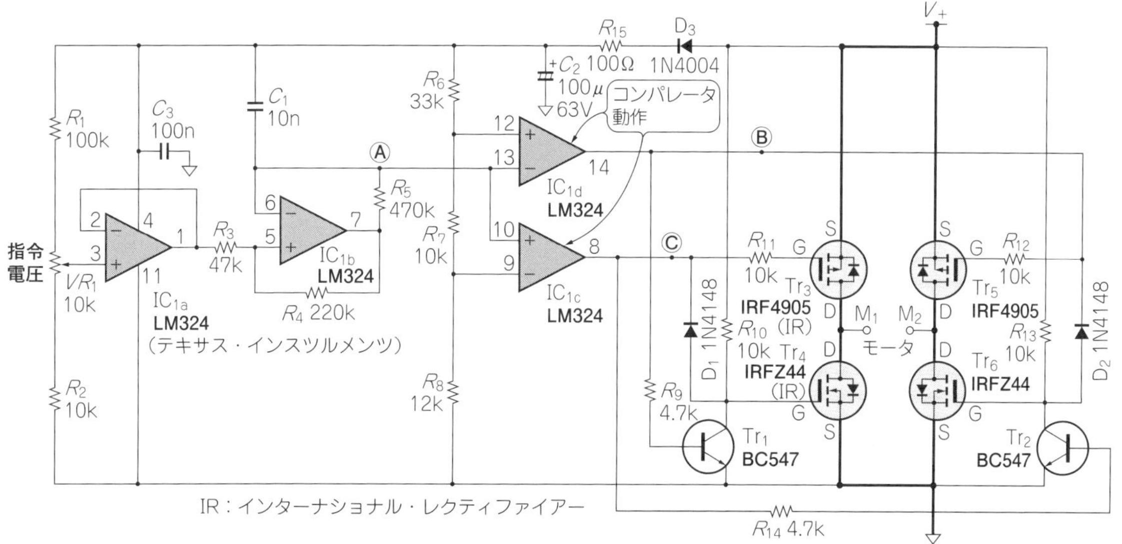


図7　ブラシレス・モータの駆動回路
主回路，制御回路などで構成されている

します．

この回路を利用してブラシ付きモータの回転の向きと速度を連続的に可変する実験を行います．ブラシ付きモータの実際の性質を実験で確かめます．

指令電圧のボリューム($VR_1$)には電源電圧(バイアス電圧)が加えられています．Ⓐ点には三角波と指令電圧が重畳された信号が出力されており，コンパレータ($IC_{1d}$と$IC_{1c}$)に入力されています．

指令電圧が高いときは，$IC_{1d}$からPWM信号が出力され，$M_2$から$M_1$に電流が流れます(正回転)．指令電圧が低いときは，$IC_{1c}$にPWM信号が出力され，$M_1$から$M_2$に電流が流れます(逆回転)．

### ● 回路各部の信号

▶指令電圧を一定にしてみる

**写真3**に駆動回路各部(**図7**)の波形を示します．

$VR_1$を回して指令電圧を上げていき，あるところで固定して観測した，**図7**の各部の出力とタコジェネレータからの出力です．

搬送三角波と速度指令を重ね合わせた指令が$IC_{1b}$の出力Ⓐ点となっており，$IC_{1d}$で比較・生成されたPWMパルスが出力されています．もし指示電圧を上下すればパルス幅がそれによって変わります．一定の電圧指令を与えているので，一定の電圧がモータに加わり一定の速度で回転しています．

▶指令電圧を上げたり下げたりしてみる

**写真4**に示すのは，正転から逆転まで指令値を変化させたときの回転のようすです．パルスの状態を見やすくするため正論理のロー・サイドのゲート電圧で測定しています．逆転はⒷ点から，正転になるとⒸ点か

らPWMパルスが出力されます．

破線で示すように，指令値は正転から逆転まで直線的に変化させ，一定速で回転させた後，再び逆転までの指令を与えています．

電圧指令がPWMパルスの制御範囲を得たところではオン状態となり最高電圧が加わり，最高回転数で回転しています．コンパレータ$IC_{1d}$は，検出電圧範囲以下なので0Vです．正方向回転指令になると，今度は逆にⒸ点からPWMパルスが出力されます．

▶指令値と回転数が一致していない

モータ実速度は，指令速度である電圧指示を直線的に変化させているにもかかわらず，追従していません．また，電圧指令の低い(速度の遅い)領域ではモータが回転しないことがあります．ブラシ付きモータはブラシの機械的接触が負荷となっているために現れる現象です．

モータの回転速度を指令値に安定化させる(制御する)には，後述のタコジェネレータからの検出速度をフィードバックする必要があります．

### ● 回転速度を制御する方法

ブラシ付きモータの回転速度を負荷によらず一定になるように制御するには，ロータ軸にタコジェネレータを取り付けて回転速度を検出し，制御器で指令速度とこの検出速度の差(偏差)をゼロにするようにコントロールします．

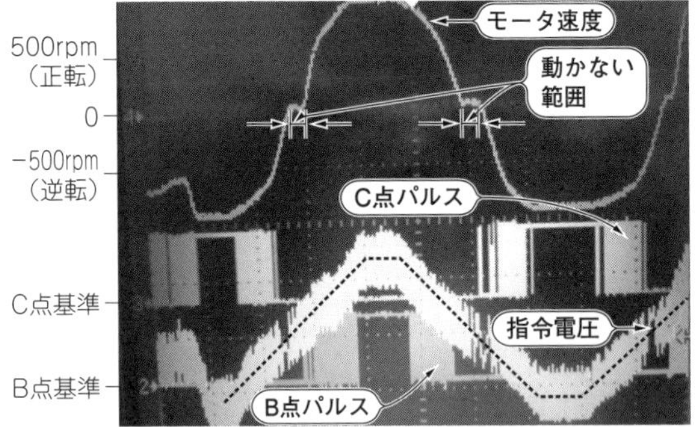


**写真4　正転から逆転まで指令値を変化させたときの回転のようす**
パルスの状態を見やすくするため，正論理のロー・サイドのゲート電圧で測定している

このときPID制御と呼ばれる古典理論を一般に利用します．**図8**にPID制御のブロック図を示します．PID制御は，P制御，I制御，D制御という，3タイプの制御を個別に設定しながら，目的に合った制御を実現するものです．

(1) P制御

偏差の大小に応じて修正する制御で，比例(Proportional)を意味します．モータの速度制御では，速度指令に対して実速度の差を一致させるように電流を大きくします．比例して大きくする割合をコントロールしています．

(2) 定常偏差を減らすI制御

定常状態になったときの偏差をゼロにするための制御で，積分(Integral)を意味します．P制御だけでは，偏差が0になると電流指令もゼロになるので，必ずある幅の差(定常偏差と呼びます)をもちます．これを減らすように，偏差を積分していくことで，偏差をゼロにする出力を保つ働きをするのがI制御です．速度制御では，I制御がないと指令速度と一致させることはできません．

(3) 速度の振動を抑えるD制御

偏差の応答を改善する制御で，微分(Derivative)を意味します．回転速度が急激に変動すると，速度が振動することがあります．このような変動を抑える働きをするのがD制御です．

＊

偏差を，$K_P$倍する部分を比例補償，積分した後$K_I$倍する部分を積分補償，微分したあと$K_D$倍する部分を微分補償と呼びます．微分を実現することは現実には不可能で，時定数$\tau$を利用した不完全微分を利用します．一般に，速度の制御では，P制御とI制御の組み合わせでPI制御が応用されています．

### ● 速度指令に回転数を追従させる電流制御ループ

ブラシ付きモータもブラシレス・モータも，励磁を切り替えると，コイルに流れる電流が，インダクタン

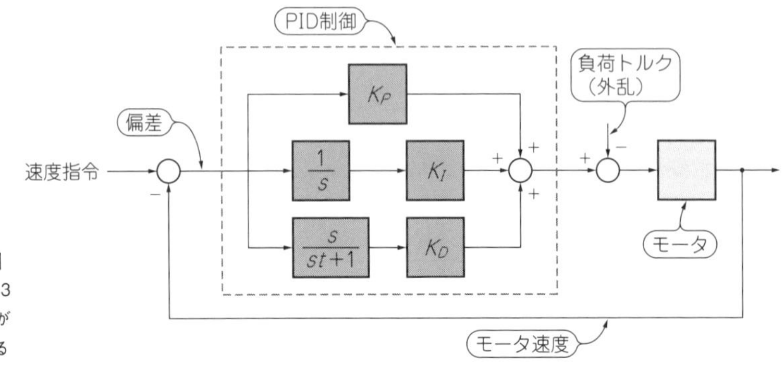


**図8　PID制御のブロック図**
P制御，I制御，D制御という，3タイプの制御を個別に設定しながら，目的に合った制御を実現する

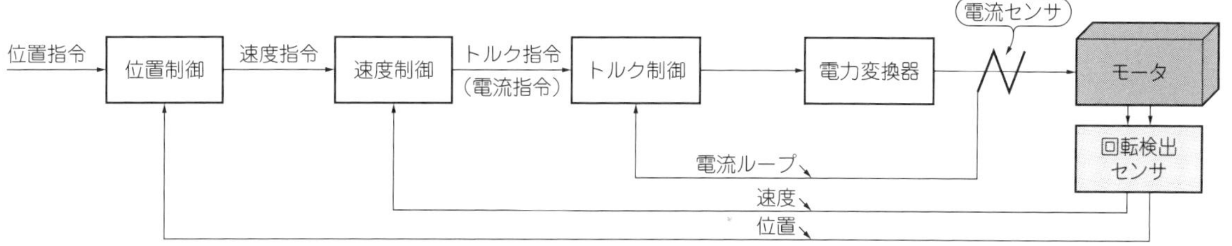


**図9　制御回路を追加してモータとの間で閉ループ（電流制御ループ）を構成**
速度制御の出力信号が電流指令（近似的にトルク指令）になっている



スの影響で遅延します．

高速回転させるほどこの遅れは無視できなくなり，効率を低下させる原因になります．これを解決するには，**図9**に示すように，制御回路を追加してモータとの間で閉ループ（電流制御ループ）を構成します．速度制御の出力信号が電流指令（近似的にトルク指令）になっています．ブラシ付きモータのトルクは，モータに流れる電流に比例するので，電流量を制御できればトルクを制御できます．

モータに流れる電流量をコントロールできると，インダクタンスと抵抗による電気的な時定数を無視できるので，指令電流の変化に遅れることなく回転速度が追従します．電流ループの制御器は，応答性が要求されるため，通常は比例制御が使われています．

# 実験2　ブラシレス・モータを駆動する

## ■ 基礎知識

### ● ブラシの代わりに磁気センサIC

ブラシレス・モータは，ブラシ付きモータからブラシと整流子をなくしたものなので，ブラシレス・モータという名前が付けられました．

**写真5**に示すのは，ブラシレス・モータを分解したところです．永久磁石が回転子に配置されています．

固定子（ステータ）端部にはロータの回転位置を検出するための磁気センサIC（ホールIC）が取り付けられています．制御回路は，このICの出力信号で回転子（ロータ）の磁極の位置をモニタして，コイルに流す電流の向きや大きさをコントロールします．

### ● 駆動信号と回り方

ブラシレス・モータもブラシ付きモータと同様に直流電圧を加えます．回転速度は電圧の大きさで調節できます．**図10**にブラシレス・モータの駆動回路を示します．主回路，制御回路などで構成されています．

インバータ主回路は，上下につながる二つのトランジスタで構成する三つのハーフ・ブリッジ回路でできています．各ハーフ・ブリッジ回路はそれぞれブラシレス・モータの三つのコイル（U相コイル，V相コイル，W相コイル）につながっています．三相以上の多相モータを駆動したいときは，ハーフ・ブリッジ回路をその相の数ぶん用意します．

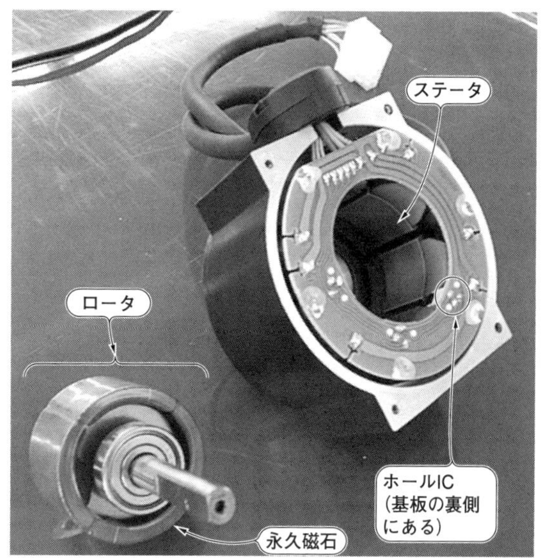


**写真5　ブラシレス・モータを分解**
固定子（ステータ）端部には，回転子（ロータ）の回転位置を検出するための磁気センサIC（ホールIC）が取り付けられている

制御回路は，ホールICの出力信号を常にモニタしながら，主回路の各スイッチング素子を順番に駆動します．

### ● 回す方法

**図11**に回路各部の信号を示します．

U相位置信号が立ち上がるタイミングで，U相ブリッジ回路の上側（ハイ・サイド）トランジスタがONして，U相コイルに電圧が加わり励磁電流が流れます．同時に，V相ブリッジ回路のロー・サイドはONしているので，V相コイルに反転した電流が流れます．

この動作を電気角60°ずつずらして繰り返すと，ロータの回転が持続されます．

HV信号の立ち上がりでU相ハイ・サイドはOFFするので，励磁の区間がが電気角120°ずつ通電されます．

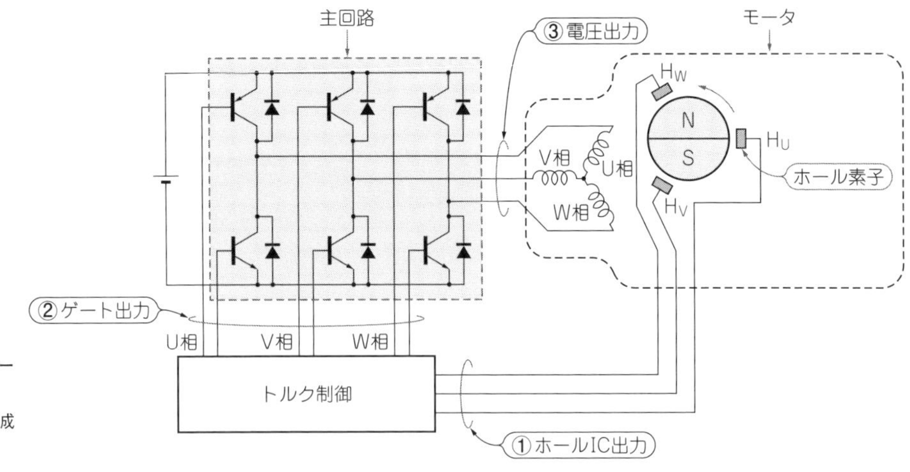


**図10　ブラシレス・モータの駆動回路**
主回路，制御回路などで構成されている

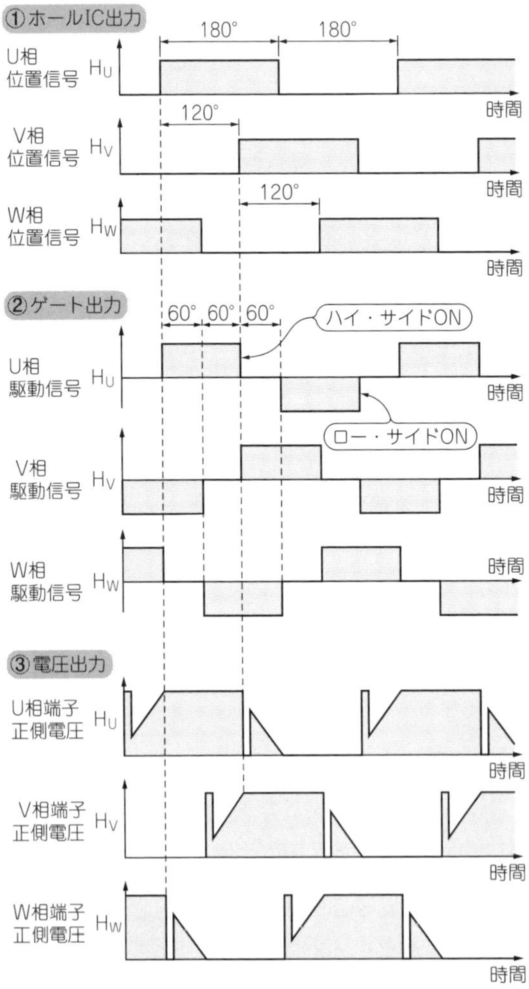

①ホールIC出力
180°　180°
U相位置信号 HU
時間
120°
V相位置信号 HV
時間
120°
W相位置信号 HW
時間
②ゲート出力
60°　60°　60°
ハイ・サイドON
U相駆動信号 HU
時間
ロー・サイドON
V相駆動信号 HV
時間
W相駆動信号 HW
時間
③電圧出力
U相端子正側電圧 HU
時間
V相端子正側電圧 HV
時間
W相端子正側電圧 HW
時間

**図11　回路各部の信号**
U相位置信号が立ち上がるタイミングで，U相ブリッジ回路の上側トランジスタ(ハイ・サイド)がONして，U相コイルに電圧が加わり励磁電流が流れる．同時に，V相ブリッジ回路のロー・サイドはONしているので，V相コイルに反転した電流が流れる

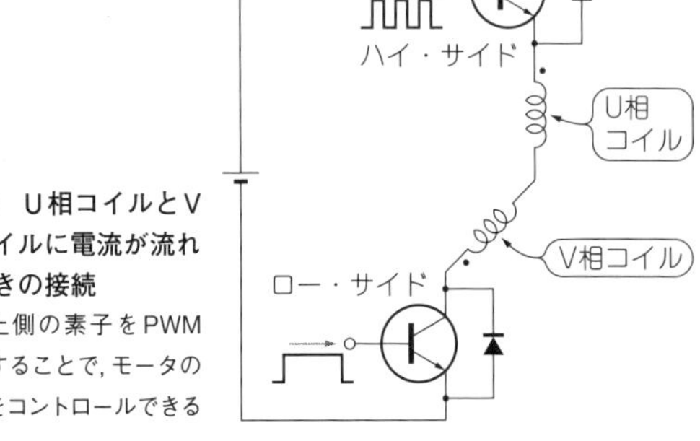


**図12　U相コイルとV相コイルに電流が流れるときの接続**
U相上側の素子をPWM制御することで，モータの電圧をコントロールできる

このことから120°通電ドライブと呼ぶこともあります．

HU信号の立ち上がりから180°経過した立ち下がり信号で，U相のロー・サイドがONすることで負の電流が流れます．

このように，立ち上がりパルスでハイ・サイド，立ち下がりパルスでロー・サイドと励磁を切り替えていくと正回転します．逆に，立ち上がりパルスでロー・サイド，立ち下がりパルスでハイ・サイドを励磁するシーケンスを組むと逆転指令になります．

**図12**に示すのは，U相コイルとV相コイルに電流が流れるときの接続です．U相上側の素子をPWM制御することでモータの電圧をコントロールできます．各相は120°の通電区間でPWM制御します．

回転速度は加える電圧で可変できます．回転の速度によってホールICの周波数が変化します．ホールICからの出力によって励磁シーケンスが決まるフィードバック回路が構成されているため，加える電圧で回転速度が決まります．

同期モータは周波数で回転速度が決まりますが，ブラシレス・モータと同じように磁極位置をフィードバックするループが構成されることで，周波数指示ではなく，加わる電圧で回転数が決まります．

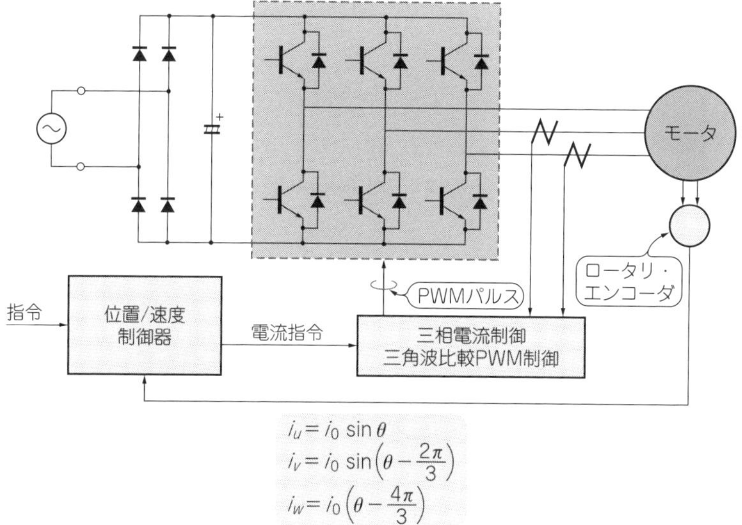


**図13 ブラシレス・モータの速度やトルクを精密にコントロールする正弦波電流指令回路のブロック図**
ブラシレス・モータの駆動回路に電流制御を加える

### ● 正弦波で電流制御をするとトルク・リプルがなくなる

精密に制御するには，**図10**のブラシレス・モータの駆動回路に電流制御を加え，**図13**に示すように正弦波電流指令で駆動します．なめらかに電流に比例する一定のトルクが発生するようになり，120°通電駆動で見られた励磁の切り替えに起因するトルク・リプルが出ません．

同期モータの性質をもつPMSM(Parmanent Magnet Synchronous Motor)，略してPMモータは，このような制御で回します．ブラシレス・モータと呼ぶ場合は，出力が数百W以下の小型のものを指すことが多く，それ以上の出力のブラシレス・モータのことはPMモータと呼ぶことが多いです．両者のモータの構造はほぼ同じです．

ブラシレス・モータで正負の電流コントロールを実現できれば，励磁シーケンスを正転にしたまま，電流を負方向に流せば逆転させることができます．ただし，ブラシレス・モータは，回転速度を変える用途は多くなく，一定速度で回転する用途が大半ですから，電流制御はあまり行われません．

## ■ 実験で確認

### ● 実験キットを利用する

モータ制御専用のワンチップ・マイコン(RL78/G14)を搭載したインバータ・キット(定格電圧24 V，1.8 A出力，ルネサス エレクトロニクス)を使って実験します．

**写真6**に実験に使用したキットの外観を，**写真7**に実験のようすを示します．パソコンでファームウェアを開発してマイコンに書き込みます．モータ駆動用のソフトウェア・ライブラリも準備されています．

(a) RL78/G14マイコン搭載の低電圧モータ制御評価キット R0K5ML001SS00BR(ルネサスソリューションズ)の外観

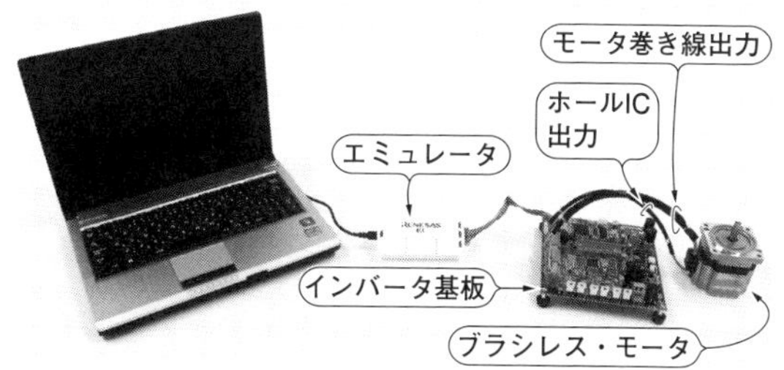


(b) 接続したところ

**写真6 ブラシレス・モータの正負の電流コントロールを実験したキットの外観**

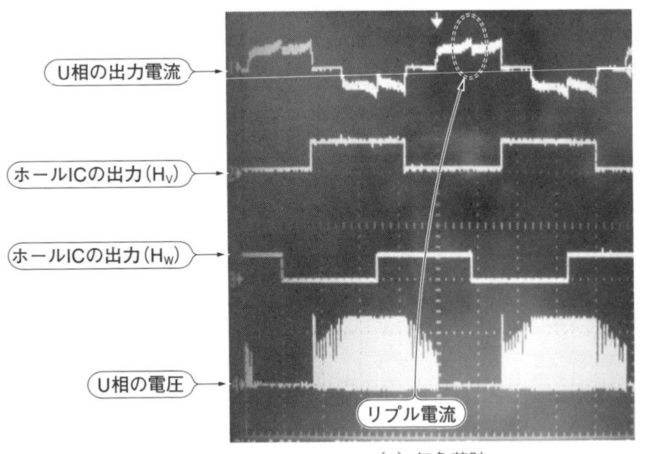


(a) 無負荷時

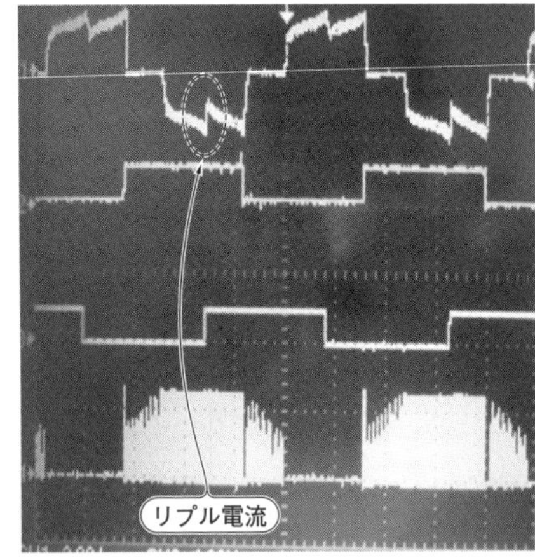


(b) 負荷時

**写真8　制御回路各部の波形**
速度指令値は一定

## ● 各部の波形

各コイルを矩形波電圧で駆動しました．オシロスコープの3チャネルを使って，次の三つの信号を観測します．

- ホールICの出力
- 1相ぶんの電圧
- 1相ぶんの電流(電流プローブを使用)

3個のホールICが出力する信号の立ち上がりから立ち下がりまでを1パルスとすると，8極のモータなので，1回転で24パルス(＝8×2×3)発生します．

▶負荷をかけないとき

**写真8**に制御回路各部の波形を示します．速度指令値は一定です．

**図11**に示した駆動シーケンスのとおり，ホールICの出力信号が立ち上がるタイミングで，各相のスイッチング素子がオン/オフ駆動されます．

U相ホールICの出力信号($H_U$)が立ち上がると，U相ブリッジ回路のロー・サイドがONします．**写真8(a)**に示すのは，V相ホールIC($H_V$)とW相ホールICの出力信号($H_W$)の波形です．$H_W$の立ち下がりでOFFしています．この期間はU相に負の電流が流れており，U相負側の電圧波形を測定しています．

▶負荷を加える

**写真8(b)**に負荷を加えたときの各部の波形を示します．U相電流が50％ほど増えていますが，各波形の周期に変化はなく回転速度は一定に保たれています．

ホールICからは24パルスが出力されています．マイコンがこのパルス周波数が，指令速度と一致するように働いた結果，負荷を加えても速度が一定に保たれたのです．

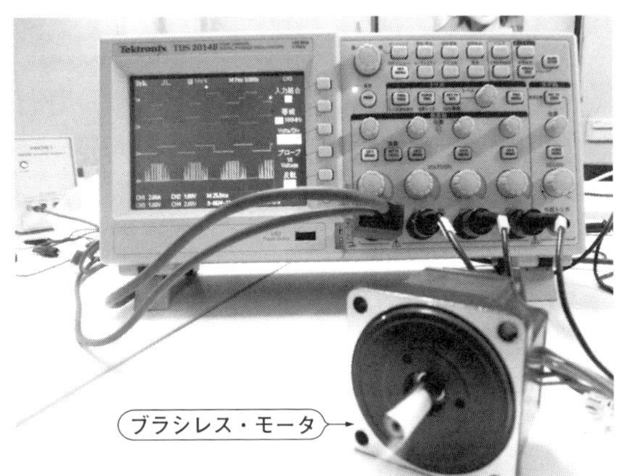


**写真7　実験のようす**

▶ブラシレス・モータの限界

ホールICの出力信号$H_W$の立ち上がり信号は，W相を励磁するタイミング信号として利用されます．

W相に電流が流れて他の相がONすると，U相電流が落ち込み，リプル電流が発生します．電流リプルはトルク・リプルを引き起こし，振動や騒音の原因になります．方形波の電圧で制御すると，このようなリプル電流が発生するため，精密な制御ができません．

回転方向はホールICの立ち上がり→立ち下がりの順序で決定しているため，連続的に回転方向を変えることはできません．

### ◆参考文献◆

(1) 百目鬼 英雄；電動モータドライブの基礎と応用，2010年9月，技術評論社．

(初出：「トランジスタ技術」2013年1月号)

# Appendix 2

## 確実に起動してバッチリ位置決め！
# 実験！ステッピング・モータの駆動方法



## 基礎知識

### ● 回し方

ステッピング・モータは，位置決め用モータとしてコンピュータ周辺装置など駆動トルクを必要としない用途でたくさん利用されています．

位置を制御する場合，サーボモータの使用を考えがちですが，制御の速度を要求しないのであれば，ステッピング・モータでも十分な性能をもっています．ブラシ付きモータやブラシレス・モータと異なり，回転速度は加える電圧では変えることができません．

駆動信号はパルス信号です．パルス信号を一つ入力すると，決まった角度(ステップ角)だけ回転して止まります．したがって，回転角$\theta_S$［°］は入力するパルス数に比例し，回転角速度はパルス周波数に比例します．

ステッピング・モータは，サーボモータの位置決めコントロールのように複雑な制御を行わずとも，簡単に高精度に位置決めできます．オープンループで制御するモータなので，駆動周波数を決める作業が重要です．

### ● 駆動方法

**図1**(a)に，ステッピング・モータの駆動回路を示します．

トルクはロータの変位に対して正弦波状に分布します．A相を励磁した静止位置を変位$\theta = 0°$とすると，$\overline{B}$相，$\overline{A}$相，B相(本来はB＋表現したいが省略)はそれぞれ$\pi/2$の位相差をもちます．

**図1**(b)に，各相が励磁されたときにロータに発生するトルクを示します．A相を励磁すると$\theta = 0°$の位置で静止します．矢印の大きさはホールディング・トルクで，静止時に発生する最大トルクのことです．$H_T$［Nm］で示します．

▶1相励磁

CW方向に回転させたいならば，トランジスタ$Tr_1$→$Tr_2$→$Tr_3$→$Tr_4$というように順次ONすれば，A→$\overline{B}$→$\overline{A}$というふうにトルク・ベクトルが回転します．この励磁法は，1相ずつ励磁することから1相励磁方式と呼ばれます．

▶2相励磁

$Tr_1$と$Tr_2$を同時にONしてA相とB相を同時に励磁すると，AベクトルとBベクトルの和であるABが静止位置になり，A相より$\pi/4$進んだ位置で静止します．最大トルクは1相励磁のときの$\sqrt{2}$倍になります．2相ずつ励磁するので2相励磁方式と呼びます．

▶ステップ角度を小さくする必殺技

1相励磁と2相励磁の位相差が$1/2\ \theta s$であることに着目して，A相からAB2相に励磁を切り換えると，1ステップ当たり基本ステップ角の1/2ずつ回すことができます．これを1-2相励磁方式(またはハーフ・ステップ駆動)と呼びます．

PMモータの駆動と同じように1周期を正弦波電流

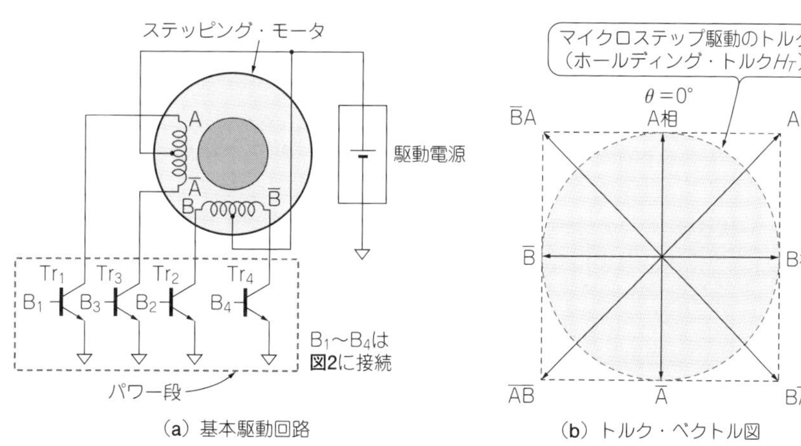


(a) 基本駆動回路

(b) トルク・ベクトル図

**図1　ステッピング・モータの駆動回路とロータに発生するトルク**

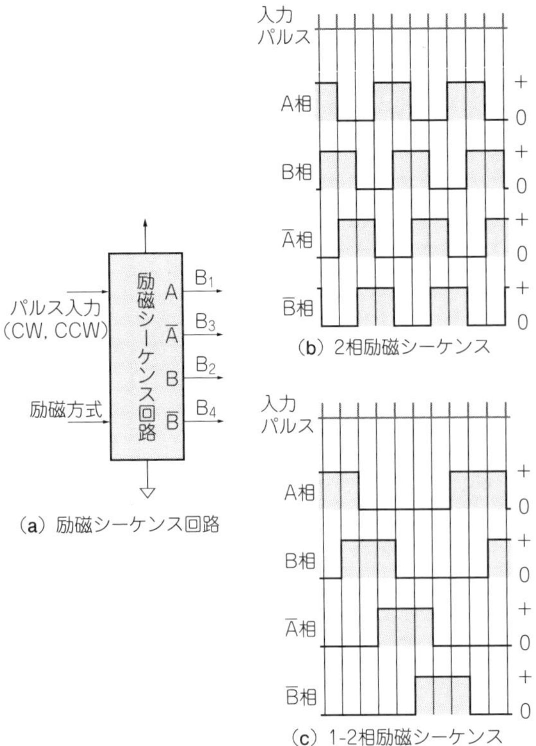


**図2　ステッピング・モータのコイルの励磁シーケンス**
信号がパワー段を構成するMOSFETのゲートに入力される

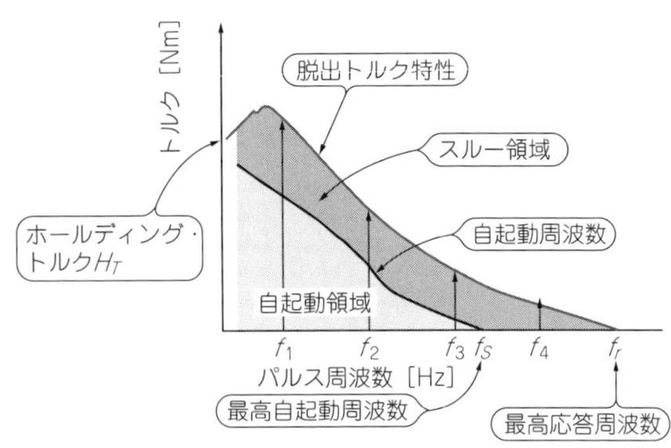


**図3　トルク特性**
ステッピング・モータを確実に回すためには，脱出トルク特性，自起動トルク特性の二つを確認する

になるように制御すると，トルクの最大値は**図1(b)**の点線で示す軌跡を描き，これをマイクロステップ駆動と呼びます．

## ● 駆動信号のタイミング

**図2(b)**，**図2(c)**に，ステッピング・モータのコイルの励磁シーケンスを示します．この信号が**図1**のパワー段を構成するMOSFETのゲートに入力されます．**図2(a)**に示す励磁シーケンス回路は，FPGAなどのディジタルICやマイコンで作ります．

パルスの周波数が高くなると，電流の平均値が小さくなり発生トルクも小さくなります．高速運転を目的とした駆動システムでは，パルス周波数に応じた電力制御が必要です．

## ● ここをチェック！ 回転速度-トルク特性

ステッピング・モータを確実に回すためには，**図3**に示す二つのトルク特性を確認する必要があります．

▶脱出トルク特性

ブラシレス・モータなど，位置のフィードバックがかかっているモータは電圧で速度が変わりますが，オープン・ループで駆動されるステッピング・モータは，入力するパルス周波数で速度が指示されます．

**図3**の速度トルク特性において，周波数$f_1$を速度指令とします．外部から負荷を加えると，速度を一定に保ったままトルクが発生します．その周波数で出せる最大トルクを超えると回転が止まります．この現象を脱調，最大トルクを脱出トルクと呼びます．

$f_2$，$f_3$，$f_4$の各パルス周波数それぞれに脱出トルクがあり，各点を結んだ特性を脱出トルク特性と呼びます．$f_1$の脱出トルク点から$f_2$に周波数を変えても，$f_2$の脱出トルクが発生するわけではありません．

ステッピング・モータを駆動できる最大速度のパルス周波数を最大応答周波数$f_r$ [Hz] と呼びます．

▶自起動トルク特性

負荷トルクを加えて起動できるパルス周波数には限界があります．始動できる最大の周波数を最高自起動周波数$f_s$ [Hz] と呼びます．

トルクを加えて自起動できる周波数を各周波数で結んだ特性を自起動周波数特性と呼びます．この特性以下の周波数で自起動できることを示す範囲を自起動領域と呼びます．

脱出トルク特性と自起動周波数特性の間(スルー領域)の速度で駆動したい場合は，その速度まで加速する必要があります．位置決めをしたい場合は，減速して自起動周波数に入って位置決めする必要があります．

これらトルク特性は，電力の制御で大きく異なるので，駆動回路と一体になって測定する必要があります．

# 実験

## ● 起動の条件を探す

ステッピング・モータには，ロータが追従できる自起動周波数領域があります．パルス信号の周波数を自起動領域に指定した場合と，それより高い周波数に指定した場合のモータの動作を実験で確認します．

オシロスコープを使ってパルスが入力されたときの

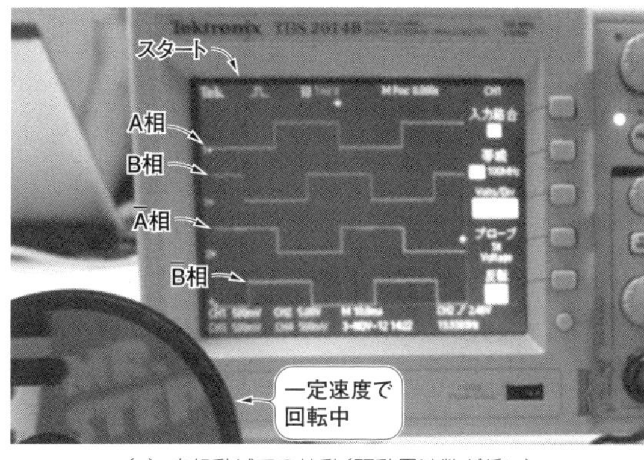


(a) 自起動域での始動(駆動周波数が低い)

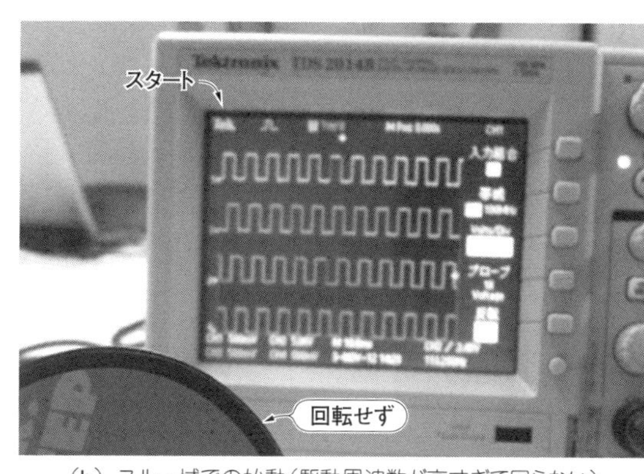


(b) スルー域での始動(駆動周波数が高すぎて回らない)

**写真1　ステッピング・モータに入力するパルス周波数を変えてみた**

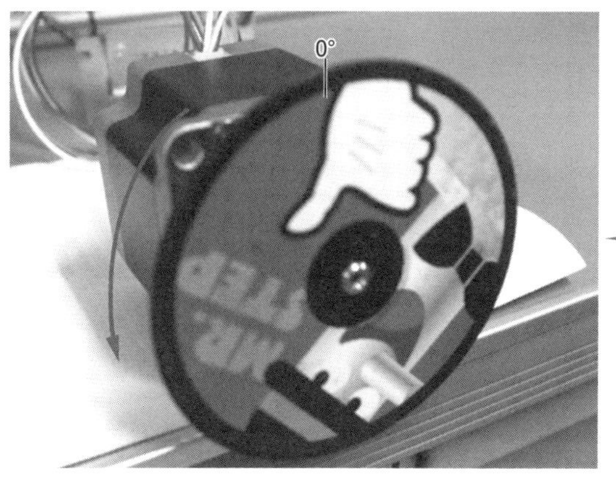


(a) 回転スタート

(b) 270°回転して停止

**写真2　位置決めの実験**
150パルスを入力すると270°回転して止まった

モータの励磁シーケンスを確認します．位置決め実験では，270°回転するパルスを入力してモータの回転のようすを調べます．2相ステッピング・モータのステップ角は，1.8°なので，270°回転するためには150パルス入力します．

実験で自起動周波数で始動したときのようすを確認します［**写真1**(a)］．実験に使用したのはステッピング・モータのスタータ・キット「ステップマスタ」(オリエンタルモーター)です．

## ● 実験結果

▶起動の実験

ステッピング・モータは，パルス信号の周波数が高すぎると回り出しません．**写真1**(b)に実験のようすを示します．

奥に映っているオスロスコープの励磁シーケンス波形を見てください．**写真1**(a)と(b)の掃引時間は同じです．**写真1**(b)は，パルス信号の周波数が高すぎて起動に失敗しました．

▶位置決めの実験

自起動周波数で起動して，時計周りに270°回転させせるために，150個のパルスを入力して位置決めコントロールしてみました．結果を**写真2**に示します．

(a)の地点からスタートして(b)で位置決めできています．両写真とも外部から力を加えても位置を保持しています．入力したパルス数に比例した角度で位置制御が行われていることが確認でき，パルスというディジタル量で位置をコントロールできることがわかります．

**〈百目鬼 英雄〉**

(初出：「トランジスタ技術」2013年1月号)

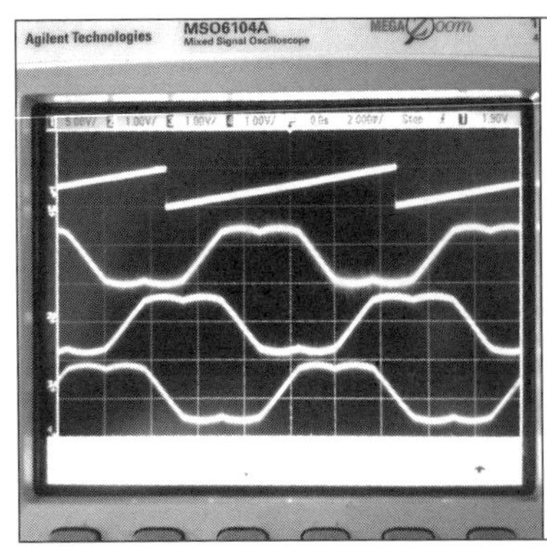


**第3章** 発熱や振動が減って電池も長持ち！磁力がロータにバッチリ伝わりスムーズに

# エネルギが無駄なく回転に変わる「ベクトル制御」

江崎 雅康 Masayasu Esaki

モータは古くて新しい技術です．プラモデルに使われてきたDCブラシ付きモータ，洗濯機，冷蔵庫など家電製品に長く使われてきた交流誘導モータ，工場やビルの動力源として使われている3相誘導モータなど，多くのモータが使われてきました．

このモータが大きく変わりつつあります．その中心はDCブラシレス・モータです．2005年の少し古いデータですが，日本の総電力使用量のうち，57%はモータが消費しています．現在もっとも多く使われているのは誘導モータですが，これをすべてDCブラシレス・モータに置き換えると，10%～50%の効率改善が期待できると考えられています．

DCブラシレス・モータが登場してからセンサレス制御方式や矩形波駆動から正弦波駆動への進化など，その駆動方式にはさまざまな改良が加えられてきました．この改良の上に開発されたのが本稿で紹介するベクトル制御技術です．

## ベクトル制御を導入するメリット

### ● 省エネかつきめ細かなトルク制御が可能

▶正弦波駆動より6%高効率

**図1**は，ベクトル制御の省エネ効果を測定したデータです．ベクトル制御の一歩手前の正弦波駆動との比較です．

正弦波駆動とは，正弦波状に連続的に電流を変化させてモータを駆動させる方式です．波形をみると正弦波そのものとなります．

一方，ベクトル制御は界磁コイルに流れる電流値とロータ位置から，きめ細かにベクトル演算を行い，回転する力を最大限に生み出すモータ駆動電流を計算で導き出す方式です．結果として正弦波に近い形となりますが，正弦波とは異なります．

**図1**を見ると，すでにエネルギ効率がかなり高い正弦波駆動と比べて，ベクトル制御では回転数300 rpm（回転数/分）で6%の効率改善になっています．省エネ技術はこのような細かい技術の積み重ねです．

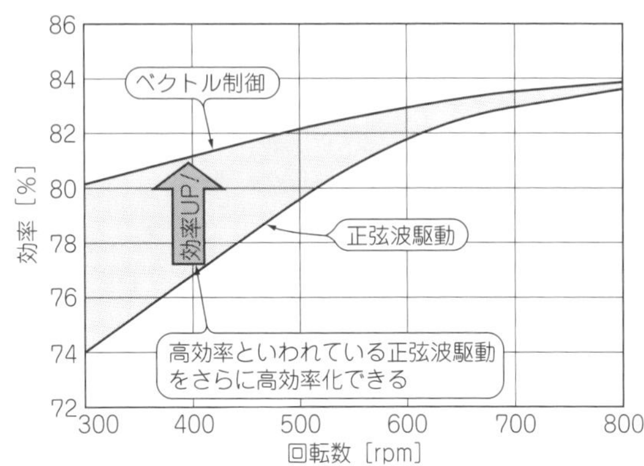


**図1　ベクトル制御のメリットは省エネ効果！**
正弦波駆動と比べてさらにエネルギ効率6％改善

モータのエネルギ効率は，モータ本体の特性，スイッチング素子の特性などが影響します．モータやスイッチング素子，駆動回路を可能な限り同じ条件にして測定したデータです．

▶デリケートな用途もOK！きめ細かなトルク制御

ベクトル制御のもう一つの効果，それはきめ細かなトルク制御が可能であるという点です．そよ風機能を備えた扇風機，歯科治療ドリル用のモータなど，多くの分野で開発がすすめられています．

＊

デメリットは，誘導モータと比べて永久磁石が必要，駆動回路が複雑，ソフトウェア開発が必要，その結果コストが高くなることです．また高効率で小型のモータを作るためにはネオジウムなど希土類が必要になります．しかしモータの省エネ技術は時代の趨勢ですから，この流れは変わらないでしょう．

### ● 省エネ駆動が可能になる理由…磁力が常に回転方向に働くようになる

ベクトル制御の教科書を見ると，座標軸変換の式が必ず出てきます．数式を使うと機械的に結論が導き出されますが，すっきりしないような後味が残ります．

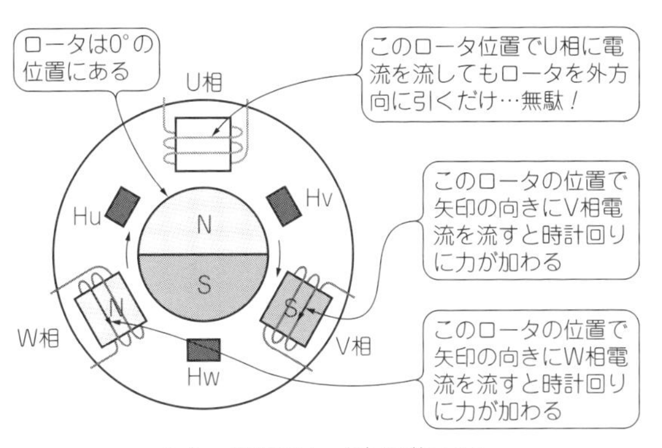

（a）一般的なロータと界磁コイル

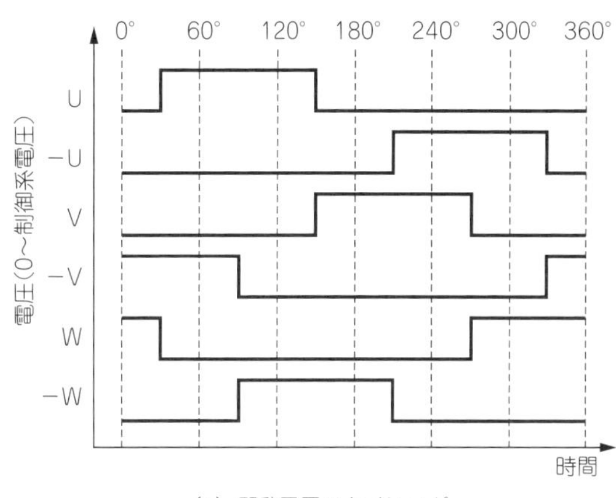


（b）駆動電圧のタイミング

**図2　DCブラシレス・モータは三つの界磁コイルに流す電流の大きさやタイミングをロータの位置に応じて上手に制御すれば，ロスを減らすことができる**

これを一言で説明できないか，考えてみました．

**図2(a)**はDCブラシレス・モータの構造です．中央に永久磁石のロータがあります．その周りにU相，V相，W相の三つの界磁コイルがあります．このコイルの間にロータの位置を検出するホール素子が配置されています．

ホール素子によりロータの位置を検出し，この位置に合わせて**図2(b)**に示すように界磁コイルの電流を切り替えます．これがDCブラシレス・モータを駆動させる場合の基本形です．

今，ロータは0°の位置にあります．ロータのN極がU相の界磁コイルの真下にあります．この時U相に電流を流して励磁しても，磁力は回転方向には生じません．N極に励磁されたW相コイル，S極に励磁されたV相コイルはロータの回転方向に磁力が働きます．

ロータの位置に対応して，三つの界磁コイルに流す電流をきめ細かく制御することにより，磁力が最大限回転方向に働くようにする，これがベクトル制御の基本的な考えです．

数式はこの考え方に基づいて各相コイルに流す電流値を導き出す手段として使われます．

## こんなハードウェアとソフトウェアで実現する

### ● システム要件

**図3**はDCブラシレス・モータのベクトル制御システムの制御フロー図です．

▶ハードウェア処理部

**図4**の右の囲み部分がハードウェア処理部です．PWM回路は左側のソフトウェア処理部から出力される各相の電圧指令値をPWMスイッチング波形に変換します．最近はPMD(Programmable Motor Driver)などの名称でマイコンに内蔵されることが多くなりました．デッドタイム制御回路もここに含まれます．

インバータ回路は6個のパワー・スイッチング素子で構成されたモータ駆動回路です．A-Dコンバータは，モータの各相コイルに流れる電流値をA-D変換して，左側のソフトウェア処理部に渡します．

▶ソフトウェア処理部

ソフトウェア処理部はマイコン1個で済むはずなのですが，ひとつ大きな課題があります．それは演算速度です．

ベクトル制御の繰り返し周波数は，たいてい人間の耳に聞こえない16 k〜20 kHzに設定します．その結果50 μ〜62.5 μsの間にベクトル制御に必要な座標軸変換，ロータの位置推定，速度制御サーボ演算を行う必要があります．

この演算は掛け算，割り算だけでなくsinやcosなどの三角関数による計算も含まれるので，最高動作周波数40 MHzマイコンの能力をフルに使い切るほどの演算時間を要します．

この演算は整数演算で行うので，オーバーフローや有効桁落ちにも注意する必要があります．

マイコンにはベクトル制御の演算だけでなく，過電流保護，緊急停止，回生制御なども行なわせる必要があります．また簡単なシステムであればマイコン1個でアプリケーションの処理も行なわせたいという要求もあります．

この課題を解決するために次のような手法が使われてきました．

①演算の一部をFPGAで処理する
②ベクトル演算の定型部分をハードウェア化する
③マイコン内蔵の浮動小数点演算装置を活用する

たとえば②の手法は，東芝製のモータ制御用マイコンに使われています．**図3**のソフトウェア処理のうち

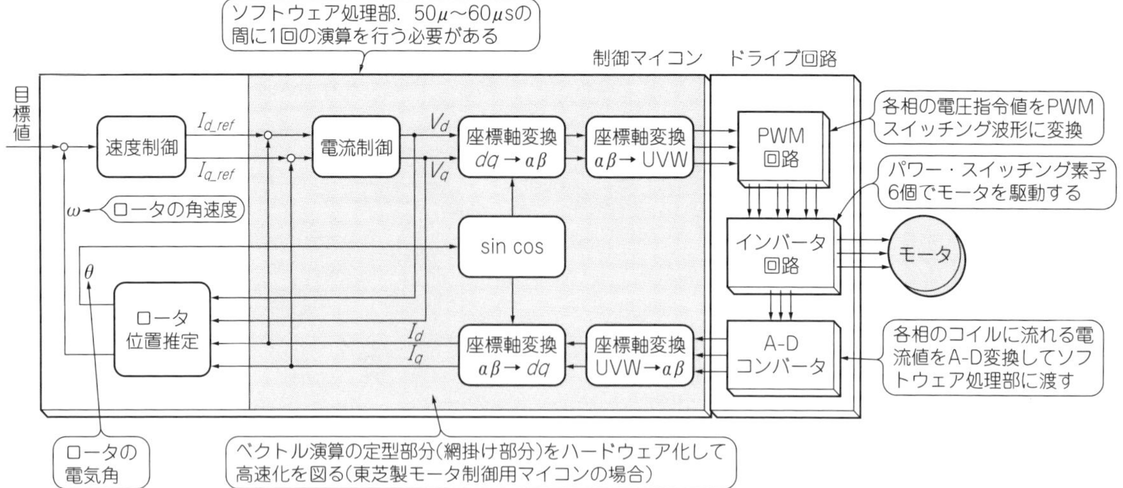


**図3　ベクトル制御に必要な多くの演算は50 μ～62.5 μsで終わらせる必要がある**
DC ブラシレス・モータのベクトル制御システムの制御フロー

定型部分(網掛け部分)を専用ハードウェア化することによりマイコンの負荷を減らしています.

## ● 実際のハードウェア構成

**図4**はDCブラシレス・モータのベクトル制御のハードウェア構成を示したブロック図です.

▶駆動回路…主にハードウェア処理部を担う

駆動回路は対象モータの電圧, 駆動電流値に適したトランジスタ, MOSFET, IGBTなどにより構成されます. 駆動回路には小電力モータから高電圧・大電流モータまでさまざまな種類がありますが, 基本的には6個のスイッチング素子で構成された回路です.

駆動回路から制御回路への主な信号は, 各相コイルの電流値だけです.

図に示される回生制御, 緊急停止などの出力信号線, 電源電圧や過電流検出信号, モータから直接入力されるホール素子信号, エンコーダ信号などは制御方式によって追加されます.

▶制御回路…主にソフトウェア処理部を担う

左側の制御回路はハードウェア的にはマイコン1個で十分です. 図に示すように, 制御回路ではモータの各相コイルの電流値を読み込んで, ベクトル制御に沿ったPWM駆動信号を出力します. 制御回路のアルゴリズムが重要です.

## ● コストと信頼性で選ぶコイル電流の検出方式

DCブラシレス・モータのベクトル制御では, U相, V相, W相に流れるコイル電流を的確に検出する必要があります.

電流を見ることで, 三つのコイルに発生している磁界が分かり, ロータに働く力のベクトルを見ることができるようになります. これにより, 回転方向に働く力と外向きに働く無駄な力がどれだけあるか解析できます.

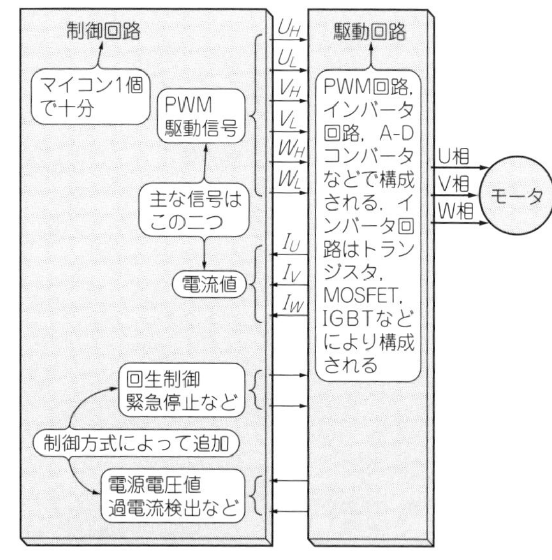


**図4　制御回路と駆動回路間のやりとりはPWM駆動信号と各相コイル電流だけでシンプル**
DC ブラシレス・モータのベクトル制御ハードウェア構成

センサレス制御の場合は, ロータ位置の推定にもコイル電流を使用します.

このように, コイル電流の検出はベクトル制御に欠かせないしくみです. 次の3方式が多く使われます.

▶その1…コスト重視! 1シャント方式

**図5(a)**に示す方式です. 1本のシャント抵抗(電流検出用抵抗)しか使いませんのでコスト重視のシステム向きです. しかし, U相, V相, W相の各コイルに

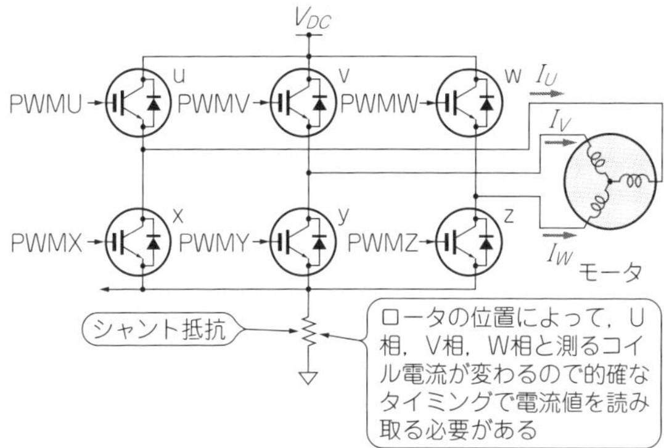

(a) 1シャント方式…コスト重視

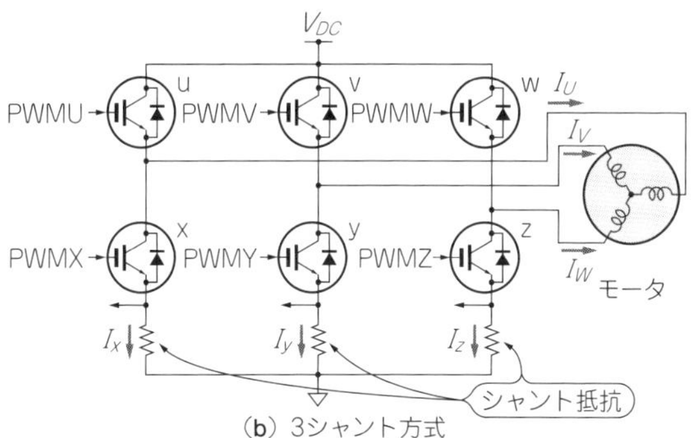

(b) 3シャント方式

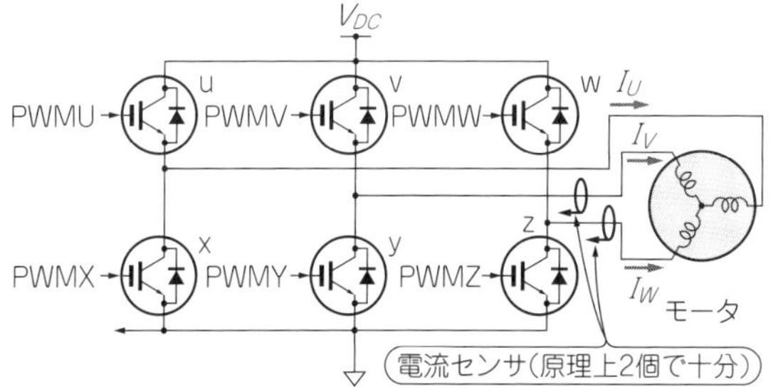

(c) 2センサ方式…正確な情報取得が可能

**図5 ベクトル制御の要…界磁コイル電流の検出には3通りの方法がある**

流れる電流を直接読むのではなく，ロー・サイドMOSFETに流れ込む電流を読むことになるので，的確なタイミングで電流値を読み込む必要があります．各相の電流値を読み込むタイミングに十分な注意が必要です．

シャント抵抗を使う方式はU相，V相，W相の各コイル電流を直接読むのではなく，ロー・サイドのMOSFETに流れ込む電流を読むことになるので，的確なタイミングで電流値を読み込む必要があります．

しかも，それを一つのシャント抵抗で行うので，電流値を読み込むソフトウェアのタイミング設計は，かなり難易度の高いものとなります．

▶その2…コストも信頼性もそこそこ欲しい！ 3シャント方式

**図5(b)**に示すように各相のロー・サイドにシャント抵抗を配置します．1シャント方式に比べると若干コストが上がります．

1シャント方式と同様，各コイルに流れる電流を直接読み込む訳ではなく，ロー・サイドMOSFETに流れ込む電流を読むので，タイミング設計の難易度は高いです．しかし，三つのシャント抵抗から読み込むことができるので，1シャント抵抗方式と比較すると難易度は低くなります．

▶その3…高信頼性！ 2センサ方式

**図5(c)**に示すように，モータの各相駆動線に電流センサを挿入して直接電流値を測定する方式です．各相電流値の間には次の関係があるので，設置する電流センサは2個で十分です．

$$I_U + I_V + I_W = 0$$

2センサ方式は，読み込む値にノイズがのりにくく，信頼性の高い方式です．ただし，PWM周波数よりも高い周波数特性を持った電流センサを使う必要があり，シャント抵抗方式に比べて高コストになります．

## 開発キットで実験

### ● サンプル・プログラム付きオールインワンですぐ動かせる

DCブラシレス・モータのベクトル制御は最新のハードウェアと組み込みソフトウェアが集積された技術です．

この技術を搭載した商品開発をゼロから始めるのは大変です．電源を接続すればすぐに回転するような従来のDCブラシ付きモータや，交流誘導モータとは勝手が違います．

そのため，ベクトル制御の開発を行う際は，実際に使うモータを接続してハードウェアやソフトウェアのチューニングなどを行うための開発キットを使用するのがおすすめです．開発キットには，Appendix 1で紹介しているように，メーカごとにさまざまなキットが用意されています．この中の一つ，T370MTR-N2(イーエスピー企画)を紹介します．

### ● ベクトル演算の定型部分をハードウェア化して高速化を図ったマイコンを搭載

T370MTR-N2は，最大80 MHzで動作するARM Cortex-M3マイコンTMPM370FYFG(東芝)をモータ制御に使います．ベクトル演算の定型部分をハードウェア化した，ベクトル・エンジンと呼ばれる専用ハードウェアを内蔵しています．

▶そのほかの特徴

**写真1**にT370MTR-N2のキット全体を，**写真2**に

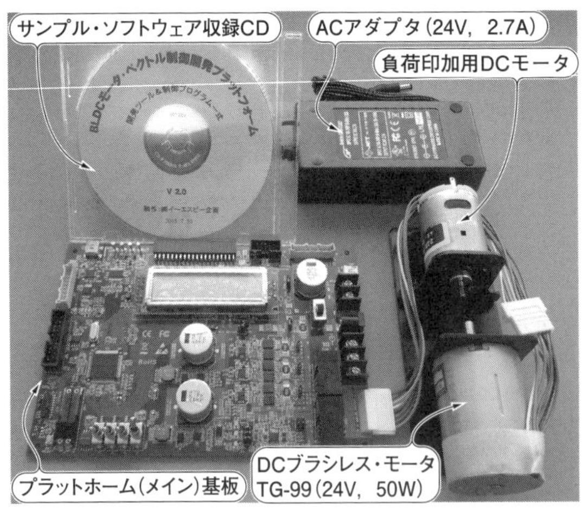


写真1　3通りのコイル電流検出方式に対応するベクトル制御システム開発用モータ・キット…T370MTR-N2(イーエスピー企画)

プラットホーム基板を示します．各種モータのテスト駆動を行うことを考慮して，次の特徴を備えています．

- ベクトル制御回路のデータ波形表示回路を搭載．必要に応じて別途20チャネルの波形を表示/記録する基板を接続するコネクタも用意
- ジャンパの切り替えにより，コイル電流検出方式を1シャント方式，3シャント方式，2センサ方式に切り替え可能．それぞれに対応したサンプル・プログラム付属
- 駆動回路の電源は13 V～60 Vに対応
- 電流検出回路には5倍増幅の差動増幅回路を採用
- 基板上にARM社が提供する標準のCMSIS-DAPデバッガ(JTAG/SWD)回路を搭載
- 基板上のモータ駆動回路を無効化して，外付けの高圧，大電流インバータ駆動回路を接続可能．専用の拡張コネクタ搭載

写真2　ベクトル制御システム開発用モータ・キットT370MTR-N2のプラットホーム基板
駆動回路と制御回路が1枚に搭載される一体型

表1　アナログ波形の表示機能搭載でパラメータの細かいチューニングも可能

| トグル・スイッチ設定 | | 波形出力端子 | | | |
|---|---|---|---|---|---|
| $TSW_4$ | $TSW_3$ | $J_1$(VoA) | $J_2$(VoB) | $J_3$(VoC) | $J_4$(VoD) |
| OFF | OFF | U相電圧指令値(VCMPU0) | V相電圧指令値(VCMPV0) | W相電圧指令値(VCMPW0) | 位相(THETA0) |
| OFF | ON | U相電流値(IAADC0) | V相電流値(IBADC0) | W相電流値(ICADC0) | 位相(THETA0) |
| ON | OFF | 電流$I_d$指令値(IDREF0) | 電流$I_q$指令値(IQREF0) | 電流$I_d$測定値(ID0) | 電流$I_q$測定値(IQ0) |

表2　界磁コイル電流の検出方法は3通り選べる

| 方　式 | シャント電流 | | | 電流センサ | | | シャント抵抗短絡 | | |
|---|---|---|---|---|---|---|---|---|---|
| | $JPX_1$ | $JPX_2$ | $JPX_3$ | $JPS_1$ | $JPS_2$ | $JPR_1$ | $JPR_2$ | $JPR_3$ | $JPR_4$ |
| 1シャント方式 | ON | ON | ON | OFF | OFF | ON | ON | ON | OFF |
| 3シャント方式 | ON | ON | ON | OFF | OFF | OFF | OFF | OFF | ON |
| 2センサ方式 | OFF | OFF | OFF | ON | ON | ON | ON | ON | ON |



### ● 指令値をオシロスコープで見ながらパラメータを調整できる

ベクトル制御では，個別のモータや用途に合わせて，制御パラメータ(指令値)をチューニングして最適化する必要があります．そのためには，制御パラメータの変化を波形で見ながら調整できることが重要です．

T370MTR-N2は，ベクトル制御回路のデータ(電流指令値，電圧指令値，電流$I_d$指令値，電流$I_q$指令値など)のうち，4チャネル分をリアルタイムで波形表示する回路を搭載しています．

**表1**に波形表示回路の選択メニューを示します．トグル・スイッチ($TSW_4$，$TSW_3$)のON/OFFにより，必要な波形を基板上の端子(VoA，VoB，VoC，VoD)にアナログ波形として出力します．ベクトル制御の演算過程で発生するパラメータで物理的には存在しない波形も表示することができます．

**図6**は$TSW_4$ = OFF，$TSW_3$ = OFFに設定して，U相電圧指令値，V相電圧指令値，W相電圧指令値，位相を表示したところです．

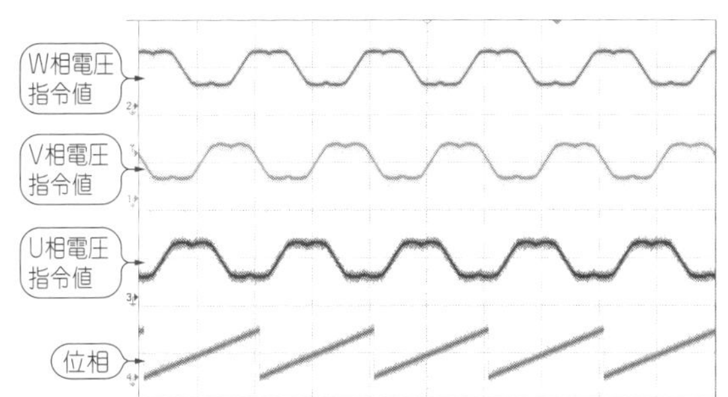


図6　各指令値の変化をオシロスコープで表示

### ● コイル電流検出方式の切り替え機能

**表2**に示すように，ジャンパ($JPX_1$～$JPX_3$，$JPS_1$，$JPS_2$，$JPR_1$～$JPR_4$)の切り替えにより，1シャント方式，3シャント方式，2センサ方式が選べます．

### ● ベクトル制御の基本的なシステム構成

**図7**はT370MTR-N2を使った評価用のシステム構成です．基板上に60 V，80 AのPWM駆動回路を搭載しているので，電源とモータを接続して駆動テストを行うことができます．

開発した3方式のサンプル・プログラムは24 V，50 WのモータTG-99D(ツカサ電工)に合わせました．通常はモータの特性に合わせてパラメータを変更する必要があります．

(初出：「トランジスタ技術」2015年12月号)

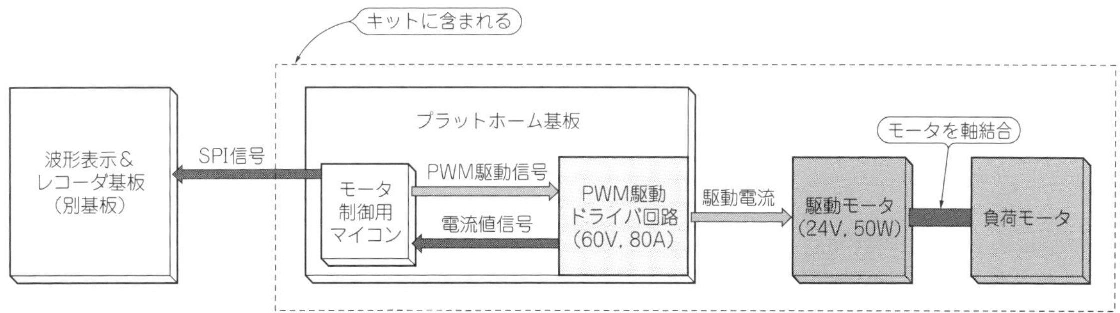


図7　ベクトル制御システム開発用モータ・キットT370MTR-N2を使ったベクトル制御評価用のシステム構成

**第4章** モータ&PIC用 デバッガ付きで89.99ドル！

# 実験！センサレス・モータ制御スターター・キットDM330015試用レポート

百目鬼 英雄／鈴木 憲吏／櫻井 清 Hideo Dohmeki/Kenji Suzuki/Kiyoshi Sakurai

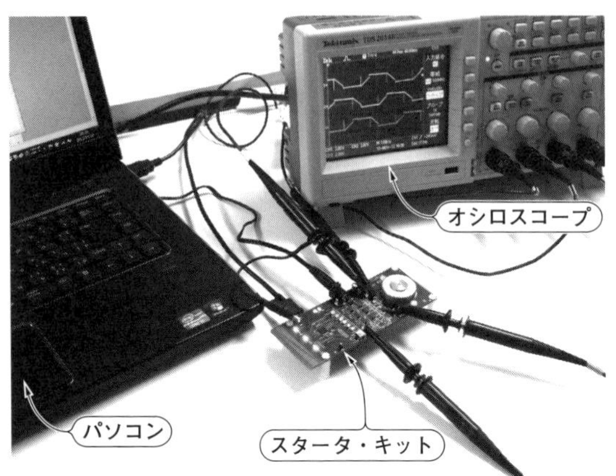


写真1　実験装置の全景

### ● モータ&デバッガ搭載で89.99*ドルのキット

ワンチップ・マイコンを動かすためのスタータ・キットがいろいろ誕生してきていますが，すぐに学習を始められるものはなかなか見つかりません．

そんななか，制御用マイコン，駆動回路，デバッガに加えて，モータが搭載されていて89.99*ドルという手軽な価格で購入できるスタータ・キットDM330015(マイクロチップ・テクノロジー)が販売されています．ブラシレス・モータを初めて使う方に最適です．

通常，ブラシレス・モータにはロータの位置を検出するホール・センサが付いていますが，このキットに搭載されているモータは，ホール・センサのないセンサレス型です．U，V，Wの各相に電流検出用のチップ抵抗があれば，ベクトル制御まで学習できたのですが，残念ながら対応していないようです．

DM330015は，モータの制御をほとんどプログラムで行うので，制御プログラムをできるだけ詳しく解説します．他のモータと駆動回路が準備できれば，この制御プログラムを異なるモータで試すこともできます．

〈櫻井 清〉

* 2017年9月時点の価格です．

### ● 実験の内容

ブラシレス・モータ(BLDCモータ)の構造は，回転子側に永久磁石，固定子側に三相巻き線が施されています．一般的な駆動方法は，磁極を検出するホールICを固定子側に設け，各センサ信号を利用して磁極位置に応じた各相の転流をインバータ回路で実現させています．それに対して，センサレス駆動は，ホールICを使わずに各相の逆起電力を利用してブラシレス・モータをドライブする方法です．

### ● 実験の方法

本実験では，スタータ・キットDM330015を利用して，各相の電圧やPWM信号を観測しながら高速かつ安定したセンサレス・ブラシレス・モータの駆動方法を検討します．

本実験は，DM330015と電源用ACアダプタ，通信用USBケーブル，パソコン，オシロスコープで構成します．実験のようすを**写真1**に示します．

DM330015には，9V電源用ジャックとUSB Mini-Bコネクタが搭載されています．ボード上のUSBコネクタは，オンボードUSBデバッガ用に利用します．

今回は，マイクロチップ社のホームページからダウンロードできるセンサレス・ブラシレス・モータ制御用サンプル・プログラム“MCSK_Demo_062911.exe”を利用し，統合開発環境“MPLAB IDE v8.86”とコンパイラ“MPLAB C30 v3.31”で，ビルドとdsPICへの書き込みを行いました．

## 実験1　ロータの位置を示す信号ゼロ・クロスを観測

### ● 実験の方法

センサレス・ドライブの原理を確認します．PWM制御がかかっていない全電圧での速度指令で駆動します．こうすることで，スイッチングの波形が見られず考察しやすくなります．この状態での1相の電圧と，インバータの駆動波形を測定することで，ホールICを使用せずにモータを効率良く回す方法を検討します．

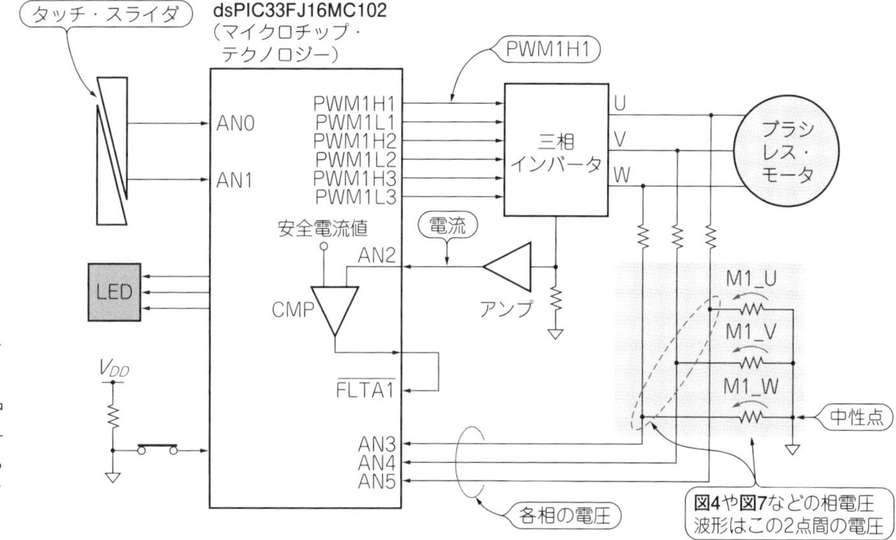


**図1　センサレス・ドライブの全体回路**
駆動回路はPICマイコンを中心にモータSHINANO DR-29312と速度指示を入力するための静電容量式のスライド・ボリュームで構成される

### ● 相電圧を観測する方法

センサレス制御の問題は，相電圧の測定法です．

一般に三相モータは，3本の線しか出力されていないので，1相の電圧を測定することができません．中性点から相電圧を測定できないのです．

そこで，仮想的な中性点を作ることにします．

**図1**に示すように，各相ごとに2本の抵抗を直列に接続してグラウンドに接地します．するとグラウンドから見た抵抗中間の電圧は，仮想的に1相の電圧として測定できます．

### ● 実験結果

測定した結果を**図2**に示します．M1_UがU相の電圧波形です．グラウンドを中心に正負に電圧が測定されています．

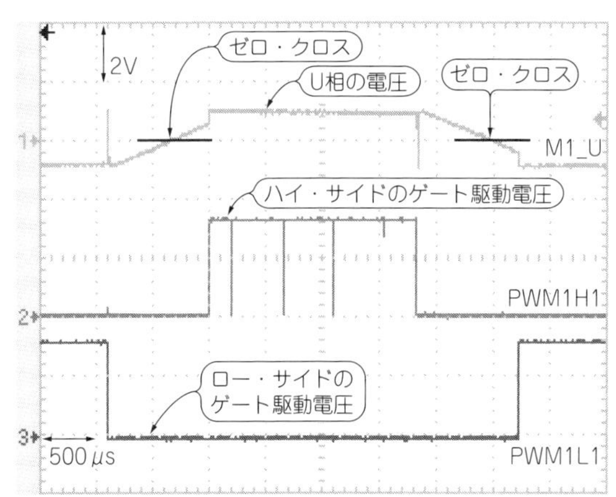


**図2　U相モータ電圧**(2 V/div, 500 μs/div)
三相インバータ入力と出力の波形

PWM1H1がU相ハイ・サイドの，PWM1L1がロー・サイドのゲート波形です．同図から，ゲート波形が120°正確に励磁していることが確認できます．ハイ・サイド，ロー・サイドともOFFの区間では，電圧波形が負から正，正から負へ変化しています．この部分にはインバータから電圧が出力されていないので，モータが回転することによって発生する逆起電力波形が出力されていると考えられます．

逆起電力波形がゼロ電圧を横切る点は(ゼロ・クロスと呼ぶ)，磁石の極性が切り替わるポイントになります．したがって，ゼロ・クロスを検出することで，ロータの位置を知ることができます．120°通電のモータ駆動では，インバータから電圧が出力されていない区間を使って，ホールICなしでもセンサレスで駆動することが可能です．

### ● 考察

ゼロ・クロスの検出までは，OPアンプを使用したハードウェアで実現できますが，速度を可変する場合には，ソフトウェアで実現するのが現実的です．ゼロ・クロスはN極とS極の位置を検出しているので，正確に120°通電の駆動を実現するためには，ゼロ・クロスの位置から30°進めた位置を演算で求める必要があります．

ゼロ・クロスから検出されるパルス列は，モータ速度を意味するので，モータ速度から回転する角度を計算できます．

## 実験2　始動時の駆動シーケンス

### ● 実験の方法

モータの逆起電圧は，ある速度まで回転しないと検出できません．

停止状態から起動して回転を加速し，起電力が検出されるセンサレス状態までのようすを確認します．

### ● 実験結果

**図3**に，停止から起動しセンサレス状態に入るまでの結果を示します．①の状態から始動して，オープン・ループで加速する②の状態を経過して，センサレス駆動の状態③に移行します．

始動させるには回転方向を決定させるため，ロータとステータの位置関係を決定する必要があります．このため，①の状態のように励磁相を決めるため直流電流を流して，ロータの位置決めをします．その部分を測定した結果が**図4**です．U相からW相に電流を流してロータ位置を決定しています．この場合，モータが動かないことがないように，**図3**のモータ電流は0.2 A近くまで流しています．

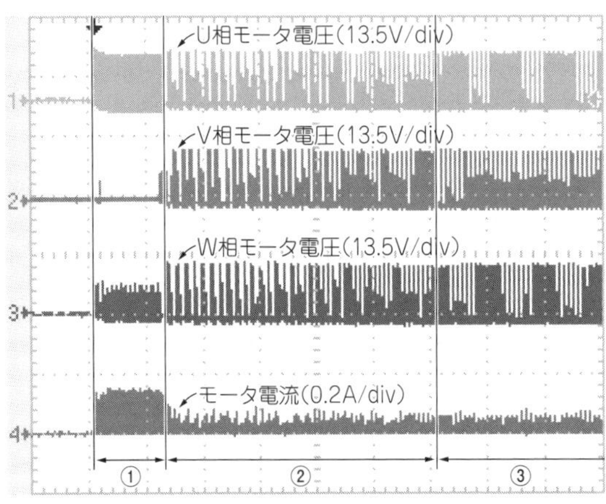


**図3　ブラシレス・モータの始動からセンサレス駆動までの変化**
ロータの位置決めに2倍以上の電流を流している．センサレス状態になる前は，励磁パルスの幅が一定していない．パルスが等間隔になってセンサレスに引き込まれている

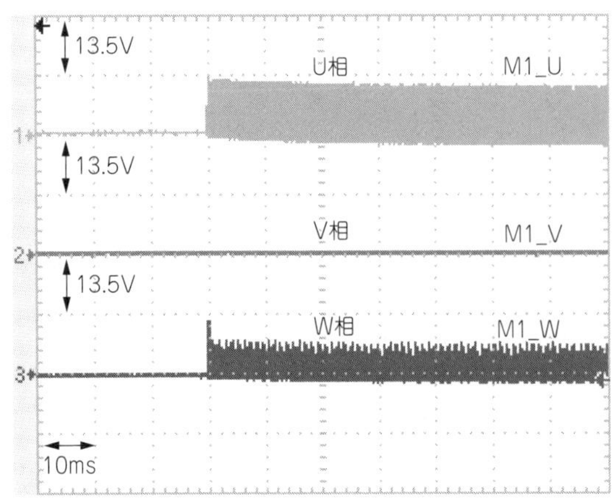


**図4　始動の位置決め**
始動のためスイッチをONすると，一定の直流電圧を発生するPWMパルスを加えている

②の状態のように，オープン・ループで加速していきます．その加速途中を測定した結果が**図5**です．U相のホールICがある位置と同じ位置に停止することになります．アップ・サイド(PWM1H1)でPWM制御がされていることがわかりますが，ロー・サイド(PWM1L1)とは位相差が等間隔になっていないことが確認できます．そのため，逆起電力は立ち下がりでスロープが確認されますが，立ち上がりではほとんど測定されていません．

③の状態で，センサレス状態に引き込んでいます．センサレス状態のようすを測定した結果が**図6**です．ゲート波形が位相関係を保ったまま一定の励磁がされています．その結果，逆起電波形も左右対称に，ほぼ等しくなっています．

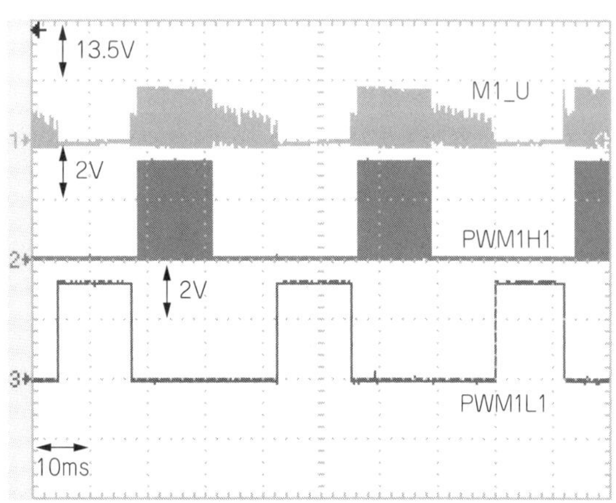


**図5　オープン・ループで加速途中のU相電圧**
オープン・ループでの加速途中は，ハイ・サイド立ち上がりとロー・サイド立ち上がりの期間を短く設定．無励磁区間を長くして磁極位置信号を検出しやすく工夫されている．上：コイル両端，中：ハイ・サイドのゲート，下：ロー・サイドのゲート

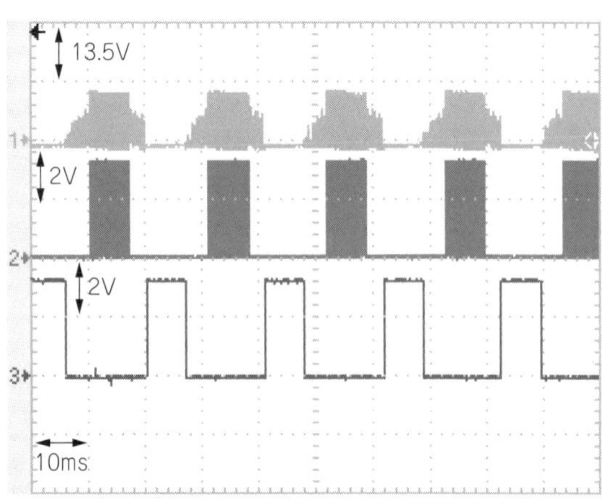


**図6　センサレス状態のU相電圧**
センサレス状態に入ると，電圧波形の両サイドにモータの逆起電圧が現れており，磁極位置信号が検出できる．ハイ・サイド・ロー・サイドのゲート・パルスの立ち上がりと立ち下がりの間隔は一定．上：コイル両端，中：ハイ・サイドのゲート，下：ロー・サイドのゲート

### ● 実験結果の考察

ロータの位置を決めるためには，ロータの位置に合わせてステータの相を励磁する必要があります．

U相からW相に電流を流した場合，ロータはV相を単独で励磁した位置で停止しています．この位置は，U相に対してちょうど30°進んでいます．つまりホールICが設置される場所にロータがあります．

したがって，指令周波数をマイコン内でオープン・ループで上げていき，ホールICと同じシーケンスで励磁を進めていけば，モータを加速できます．

オープン・ループで加速中でもゼロ・クロスの検出を常に行い，ゼロ・クロスが検出できる状態になったあと，逆起電圧でセンサレス駆動に移行しています．

## 実験3　脱調時の駆動電圧

### ● 実験の方法

ブラシレス・モータは，始動時や回転中にモータが発生できるトルクを越えた高負荷がかかった場合，ステータから発生する回転磁界とロータが同期できず，回転が停止してしまいます．これを脱調と言います．

実験では，安定してセンサレス駆動しているモータの回転子に高負荷を強制的に加えた際，モータ巻き線の各電圧のふるまいやPWMのパルス信号をオシロスコープで観測します．また，回転が停止(脱調)した場合，回転子が動いていないため逆起電圧が検出されないことを確認します．

### ● 実験結果

実験では，回転時に回転子を指で押さえて強制的に過負荷を与えることで脱調させ，その際の各相の電圧を観測しました．**図7**は，脱調時の各相のモータ電圧波形を示します．波形の1マスは，抵抗分割前は13.5 Vです．

**図7**より，各相のモータ電圧波形は，回転できていないことが確認できます．丸で囲んだ部分では，逆起電圧が観測されており，電圧の変化がありません．この場合，センサレス駆動は機能せず，回転を維持できません．また，**図8**にU相のモータ電圧波形，U相のPWMの上下アーム(PWM1H1とPWM1L1)のパルス信号を示します．1マスは，波形のU相の電圧軸は13.5 V，PWMの上下アームの電圧軸は2 V，時間軸は10 msです．

**図8**より，PWMの上下アームのパルス信号がOFF状態のとき，センサレス・ドライブでは逆起電圧を検出する区間ですが，一定電圧が出力されています．この部分では，他の相の巻き線に加わるモータ電圧が流れ込んでおり，逆起電圧が観測できず，停止しています．

PWMの上アームがON信号を繰り返し出力していますが，回転できていないため，一定時間の同一の出力を続けていることがわかり，回転の変化が起きていません．このように脱調がひとたび起こると，自力では回転を復帰させることは困難です．

### ● センサレス駆動は負荷変動に弱い

ホールICによる駆動でも過負荷が加わると脱調を起こします．センサレス駆動では逆起電圧のゼロ・クロスを測定してホールICの代わりの信号としており，トルクの変動に対して敏感です．したがって，センサレス駆動は，負荷変動に対しては強くないということが言えます．

脱調した場合でも一定の励磁が行われています．この原因は，マイコン内のプログラムで，ゼロ・クロス

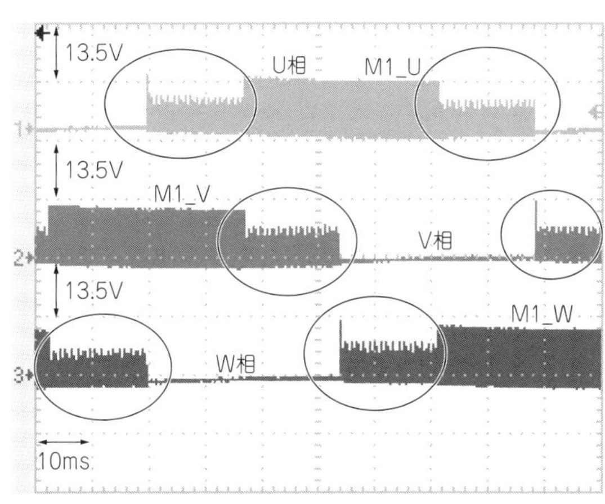


**図7　脱調時の各相電圧波形**

各相電圧波形で，PWMパルスが加わらない無励磁区間では一定の電圧で他の相のPWM波形が観測される．モータの逆起電圧波形が含まれていないので，ロータが停止し，脱調している

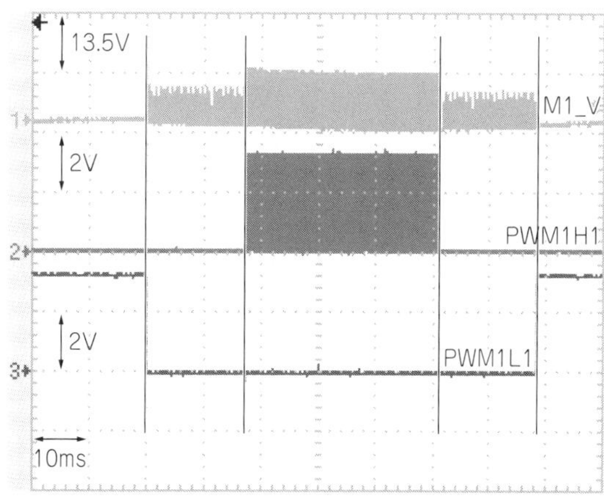


**図8　脱調時のU相電圧波形，PWMのU相上下アームのパルス信号**(2 V/div)

U相電圧は，ハイ・サイドのPWMパルスで電圧制御されている．ハイ・サイドとロー・サイドの休止区間は，脱調しているため一定電圧になる．上：コイル両端，中：ハイ・サイドのゲート，下：ロー・サイドのゲート

信号によって速度を演算している方式をとっていると考えられるので，ゼロ・クロスが検出されない場合は前の速度が維持されているとマイコンのプログラムが判断し，一定の速度での励磁シーケンスを出力しているのでしょう．

## 実験4　回転が安定しているときの駆動電圧

### ● 実験の方法

センサレス・ドライブを行ううえで，速度制御を構成しています．

本キットでも，同じように速度制御を構成したアルゴリズムとなっており，ブラシレス・モータのセンサレス・ドライブ時の速度変化に対する速度の安定を確認します．本実験では，始めは低速，次に中速，最後に高速と指令速度に3パターンを設け，速度を変化させた際の各相の電圧やPWMの上下アームを観測し，速度に対する変化を実験的に検証します．

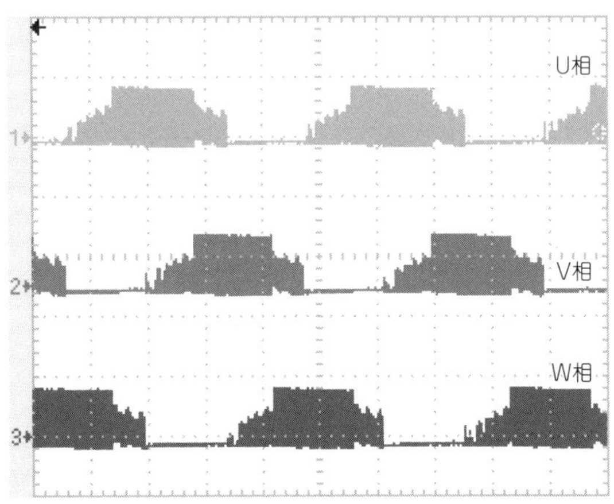


**図9　低速時の各相電圧波形**(13.5 V/div，5 ms/div)
実験セットで回転できる最低のスピードの約400 rpmで駆動した場合の電圧波形．各相とも原理通り120°区間励磁されている

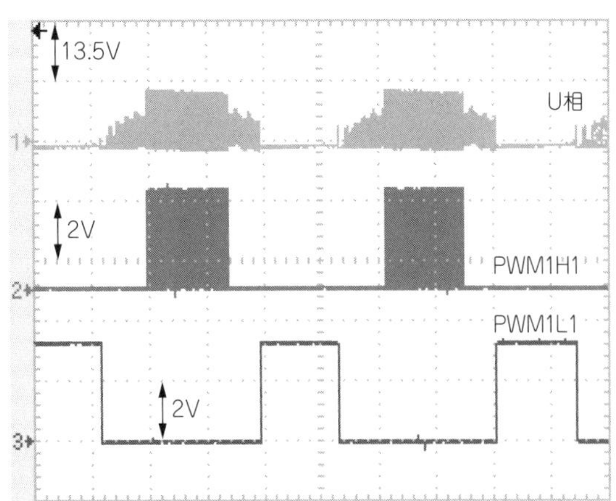


**図10　低速時のU相電圧波形**(5 ms/div)**，PWMのU相上下アームのパルス信号**(2 V/div)
低速の区間では逆起電圧のスロープが緩やかなことが電圧波形から見える．ハイ・サイドとロー・サイドのゲート・パルスの間隔も一定になっていない．上：コイル両端，中：ハイ・サイドのゲート，下：ロー・サイドのゲート

### ● 実験結果

本実験では，キットに搭載してあるタッチ・スライダを利用して指令速度の可変を行います．その際の指令値はアナログ入力で設定するため，およそ低速時500 rpm，中速時1000 rpm，高速時1700 rpmを設定し，速度制御特性を観測します．モータの回転数は，非接触タコメータと各相電圧をオシロスコープで観測します．

▶低速時の各相の電圧波形

**図9**に示します．1目盛りは，電圧軸が13.5 V，時間軸が5 msです．図は，上からU相，V相，W相の各モータ電圧です．インバータのリンク電圧が12 Vとなっているので，最大振幅は12 Vです．

▶U相のモータ電圧とPWMの上下アームのパルス信号

**図10**に示します．

図は，上からU相のモータ電圧，U相のPWMの上アーム，下アームのパルス信号となります．上アームの立ち上がりのパルス間を見ると21～22 msあり，回転数に換算すると550 rpm程度の転流を行っています．

タコメータでは，470～490 rpmの間を変動していました．指令している速度500 rpmに比べて若干の変動はありますが，指令に対して－4.4～＋10％程度で追従しています．

▶中速時の各相電圧波形

**図11**に示します．1目盛りは，電圧軸13.5 V，時間軸2.5 msです．低速時の**図9**に対して，時間が2倍程度短くなっていることから，回転数が増加しています．

▶U相のモータ電圧とPWMの上下アームのパルス信号

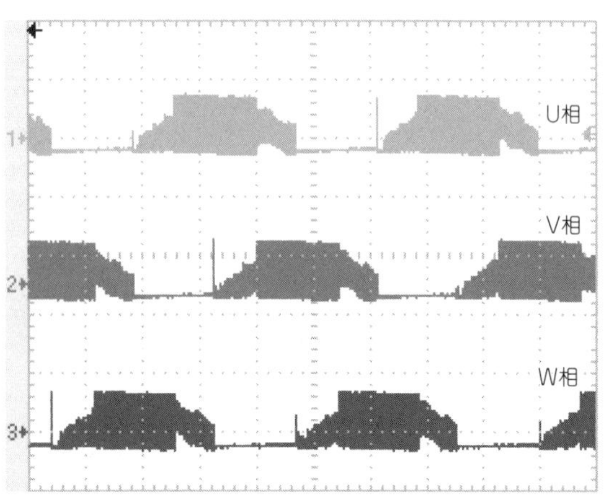


**図11　中速時の各相電圧波形**(13.5 V/div，2.5 ms/div)
中速域の駆動電圧波形．無励磁区間のスロープが，低速時と比較し急瞬になっている

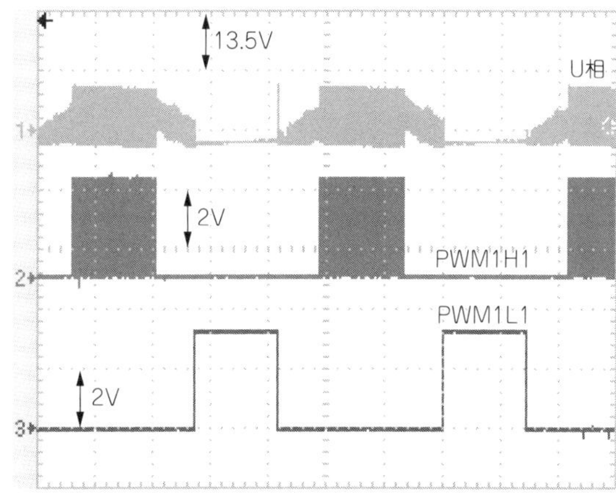


**図12　中速時のU相電圧波形**(2.5 ms/div)，**PWMのU相上下アームのパルス信号**

電圧波形とハイ・サイドとロー・サイドのゲート・パルスの関係．磁極位置信号が確実に測定されているのでパルス間隔が一定．上：コイル両端，中：ハイ・サイドのゲート，下：ロー・サイドのゲート

このときのモータの回転数を求めます．**図12**にU相のモータ電圧とPWMの上下アームのパルス信号を示します．パルスの立ち上がり間は11 ms程度あり，回転数に換算すると1090 rpmです．タコメータで測定した結果は930～940 rpm程度となり，指令している中速時の1000 rpmに対して－7～＋9％程度に収まっており，速度特性は良好です．

▶高速回転時の速度特性

**図13**に高速時の各相の電圧を示します．

低速時と中速時の各電圧波形に比べて周期が短くなっており，回転数が増加しています．また，回転数が増加することで，上アームのパルス信号のデューティ比は増加しています．

▶U相電圧波形と上下アームのパルス信号

このときの回転数を検証します．**図14**にU相電圧波形と上下アームのパルス信号を示します．パルスの立ち上がり時間を見ると，12.5～14 ms程度と変動しています．回転数に換算すると1714～1920 rpmの変動となります.タコメータでの結果は1620～1740 rpm程度となり，高速時の指令1700 rpmに対して－4.7～＋13％の範囲で指令に対して追従しています．

### ● 実験考察

**図9**～**図14**の結果より，モータの回転数は指令速度に対して－7～＋13％の範囲で追従できており，センサレスにおいても十分な追従性が確保できています．

回転数が増加するほど，モータ電圧波形は0 Vを基準に振幅が大きくなります．逆起電圧の変化が大きくなるほど，回転子の磁極位置の推定がしやすくなります．

本実験キットのセンサレスのアルゴリズムは，逆起電圧の検出が容易な中高速回転域の回転子位置推定の

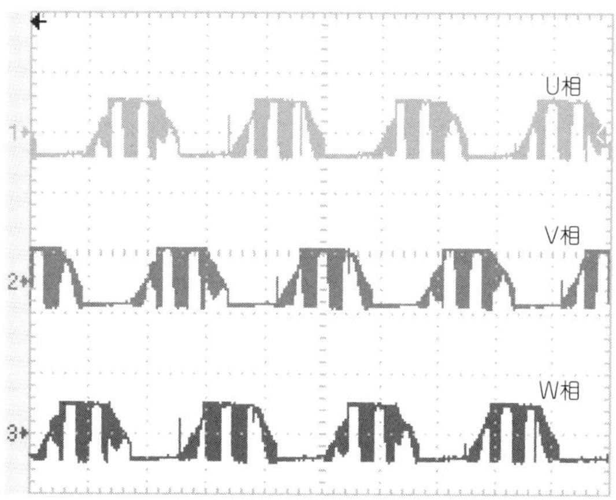


**図13　高速時の各相電圧波形**(13.5 V/div，2.5 ms/div)

実験キットの最高回転での駆動電圧波形．立ち上がりと立ち下がりにPWM信号がほとんど含まれず，安定したセンサレス駆動が行えている．上：コイル両端，中：ハイ・サイドのゲート，下：ロー・サイドのゲート

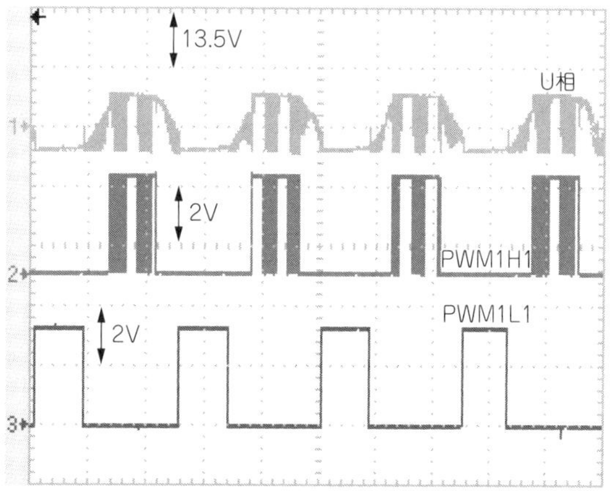


**図14　高速時のU相電圧波形**(2.5 ms/div)，**PWMのU相上下アームのパルス信号**

中速域ではハイ・サイド・パルスの励磁区間でPWM制御が行われていたが，実験では逆起電力が高くなっているのでPWM制御が一部しか行えていない．上：コイル両端，中：ハイ・サイドのゲート，下：ロー・サイドのゲート

精度が高いことがわかりますが，低速時の逆起電圧の検出が困難な回転域でも十分な推定が可能です．

## 実験5　負荷をかけて回転の安定度を見る

### ● 実験の方法

急激な負荷変動が回転子に加わると脱調して停止することを前の実験で検証しました．

速度制御がかかっているモータの定格トルク範囲内で負荷が回転子に加わった場合の駆動特性を検証します．モータの定格トルクは6 mNmですので，回転子の軸に3 mNmの負荷を加え，指令速度を1400 rpmとして実験を行います．始動からセンサレスまでの一連の駆動特性を取得し，安定動作について検証します．

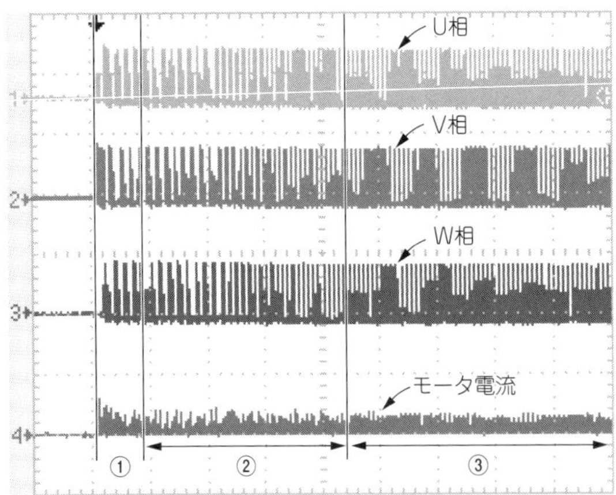


**図15　適量負荷時の始動からセンサレス駆動までの変化**
慣性負荷を加えても，始動からセンサレスまで安定に駆動できる

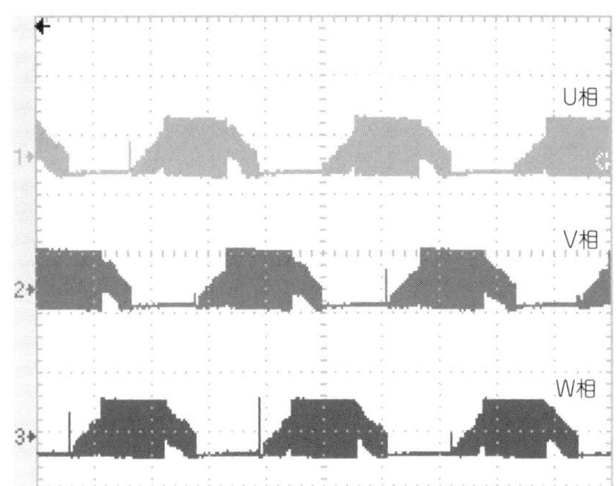


**図16　適量負荷時の各相電圧波形**(13.5 V/div，2.5 ms/div)
負荷を加えた状態でも，速度制御を行っているため，一定スピードで回転している

## ● 実験結果

▶駆動特性

適量負荷を加えたときの始動から指令速度1400 rpmまでの駆動特性を観測します．

**図15**は，始動からセンサレスまでの一連の駆動特性です．図の波形は，上からU相モータ電圧，V相モータ電圧，W相モータ電圧とモータ電流です．

モータ電圧の電圧軸は13.5 V/div，電流の電流軸は0.2 A/divです．時間軸は250 ms/divです．

**図15**から，①の区間で直流を励磁して磁極合わせを行ってから，②の区間のオープン・ループ駆動である程度回転させていることが確認できます．また，逆起電圧の検出可能な③の範囲からセンサレス駆動が行われています．定格トルクに対して適量な負荷を加えた場合，回転子は脱調することもなく始動が可能で，センサレス駆動へのスムーズな移行が確認できます．

言い換えれば，負荷が加わっても安定した回転速度制御が可能なことを意味しています．

▶速度制御特性

センサレス駆動まで移行してから指令速度1400 rpmに変更してみます．**図16**に各相のモータ電圧波形を示します．モータは脱調することもなく，負荷が加わった状態においても各相は120°の位相差をもって順次変化しており，安定した駆動が実現できています．

▶U相のモータ電圧波形とPWMの上下アームのパルス信号

このときの回転数を観測します．**図17**にU相のモータ電圧波形とPWMの上下アームのパルス信号を示します．上アームのパルスの立ち上がり間の時間を測ると，8.3 ms前後の周期をもっていることが確認できます．回転数は1445 rpm程度です．タコメータでは1360 rpm程度で変動していました．指令速度に対して－2.9～＋3.3％の範囲で回転しています．

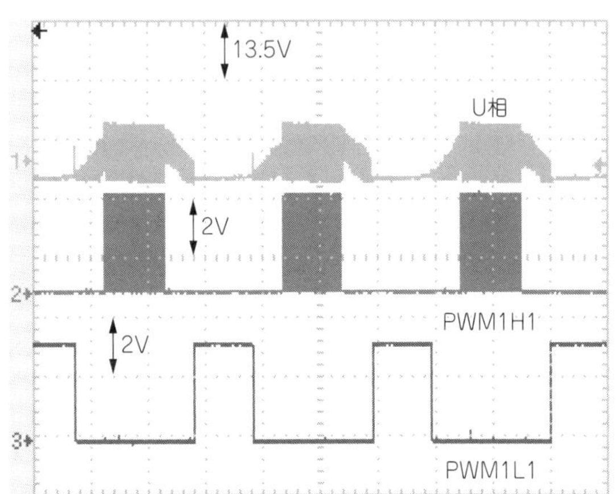


**図17　適量負荷時のU相電圧波形**(2.5 ms/div)**，PWMのU相上下アームのパルス信号**
負荷が加えられるのでPWMパルス間隔が広がり，モータに高い電圧が加わっている．上：コイル両端，中：ハイ・サイドのゲート，下：ロー・サイドのゲート

## ● 実験考察

**図15**～**図17**の結果から，モータの定格トルク範囲に収まる負荷であれば，問題なくモータは回転します．また，ある程度しっかりした回転が得られ，逆起電圧が測定できるのであれば，センサレス駆動は可能です．

しかし，センサの有無にかかわらず，負荷がある程度大きくなり，かつ高回転まで回転すると，徐々に軸に加わるトルクが増えて，モータが出力できるトルクを越えます(脱調する)．これらは，モータの特性やインバータの容量にも起因すると言えますので，用途に応じて駆動システムを構成することが重要です．

**〈百目鬼 英雄／鈴木 憲吏〉**

（初出：「トランジスタ技術」2013年1月号）

# Appendix 3

## 低速や停止状態でもロータの位置を推定できる 全速度域で運転できるセンサレス制御「高調波重畳方式」

### ● モータがずっと停止した状態で位置推定ができない「誘起電圧利用方式」

回転子に永久磁石を使用したPMモータのセンサレス制御方式は，永久磁石磁束の時間変化により発生する誘起電圧を位置推定に利用する制御方式(誘起電圧利用方式)です．これは，回転数が高い場合には，誘起電圧が大きいので精度良く位置を推定できます．回転数が低い，または停止しているときは誘起電圧が小さいので位置推定精度が悪化します．

モータが止まっているときは，推定磁束軸に電流を流してロータを動かし，無理やり永久磁石の位置と固定子の位置を一致させて始動しますが，ずっと停止した状態での位置推定はできません．

### ● モータが低速や停止状態でも位置推定ができる「高調波重畳方式」のしくみ

低速回転や停止時でも，位置推定ができるモータ制御方式が高調波重畳方式です．「誘起電圧利用方式」は，変化している磁束を検出するpassive方式ですが「高調波重畳方式」は磁束を変化させたときの電流の変化から位置を推定するactive方式です．

具体的にはPMモータのインダクタンスは永久磁石の位置で異なります．永久磁石の位置を推定するために，固定子巻き線に高周波電圧を加えて磁束を変化させると，インダクタンスが異なるので流れる電流は$d$軸と$q$軸で異なります．この電流からインダクタンスの位置依存性を利用して永久磁石の位置を推定する方式が「高調波重畳方式」です．高周波を用いる理由は，インダクタンスの起電力は，抵抗の電圧降下よりも十分大きくなるので抵抗分が無視できるという特性を利用できるからです．

### ●「高調波重畳方式」の原理

具体的に原理を検証しましょう．静止二相座標に振幅$V_c$，角速度$\omega_c$の電圧を加えるとします．

$$v^S{}_{\alpha\beta} = V_C e^{j\omega_c t} \cdots\cdots (1)$$

二相の電圧は，まとめて複素ベクトルで表しています．今，モータが角速度$\omega_r$で回転しているとして，回転座標系に変換($e^{-j\omega t}$をかける)すると，

$$v^r{}_{dq} = e^{-j\omega_r t} V_c e^{j\omega_c t} = V_c e^{j(\omega_c t - \omega_r t)} \cdots\cdots (2)$$

と表せます．前述したように$\omega_c$が十分高いとすると抵抗を無視できるので磁束変化分は電圧変化の積分で表せます．したがって回転座標系での磁束変化分は，

$$\Delta\lambda^r{}_{dq} \approx \int \Delta v^r{}_{dq} dt = \frac{V_c}{\omega_c - \omega_r}(-j)e^{j(\omega_c - \omega_r)t} \cdots (3)$$

です．このときの電流は磁束の変化分にパーミアンス(インダクタンスの逆数)を乗じたもので表せるので，

$$i_{dq} = R_{dq}\Delta\lambda_{dq} = \frac{1}{2}\frac{V_c}{\omega_c - \omega_r}(-j)e^{j(\omega_c - \omega_r)t}(R_d + R_q) + \frac{1}{2}\frac{V_c}{\omega_c - \omega_r}(j)e^{-j(\omega_c - \omega_r)t}(R_d - R_q) \cdots (4)$$

です．これを静止座標に戻すと相に流れる電流は，

$$i^S{}_{\alpha\beta} = \frac{1}{2}\frac{V_c}{\omega_c - \omega_r}(-j)e^{j\omega_c t}(R_d + R_q) + \frac{1}{2}\frac{V_c}{\omega_c - \omega_r}(j)e^{-j(\omega_c - 2\omega_r)t}(R_d - R_q) \cdots\cdots (5)$$

です．式(1)は加えた高調波成分の電流ですが，式(2)に$2\omega_r t$のロータ位置成分が含まれています．加えた高調波成分のサイド・バンドとしてロータ回転数の2倍の信号が表れます．またこの信号の振幅は加える電圧の振幅に比例しますが，パーミアンスの差=インダクタンスの差(突極性)に比例します．

あとは$2\omega_r t$信号をとりだすのですが，加える周波数と取り出したい$2\omega_r t$信号の周波数が近いので注意が必要です．加える周波数に$e^{-j\omega_c t}$をかけて座標変換をすれば，加える周波数成分は取り除けるので，ロー・パス・フィルタをかければ位置信号が取り出せます．座標変換して取り出した電流ベクトルのarctanをとれば位置信号になります．

**図1**にモータを4 Hzで回転させて500 Hzの高調波電圧を加えた場合の各信号を，相電流のFFT波形を重ねて示します．相電流には加える周波数のとなりに山がでています．ロータ速度の2倍の速さで推定位置が変化しています．これは突極の違いがロータが1回転する間に2回発生することに起因します．この方法では磁石のN極とS極の違いはわかりません．ロータが磁石の位置が，ステータティース中心に一致するゼロ点がずれているので修正が必要です．

### ● 高調波重畳方式の応用

永久磁石とステータティース中心の位置ずれを修正するため，**図2**に示すように位置推定方法を工夫します．推定した位置信号を用いて基準ベクトルを作成し，取り出した電流との外積をとって外積値を0にするように推定位置を調節します．この制御方法をトラッキング方式と言います．N極とS極の極性判別もロータの飽和状態を観測すれば可能です．加える高調波の2倍のサイド・バンドに極性信号がわずかに表れます($e^{j(2\omega_c - \omega_r)t}$)．この信号を使えば突極性の少ないSPMが位置推定ができます．

### ● 高調波重畳方式のアプリケーション

今回説明した制御方式は誘起電圧方式と組み合わせ

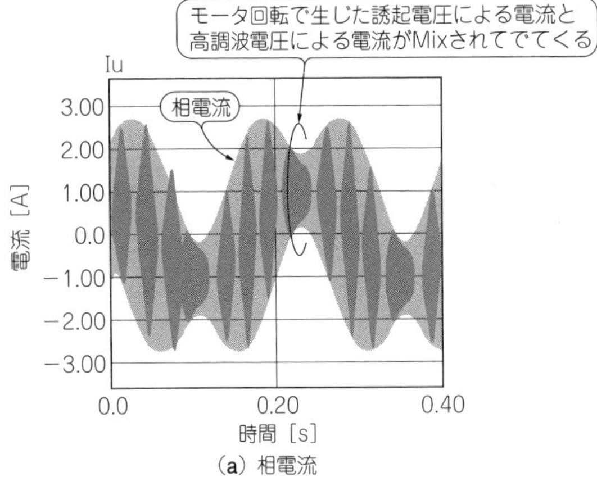

（a）相電流

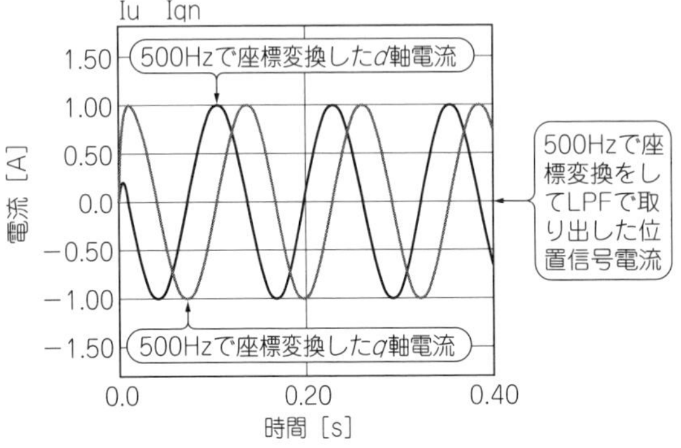

（b）座標変換した位置信号電流

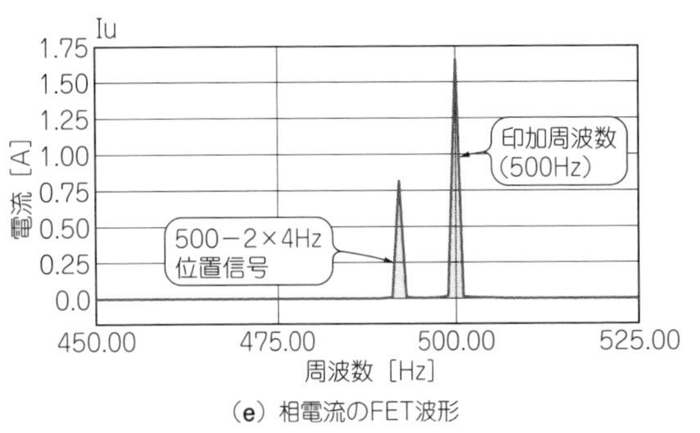

（e）相電流のFET波形

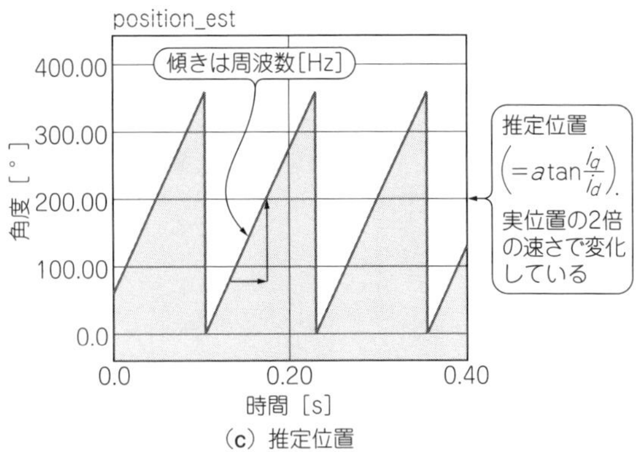

（c）推定位置

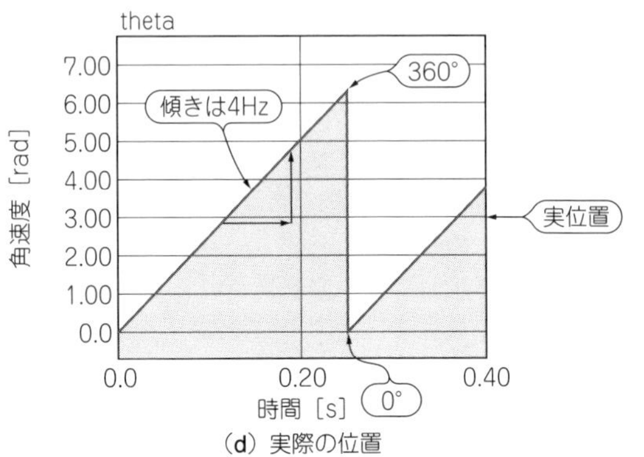

（d）実際の位置

**図1　高調波電圧印加時の信号**
推定信号はロータ速度の2倍の周波数になる

て用いられることが多いです．モータの始動時や低回転時には固定子巻き線に高調波電圧を加えて位置を推定し，モータ速度が高くなってきたところで誘起電圧方式に切り替えれば全速度域でセンサレス運転ができます．理由は，高調波電圧を加えると電磁騒音の発生や効率の低下につながるからです．今のところ一部のハイブリット自動車などに試験的に用いられています．

**〈赤津 観〉**

（初出：「トランジスタ技術」2013年1月号）

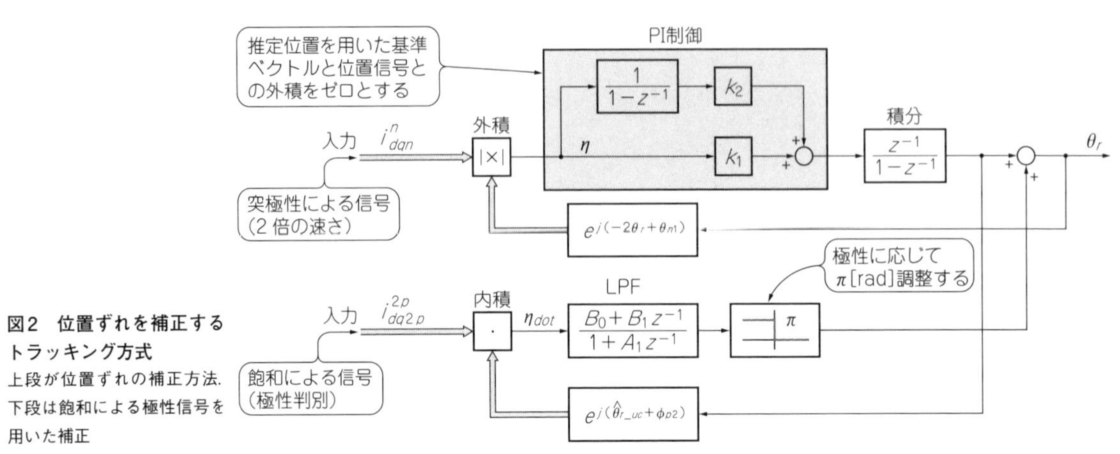


**図2　位置ずれを補正するトラッキング方式**
上段が位置ずれの補正方法．下段は飽和による極性信号を用いた補正

第5章 長寿命&低ノイズでスムーズに回る! 1個から買える!

# 5W小型扁平ブラシレス・モータDM1と制御回路

井桁 健一郎 Kenichirou Igeta

モータの出力を動く機構，例えばタイヤなどに動力を伝達するのは，ギヤを介することが多いでしょう．ギヤを省いてモータからダイレクトに動力を伝達すると構造は簡単です．

市販のモータの中には，モータに合わせたギヤ・ユニットもあります．ブラシ付きモータの場合は，このような専用のギヤ・ユニットもありますが，ブラシレス・モータのものは，あまりありません．そもそもブラシレス・モータ自体が入手しやすくありません．

そこで今回は，1個から入手できるブラシレス・モータDM1(**写真1**)を使用しました．

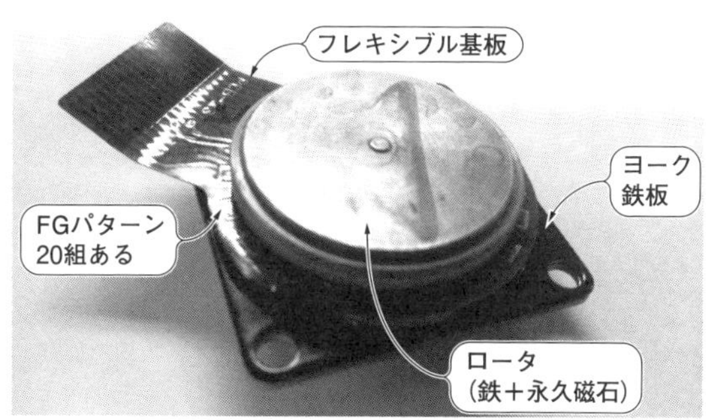


**写真1　5W出力の小型扁平ブラシレス・モータ DM1**
個人でも1個から買える［テクノバッグ，http://www.technobag.jp/)］

(a) 制御基板

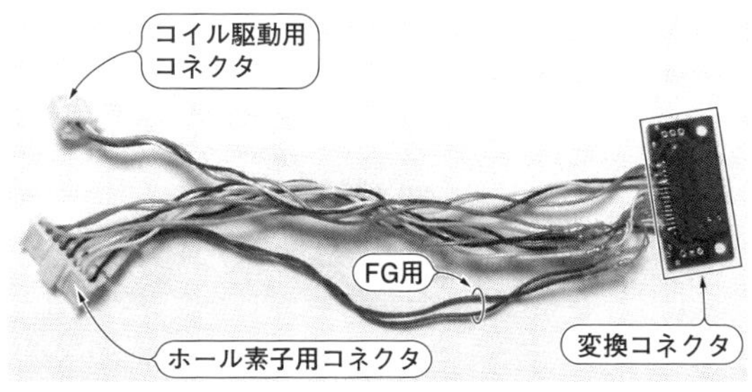


(b) 変換コネクタ&ケーブル

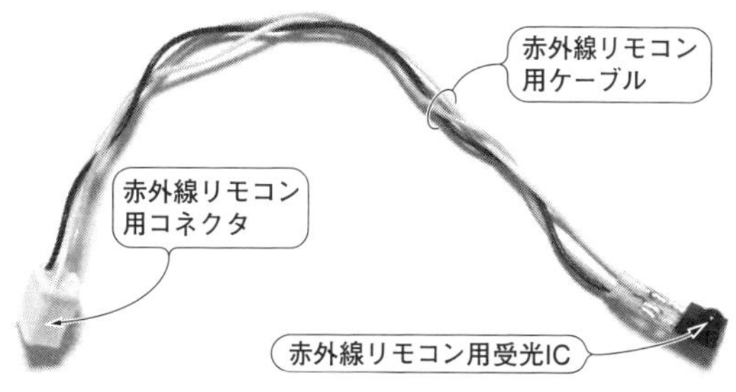


(c) おまけ…赤外線リモコン受光器

**写真2　手作りしたDM1の制御基板**

本章では，DM1の回転性能と制御回路のハードウェア［**写真2(a)**］とソフトウェアの製作事例を示します．また，DM1と組み合わせて回転速度を調節できる市販の減速機(ギア・ユニット，**写真3**)も紹介します．

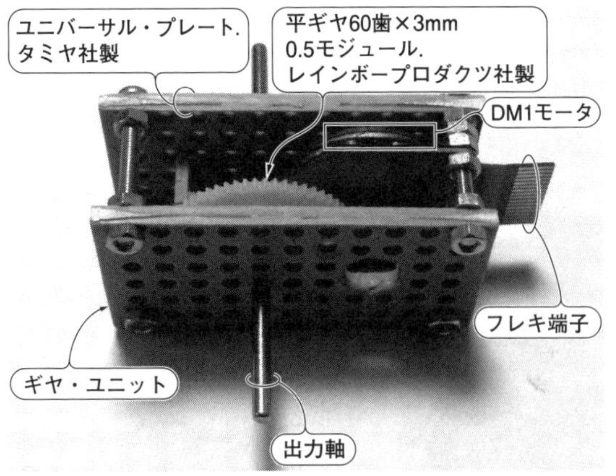


**写真3　市販のギヤを組み合わせたユニット**
60歯×3 mm 0.5モジュールの平ギヤとユニバーサル基板を使った

## DM1の構造と性能

### ● 構造

DM1は，鉄心のない扁平型のモータで，コギング・トルクが発生せず，鉄心を使わないので構造がシンプルです．

コギング・トルクが発生しないため，このモータのロータを手で回すとスムーズに何回転もします．

DM1の構造を**図1**と**写真4**に示します．構造が非常にシンプルなため，材料を入手できれば自作で組み立てることも可能です．特に，鉄心が不要なため，コイルを巻くのも簡単です．特性変更のための巻き線の太さと長さ変更が行いやすいです．最初は，ロータの磁石は磁気を帯びていません．着磁装置で着磁する必要があります．着磁のようすは，目で見えませんが，磁

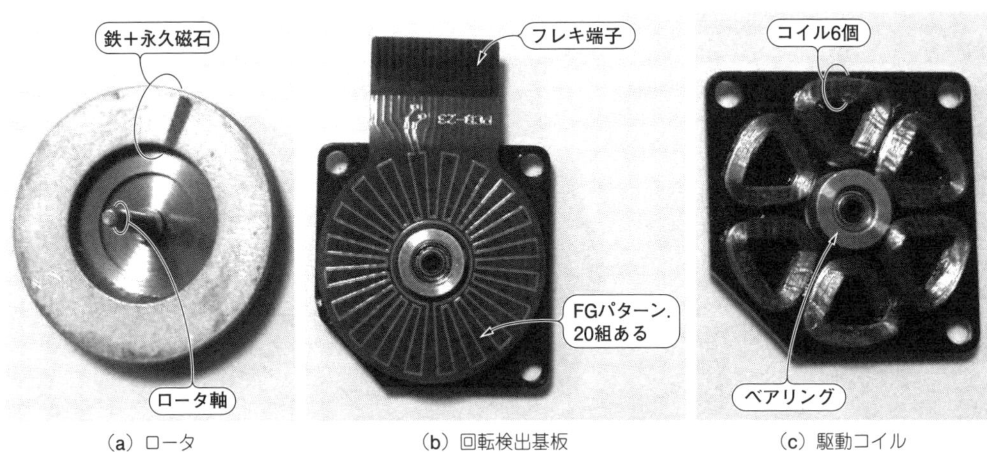


(a) ロータ　(b) 回転検出基板　(c) 駆動コイル

**写真4　DM1の内部構造**
フレキシブル基板にFGパターンが作り込まれているので，信号線をつなぐと正弦波出力が得られる

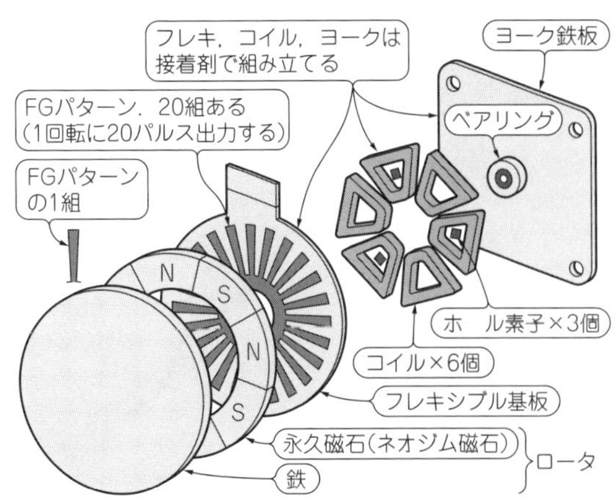


**図1　DM1の構造**
ヨークの鉄板に各部品を組み上げた構造になっている

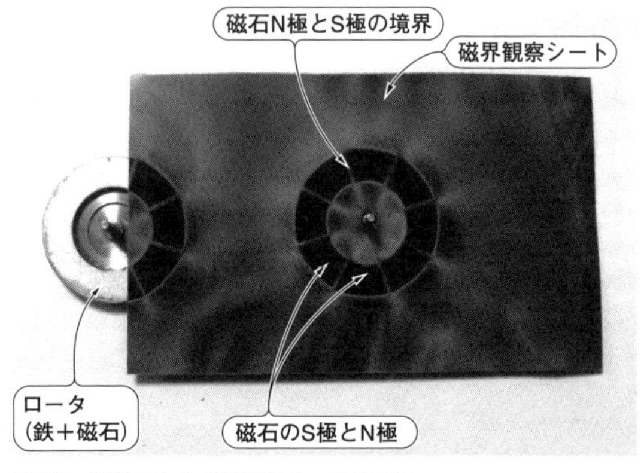


**写真5　磁界のようすを専用シートで観察**
DM1は，N極とS極が4極ずつ計8極を備える

界観察シートというものを使うと，**写真5**のように磁界のようすを見ることができます．この磁界観察シートは，通信販売で購入できます．

DM1は，8極のためN極とS極が4極ずつ見えます．残念ながら磁界観察シートでは，どれがN極でS極かまではわかりません．

フレキシブル基板にFG(Flux Gate)パターンが作り込まれているので信号線をつなぐだけで正弦波出力(FG出力)が得られます．今回は，この出力を使って速度制御を行います．

DM1の特性を**表1**に示します．

## ● 回転性能

モータを応用する装置を作成するには，どれくらいの負荷で回転数はどれくらいになるかというデータが必要です．

DM1の仕様にはトルク，回転速度，電流の特性である$T$-$N$-$I$カーブ(**図2**)があります．$T$-$N$-$I$カーブとは，トルク，回転速度，電流のことで，モータ軸に1 cmの位置に加わる力［gf］のときの回転速度(r/min)と電流［mA］を表しています．簡易な測定方法を**図3**に示します．半径1 cmのプーリに分銅をぶら下げて回転させ，このときの回転数と電流を測定します．

トルク$T$，分銅$W$，プーリの半径$R$の間には次の関係があります．

$$T\ [\mathrm{gf\cdot cm}] = W\ [\mathrm{g}] \times R\ [\mathrm{cm}] \quad \cdots\cdots (1)$$

半径1 cmのときは，

$$T\ [\mathrm{gf\cdot cm}] = W\ [\mathrm{g}] \quad \cdots\cdots (2)$$

です．この方法では，1回の測定で分銅の重さのポイントのデータしか取得できないため，分銅の重さを変更して複数回の測定が必要です．DM1の場合は，20 gから200 gまでの10回程度を測定するのがよいでしょう．半径1 cmのプーリで測定しにくい場合は，半径2 cmにしても問題ありません．この場合，

$$T\ [\mathrm{gf\cdot cm}] = W\ [\mathrm{g}] \times 2 \quad \cdots\cdots (3)$$

となり，トルクは分銅の2倍です．

ここでは，実際に$T$-$N$-$I$カーブの特性を求めます．モータの出力軸を測定する方法を説明しましたが，実際には減速後の出力を知りたいことが多いです．今回は，ギヤ・ユニットで減速後の軸を測定します．この測定結果とギヤの伝達ロスがわかれば，モータの特性を求められます．

**▶実験に使った装置**

今回は，DM1と組み合わせて使用できるギヤ・ユニットを使用しました．このギヤ・ユニットの構造を**図4**に示します．測定用には，電流でブレーキ力を変化させることができるパウダ・ブレーキの軸にギヤを付け，ギヤ・ユニットの出力ギヤで駆動できるように

**表1 DM1の基本スペック**

| 方　式 | アキシャル・ギャップ |
|---|---|
| 極　数 | 8極 |
| 定格電圧 | 24 V |
| 定格電流 | 0.25 A |
| 定格トルク | 30 gf・cm |
| 無負荷回転数 | 12000 r/min |
| ロータ位置検出 | ホール素子 |
| 速度センサ | FG(20 p/r) |

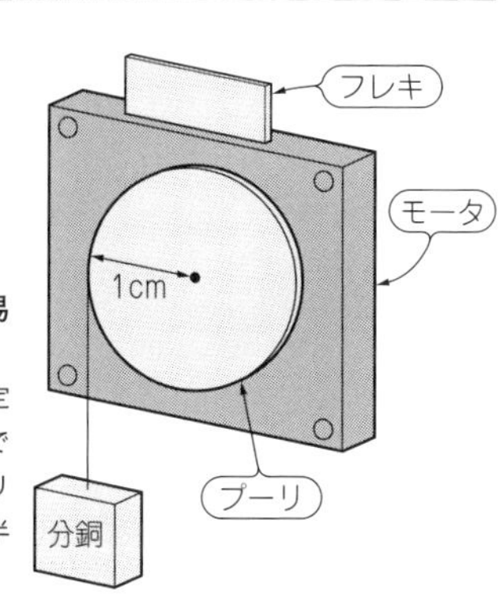


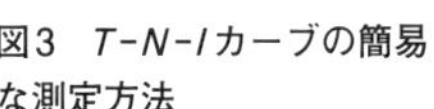

**図3 $T$-$N$-$I$カーブの簡易な測定方法**
糸を巻き上げる時間内に測定する(12000 r/min時に1秒で2 m)．糸を長くするとプーリに巻きつく量が多くなり，半径の誤差が大きくなる

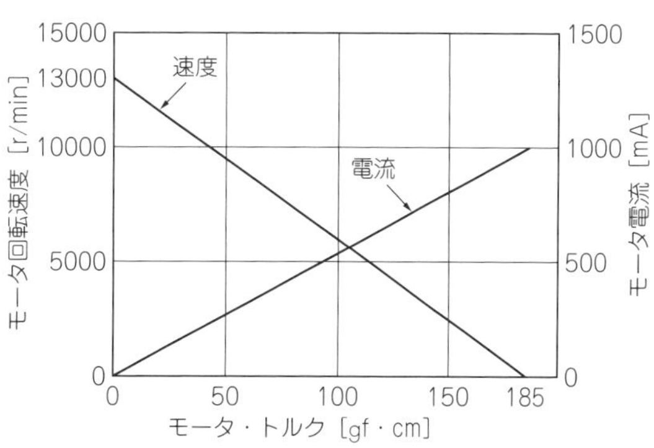


**図2 モータ電圧24 Vのときの$T$-$N$-$I$カーブ**
$T$-$N$-$I$はトルク($T$)，回転速度($N$)，電流($I$)を示す．回転速度はトルクに反比例し，電流はトルクに比例する

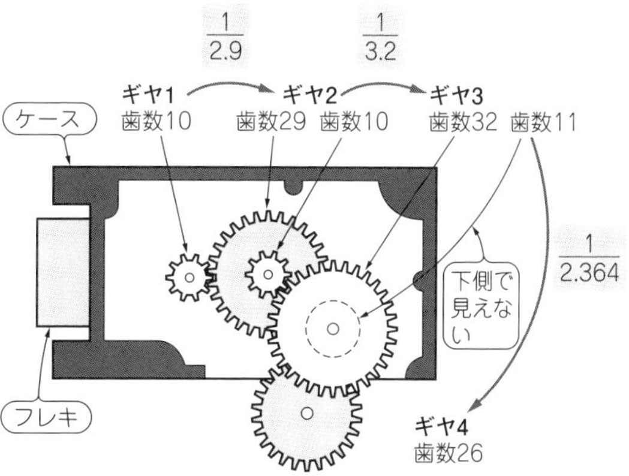


**図4 ギヤ・ユニットの構造**
3段減速で合計1/21.934になる．速度は1/21.934に，トルクは21.934倍(ギヤのロス分がある)になる

しました．この測定治具の構造を**図5**に，外観を**写真6**に示します．普通は，モータの出力軸に直接ブレーキを取り付けることが多いのですが，このギヤ・ユニットは，出力ギヤがカバーで覆われていない構造のため利用しました．使用したパウダ・ブレーキの特性を**図6**に示します．

モータの特性は，無制御で定格電圧(24 V)を加えたときの特性を測ります．電源電圧を変化させたときと制御を加えたときの特性も測定しました．

パウダ・ブレーキに加える電流とモータに流れる電流を測定するための電流計(テスタ)が2台と，モータの回転速度を測定する装置が必要です．DM1には，1回転に20パルスのFG出力があるので，**写真6**のようにオシロスコープで周波数を測定し回転速度に変換しました．測定方法は，モータを回転させパウダ・ブレーキに**図6**のグラフのトルクに対する電流を加えます．今回は，0.2 kgf・cm間隔(18，31，40 mA…)でデータを取得しました．このときの，モータ電流と回転速度を記録します．

### ● *T-N-I*特性

測定結果の*T-N-I*カーブを**表2**と**図7**に示します．回転速度はモータ速度，トルクは減速後の軸トルクです．

測定結果より，*T-N*特性は電源電圧にほぼ比例し，*T-I*特性は電源電圧に依存しないことがわかります．

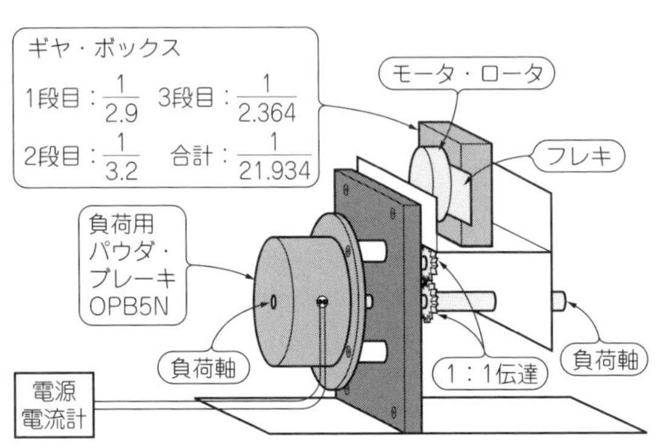


**図5　トルク測定治具**
加えたいトルクになるようにパウダ・ブレーキに電流を流す

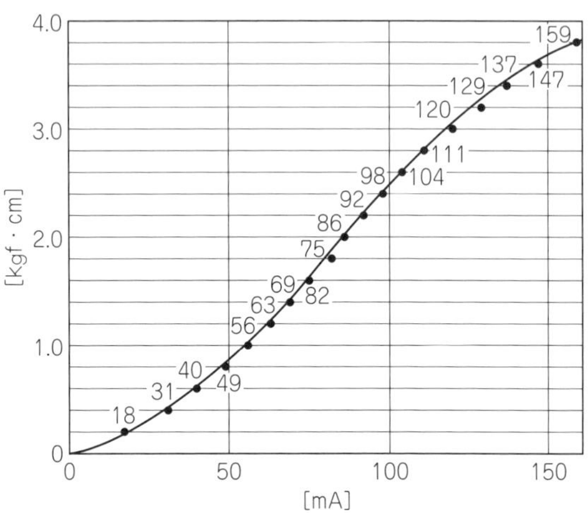


**図6　負荷用パウダ・ブレーキOPB5Nの電流トルク特性**
測定しやすいように0.2 kgf・cm間隔での電流をグラフにプロットした

**表2　*T-N-I*カーブ…無制御で電圧を変化**
モータ電圧12 V，18 V，24 V

| 負荷 [kgf・cm] | ブレーキ電流 [mA] | 12 V | | | | 18 V | | | |
|---|---|---|---|---|---|---|---|---|---|
| | | モータFG [Hz] | モータ速度 [r/min] | 減速後速度 [r/min] | モータ電流 [mA] | モータFG [Hz] | モータ速度 [r/min] | 減速後速度 [r/min] | モータ電流 [mA] |
| 0.0 | 18 | 2049 | 6147 | 280.2 | 70 | 3125 | 9375 | 427.4 | 80 |
| 0.2 | 31 | 1866 | 5598 | 255.2 | 110 | 2907 | 8721 | 397.6 | 130 |
| 0.4 | 40 | 1736 | 5208 | 237.4 | 150 | 2717 | 8151 | 371.6 | 170 |
| 0.6 | 49 | 1471 | 4413 | 201.2 | 220 | 2500 | 7500 | 341.9 | 230 |
| 0.8 | 56 | 1316 | 3948 | 180.0 | 260 | 2315 | 6945 | 316.6 | 270 |
| 1.0 | 63 | 1126 | 3378 | 154.0 | 310 | 2083 | 6249 | 284.9 | 330 |
| 1.2 | 69 | 926 | 2778 | 126.7 | 360 | 1866 | 5598 | 255.2 | 380 |
| 1.4 | 75 | 724 | 2172 | 99.0 | 410 | 1689 | 5067 | 231.0 | 430 |
| 1.6 | 82 | 531 | 1593 | 72.6 | 470 | 1471 | 4413 | 201.2 | 490 |
| 1.8 | 86 | 312 | 936 | 42.7 | 530 | 1250 | 3750 | 171.0 | 550 |
| 2.0 | 92 | 154 | 462 | 21.1 | 560 | 1126 | 3378 | 154.0 | 590 |
| 2.2 | 98 | 0 | 0 | 0.0 | 590 | 947 | 2841 | 129.5 | 630 |
| 2.4 | 104 | − | 0 | 0.0 | − | 724 | 2172 | 99.0 | 690 |
| 2.6 | 111 | − | 0 | 0.0 | − | 568 | 1704 | 77.7 | 740 |
| 2.8 | 120 | − | 0 | 0.0 | − | 268 | 804 | 36.7 | 830 |
| 3.0 | 129 | − | 0 | 0.0 | − | 0 | 0 | 0.0 | 880 |
| 3.2 | 137 | − | 0 | 0.0 | − | − | 0 | 0.0 | − |
| 3.4 | 147 | − | 0 | 0.0 | − | − | 0 | 0.0 | − |
| 3.6 | 159 | − | 0 | 0.0 | − | − | 0 | 0.0 | − |

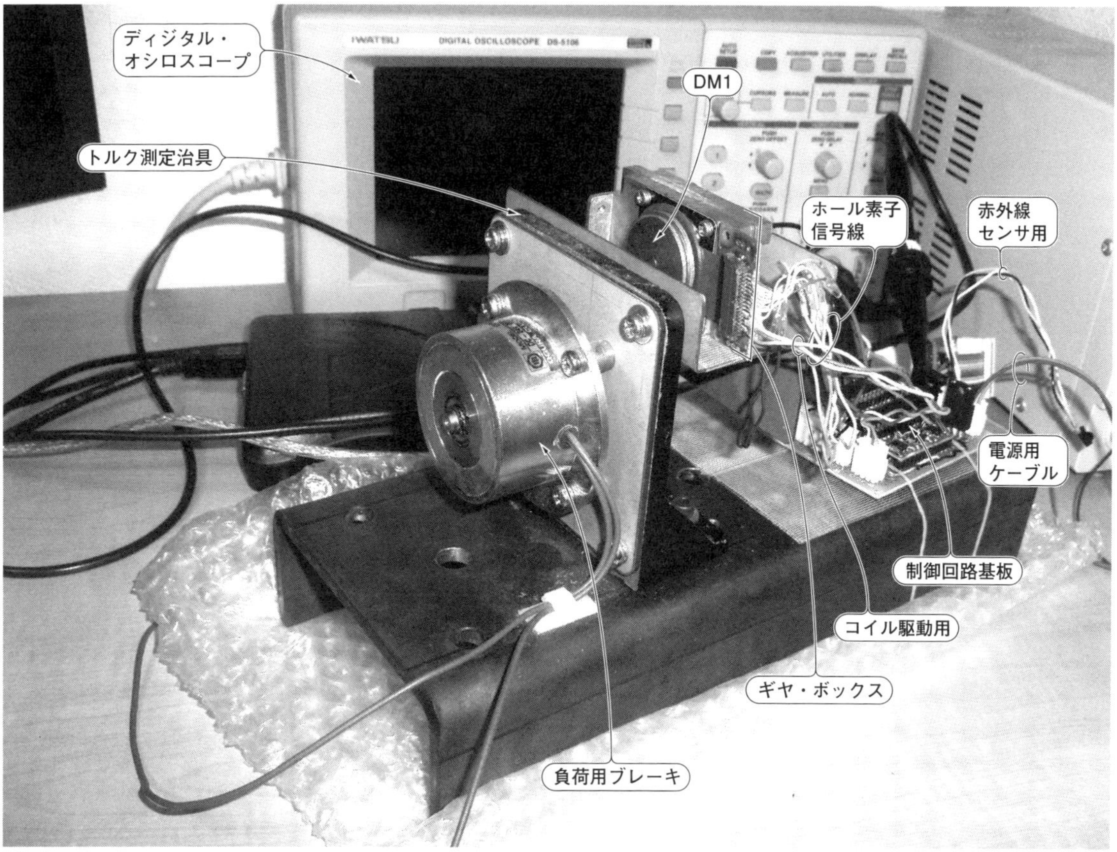

写真6　オシロスコープを使ってDM1の出力周波数を測定し，回転速度に変換
0.2 kgf・cm間隔でデータを取得した

| 24 V | | | |
|---|---|---|---|
| モータFG [Hz] | モータ速度 [r/min] | 減速後速度 [r/min] | モータ電流 [mA] |
| 4169 | 12507 | 570 | 90 |
| 4032 | 12096 | 551 | 130 |
| 3788 | 11364 | 518 | 180 |
| 3472 | 10416 | 475 | 240 |
| 3289 | 9867 | 450 | 300 |
| 3125 | 9375 | 427 | 340 |
| 2841 | 8523 | 389 | 390 |
| 2660 | 7980 | 364 | 450 |
| 2404 | 7212 | 329 | 500 |
| 2155 | 6465 | 295 | 560 |
| 2083 | 6249 | 285 | 580 |
| 1866 | 5598 | 255 | 640 |
| 1603 | 4809 | 219 | 700 |
| 1488 | 4464 | 204 | 750 |
| 1126 | 3378 | 154 | 830 |
| 817 | 2451 | 112 | 930 |
| 584 | 1752 | 80 | 1010 |
| 237 | 711 | 32 | 1140 |
| 0 | 0 | 0 | 1240 |

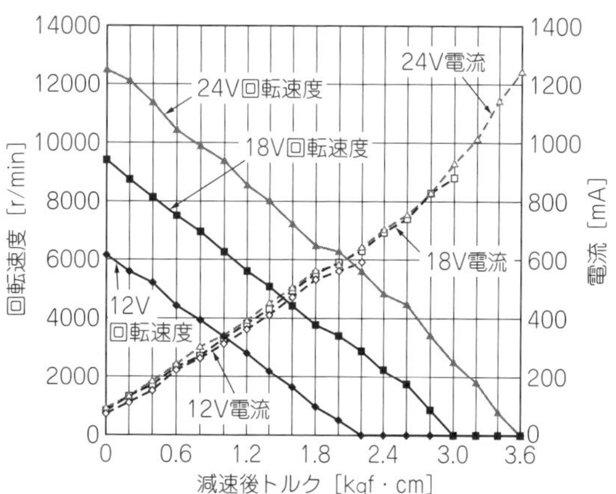


図7　DM1の$T$-$N$-$I$特性…無制御で電圧を変化
$T$-$N$特性は電源電圧にほぼ比例し，$T$-$I$特性は電源電圧に依存しない

表3　*T-N*カーブ…無制御で5000，10000 rpm

| 負荷 [kgf・cm] | ブレーキ電流 [mA] | 5000 r/min | | | | 10000 r/min | | | |
|---|---|---|---|---|---|---|---|---|---|
| | | モータFG [Hz] | モータ速度 [r/min] | 減速後速度 [r/min] | モータ電流 [mA] | モータFG [Hz] | モータ速度 [r/min] | 減速後速度 [r/min] | モータ電流 [mA] |
| 0.0 | 18.0 | 1645 | 4935.0 | 225.0 | 50 | 3289 | 9867.0 | 449.8 | 70 |
| 0.2 | 31.0 | 1667 | 5001.0 | 228.0 | 70 | 3378 | 10134.0 | 462.0 | 110 |
| 0.4 | 40.0 | 1667 | 5001.0 | 228.0 | 110 | 3378 | 10134.0 | 462.0 | 170 |
| 0.6 | 49.0 | 1667 | 5001.0 | 228.0 | 150 | 3378 | 10134.0 | 462.0 | 230 |
| 0.8 | 56.0 | 1667 | 5001.0 | 228.0 | 190 | 3289 | 9867.0 | 449.8 | 290 |
| 1.0 | 63.0 | 1667 | 5001.0 | 228.0 | 240 | 3125 | 9375.0 | 427.4 | 340 |
| 1.2 | 69.0 | 1667 | 5001.0 | 228.0 | 280 | 2841 | 8523.0 | 388.6 | 390 |
| 1.4 | 75.0 | 1667 | 5001.0 | 228.0 | 340 | 2660 | 7980.0 | 363.8 | 450 |
| 1.6 | 82.0 | 1667 | 5001.0 | 228.0 | 420 | 2404 | 7212.0 | 328.8 | 500 |
| 1.8 | 86.0 | 1667 | 5001.0 | 228.0 | 500 | 2155 | 6465.0 | 294.7 | 560 |
| 2.0 | 92.0 | 1667 | 5001.0 | 228.0 | 540 | 2083 | 6249.0 | 284.9 | 580 |
| 2.2 | 98.0 | 1667 | 5001.0 | 228.0 | 620 | 1866 | 5598.0 | 255.2 | 640 |
| 2.4 | 104.0 | 1645 | 4935.0 | 225.0 | 690 | 1623 | 4869.0 | 222.0 | 690 |
| 2.6 | 111.0 | 1437 | 4311.0 | 196.5 | 750 | 1437 | 4311.0 | 196.5 | 750 |
| 2.8 | 120.0 | 1136 | 3408.0 | 155.4 | 830 | 1147 | 3441.0 | 156.9 | 830 |
| 3.0 | 129.0 | 838 | 2514.0 | 114.6 | 930 | 801 | 2403.0 | 109.6 | 930 |
| 3.2 | 137.0 | 584 | 1752.0 | 79.9 | 1000 | 570 | 1710.0 | 78.0 | 1010 |
| 3.4 | 147.0 | 225 | 675.0 | 30.8 | 1100 | 215 | 645.0 | 29.4 | 1100 |
| 3.6 | 159.0 | 0 | 0.0 | 0.0 | 1200 | 0 | 0.0 | 0.0 | 1180 |

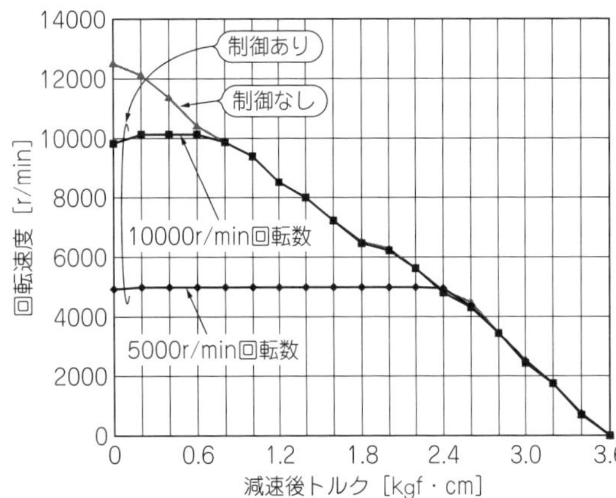


図8　DM1の*T-N*特性…無制御と制御

無制御カーブのトルクまで回転数を維持している

### ● *T-N*特性

測定結果の*T-N*カーブを表3と図8に示します．モータ速度5000 r/minは，後で説明しますが，ギヤの減速比は1/21.934のため，

5000 × 1/21.934 = 228 r/min

です．

測定結果より，5000 rpmと10000 rpmでの制御は，無制御のカーブのところのトルクまで回転数を維持しているのがわかります．

### ● モータ軸への換算

ギヤ・ユニットの減速比とロスから推定します．ギヤ・ユニットは，1段目から3段目までギヤとパウダ・ブレーキ軸のギヤの4段でそれぞれ次のギヤ比です．

1/2.9，1/3.2，1/2.364，1/1

ギヤ4段の減速比は，1/21.934になり各段の伝達効率を95％とすると，全部で81％の効率です．これに減速比をかけると，

1/21.934/0.81 = 0.0563倍

になり，減速後に対してモータ軸は，速度が21.934倍に，トルクは0.0563倍です．つまり，減速後で最大トルクの3.6 kgf・cmでは，

3.6 × 0.0563 = 0.203 kgf・cm

となります．

測定結果のグラフ図7と図8は，縦軸の速度はもともとモータ軸の速度なのでそのまま，横軸のトルクは0.0563倍した値として読みます．

## 制御回路の製作例

### ● 全体構成と回路図

DM1は，変換コネクタを介して制御基板に接続します．今回制御基板のコネクタに直接接続しなかった理由は，制御基板の取り付け位置に柔軟性を持たせたかったのと，他のブラシレス・モータでも使用できるように考えたためです．全体構成のブロック図を図9に，回路を図10に示します．

完成した制御基板を写真2に示します．チップ部品を使っていますが，リード付き部品でも問題ありません．

| | 無制御 | | | |
|---|---|---|---|---|
| | モータFG [Hz] | モータ速度 [r/min] | 減速後速度 [r/min] | モータ電流 [mA] |
| | 4169 | 12507 | 570.2 | 90 |
| | 4032 | 12096 | 551.5 | 130 |
| | 3788 | 11364 | 518.1 | 180 |
| | 3472 | 10416 | 474.9 | 240 |
| | 3289 | 9867 | 449.8 | 300 |
| | 3125 | 9375 | 427.4 | 340 |
| | 2841 | 8523 | 388.6 | 390 |
| | 2660 | 7980 | 363.8 | 450 |
| | 2404 | 7212 | 328.8 | 500 |
| | 2155 | 6465 | 294.7 | 560 |
| | 2083 | 6249 | 284.9 | 580 |
| | 1866 | 5598 | 255.2 | 640 |
| | 1603 | 4809 | 219.2 | 700 |
| | 1488 | 4464 | 203.5 | 750 |
| | 1126 | 3378 | 154.0 | 830 |
| | 817 | 2451 | 111.7 | 930 |
| | 584 | 1752 | 79.9 | 1010 |
| | 237 | 711 | 32.4 | 1140 |
| | 0 | 0 | 0.0 | 1240 |

### ● マイコン

マイコンは，モータ制御のPWM出力と速度センサの出力(FG出力)を測定するためのキャプチャ入力が必要です．今回はモータ制御以外に，RCサーボ・ユニットの制御と赤外線リモコン受信機能も搭載することを考えた結果，入手しやすくDIPでC言語に対応しているATMEGA88を使用しました．実際は，使い慣れているというのもありますが，重要なポイントです．

開発にICEを使用しましたが，デバッグ機能のない安価なライタも接続できます．

DIP品で32ビット・マイコンがあったらと思っていたら，「トランジスタ技術」2012年10月号にDIP28ピンのLPC1114FNが付いていました．データシートを見てこのマイコンを使えば，PWMやキャプチャ入力の数や演算精度(速度制御の演算には32ビット精度の演算を使用したい)を気にせず作成できます．

### ● モータ制御回路

ブラシ付きモータは，電源を接続するだけで回りますが，ブラシレス・モータは駆動回路が必要です．この駆動回路にはセンサレス方式と今回採用するセンサ式があります．DM1には中空コイルの真ん中にホール素子があり，ロータの磁極の位置を検出できます．この情報を元に，どのコイルを駆動するかを求めることができます．

まず，DM1のホール素子からの信号は，励磁ICのNJR2624に入ります．IC内ではこのホール素子のパターンと正逆転指令から，励磁パターンが決定します．正転の場合のホール素子の出力とモータに流れる電流の関係を**図11**に示します．この図にはありませんが，逆転の場合は励磁パターンが逆です．

今回は速度制御をするため，NJR2624のUVW相の下側出力とマイコンのPWM出力をAND回路で変調しました．この出力とNJR2624のUVW相の上側出力で，終段のMOSFETを駆動します．

NJR2627という，下側出力がプッシュプルでPWM制御可能なICがあります．今回使用しなかった理由は，最大変調周波数が不明だったためで，使用できればAND回路は不要です．

### ● 速度検出回路

FG出力を使用し，OPアンプで増幅後コンパレータで矩形波にします．この出力はマイコンのキャプチャ端子に入り速度を検出します．

本来はOPアンプとコンパレータでICが2個必要ですが，今回はコンパレータの変わりにOPアンプで代用しました．

受光した信号をマイコンで処理するのは大変なので，赤外線リモコン用受光ICを使用します．

今回は，PL-IRM2121(台湾PARA LIGHT社)を使

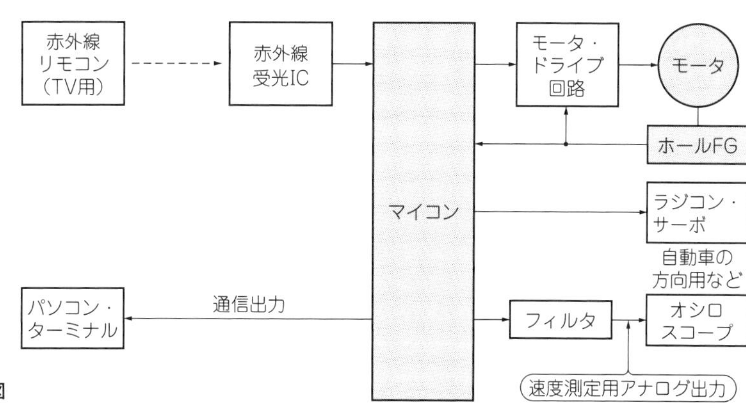


図9　DM1の制御回路のブロック図

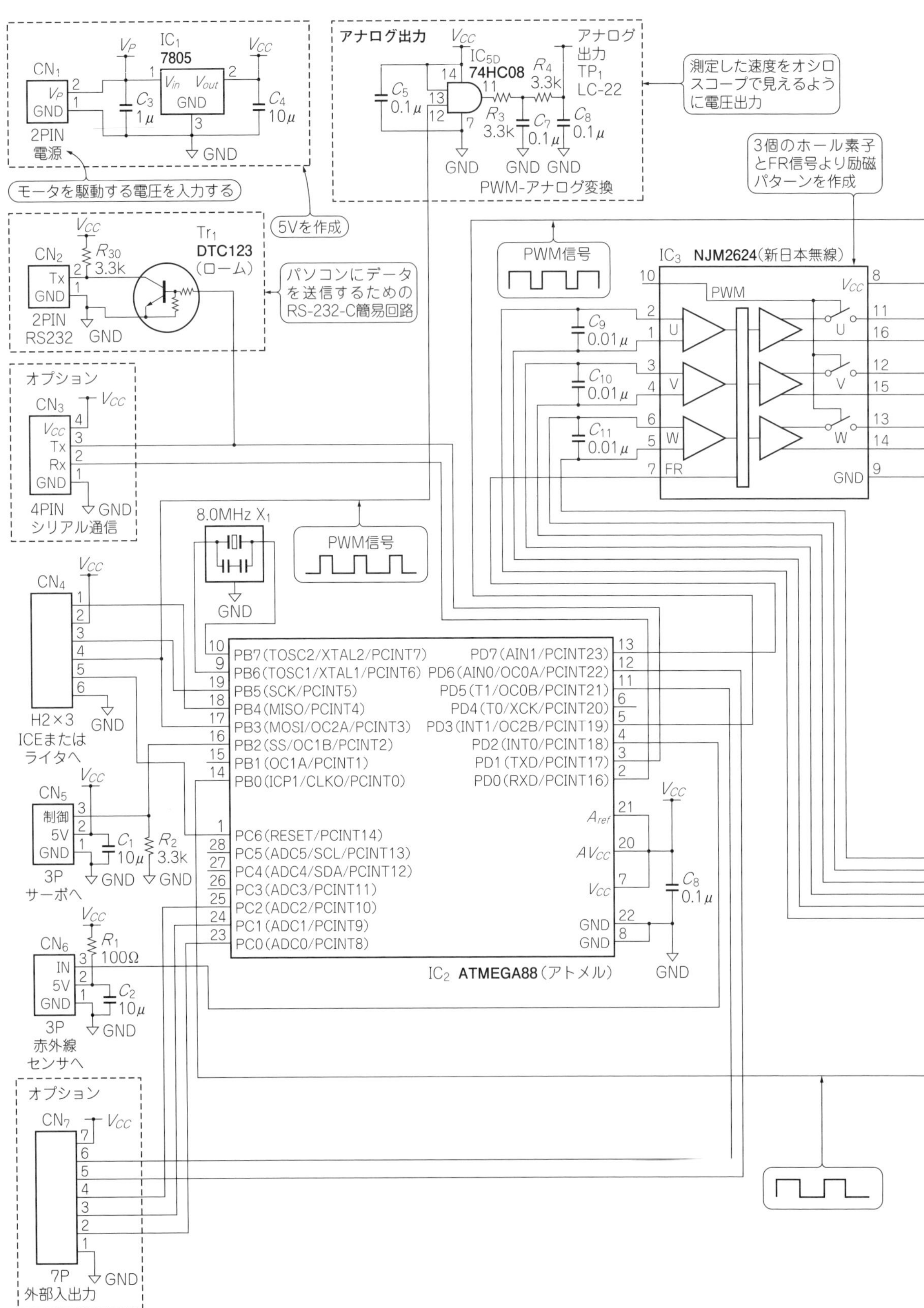


図10　手作りしたDM1の制御回路

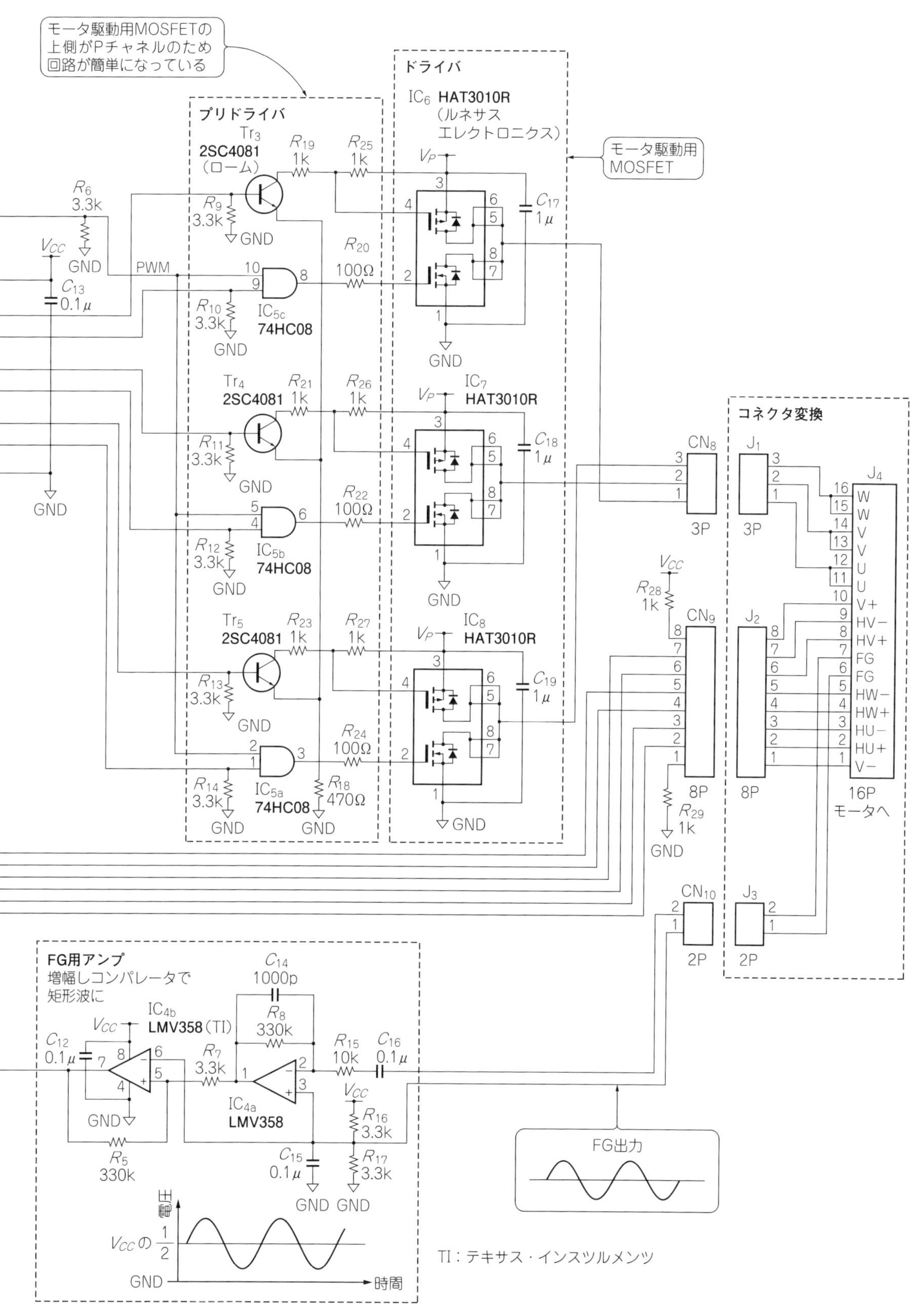
モータ駆動用MOSFETの上側がPチャネルのため回路が簡単になっている
プリドライバ
ドライバ
IC6 HAT3010R（ルネサスエレクトロニクス）
モータ駆動用MOSFET
Tr3 2SC4081（ローム）
Tr4 2SC4081
Tr5 2SC4081
IC5c 74HC08
IC5b 74HC08
IC5a 74HC08
IC7 HAT3010R
IC8 HAT3010R
PWM
GND
コネクタ変換
CN8 3P
CN9 8P
CN10 2P
J1 3P
J2 8P
J3 2P
J4 16P モータへ
W W V V U U V+ HV− HV+ FG FG HW− HW+ HU− HU+ V−
FG用アンプ
増幅しコンパレータで矩形波に
IC4b LMV358（TI）
IC4a LMV358
FG出力
出力電圧
VCCの 1/2
時間
TI：テキサス・インスツルメンツ

用しました．選定理由は入手しやすさだけなので，シャープなど他のメーカのICでも問題ありません．ただし，受信距離やノイズの多い環境で使用する場合は慎重に選定する必要があります．

このICから出力される赤外線の高周波信号を復調したデータをマイコンで処理します．

### ● RCサーボ・ユニット制御回路

RCサーボ・ユニットの動作に必要なのは，電源(＋5 V，GND)と信号線(パルス信号)のため，マイコンに直結し制御できます．このため，タイマ1のアウトプット・コンペア出力に接続しました．ただし，タイマ1キャプチャとの兼用のため，20 ms周期の出力は簡単にはできないためソフトウェアで工夫をしました．ラジコン用のサーボのコネクタの逆挿しは禁物です．

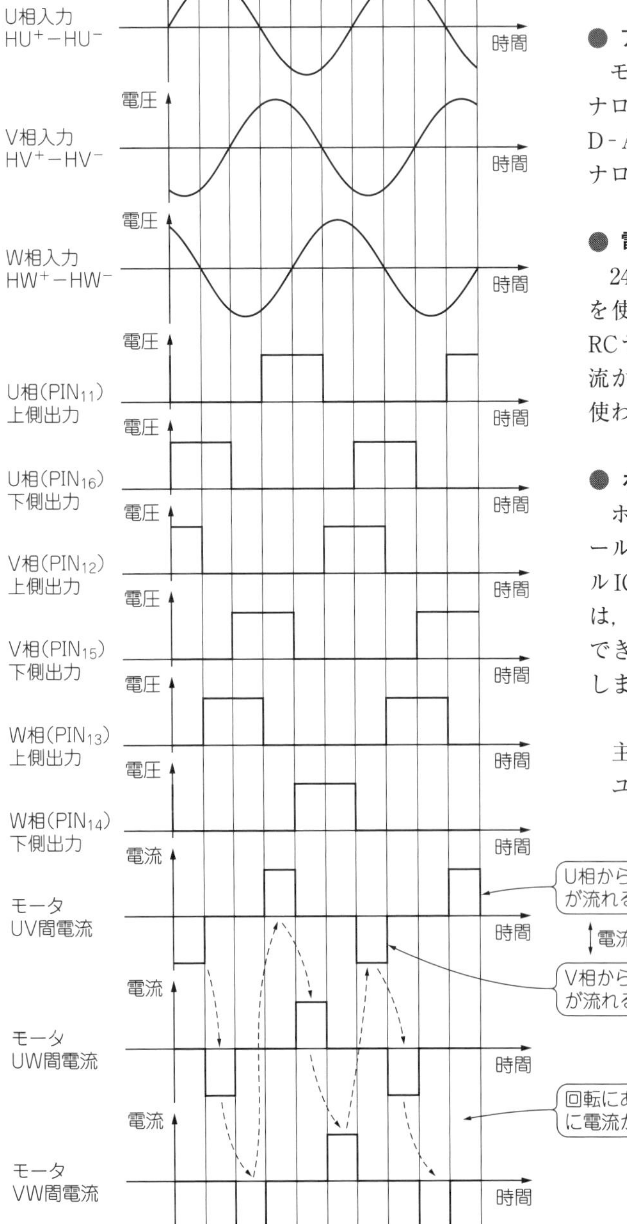


**◀図11　励磁パターン**
ホール出力とモータに流れる電流の関係

### ● 通信回路

パソコンとシリアル通信を行います．送信内容は赤外線リモコンの受信データ・コードまたは，モータ速度測定データを送信します．RS-232-C規格のICを使用するのが普通ですが，今回はパソコンへの送信を，トランジスタ1個で実現しました．

### ● アナログ出力回路

モータ速度をオシロスコープで測定するために，アナログ出力を設けることにします．このマイコンにはD-A変換器がありませんので，PWM出力の後にアナログ・フィルタでアナログ電圧に変換します．

### ● 電源回路

24 V(12 V)から5 Vを作成する回路にはNJM7805を使いました．TO-220パッケージ，1 A出力です．RCサーボ・ユニットを接続するために発熱と消費電流から1 A品を選びました．RCサーボ・ユニットを使わないときは，小型のパッケージでOKです．

### ● ホール素子を使用するブラシレス・モータの場合

ホール素子使用のブラシレス・モータの場合は，ホール素子に流す電流を変更する必要があります．ホールICなどの矩形波出力のブラシレス・モータの場合は，励磁ICの入力部に中点電位を加えることで対応できます．この場合の変更部分の回路図を**図12**に示します．

＊

主要部品の選定理由を**表4**に示します．

ユニバーサル基板で試作するときには，DIP品があ

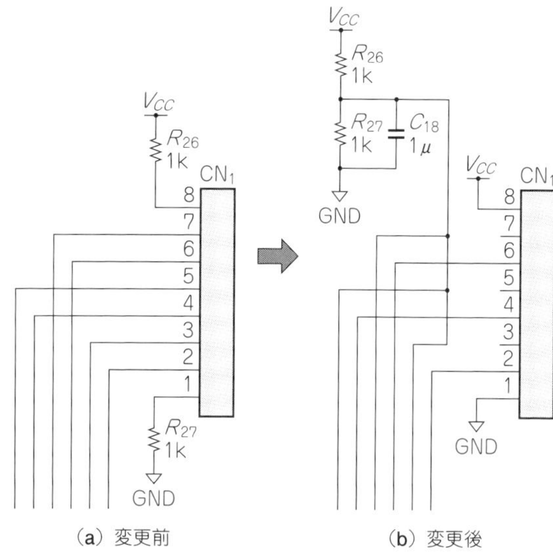


**図12 ホール素子を使ったブラシレス・モータの場合はホール素子に流す電流を変更する**
励磁ICの入力部に中点電位を加える

ると便利です．ない場合は，変換基板を使用します．OPアンプは変換基板をそのまま使用しましたが，終段のMOSFETは，変換基板の配線が細いので強化して使いました．

*

赤外線リモコンの出力は，高周波変調(普通のリモコンは38 kHz)をかけたシリアル信号の赤外線です．

## ソフトウェアの製作例

励磁処理は回路で行うので，ブラシ付きモータを制御するのと同じソフトウェア処理です．処理は，速度制御，赤外線受信処理，RCサーボ・ユニット信号出力処理です．

### ● 速度測定

タイマ1のインプット・キャプチャ機能を使用し，

**表4 部品選定の理由**

| 部　品 | 選定理由 |
|---|---|
| マイコン ATMEGA88 | DIP品がある．C言語に普通に対応している．使い慣れている |
| 励磁IC NJR2624 | DIP品がある．プリドライバだけのシンプルな構造 |
| 終段MOSFET HAT3010 | 最大電流1.25 Aから余裕のある5 Aを選定．手持ちのため |
| 電源IC JRC7805 | 手持ちのもの |
| *CR*(チップ) | ごみ(挿し部品のリード)が出ない．小型に仕上がる．使いやすいのは2012サイズ |
| コネクタ | 入手が容易．コンタクトの処理のしやすさ |

モータのFGパルス信号のパルス幅を測定します．方法は，FGパルス信号の連続するエッジのタイマ値の差からパルス幅$W$を計算します．

ここで計算したパルス幅は，タイマ1のクロック$F$ [Hz]を基準にした値のため，秒を基準にした値$W_s$ [s]に変換します．

$$W_s = W/F \quad (4)$$

パルス幅$W_s$ [s]から速度$N$ [r/min]に変換します．FGパルス信号の1回転当たりのパルス数を$P$ [p/r]とすると次のようになります．

$$N = 60/(W_s \times P) \quad (5)$$

式(4)と式(5)から，

$$N = 60/(W/F \times P) = (60 \times F)/(W \times P) \quad (6)$$

となります．

今回は，タイマ1のクロックは1 MHzでFGパルス信号の1回転当たりのパルス数が20 p/rなので，

$$N = (60 \times 1000000)/(W \times 20) = 3000000/W \quad (7)$$

となります．

### ● PWM出力

モータ制御用とアナログ出力用の2チャネルをタイマ0を使用し出力します．

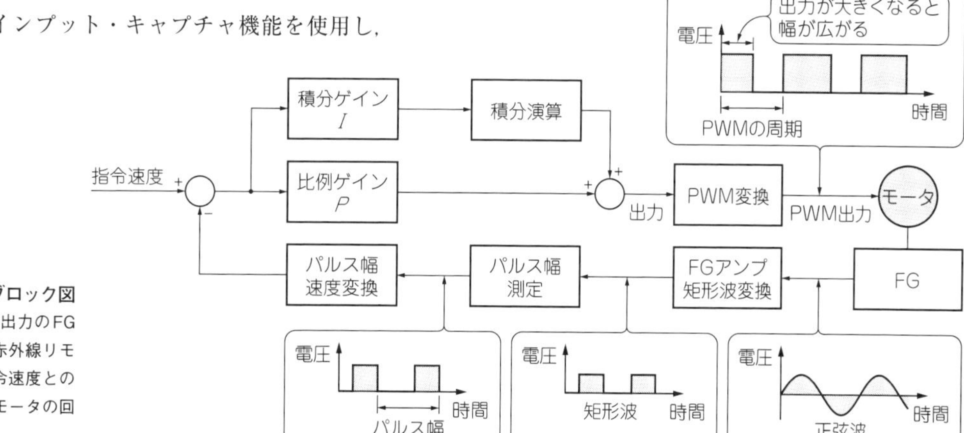


**図13 PI制御のブロック図**
一回転に20パルス出力のFG信号を処理する．赤外線リモコンで指定した指令速度との偏差にPI演算し，モータの回転速度を制御する

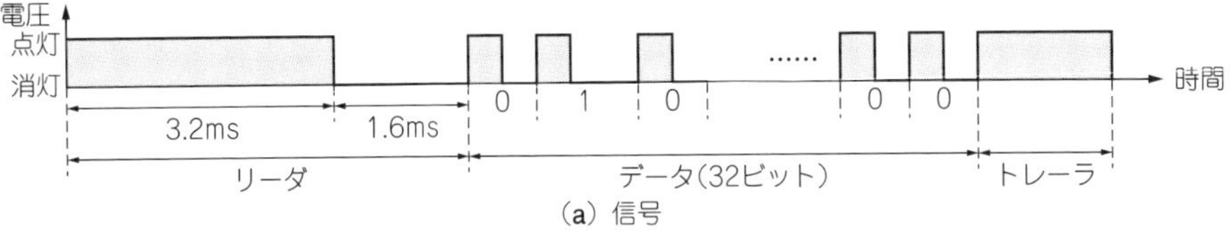

(a) 信号

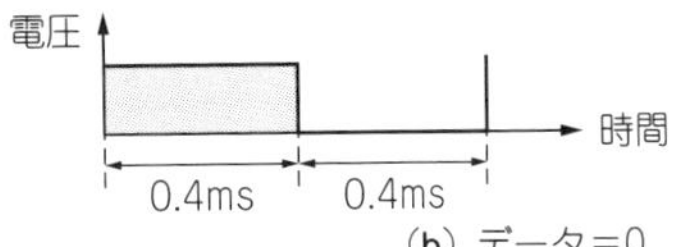

(b) データ=0

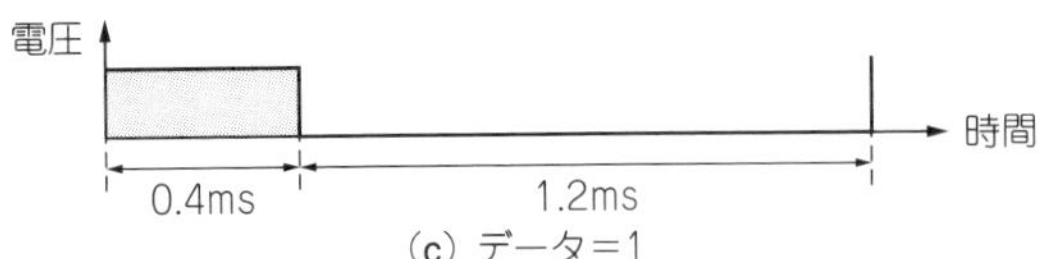

(c) データ=1

**◀図14　家電製品協会フォーマットの赤外線リモコン信号**
データ信号が変化するごとにINTO割り込みを発生させる．電圧“H”と“L”のデューティ比からデータの‘1’，‘0’を求める

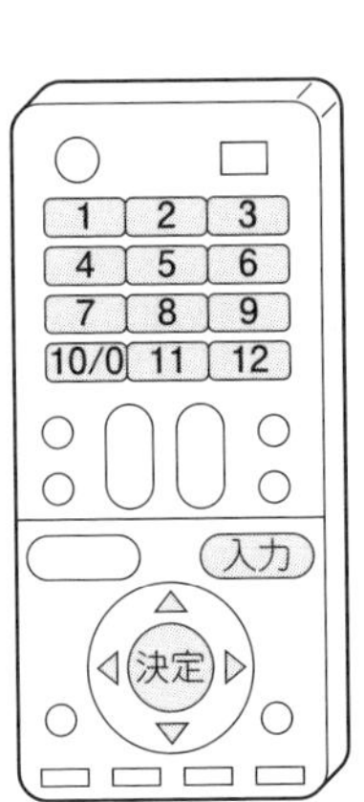


| ボタン | 内　容 |
|---|---|
| ①～⑫ | 1000～12000 r/min |
| 入力 | 25000 r/min |
| △ | 速度UP |
| ▽ | 速度DOWN |
| ◁ | 左回転 |
| ▷ | 右回転 |
| 決定 | 停止 |

**図15　今回採用した赤外線リモコンの割り当て**
シャープ アクオスのブルーレイ・ディスク用のリモコンをテレビ・モードで使う．パソコンへの通信機能を利用すると各社のリモコンが使える

a-ハイパーターミナル
ファイル(F)　編集(E)　表示(V)

```
00000
00000
00000
00000
00000
01308
03174
04477
05484
06437
07194
07853
08379
08849
09230
09677
10033
10309
10204
10101
10101
10204
10204
10067
09966
10067
```

接続 0:10:15　ANSIW

**▶図16　ターミナル・エミュレータでモータの速度測定データを受信した結果**

## ● 速度制御

速度はPI制御にしました．速度測定で計測した値と速度指令の値から出力値を計算し，PWM信号として出力します．

(1) 偏差計算　(2) 偏差制限　(3) 比例計算
(4) 積分計算　(5) 出力計算　(6) PWM出力

以上の順番で処理を行います．制御のブロック図を**図13**に示します．

## ● おまけ…赤外線リモコン受信

復調処理は，受光ICが処理済みなのでソフトウェアは，データ信号処理を行います．赤外線リモコンのフォーマットは，何種類かありますが，シャープのアクオスを対象にしたため㈶家電製品協会のフォーマットを使用しました．赤外線リモコン信号の説明図を**図14**に示します．

データ信号が変化するごとにINT0割り込みを発生させます．ここで，電圧の“H”と“L”のデューティ比からデータの1，0を求めます．短い時間のパルス幅を計るため，タイマ1のTCNT1の値(1 μs単位)を使用しました．

受信したデータは，モータの速度指令とRCサーボ・ユニットの角度指令です．今回採用した，リモコンとボタン割り当てを**図15**に示します．

## ● RCサーボ・ユニット制御

RCサーボ・ユニットを制御するには，20 ms周期で，パルス幅1.0 m～2.0 ms(動作角度)の信号が必要です．RCサーボ・ユニットの機種によってはもっと範囲の広いタイプもあるようです．

8ビット・タイマでは分解能が12段階くらい(256/20×1＝12.8)にしかなりません．16ビット・タイマのタイマ1を使用したいところですが，すでに速度測定で使っています．そこで，割り込みと組み合わせます．

最初に，パルス幅分の値をOCR1Bに入れて，条件成立でパルスが“H”になる条件をセットします．条件成立で割り込みが発生するので，20 msからOCR1Bを引いた値をOCR1Bに入れて，条件成立でパルスが“L”になる条件をセットします．これを繰り返すことで20 ms周期のパルスを発生できます．

## ● パソコンへの通信

赤外線リモコンの受信データ・コードまたは，モータ速度測定データを送信します．

赤外線リモコンの受信データ・コードを送る理由は次のとおりです．

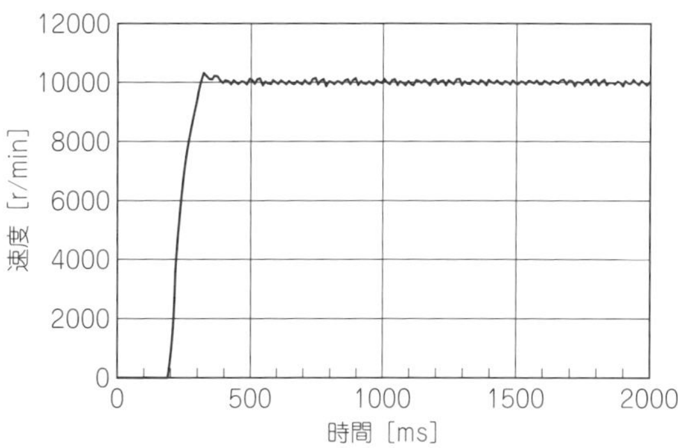


図17　回転速度が制御されているようす

利用する赤外線リモコンのどのボタンを押すと，何のデータ・コードになるかの資料がない可能性があるため，使用するボタンのデータ・コードを取得しておきます．このデータ・コードをソースに反映するという使い方をします．

ターミナル・エミュレータでモータ速度の測定データを受信した結果を**図16**に，回転速度の変化を**図17**に示します．

● **アナログ出力**

測定速度[r/min]を1/64した値をPWM出力します．PWMは分解能256で電源電圧が5Vのため，PWMのステップ当たりの電圧は20mVです．

回転速度をオシロスコープで測定した結果を**図18**に示します．**図16**の通信で取得した速度測定と同じ結果でした．

## 開発環境

● **統合環境**

アトメルのホームページから，統合環境のAtmel Studioまたは，AVR Studioをダウンロードしインストールします．今回は，AVR Studioを使用しました．

● **C言語開発ソフトウェア**

http://sourceforge.net/projects/winavr/ からダウンロードしてインストールします．

● **書き込み器**

デバック機能のあるJTAGICE-mkⅡまたは，書き込み機能だけのAVRISP-mkⅡを使用します．今回は，JTAGICE-mkⅡを使用しました．

● **プログラムのコンパイル**

統合環境でプログラムを作成し，ビルド(コンパイル)します．

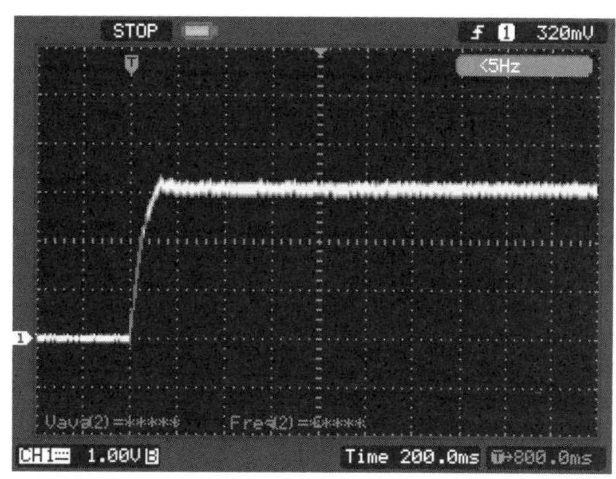


図18　オシロスコープで回転速度を測定した結果(1 V/div, 200 ms/div)

● **書き込み**

統合環境のToolsメニューのProgram AVRでマイコンに書き込めます．JTAGICE-mkⅡの場合は，この方法に加えてDebugメニューのStart Debuggingでも書き込みできます．この場合は，デバッガとしてステップ実行や内部データを見ることができます．赤外線受信完了の部分にブレーク・ポイントを設定すると受信完了で実行が停止します．このとき受信データ・コードを読めるので，パソコンの通信機能で受信データ・コードを取得する代わりに，自分でデータを見ることが可能です．

## こんなものを作ってみました！

● **Gゲージ鉄道模型の台車**

鉄道模型(**写真7**)をダイレクト・ドライブするには，モータより大きい車輪が必要です．鉄道模型としては大型のGゲージというスケール1/20～1/30のものを採用しました．構造を**図19**と**写真8**に示します．普

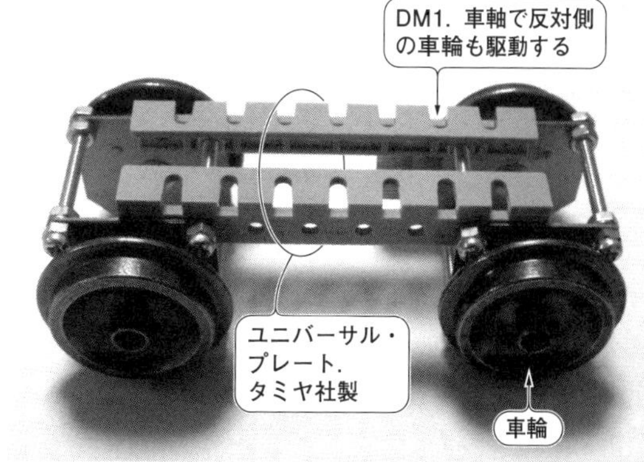


**写真7　製作例1…鉄道模型Gゲージの台車**
減速機(ギヤ)を使わずにモータの回転力を車輪に伝えるダイレクト・ドライブという駆動方法で製作

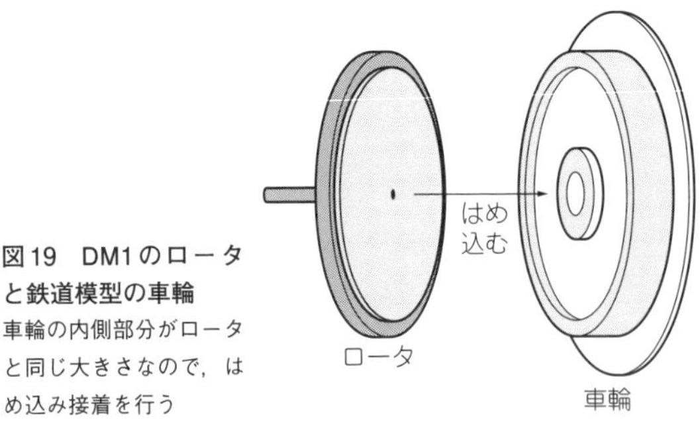


**図19 DM1のロータと鉄道模型の車輪**
車輪の内側部分がロータと同じ大きさなので，はめ込み接着を行う

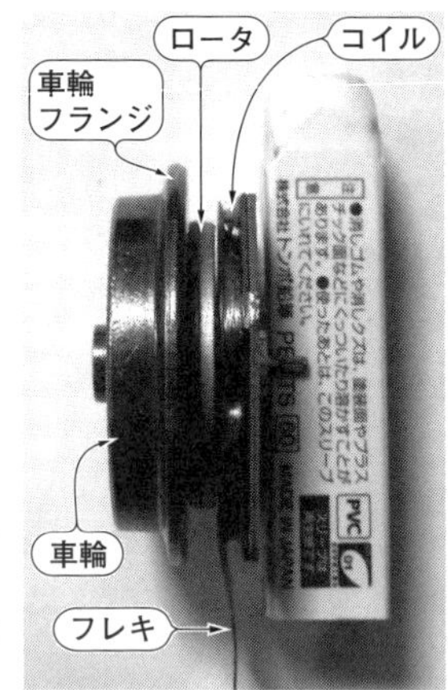


**写真8 ダイレクト・ドライブ方式の機構**
車輪とDM1を接着しモータの回転力を直接に車輪に伝える

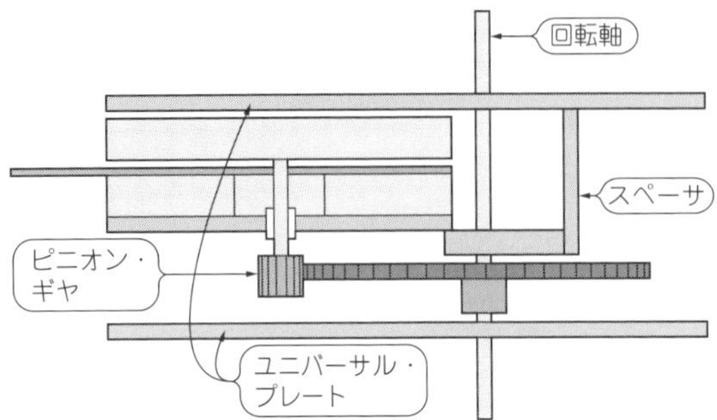


**図20 DM1とギヤの関係を示す側面図**

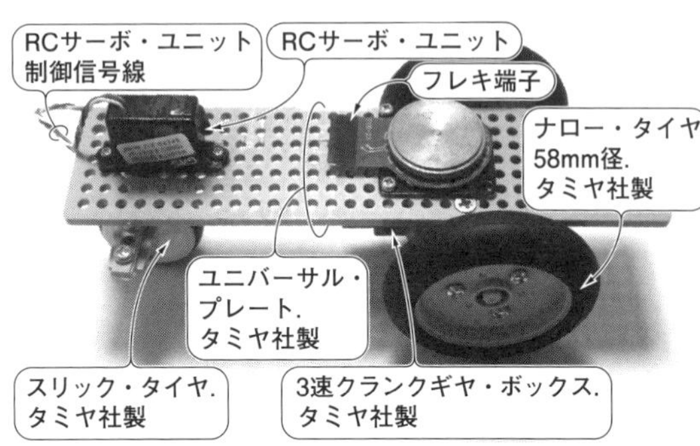


**写真9 製作例2…自動車模型**
赤外線リモコンで操縦する

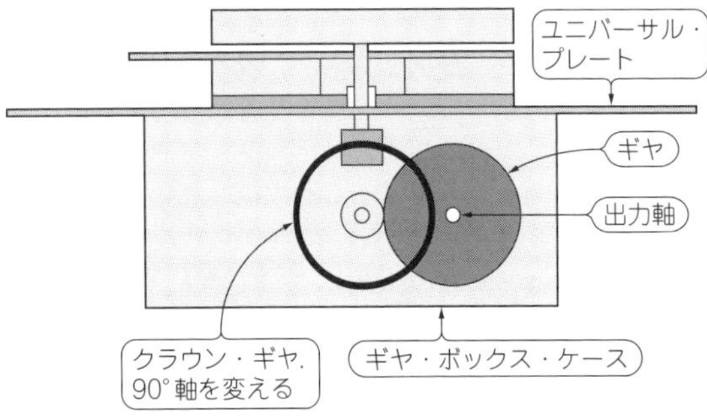


**図21**
**DM1と市販のギヤ・ボックスの組み合わせを示す側面図**

通は，モータ軸に車輪をつけるのですが，今回はロータに車輪をはめ込み接着という構造にしました．ロータの軸はベアリングに入れているだけなので，ロータ(車輪)に外力が加わると外れてしまうように感じますが，ロータの磁石と対向するヨークの鉄板の吸引力があるため外れることはありません．

DM1はコギング･トルクがないので，製作した台車は走行中に電源をOFFしてもしばらく動き続けます．

## ● 市販のギヤを組み合わせたユニット

入手性の良い部品で構成し，ギヤはレインボープロダクツの平ギヤ60歯×3 mm 0.5モジュールとタミヤのユニバーサル・プレートを使用しました．

完成したギヤ・ユニットの構造を**図20**に示します．

## ● 3輪の自動車模型

市販のタミヤの3速クランク・ギヤ・ボックス・セットとユニバーサル・プレートを使用しました．ギヤ・ボックスが本来対応しているモータとは構造が違うため，ギヤ・ボックスの下の面にユニバーサル・プレートとモータを取り付けました．

応用として，RCサーボ・ユニットとタミヤのタイヤ・セットを組み合わせた3輪の自動車模型を製作しました．

完成した自動車模型の外観を**写真9**に，モータとギヤ・ボックスの構造を**図21**に示します．

**◆参考文献◆**

(1) 萩野 弘司/井桁 健一郎；実験で学ぶDCモータのマイコン制御術，CQ出版社．

(初出：「トランジスタ技術」2013年1月号)

# Appendix 4

ブラシレス用からブラシ付き用まで全20超！サンプル・プログラム付きですぐ動かせる！

# オールイン・ワン！回しながら学べるモータ・キット・セレクション

最近はモータを回すために必要な部材が入っている全部入りモータ・キットが発売されています．DCブラシレス・モータ用とDCブラシ付きモータ用のキットの一部を紹介します(**表1**)．〈**編集部**〉



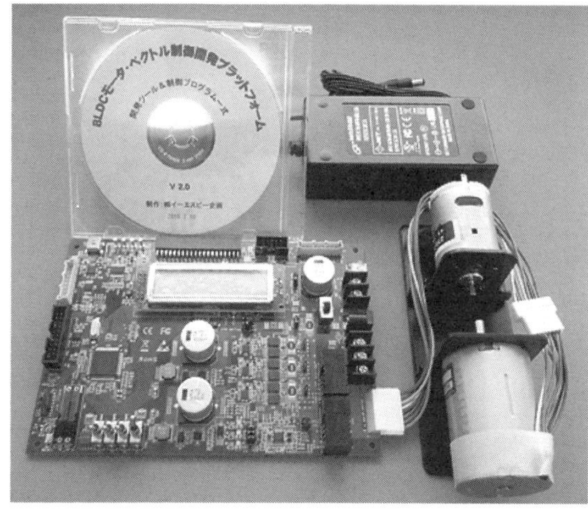


**写真1　ベクトル制御システム開発用のモータ・キット T370MTR-N2**(イーエスピー企画)
3通りの電流検出方式に対応し，それぞれのサンプル・プログラムも付属する

**写真2　ゼロ・スピードからのセンサレス制御も可能なDCブラシレス・モータ開発キット DRV8312-69M-KIT**(テキサス・インスツルメンツ)
初期位置の推定を行うサンプル・プログラムが付属する

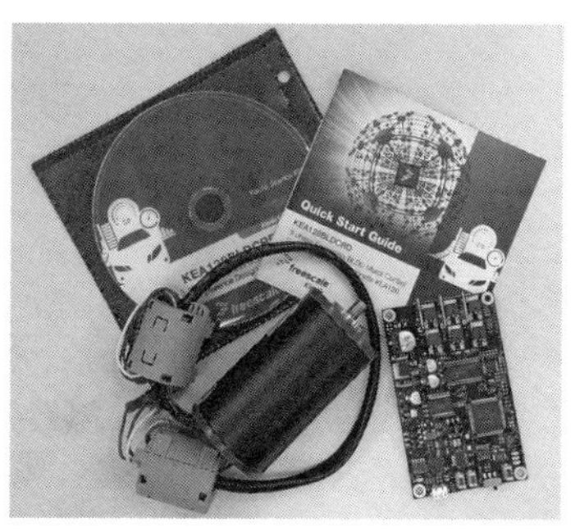

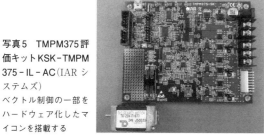

**写真3　センサレス対応DCブラシレス・モータ開発キット KEA128BLDCRD**(フリースケール・セミコンダクタ)
Free-MASTERというビジュアルなデバッガやチューニング・ツールが付属する

**写真4　ベクトル制御も可能なオールイン・ワン・モータ開発キット KIT_XMC1x_AK_Motor_001**(インフィニオン)
DCブラシレス・モータ(24 V，15 W)がドライバ基板に実装済み

**写真5　TMPM375評価キットKSK-TMPM375-IL-AC**(IARシステムズ)
ベクトル制御の一部をハードウェア化したマイコンを搭載する

**写真6　dsPIC搭載モータ制御キット DM330021-2**(マイクロチップ・テクノロジー)
提供されているサンプル・プログラムは比較的理解しやすい．モータは別売り

**表1　オールイン・ワン！モータ入門キット・セレクション**

ルネサス：ルネサス エレクトロニクス，STマイクロ：STマイクロエレクトロニクス，マイクロチップ：マイクロチップ・テクノロジー，TI：テキサス・インスツルメンツ，NXP：NXPセミコンダクターズ

| 名称(型番，メーカ) | モータ | | 搭載マイコン | | 制御方式 | 備　考 | 参考価格(入手先) |
|---|---|---|---|---|---|---|---|
| | 種　類 | 搭載センサ | 型番(メーカ) | CPUコア(ビット数) | | | |
| RL78/G14搭載低電圧モータ制御評価システム(R0K5ML001SS00BR，ルネサス) | 型番/メーカ不明，24V3相DCブラシレス・モータ | ホール・センサ/エンコーダ | R5F104LEAFP(ルネサス) | RL78(16ビット) | A，B，Cセンサレス対応 | RL78は16ビット・マイコンだが，ベクトル制御のサンプル・プログラムも用意されている | 100,000円(マルツエレック) |
| RX62T搭載低電圧モータ制御評価システム(R0K5ML000SS00BR，ルネサス) | 型番/メーカ不明，24V3相DCブラシレス・モータ | ホール・センサ/エンコーダ | R5F562TAADFM(ルネサス) | RX(32ビット) | A，B，Cセンサレス対応 | RX62Tは32ビット・マイコンで，モータ制御に必要な周辺機能がほとんど入っている | 100,000円(マルツエレック) |
| TMPM375評価キット(KSK-TMPM375-IL-AC，IARシステムズ他) | TG-22A(ツカサ電工)，24V3相DCブラシレス・モータ，出力2.6 W | ホール・センサ(キットでは未使用) | TMPM375FSDMG(東芝) | Cortex-M3(32ビット) | A，B，Cセンサレス対応 | ARM Cortex-M3搭載マイコンM370シリーズのベクトル制御用のモータ開発キット | メーカに問い合わせ |
| Modular Evaluation Kits for Motor Control Applications(ATAVRMC320，アトメル) | 不明 | ホール・センサ | ATmega32M1(アトメル) | AVR(8ビット) | A，Bセンサレス対応 | 3相DCブラシレス・モータを制御するキット．ホール・センサ付きのため120°通電のセンサレスのサンプル・プログラムが用意されている | $316.25(直販) |
| 3-phase Sensorless BLDC Motor Control Reference Design Based on Kinetis KEA128 MCUs(KEA128BLDCRD，NXP) | 45ZWN24-90-B(LINIX)，24V3相DCブラシレス・モータ，出力90 W | ホール・センサ | Kinetis KEA128(NXP) | Cortex-M0+(32ビット) | A，Bセンサレス対応 | センサレスで120°通電方式による制御が可能な開発ボード．Free-MASTERというビジュアルなデバッガやチューニング・ツールが付属する | $149(直販) |
| Motor control starter kit(STM3210B-MCKIT，STマイクロ) | 型番不明(シナノケンシ)，24V3相DCブラシレス・モータ | ホール・センサ/エンコーダ | STM32F103xB(STマイクロ) | Cortex-M3(32ビット) | A，B，Cセンサレス対応 | 本格的な3相DCブラシレス・モータのベクトル制御やPFC制御も行える | 187,149円(Digi-key) |
| dsPICDEM MCLV-2 Development Board(Low Voltage)(DM330021-2，マイクロチップ) | DMB0224C10002(Hurst)，48V3相DCブラシレス・モータ(別売り) | ホール・センサ/エンコーダ | dsPIC33EP256MC506(マイクロチップ) | dsPIC(16ビット) | A，B，Cセンサレス対応 | 提供されているサンプル・プログラムは比較的理解しやすい．モータと電源は別売り | $199.99(直販) |
| F1 BLDC add-on(DM164130-2，マイクロチップ) | VD-3-25.07(ebmpapst)，24V3相DCブラシレス・モータ，出力5 W | ホール・センサ | － | － | A，Bセンサレス対応 | 3相DCブラシレス・モータ用ドライバ基板．親基板としてF1 LV Evaluation Platform基板が必要．UVW相のリファレンスができる．120°通電のセンサレス制御が可能 | $99.99(直販) |
| 3相モーター・コントロール・キット：50 V，3.5A Piccolo F28069M，InstaSPIN-FOC(DRV8312-69M-KIT，TI) | 型番/メーカ不明，NEMA17，出力55 W | ソフトウェア・エンコーダー/センサレス | Piccolo F28069M(TI) | C28x(32ビット) | A，B，Cセンサレス | センサレスでありながら，ゼロ・スピードからセンサレス制御が可能なプログラムが付属．初期位置推定を行う．電源は別売り | $299(直販) |
| モーター・ドライブ・ブースタパック：DRV8301およびNexFET MOSFET付き(BOOSTXL-DRV8301，TI) | 6～24V3相DCブラシレス・モータ(別売り) | － | － | － | － | 3相DCブラシレス・モータ用ドライバ基板．親基板別売り．LAUNCHXL-F28027Fのコントロール部と組み合わせて使える．ドライブ電流最大10 Aで連続使用が可能 | $49(直販) |
| LPC1549 Motor Control Kit(OM13067，NXP，IARシステムズほか) | M2310P-LN-04K(Teknic) | ホール・センサ/エンコーダ | LPC1549(NXP) | Cortex-M3(32ビット) | A，B，Cセンサレス対応 | OM13067(上)はベクトル制御用，OM13068(下)は120°通電用．ほかのキットは1台で兼用だが，本キットは別々となっている．A-Dコンバータ，キャプチャ入力からマイコン介在なしでPWM出力を変えられるのが特徴 | $546(Digi-key) |
| LPC1549 LPCXpresso Motor Control Kit(OM13068，NXP，IARシステムズほか) | 不明 | ホール・センサ/エンコーダ | LPC1549(NXP) | Cortex-M3(32ビット) | A，Bセンサレス対応 | | $366(Digi-key) |
| ブラシレスDCモータ・ベクトル制御開発プラットフォーム V2.0(T370MTR，イーエスピー企画) | TG-99D-KA(ツカサ電工) | ホール・センサ | TMPM370FYFG(東芝) | Cortex-M3(32ビット) | A，B，Cセンサレス対応 | 3通りのコイル電流の検出方法に対応．それぞれのベクトル制御用サンプル・プログラムが付属する | 98,000円(直販) |
| XMC1000 Motor Control Application Kit(KIT_XMC1x_AK_Motor_001，インフィニオン) | 型番/メーカ不明，24V3相DCブラシレス・モータ，出力15 W | ホール・センサ | XMC1300(インフィニオン) | Cortex-M0(32ビット) | A，B，Cセンサレス対応 | ドライバ基板にモータを設置可能．ドライブ電流は最大3 A | $125(直販) |

制御方式　A：DCブラシ付きモータ制御，B：ブラシレス120°通電方式　C：ベクトル制御方式

(a) DCブラシレス・モータ用キット

表1　オールイン・ワン！モータ入門キット・セレクション(つづき)

| 名称(型番，メーカ) | モータ | 搭載マイコン | サンプル・プログラム | 備　考 | 参考価格 |
|---|---|---|---|---|---|
| 2A Motor Shield for Arduino (DRI0009，DE ROBOT) | 5～35 V，DCブラシ付きモータ(別売り) 最大2 A | − | Arduiono用，mbed用 | Arduinoのシールドで2個のDCブラシ付きモータを最大2 Aで駆動可能．mbedでも使用できる | 1,480円(秋月電子通商) |
| 東芝マイクロコンピュータTLCS900モータ制御評価ボード(型番なし，ガイオ・テクノロジー) | RE-280(マブチモーター) | TMP91FY42FG(東芝) | あり | 東芝社製TLCS-900/L1シリーズのTMP91FY42を使ってPID制御ができる．組み込みソフト開発のための評価ボード | メーカに問い合わせ |
| デュアル・ブラシ付きDCモーター BoosterPack，DRV8848機能付き(BOOST-DRV8848，TI) | 4 V～18 V，DCブラシ付きモータ，ステッピング・モータ(別売り)，最大1 A | − | あり(MSP-EXP430G2 LaunchPad用) | 外部からPWM入力でDCブラシ付きモータやステッピング・モータを回す．MSP-EXP430G2 LaunchPadとの接続で使用 | $25(直販) |
| Motor Driver Shield Ver.1 Rev.A(型番なし，AXIS) | 4.5～20V，DCブラシ付きモータ(別売り)，連続最大1A | − | Arduino Mega2560用 | ArduinoMega2560のシールド．東芝製ドライバICのTA7291Pを四つ使用．トータル8台のモータが回せる | 3,500円(スイッチサイエンス) |
| Adafruit Motor/Stepper/Servo Shield for Arduino v2 Kit - v2.3(型番なし，adafruit) | 0～15V，DCブラシ付きモータ(別売り) 連続最大1.2A | − | Arduiono用，mbed用 | DCブラシ付モータの他に，ステッピング・モータ，サーボモータも付けられる．東芝製TB6612FNGドライバを使用 | $19.95(直販) |
| Motor Shield V2.0(型番なし，SeeedStudio) | 4.8V～35V，DCブラシ付きモータ(別売り) 最大2A | − | Arduiono用，mbed用 | ArduinoのシールドでDCブラシ付モータ，ステッピング・モータが使える．L298ドライバを使用 | $19.5(直販) |
| Arduino モーターシールドRev3(型番なし，Arduino) | 5V～12V，DCブラシ付きモータ(別売り) 最大2A | − | Arduiono用，mbed用 | Arduinoが提供するモータ・ドライバ．L298ドライバを使ったキットはサード・パーティが数社ある | $20(直販) |
| Grove-I2C Motor Driver(型番なし，SeeedStudio) | 5V～12V，DCブラシ付きモータ(別売り) 最大2A | − | Arduiono用，mbed用 | 通常コントロールはPWM．ATmega8L(アトメル)との接続で使用するほか，$I^2C$でコントロール可能 | $16.9(直販) |
| デュアルMC33926モータードライバシールド(最大3 A/チャネル)(型番なし，Pololu) | 5V～28V，DCブラシ付きモータ(別売り) 最大3A | − | Arduiono用，mbed用 | ArduinoのシールドでドライバICはフリースケールのMC33926を使用．過電流保護機能あり | $29.95(直販) |
| MAPLE-mini基板キットTypeC(MARM04-BASE，マルツエレック) | FA-130RA(マブチモーター) | LPC1114FN28/102，NXPセミコンダクターズ(別売り) | あり | マイコン基板は別売り | 4,743円(直販) |
| Integrated Motor Driver for Brushed and Stepper Motors with Piccolo F28035 control CARD(DRV8412-C2-KIT，TI) | BDD-38-63(Anaheim Automation)，23Y(Anaheim Automation) | Piccolo F28069M(TI) | あり | DCブラシ付きモータ2個，ステッピング・モータ1個が付属している | $199(直販) |

(b) DCブラシ付きモータ用キット

〈櫻井　清〉

(初出：「トランジスタ技術」2015年12月号)

## 1個から購入できるブラシレス・モータを探してみた　Column 1

ブラシ付きモータと違い，入手しにくいブラシレス・モータですが，DM1以外にも入手可能です．タミヤ，マクソンモータの製品は通信販売などで購入可能です．

また，マクソンモータはホームページでデータシートがダウンロード可能なため，回路を作成しやすいです．

ここでは，入手しやすそうなモータを示します．

〈井桁　健一郎〉

### ● 扁平モータ 200142(マクソンモータ)

- 定格電圧12 V
- 最大電流10 A
- 無負荷回転数4380 r/min
- 最大トルク241 mNm(約2.5 kgf・cm)

### ● 扁平モータ 251601(マクソンモータ)

- 定格電圧24 V
- 最大電流23 A
- 無負荷回転数6800 r/min
- 最大トルク780 mNm(約8.0 kgf・cm)

## 小型モータ選び早見表

**Column 2**

**写真A**に示すのは代表的な小型モータです．特徴を**表A**に示します．モータを選ぶときの参考にしてください．

〈**高橋 幹夫**〉

(a) ブラシ付きモータ

(b) 交流誘導モータ

(c) 交流同期モータ

(d) ステッピング・モータ

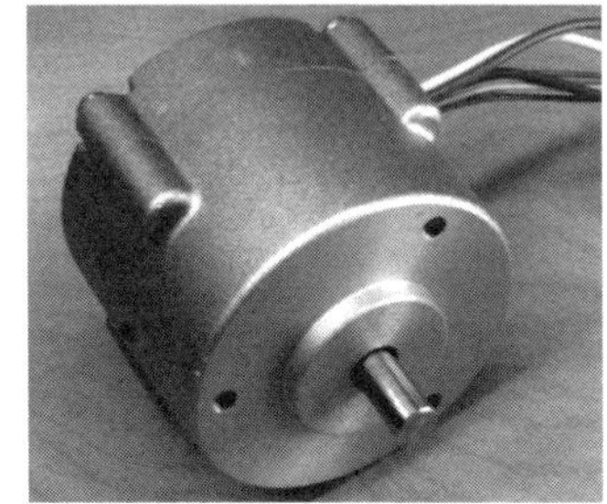

(e) ブラシレス・モータ

**写真A　外観**

**表A　特徴**

| 種類 | ブラシ付きモータ | 交流誘導モータ | 交流同期モータ | ステッピング・モータ | ブラシレス・モータ |
|---|---|---|---|---|---|
| 構造 | 固定子は一般的に永久磁石を使い，回転子の巻き線にブラシを使って給電する | 固定子巻き線に交流電圧を加えて回転磁界を作る．鉄などで作られた回転子には誘導電流が発生し，すべりに応じてトルクが発生する | 回転子に永久磁石を使用，固定子の巻き線に交流電圧を加えることで定速回転する | 交流同期モータに似た構造．各巻き線へ順番に電力を供給することで任意の回転速度や回転角が得られる | 交流同期モータに似た構造だが，回転子の位置(角度)を検出するセンサを搭載している．インバータ回路によって発生された三相交流で駆動されるものが多い |
| 長所 | ●小型化が容易<br>●安価<br>●低電圧で駆動でき，絶縁設計が容易<br>●電圧に対し回転特性が直線的に比例する<br>●起動トルクが大きい<br>●電圧を加えれば回転する(電子回路不要) | ●交流電源直結で使える<br>●比較的安価<br>●負荷変動が大きい用途にも使える<br>●構造が単純で丈夫<br>●電圧を加えれば回転する(電子回路不要)<br>●ある程度の回転数までは回転数に応じてトルクが増加する(ファン，ポンプなどに最適) | ●周波数に応じて定速回転する<br>●交流誘導モータより小型化できる<br>●安価 | ●フィードバックを取らなくても高精度の位置決めができる<br>●任意の回転速度で運転ができる<br>●性能のわりには安価 | ●長寿命<br>●騒音が小さい<br>●効率が高い<br>●形状の自由度が高い<br>●高速回転が可能 |
| 短所 | ●ブラシがあるので比較的寿命が短い<br>●ノイズが出やすい，定速性が低い<br>●直流電源が必要<br>●過負荷のときに大きな電流が流れるので，保護回路が必要 | ●比較的効率が悪い<br>●定速性が低い<br>●停止時に保持力がない<br>●単相交流の場合，起動に工夫が必要(市販のモータであれば問題ない)<br>●小型化に限界がある<br>●最大トルクより起動トルクのほうが小さい | ●周波数に応じた一定の回転速度しか得られない<br>●過負荷により停止してしまう<br>●周波数が高いと起動できない | ●共振，振動音が発生しやすい<br>●専用の電子回路(ドライバ)がないと運転できない<br>●過負荷により停止してしまう | ●高価<br>●専用の電子回路がないと運転できない<br>●ブラシ付きモータに比べると応答性に劣る<br>●形状の自由度が高いので，規格が統一されていない<br>●負荷変動が大きくても使える |
| 主な用途 | ●自動車電装部品<br>●家電<br>●玩具<br>●OA機器 | ●FA機器<br>●産業機器<br>●家電<br>●ファン<br>●冷凍機<br>●ポンプ | ●タイマ<br>●家電<br>●観賞水槽用ポンプ<br>●アミューズメント機器 | ●OA機器<br>●FA機器<br>●自動車電装部品<br>●エアコンなどの家電<br>●計測器<br>●制御機器 | ●パソコン部品<br>●ハイブリッド自動車<br>●家電<br>●計測器<br>●制御機器 |

第6章 ①モータ/バッテリ ②センサ ③コンピュータによる自動制御

# 「ドローン」が実現できた三つの理由

三輪 昌史 Masafumi Miwa

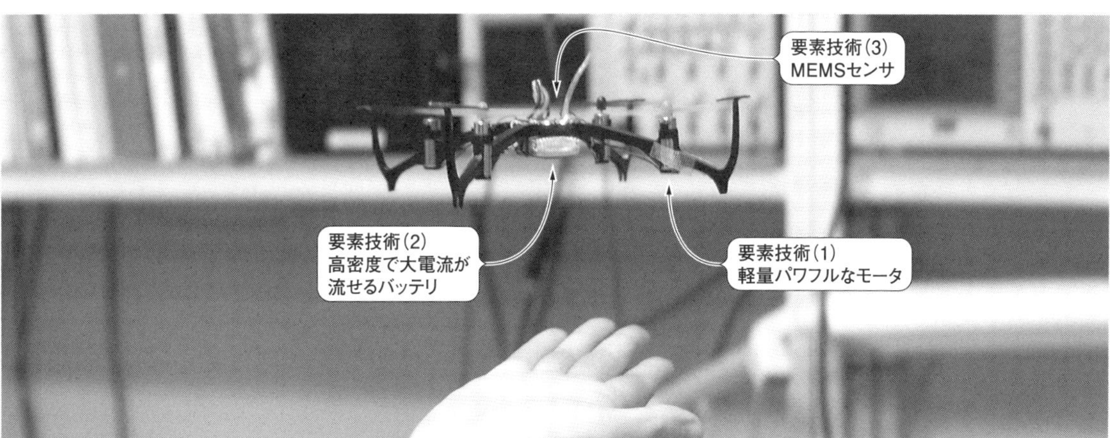


**写真1　2010年ごろから登場して注目されているドローンを実現するには最新エレクトロニクス技術が必要不可欠！**
要素技術はモータ/バッテリ，センサ，コンピュータによる自動制御の三つ

テレビや新聞などで最近よく話題に挙がっているドローン(**写真1**)は，モータや電池，センサ，コンピュータなど，多くのエレクトロニクス技術が結集した飛行体です．

ドローンが実現できた理由は，次の三つであると考えられます．

① モータとバッテリの出力向上，小型化，軽量化
② センサ(3軸ジャイロ，3軸加速度，3軸地磁気)の性能向上，小型軽量化，低価格化と制御プログラム
③ コンピュータ(マイコン)による自動制御

本稿では，この三つの理由について解説します．

〈**編集部**〉

## ドローンの定義

最近テレビや新聞などの報道でドローンがよく話題に挙がっています．「初めての空撮」や，「ドローンを使った配送」といった，新しい応用例を紹介したポジティブな報道や，墜落や事故といったネガティブな報道もあります．

報道で出てくるドローンといえば，ほとんどの場合，複数のプロペラによって飛行する機体のことを指すと思います．この形式の機体は，マルチコプタ(マルチロータ・ヘリコプタ)と呼ばれる，多発型のラジコン・ヘリコプタの一種です(**図1**)．

### ● 広義のドローン…「遠隔もしくは自動操縦で移動できる無人機械」のすべてを指す

ドローンという単語自体は，広くは「遠隔操縦または自動操縦で移動できる無人の機械」という意味をもっています．さらに搭載したセンサやカメラからのデータや映像を送ってくる機能があるものがドローンにあたると考えられます．逆にこれらの機能がない機械は単なるラジコンです．人工衛星や無人化施工機械，水中ロボット(ROV)もドローンの一種です．また，福島第一原子力発電所の事故の様子を撮影した無人航空機も飛行機型のドローンです．

### ● 狭義のドローン…カメラを搭載したマルチコプタ型ドローンを指す

報道でよく出てくるドローンは，ラジコン・ヘリコプタであるマルチコプタに，映像転送ができるカメラ

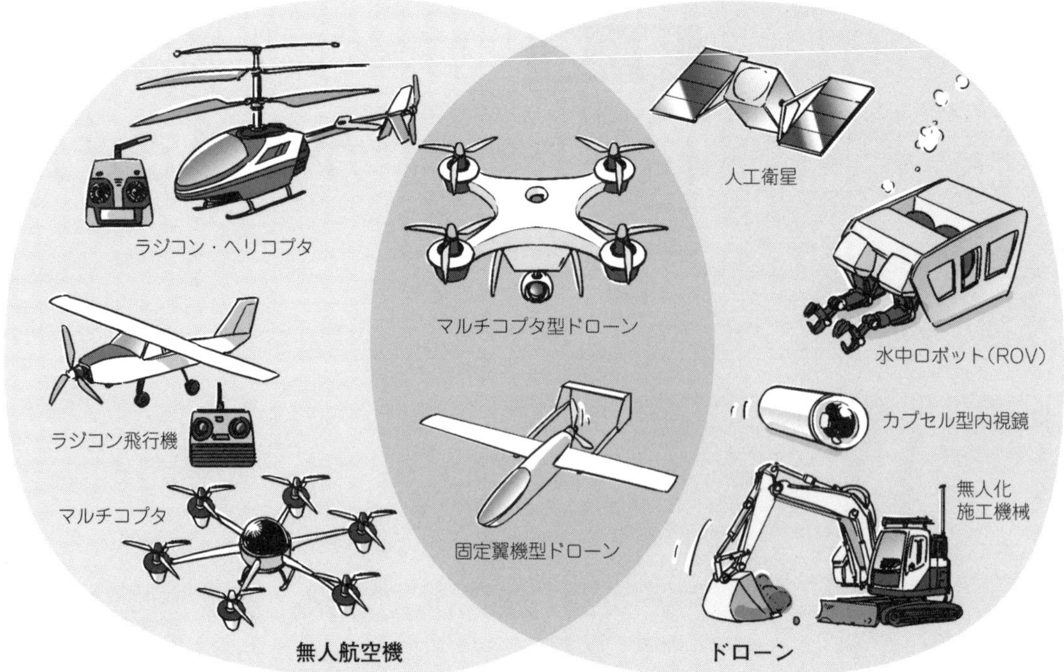


**図1　テレビや新聞でよく見るあの飛行物体だけじゃない…意外と広いドローンの定義**
「遠隔操縦または自動操縦で移動できる無人機械」のすべてを指す

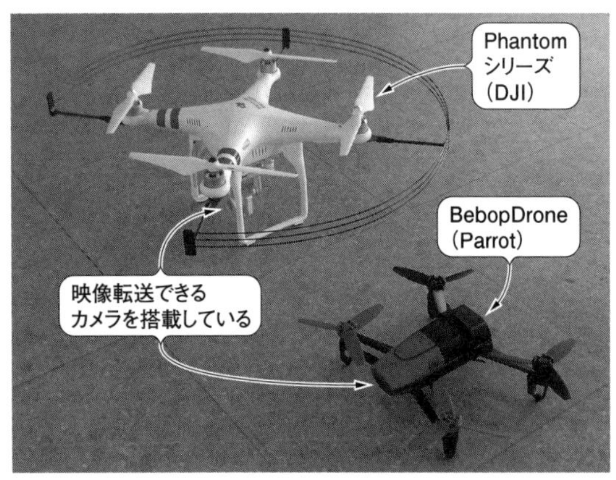


**写真2　狭義のドローン…マルチコプタ型ドローン**

を搭載したタイプのものです．正式にはマルチコプタ型ドローンと呼ばれます．**写真2**に，このタイプのドローンである，Phantomシリーズ(DJI)とBebopDrone(Parrot)を示します．

従来のラジコン・ヘリコプタと比較すると，格段に操縦が楽になっています．また，価格も安いため，人気がでています．

本稿では，マルチコプタ型ドローンの事をドローンと呼びます．

## ① モータとバッテリ

飛行することを目的としたDCブラシレス・モータと，リチウム・ポリマ蓄電池(**写真3**)が登場したことによって，性能向上，および軽量化を実現しました．これにより，出力密度(出力重量比)が向上しました．

従来は重量に対する出力が低く，連続だと1分程度の飛行しかできませんでした．

モータとバッテリの進化により，現在では市販のドローンでもカメラや映像通信機を搭載した状態で10分から15分，長時間飛行に特化した機体では30分ほどの飛行時間を実現しています．

## ② センサ

MEMS技術で製作された3軸ジャイロ，3軸加速度，3軸地磁気センサが登場したことにより，性能向上と低価格化を実現しました．これにより，低価格で制御系を実現することができるようになりました(**写真4**)．

従来では100万円オーダの価格であったフライト・コントローラが，ハイエンドで18万円程度，ミドルクラスで3万円程度，ローエンドで5千円程度で購入できるようになりました．

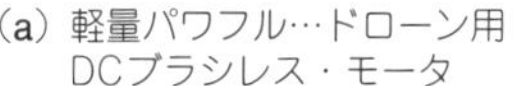
(a) 軽量パワフル…ドローン用DCブラシレス・モータ

(b) 軽量／大容量／大電流…リチウム・ポリマ電池

写真3　モータ＆バッテリの軽量パワフル化による効果…飛行時間が1分程度から最大30分に大幅改善！

フライト・コントローラ
ArduPilotMega APM 2

マイコン
ATmege2560（アトメル）

3軸ジャイロ，3軸加速度センサ
MPU-6000（InvenSense社）

気圧高度センサ
MS5611-01BA03
(measurement社)

写真4　MEMSセンサ搭載のフライト・コントローラが登場してコンピュータによるドローンの姿勢制御が可能に！

## ③ コンピュータによる自動制御

### ● ラジコン・ヘリコプタは手動制御

ラジコン・ヘリコプタやラジコン飛行機は，空撮を目的として，大体20年ほど前から産業用としても発展してきました．その理由は，実機の空撮に比べて素早く撮影が行えて，かつコストが低く，低高度からの撮影が可能なメリットがあるためです．主に，工事現場の進捗状況の記録や記念撮影などに利用されてきました．

しかし，従来のラジコン・ヘリコプタやラジコン飛行機は操縦が難しく，安全に運用するには高度な技術とメンテナンスを含めた専門的な運用が必要でした．そのため，世間一般には広く受け入れられず，一部の専門家やマニアの間で利用される程度でした．

## エレクトロニクスの進化とドローン　Column 1

▶登場初期…飛行時間が短く広まらず

1989年にマルチコプタ（ジャイロソーサーシリーズ）がキーエンスから発売されたのですが，飛行時間が1分程度と短いこともあり，あまり広まりませんでした．1995年ごろには電動のシングル・ロータ・ヘリもキットで発売されていたのですが，こちらも飛行時間が短いことから人気が出ませんでした．機体重量（モータやバッテリを含む）に対しモータの出力が低く，バッテリ容量も小さかったため，長く飛べませんでした．

▶軽量でパワフルなモータ＆電池登場！出力密度の向上で飛行時間UP

2004年くらいから，まずはラジコン飛行機に，次にシングル・ロータ・ヘリコプタにDCブラシレス・モータが使われ始めました．その後リチウム・ポリマ電池も使われ始めました．DCブラシレス・モータとリチウム・ポリマ電池の組み合わせで，出力密度が向上し，本格的な模型として電動機が飛ぶようになってきました．これがラジコンの電動化と多発型のヘリコプタを成功に導いたと考えられます．

▶低価格で高性能なMEMSセンサ＆フライト・コントローラの登場で自動制御化

2010年ごろより，GAUIやDJIなどのメーカから4発ロータ型のマルチコプタが発売されました．これらのマルチコプタから，MEMS技術で製作された3軸ジャイロ・センサ，3軸加速度センサと3軸地磁気センサを組み合わせ，機体姿勢を検出するIMU（慣性計測装置）を構成し，姿勢制御系を持つマルチコプタ用のフライト・コントローラ（一種の自動操縦装置）が使用され始めました．フライト・コントローラにより，機体姿勢の安定化や姿勢制御が可能となりました．姿勢制御の機能がないと，マルチコプタの操縦は通常のシングル・ロータ・ヘリコプタと同様に，操縦に熟練の技術が必要とされます．

〈三輪 昌史〉

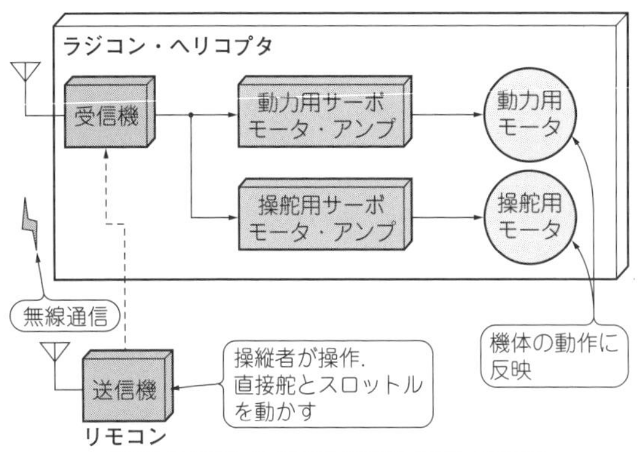


(a) 操縦者がすべてを舵取りするラジコン・ヘリコプタ構成

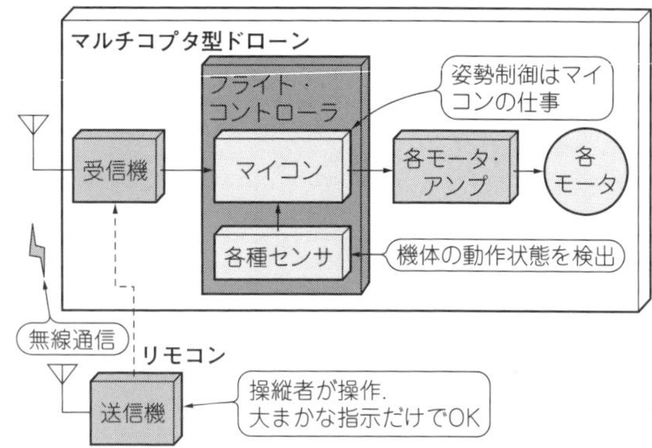


(b) 大ざっぱな指令だけで細かい舵取りはコンピュータに任せるマルチコプタ型ドローン構成

**図2　ラジコン・ヘリコプタに比べると格段に操縦がしやすくすくなったドローン**

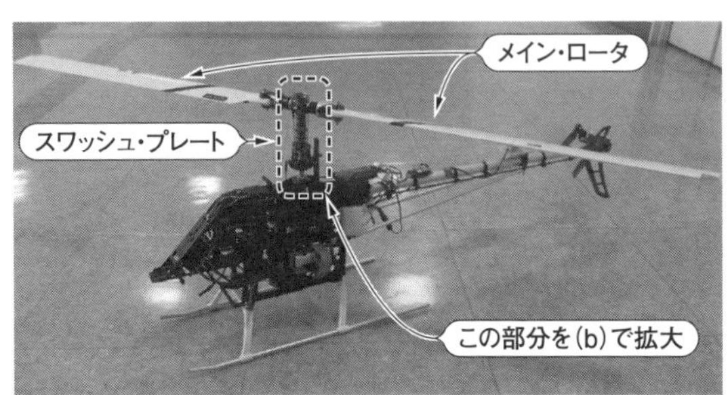


(a) シングル・ロータ・ヘリコプタのラジコン

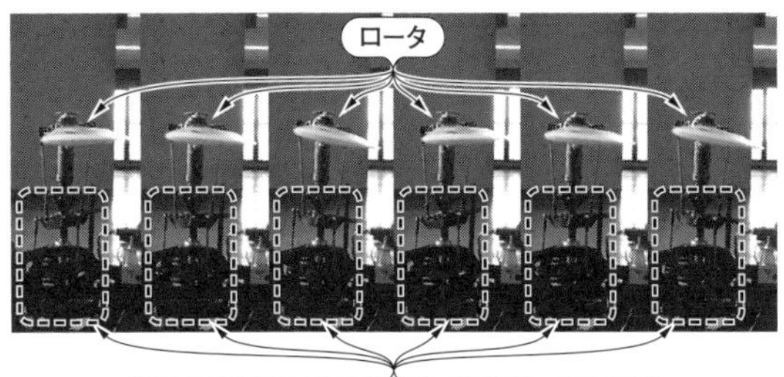


スワッシュ・プレートという複雑な機構を用いて
機体の傾き具合を調整する

(b) プレートの上下や前後の傾きに連動してロータの傾きが変わるスワッシュ・プレート機構

**写真5　マルチコプタ型ドローンにはラジコン・ヘリが持つような複雑な機構は不要**

**図2**に従来のラジコン・ヘリコプタとマルチコプタ型ドローンの構成図を示します.

従来のラジコンは, 送信機からの信号を受信し, 各舵やスロットルの操作信号をそのままサーボモータやドライブ回路に伝えます. 操縦者が直接舵とスロットルを操作するので難しく, 高度な技術が必要とされました.

## ● 姿勢制御用マイコン・ボード…フライト・コントローラの投入

マルチコプタは, 複数のモータの回転数を制御して飛ぶという構造から, コンピュータ(マイコン)を使用することを前提としています. ラジコン・ヘリコプタと違い, 受信機とアンプの間にフライト・コントローラと呼ばれるマイコン・ボードが搭載されています.

操縦者の操作信号は, マイコン・ボードが受信機を介して読み取ります. このときの指令は, マルチコプタに対する姿勢角度や, スロットル(モータの回転数)です. フライト・コントローラは, これらの指令を読み取り, 姿勢制御系を通して個別のモータへの回転数を決定し, アンプに伝えます.

## ● メリット

▶(1)操縦しやすくなった

フライト・コントローラを介して操縦するため, 姿勢制御などに必要な細かい操作はコンピュータに任せ, 大まかな指示を出すだけでよくなります. 結果, 操縦者の負担が大幅に軽減され, 飛ばすのが簡単になりました.

▶(2)機体構造がシンプルになった

マルチコプタの場合, 機体の構造はフレームとモータだけで実現できます.

ラジコン・ヘリコプタの場合, **写真5**のようなスワッシュ・プレート機構と呼ばれる複雑なリンク機構が必要です. マルチコプタでは, これらの複雑な機構は不要なのでシンプルに軽く作ることができます(**写真6**).

▶(3)多機能化

フライト・コントローラを搭載したことにより, XBeeなどの無線装置を通じて地上側にあるパソコン(地上局)にGPSの測位結果や機体の状態を送信できるようになりました. そのため, ドローン自体のモニタリングや映像表示, 自動操縦など, さらに高度な機能を利用できるようになりました.

ドローンの機種によっては, 地上のPCやタブレット/スマホ用にグラウンド・ステーション(地上局)ソフトウェアが用意されている機種もあります(**図3**).

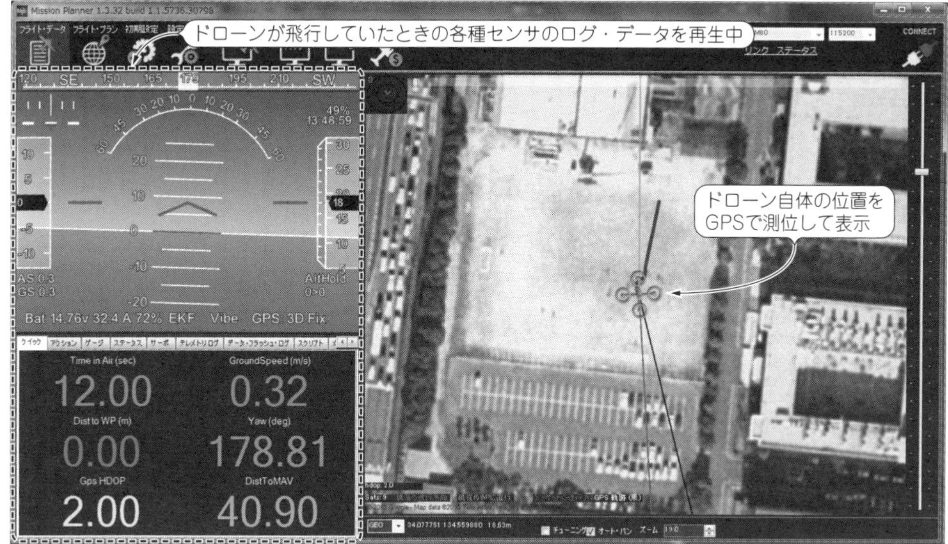


図3　地上のパソコンやタブレット/スマホと連携してモニタリング，映像表示，自動操縦などの高度な機能も使えるように！
グラウンド・ステーション・ソフトウェアMissionPlanner

グラウンド・ステーション-ドローン間でデータ通信を行い，飛行中のドローンの情報をモニタリングしたり，搭載のカメラからの映像をリアルタイムで表示したり，記録したりできます．さらにあらかじめグランド・ステーション側でWayPoint(通過地点)を設定し，そのデータをドローンに入力しておくことで，ドローンの自動操縦が可能な機種もあります．

### ● 結論…コンピュータによる自動制御化で簡単に飛ばせるようになった！

現在，マルチコプタは，ラジコンの中でも爆発的に売れていますが，その拡大の理由は簡単に飛ばせることであると考えられます．また，従来のラジコン・ヘリコプタに比べても小型軽量で取り扱いやすいことも理由に挙げられます．

このように扱いやすい上に高度な機能も利用できるようになったことから，マルチコプタ型ドローンの運用が広まってきています．

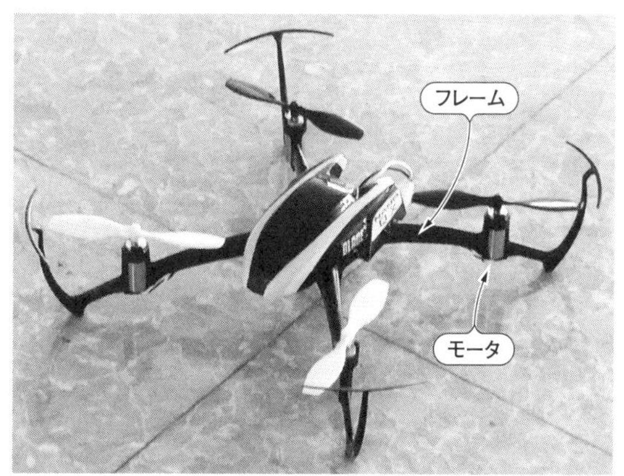


写真6　必要なのはフレームとモータだけ！マルチコプタはシンプルに軽く作ることができる

(初出：「トランジスタ技術」2015年12月号)

# Appendix 5

## 各モータの回転数によって機体を操作する
## ドローンの自動姿勢制御

操縦を簡単にするためにフライト・コントローラ内で行っている姿勢制御の原理について説明します．

**図1**にマルチコプタの姿勢制御の例として，クアッドコプタの様子を示します．

マルチコプタでは，基本的に各モータの回転数を変化させることで機体の回転を操作し，姿勢制御を行います．

### ● モータの回転方向…反動トルクを防ぐため対角線上に右回転×2と左回転×2とする

モータを駆動させると，その回転方向とは反対に反動トルクが発生します．反動トルクの影響を抑えるため，**図1**では右前と左後ろのモータは時計回りで駆動します．左前と右後ろのモータは反時計回りで駆動します．プロペラもそれに合わせて，正回転型と逆回転型を使用しています(**写真1**)．

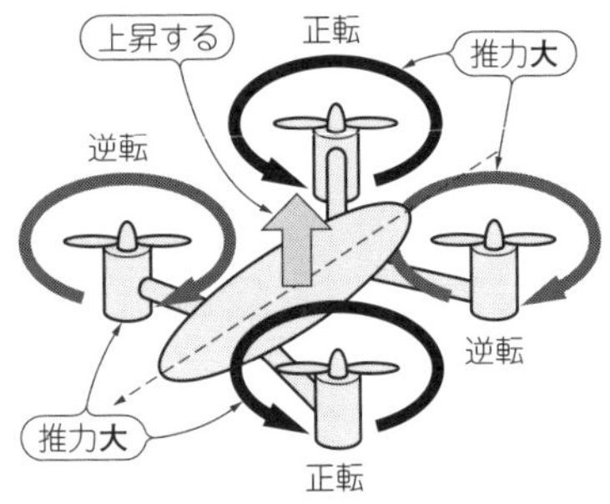


(a) 高度(上下運動)の制御方法
(推力を利用)

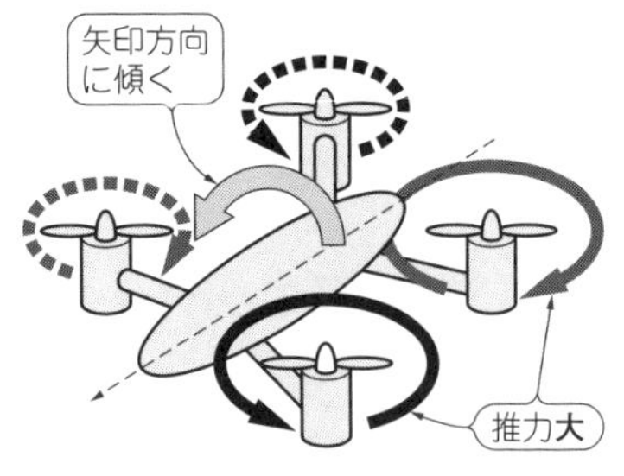


(b) 機体の傾きの制御方法
(推力を利用)

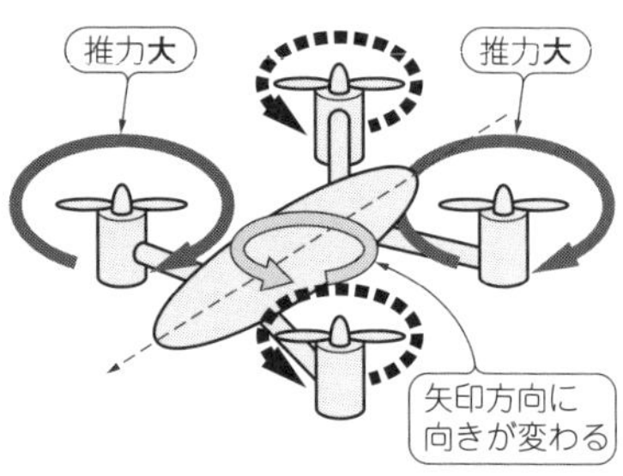


(c) 機体の向き(左右運動)の制御方法
(反トルクを利用)

**図1　クアッドコプタの姿勢制御…上下/傾き/左右の基本3アクション**

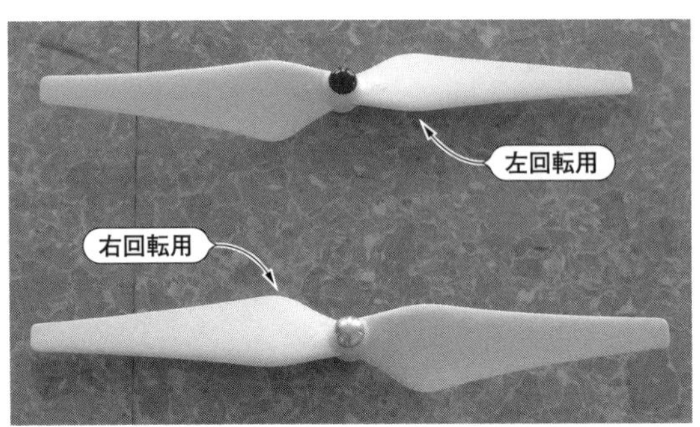


**写真1　機体自身の反動トルクを抑えるために右回転/左回転用のプロペラが必要**

Phantom2(DJI)の正回転/逆回転プロペラ

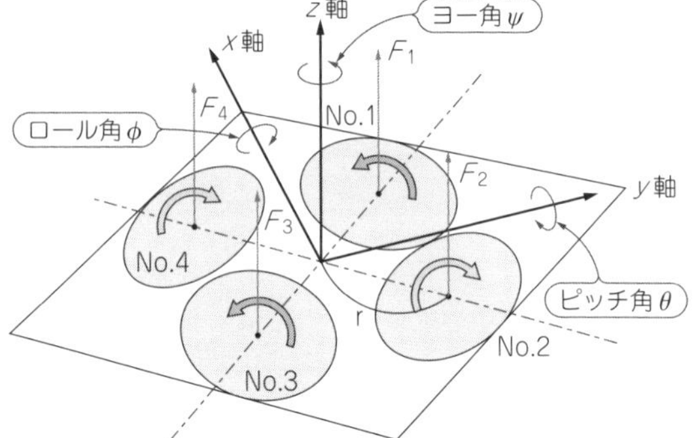


**図2　クアッドコプタのモータ回転数を算出する時に使用する各種パラメータ**(プロペラ上の矢印は反動トルク)

▶上下…四つのモータの回転数を上げる

四つのモータを同期させて回転数を上げると上昇，下げると下降します．

▶傾き…隣接するペアのモータ回転数を上げる

左モータのペアの回転数を上げると，機体は右に傾きます．

逆に右のペアの回転数を上げると，機体は左に傾きます．前後のモータのペアで同様の操作を行うと前後にも傾けることができます．傾いた状態を維持すると，機体はその方向に移動します．

▶左右…同じ向きに回るモータ回転数を上げる

右前と左後ろの時計方向に回るモータの回転数を上げると，反動トルクにより機体が反時計方向に回ります．逆に左前と右後ろの反時計方向に回るモータの回転数を上げると，同じく反動トルクにより機体は時計方向に回ります．

## ● 各モータ回転数の算出方法

**図2**はクアッドコプタのモデル図です．各ロータで発生する推力を$F1$～$F4$，反動トルクとを$T1$～$T4$とします．$x$軸を中心とした回転角度をロール角$\phi$とします．$y$軸を中心とした回転角度をピッチ角$\theta$とします．$z$軸を中心とした回転角度をヨー角$\psi$とします．

$z$軸方向の直線運動，各軸周りの回転の方程式は次のようになります．

$$m\ddot{Z} = F_1 + F_2 + F_3 + F_4 - mg$$

$$J_X\ddot{\phi} = \frac{1}{\sqrt{2}}r(-F_1 - F_2 + F_3 + F_4)$$

$$J_Y\ddot{\theta} = \frac{1}{\sqrt{2}}r(F_1 - F_2 - F_3 + F_4)$$

$$J_Z\ddot{\psi} = \mu(F_1 - F_2 + F_3 - F_4)$$

ここで，$m$は機体質量，$Jx$，$Jy$，$Jz$はそれぞれ，$x$，$y$，$z$軸周りの慣性モーメントを表します．$r$は，各ロータの軸と$z$軸の距離です．$\mu$はロータの推力と反動トルクの関係を表す係数です．

それぞれ整理すると，次のようになり，姿勢と各ロータの推力の関係が求まります．

$$F_1 = \frac{1}{4}(m\ddot{Z} - \frac{\sqrt{2}}{r}J_X\ddot{\phi} + \frac{\sqrt{2}}{r}J_Y\ddot{\theta} + \frac{1}{\mu}J_Z\ddot{\psi} + mg)$$

$$F_2 = \frac{1}{4}(m\ddot{Z} - \frac{\sqrt{2}}{r}J_X\ddot{\phi} - \frac{\sqrt{2}}{r}J_Y\ddot{\theta} - \frac{1}{\mu}J_Z\ddot{\psi} + mg)$$

$$F_3 = \frac{1}{4}(m\ddot{Z} + \frac{\sqrt{2}}{r}J_X\ddot{\phi} - \frac{\sqrt{2}}{r}J_Y\ddot{\theta} + \frac{1}{\mu}J_Z\ddot{\psi} + mg)$$

$$F_4 = \frac{1}{4}(m\ddot{Z} + \frac{\sqrt{2}}{r}J_X\ddot{\phi} + \frac{\sqrt{2}}{r}J_Y\ddot{\theta} - \frac{1}{\mu}J_Z\ddot{\psi} + mg)$$

一般的なフライト・コントローラではこの式を元に，目標姿勢や位置を実現するための各モータの回転数を決定します．

**〈三輪　昌史〉**

(初出：「トランジスタ技術」2015年12月号)

Appendix 6

# ジャイロ・センサ/GPS/カメラ/コンピュータ…最新技術満載！ 姿勢も位置もバッチリ制御！ハイテク・ヘリコプタ「ドローン」図鑑

写真1　完成品タイプ①4Kカメラを搭載したPhantomシリーズのPhantom 3(DJI)

写真2　完成品タイプ②スマホで操縦できるBebop Drone(Parrot)

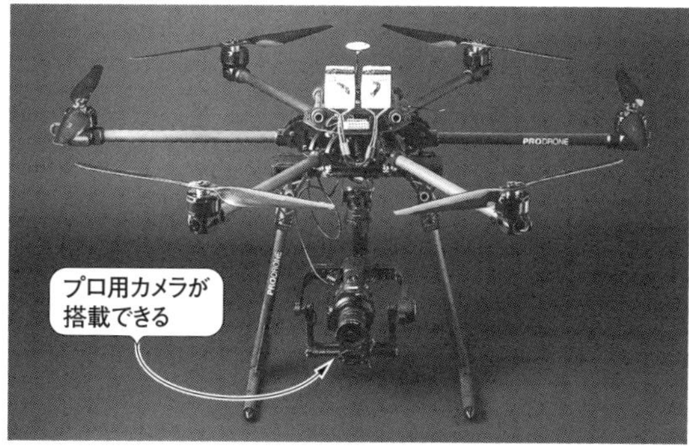


写真3　CM撮影に使用されている空撮用大型ドローン(プロドローン)
重いプロ用カメラを搭載できる大型の機体．クレーン・カメラや実機航空機では難しかった撮影ができる

本稿では，市販の完成品ドローンと部品を集めて組み立てる自作ドローンを紹介します．

〈編集部〉

## 完成品タイプ

### ● カメラ/GPS/Wi-Fi/スマホ・リモコン…もうなんでもあり

完成品ドローン・メーカの中でもDJI社は先にシングル・ロータ用のフライト・コントローラを発売していました．その技術をマルチコプタに応用し，他のメーカに先んじてGPSを用いた位置保持制御を組み込んでいました．

2013年には**写真1**に示すRTF(Ready To Fly：完全完成機)のPhantomシリーズが発売され，現在はその後継機であるPhantom 3やInspire 1が，映像転送可能なカメラ付きのドローンとして販売されています．この2機種は4Kカメラを搭載しており，飛行中も高解像度の映像を転送できるので，空撮業務にそのまま使えます．これらは完全完成機であり，購入後バッテリを充電すればすぐに飛行できる状態で販売されています．

2010年には，通常のラジコンとは違ってWi-Fiを使用して通信を行うラジコン・ヘリコプタとして，ParrotからAR Droneが発売されました．この機体はスマホやタブレットをコントローラとし，機体に搭載したカメラの映像をリアルタイムで転送できます．現在はこの後継機である**写真2**に示すBebop Droneが販売されています．

### ● 業務用ドローン

**写真3**に示すプロドローンは，オーダ・メイドの機体の開発設計，組み上げを行っており，空撮用の大型機がCM撮影などに広く使用されています．

(a) 外観

(b) 撮影映像

**写真4　火山の噴火調査に使用されている長距離飛行型空撮ドローン**(エンルート)
軽量フレームにより最大40分，30kmの飛行が可能．火山の噴火など，直接人が近づけない場所の調査ができる

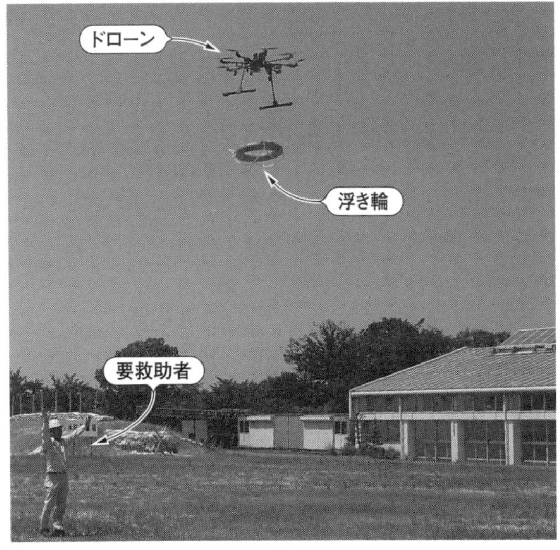

**写真5　救急救命用ドローン**(マルチコプターラボ)**の救命浮き輪搬送実験のようす**
数kgの救命浮輪を搭載して飛行でき，任意の場所で投下できる．投下後は機体の重量が減るが，その影響を受けずに安定な飛行を継続できる

**写真6　放射線測定にも使われた自律飛行ドローンの量産機MS-06LA**(ミニサーベイヤー)
自律飛行するドローン．レーザ・レンジファインダを搭載し，衝突物を自動的に回避して飛行する機能を持つ機種もある

エンルートは長距離飛行型の空撮機や，各種調査用の機体などを販売しています．**写真4**に示すドローンは桜島や御嶽山の噴火の様子の撮影を自動航行で行いました．

マルチコプターラボでは，ズームカメラを搭載した遠距離撮影機や，浮き輪などの救命物資を投下する救急救命用のドローンが開発されています．愛知県警の防災訓練に参加し，ズーム空撮機による要救助者の発見や小型機によるロープ運搬の訓練が行われました(**写真5**)．

ハイエンドの国産ドローンとしては，千葉大学発のベンチャ企業である自律制御システム研究所が開発したミニサーベイヤーがあります(量産機MS-06LA，**写真6**)．フライト・コントローラも独自開発の物が使われています．このミニサーベイヤーのカスタム機は，東京電力福島第一原発内の放射線量測定にも導入されました．

## 組み立てタイプ

### ● スペシャル・ドローン

ホビーの世界では，ラジコン飛行機は自分で好きなメーカの機体，ラジコン装置，動力装置を選んで製作します．機体設計から自作するマニアもいます．ラジコン・ヘリコプタの場合，機体の自作は難易度がかなり高いのですが，メーカのキットをベースにオプション・パーツでカスタマイズすることもできます．

マルチコプタ型ドローンの場合も，ラジコン飛行機やラジコン・ヘリコプタ用の部品を使っているので，

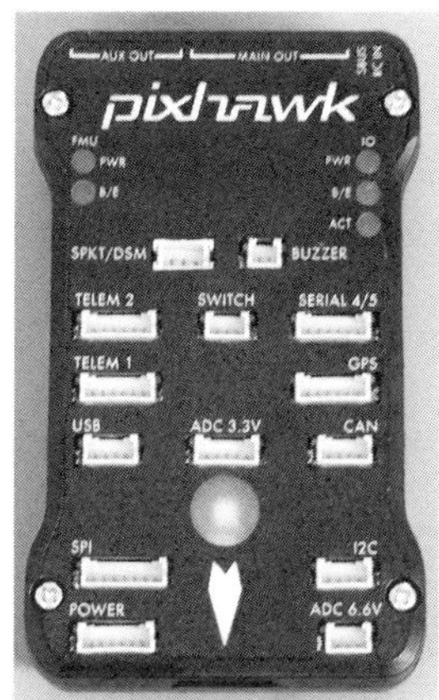


(a) PixHawk

(b) Wii リモコンの改造品がベースの MultiWii Mini

**写真7　制御ソフトウェアのソースコードが公開されているオープンソースのフライト・コントローラ**
その気になれば自分で改造してオリジナルの制御アルゴリズムも組み込める

**写真8　竹で機体とプロペラを自作した竹コプタ**(熊本高等専門学校)
フレームやプロペラが竹でできた機体でも，プロペラの幾何的配置と取り付けがきちんとできていれば，きれいに飛ぶことができる

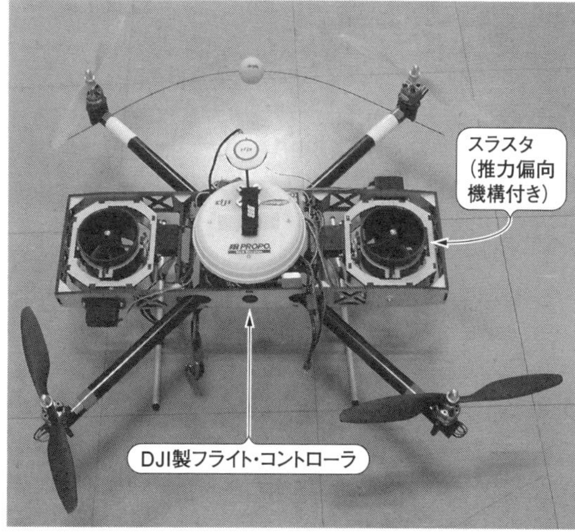


**写真9　機体を傾けずに移動できる推力偏向機構付きのマルチコプタ**(大阪産業大学)
通常のマルチコプタは機体を傾けることで発生する水平方向成分の推力で移動する．このマルチコプタはスラスタで推力偏向を行うことで，機体を傾けずに移動できる

自作が可能です．ラジコン装置，動力であるモータとアンプ，プロペラ，フライト・コントローラを選び，機体を選んで好きな組み合わせで，ある用途に特化させたスペシャル・ドローンも作れます．

### ● 自作に欠かせないドローン用フライト・コントローラ

フライト・コントローラはそれ自体も単品として販売されています．ドローン・メーカから販売されているものとしては，A2(DJI)や，NAZA V2(DJI)があります．グラウンド・ステーション・ソフトウェアも別途発売されています．

▶改造もできるオープンソースも！

オープンソースのフライト・コントローラもあります(**写真7**)．ArduinoPilotMega2.6やPixhawk，MultiWiiは，ソースコードが公開されており，改造できます．これらで使用できるグラウンド・ステーション・ソフトウェアとして，MissionPlannerやEZ-GUIも用意されています．

▶Wiiリモコンの部品を使ったフライト・コントローラ…MultiWii

MultiWiiは，Arduinoマイコンと任天堂のゲーム機Wiiのリモコンに使われているジャイロ・センサ，加速度センサを組み合わせてフライト・コントローラを開発したプロジェクトです．Arduinoマイコンとセンサの接続方法も公開されています．また，あらかじめマイコンとセンサを一体化したボードも複数の会社から販売されています．

### ● 竹製フレーム/倒立型/災害調査…自作ならなんでもアリ！

自作機の例を挙げます．熊本高等専門学校では**写真8**に示す竹で機体とプロペラを自作した機体，竹コプ

**写真10　衝突時の安全を考慮したダクト・ファンを使ったマルチコプタ**
プロペラの代わりにダクト・ファンを使用したドローン．衝突した時にプロペラ・ロータで切断される被害を防ぐ

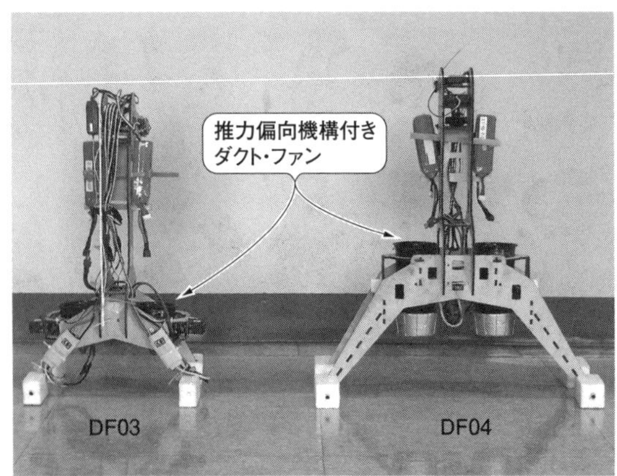


**写真11　推力偏向で姿勢制御を行う倒立型飛行体DF03/DF04**
ダクト・ファンの推力偏向を用いることで空中浮遊する倒立振子．重心位置が上にあっても安定した飛行が可能

タを製作しました．大阪産業大学では，WooKongフライト・コントローラ(DJI)を使用し，スラスタをラジコンで操作する，**写真9**の推力偏向機構付きのマルチコプタを開発しています．

## 過信した瞬間ドローンは空飛ぶ凶器に変身する

地上のロボットと違い，空飛ぶロボットであるドローンは，その故障が即墜落につながるので，重大な被害を周囲に及ぼす可能性があります．そのため，きちんとした安全対策を行い，危険管理を行った上で楽しむ必要があります．

ドローンに限らず，空を飛ぶものは必ず墜落します．墜落の原因は次の通りです．

(1)バッテリ切れや燃料切れ
(2)モータやアンプの過熱による故障
(3)GPSやセンサの異常による暴走
(4)フライト・コントローラの暴走
(5)機体の機械的故障
(6)使い方のミス

「なんだ，そんなことか」と思われるかもしれませんが，空を飛んでいる限り，何かの故障や不具合の発生は，即墜落につながります．

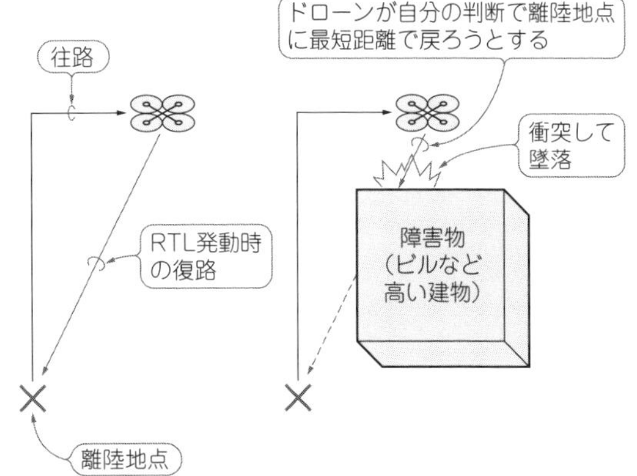


**図1　操縦用の電波が途絶えて安全機能が起動し，最短距離で離陸地点に自分で戻ろうとしたドローンがビルにぶつかって墜落したことも…**
墜落防止のための安全機能も使い方を間違えると墜落の原因になりうる

### ● 使い方をちゃんと知らなかった…じゃ済まされない！ドローン墜落事故の実例

このところドローンの墜落が報じられていますが，いずれも機械的故障，バッテリ切れ，間違った使い方が原因です．

▶安全機能が原因にもなりうる…間違った使い方による墜落

例えば，建築物を周囲から撮影しようとした場合，建築物の陰にドローンが入ったために操縦電波が途切れたとします．その場合，ドローンに備えられた安全機能であるフェールセーフが働き，最短距離で離陸地点に戻ってくるRTL(Return To Land)が発動すると考えられます(**図1**)．しかしドローンに障害物回避の機能がない場合，GPSを用いて最短距離で飛行を行い，撮影対象であった建築物に衝突してしまいます．この他にも雨の日に飛行した際，フラ私の研究室では，ArduPilotやArduCopterMegaやPixHawkとそのファームウェアであるArducopterのライブラリを使い，ダクト・ファンを使ったマルチコプタ（**写真10**）や推力偏向で姿勢制御を行う倒立型飛行体（**写真11**）を製作しています．また，市販の機体にキャスタを取り付け，なめらかな路面は滑走で移動し，障害物があるところでは飛行して移動する，トンネル災害調査を目的とした試験機（**写真12**）を開発しています．

マルチコプタ型ドローンは，構造的にはモータを四角形や六角形の頂点に正確に配置しているだけです．飛行機やシングル・ロータ機に比べて簡単な構造をしており，製作も比較的簡単です．また，フライト・コントローラには姿勢制御機能が付いていますので，従来のラジコン飛行機やラジコン・ヘリコプタに比べると操縦は簡単です．

〈三輪 昌史〉

（初出：「トランジスタ技術」2015年12月号）

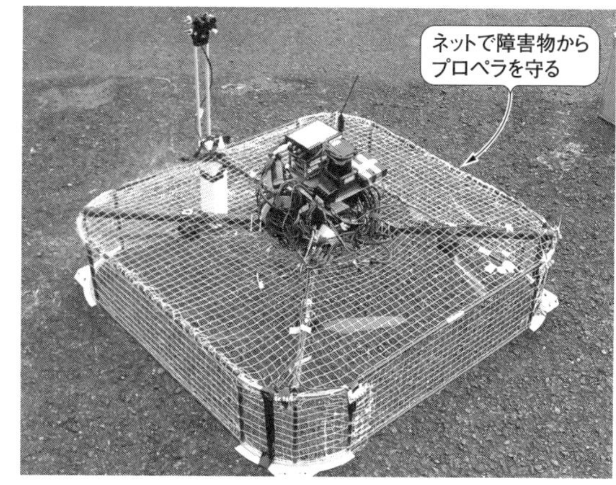


**写真12　トンネル災害調査用ドローン**
ネットをつけることで小石などの物体からプロペラを保護する．キャスタを使って滑走をすることで稼働時間を延ばし，トンネル内部を詳しく観察できる



## Column 1

イト・コントローラが故障して墜落したらしき事例や，バッテリを使い切ったらしい墜落もあります．

▶各種センサの不具合で暴走も…機械的特性が原因の墜落

機械的特性が原因の事例としては，姿勢制御に使用するセンサの内，地磁気センサが原因でドローンが暴走する事例が挙げられます．鉄骨や高圧電線の付近など，磁場が乱れている地点付近では正しい姿勢が計測できなくなり，ドローンが暴走する事例が多発しています．

GPSをセンサとして使用している場合，反射波を拾ってしまうマルチパスが起こる場所，高い建物の付近や谷などでは，測位が狂います．その結果，GPSを用いた位置保持制御を行っていると，暴走する事例も多発しています．

コンピュータが制御しているとはいえ，ドローンは自動化もできるラジコン・ヘリコプタでしかありません．決して特別な機体ではなく，ラジコンの一種です．従来の飛行機ラジコンやラジコン・ヘリコプタと同様，正しい運用のしかたを学ぶ必要があります．また，先に述べたように搭載した各種センサやGPS自体の特性により，これらが狂うような環境で使用すると暴走する場合もあります．

▶対策…使用者がドローン・システム全体の特性を把握しておくこと

ドローンの使用者は，飛行機としての特性だけでなく，システムとしての特性やセンサの特性を熟知したうえで運用をしなければならないと思います．先ほどの墜落の例は，直接の原因は電波の遮断や水濡れ，地磁気の乱れ，GPS測位の失敗と考えられますが，その原因の状況に機体を持ち込んだのは，ドローンの使用者です．

### ● 航空法改正…従来は規定なしだったドローンの使用方法/飛行場所も適用範囲に

墜落事故や不正使用の多発を抑止するため航空法が改正されました．従来の航空法では記述がなかったのですが，改正された航空法では無人航空機の使用方法や飛行場所が規定されることになりました．ラジコン飛行機やラジコン・ヘリコプタもドローンも無人航空機の範疇に入ります．

ドローンの操縦や映像伝送，データの転送に使用する電波は電波法に規定されています．

それ以外にも，条例などによって飛行できる場所が規定されています．ドローンを使用するには，これら複数のルールをよく理解し，従う必要があります．

＊

ドローンは非常に面白く，楽しい機体です．これから始めてみたい方も，ラジコンのベテランの方も，どうか安全第一で運用していただければと思います．

〈三輪 昌史〉

## Appendix 7

# 単3電池1本並みの18gで90W出力！最高17000rpm！
# ドローン用モータ大解剖

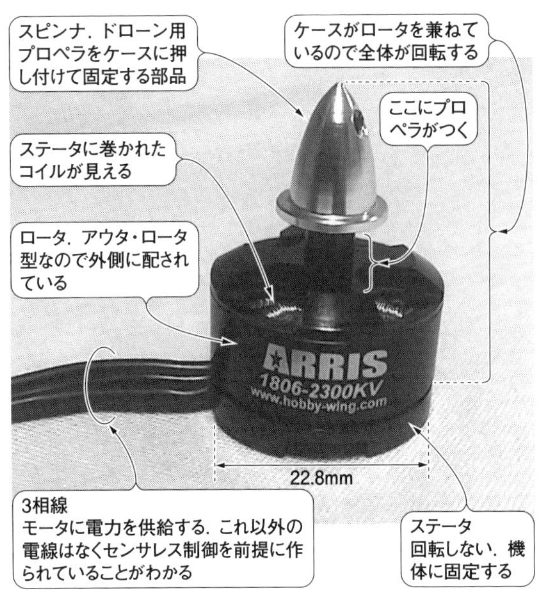

スピンナ．ドローン用プロペラをケースに押し付けて固定する部品
ケースがロータを兼ねているので全体が回転する
ここにプロペラがつく
ステータに巻かれたコイルが見える
ロータ．アウタ・ロータ型なので外側に配されている
ARRIS
1806-2300KV
www.hobby-wing.com
22.8mm
3相線
モータに電力を供給する．これ以外の電線はなくセンサレス制御を前提に作られていることがわかる
ステータ
回転しない．機体に固定する

**写真1　分解したドローン用モータMT-AR-1806-KV2300**(ARRIS)
アウタ・ロータ型ドローン用モータを分解してみる

ドローンが実現した要因には，モータのブラシレス化や，強力な磁石採用による小型化，軽量化，これに伴う出力密度(出力重量比)の向上などが挙げられます．本稿では，重量17.5 g，最大出力88.8 Wのドローン用DCブラシレス・モータを分解して内部構造を観察し，ドローン用モータの正体について考察します．〈編集部〉

## 基本構造

### ● センサレス制御である

**写真1**に，ドローン用として販売されているDCブラシレス・モータの外観を示します．

手にとってみると，ケースを兼ねたロータが回転することがわかります．ステータからは，モータに電力を供給する3相線が生えています．これ以外の電線は見当たりません．このことから，このモータは磁極位置検出センサなしで運転する「センサレス制御」を前提に作られていることがわかります．

ステータ裏側のCリングを外すと，ロータを抜くことができました．ロータを抜いた状態を**写真2**に示します．

### ● トルクを出しやすいアウタ・ロータ型のDCブラシレス・モータ

カップ状のロータの内側には永久磁石が並べられています．ステータ鉄芯にはコイルが巻かれています．また，ロータの永久磁石は，ステータ鉄芯の外側を取り囲む配置になっています．このことから，アウタ・ロータ型のDCブラシレス・モータであることがわかります．

ロータのシャフトは，ステータ中央のベアリング(軸受)にささる構造です．シャフトは回転軸としてロータに固定されており，ロータと一緒に回ります．ステータのベアリングは，シャフトの保持と，シャフトの回転による摩擦抵抗を減らしてロータが軽い力で回る

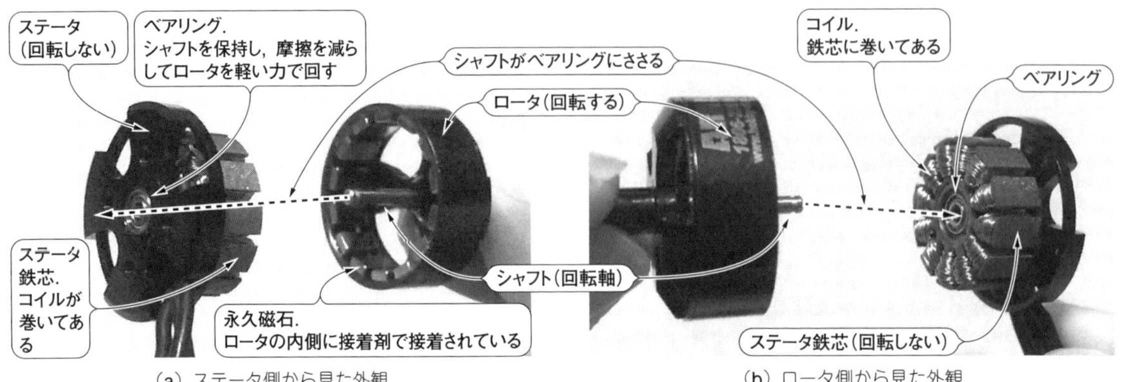

ステータ(回転しない)
ベアリング．シャフトを保持し，摩擦を減らしてロータを軽い力で回す
シャフトがベアリングにささる
ロータ(回転する)
コイル．鉄芯に巻いてある
ベアリング
ステータ鉄芯．コイルが巻いてある
シャフト(回転軸)
永久磁石．ロータの内側に接着剤で接着されている
ステータ鉄芯(回転しない)
(a) ステータ側から見た外観
(b) ロータ側から見た外観

**写真2　ステップ1…回転部分ロータを固定部分ステータから抜いてみた**
磁石が接着されたカップ状のロータが巻線を施したステータにかぶさる構造

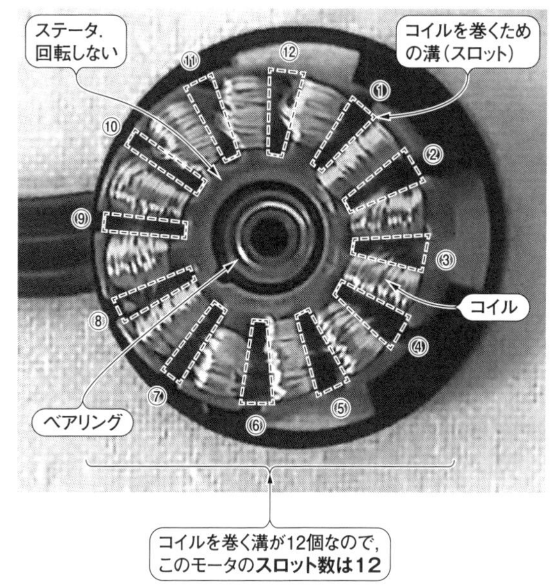
ステータ. 回転しない
コイルを巻くための溝(スロット)
コイル
ベアリング
コイルを巻く溝が12個なので, このモータのスロット数は12

(a) ステータ(固定子)

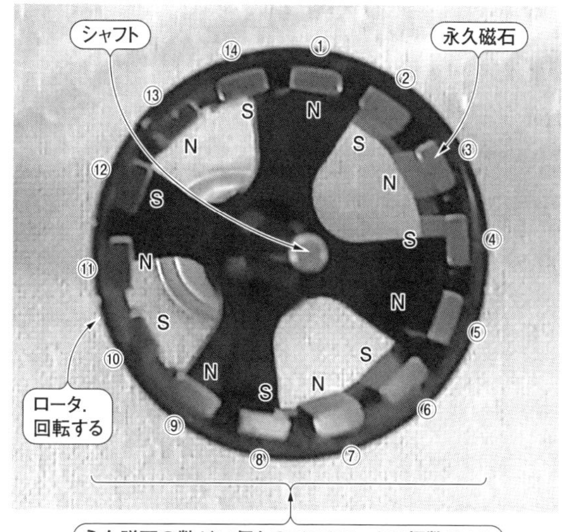
シャフト
永久磁石
ロータ. 回転する
永久磁石の数が14個なのでこのモータの極数は14
(N-Sを一組と数えて「7極対(pole pair)」ということもある)

(b) ロータ(回転子)

**写真3　磁石とコイルの組み合わせはトルクが出しやすくて低振動な多極構造「14極12スロット」**
基本的なDCブラシレス・モータに比べたら，多い極数とスロット数を持っているといえる

ために設けられています.

## ● トルクが出しやすくて低振動な多極構造

ステータとロータを詳しく観察してみましょう. **写真3**で, ステータとロータを並べて, それぞれの内部を観察してみます.

ステータを観察してみると, コイルを巻くための溝が12個見えます. 次にロータを観察してみると, 永久磁石が14個取り付けられています.

永久磁石を使ったモータでは, 磁石の数を「極(magnetic pole)」で表し, コイルを巻くために設けた溝の数を「スロット(slot)」で表します.

分解したモータは, 磁石が14個, 巻き線を巻く「溝」が12個ですので「14極12スロット」のDCブラシレス・モータといえます.

3相のDCブラシレス・モータで最も基本的な組み合わせは, 「2極3スロット」です. ほかにも極数とスロット数の組み合わせには4極3スロット, 4極6スロット, 16極12スロットなどさまざまな組み合わせがあります. 一般に, 極数・スロット数が増えるほどトルクが出しやすくなり, 音や振動は減る傾向にあります[(1)].

## ● 回転数は極数と電源の周波数で決まる

DCブラシレス・モータは, 同期モータと構造が一緒です. このため回転数も, モータに加える3相電源の周波数に比例し, モータの極数に反比例します. すなわち, 極数が多いほど回転数が低くなります. スロット数は回転数に影響しません.

▶分解したモータの場合

モータに加える3相交流の周波数を$f$ [Hz], モータの極数を$P$ [poles] とすれば, モータの回転数$N$ [rpm] は, 次の通り計算できます.

$$N = 120\,f/P\ \text{[rpm]} \cdots\cdots (1)$$

式(1)で表されるモータの回転数は, 特に「同期速度」と呼ばれています. 今回分解したモータを仮に$N$ = 7000 rpmで回そうとすれば, 極数$P$ = 14極ですので, 式(1)から, 次の通り計算できます.

$$7000 = 120\,f/14$$
$$f = 816.7\ \text{Hz}$$

つまり, このモータを7000 rpmで回すためには, 周波数816.7 Hzの3相交流が必要です.

## ● アウタ・ロータ型で多極構造となっている理由

なぜドローン用モータに多極のアウタ・ロータ型が採用されているのか私なりに考察してみました.

▶理由1…プロペラに合ったモータ回転数にするため

ドローンを飛行させるためには, モータの回転力を揚力に変換する必要があります. 回転力を揚力に変換する部品がプロペラです. ドローンのような回転翼機ではプロペラそのもので揚力を得ます.

回転翼機では揚力を得やすいプロペラが必要です. こうしたプロペラは直径が大きく, 性能を発揮する回転数は低くなる傾向にあります. そのため, 高出力化

の手段としてモータを高回転化するのはプロペラの性質上メリットがないように見えます．

このためドローン用のモータでは，多極化して同期速度を下げ，プロペラの都合にモータを合わせていると考えられます．

モータの出力は，回転数とトルクの積で決まります．プロペラの特性を考えると高回転化しにくいので，出力はトルクで稼ぐしかありません．そのため，トルクを大きくしやすいアウタ・ロータ型を採用したのでしょう．ネオジム系の強力な永久磁石の採用も，小型でも大きなトルクを得られるようになった理由の一つと言えます．

▶理由2…モータの振動を抑えたかったため

ドローンの姿勢制御には，加速度センサや角速度センサの情報を使用します．姿勢を検出する各種センサにとって，不要な振動はノイズにしかなりません．ドローンの場合，主な振動源はモータと言えるので，低振動であることも要求されると言えます．

一般に，モータの極数，スロット数が増えるほどモータの振動は減る傾向にあります．さらに，極数とスロット数の組み合わせによっても振動は大きくなったり小さくなったりします．

## 寸法＆特性

ドローン用のモータは，ラジコン用モータの流用かその派生モデルが大半です．分解したモータには，**写真1**で示すように「1806-2300KV」の型番が書いてあります．

### ● 型番から大まかな寸法と特性がわかる

型番の上4桁の数字「1806」はステータの寸法を表しています．「1806」の上2桁はステータ鉄芯の直径，下2桁はステータ鉄芯の高さを示すといいます．本当かどうか，ステータの寸法を測ってみました．

測定した結果，**写真4**のように，確かにステータ鉄芯の直径は18 mm，高さは6 mmであることを確認しました．モータの寸法はステータ鉄芯の大きさが支配的です．型番に示された4桁の数字から，モータの大まかな寸法が図面なしでわかります．

### ● *KV*値から無負荷最高回転数がわかる

型番には寸法を表す数字のほかに，「2300KV」の記述が見えます．これは*KV*値が2300であることを示しています．

*KV*値とは，任意の電源電圧における無負荷最高回転数を計算するための比例定数です．単位はrpm/Vです．*KV*値がわかって電源電圧［$V_{DC}$］が決まると，無負荷最高回転数$N_{max}$［rpm］は，次のように計算できます．

$$N_{max}\ [\mathrm{rpm}] = KV \times 電源電圧\ [V_{DC}]$$

今回分解したモータは，$KV = 2300$ rpm/Vですから，電源電圧を7.2 Vとすれば無負荷最高回転数$N_{max}$［rpm］は，次の通り計算できます．

$$N_{max} = 2300 \times 7.2 = 16560\ \mathrm{rpm}$$

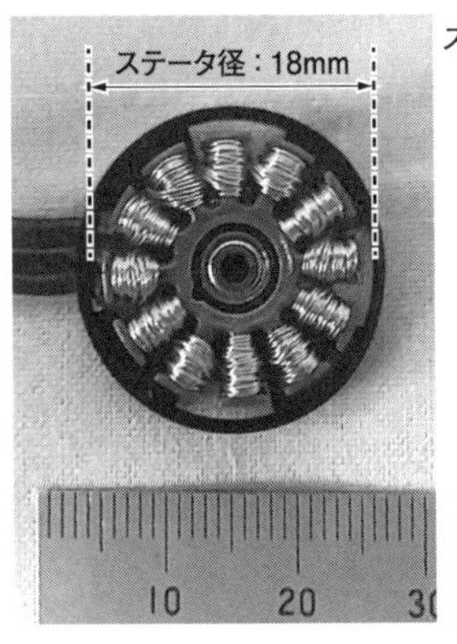

(a) 正面から見たところ

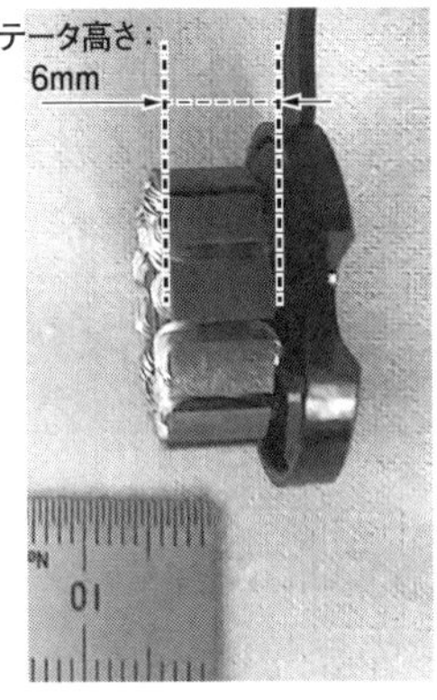

(b) 側面から見たところ

**写真4　ステップ2…ステータ寸法を測定してみた**
型番の「1806-2300KV」の「1806」はステータ鉄芯の寸法をあらわしている

**写真5　ロータのバランスを取る作業が重要！ちょっとしたアンバランスでも振動につながる**
磁石は接着剤で固定．ロータのバランスは接着剤でとっているようにみえる

特性図がなくても大まかな回転数範囲を知ることができます.

## ロータ内部のつくりこみ

分解したモータのロータ部分を**写真5**に示します. 永久磁石は, カップ状のケースに接着剤で固定してありました.

### ● 小型モータならでは！接着材でバランス調整

もっと大きなモータだと, 金属でできたバランス・ウェイトを取り付けてロータのバランスを取ったり, ロータにバランス取り用の駄肉を設けておいて, ここにドリルで穴をあけてバランスを取ったりします. このモータは大変小さいので, 接着剤を余計に盛ることでバランスをとっていると考えられます.

どんなに精密にロータを組み立ててもロータの重心は回転軸からずれてしまいます. ロータの重心が回転軸からずれていると, 回転時にロータが振動します. これを防止するためには, ロータのバランスを取る作業が欠かせません.

## ステータ鉄芯

コイルをほどいて, ステータ鉄芯を丸裸にした様子を**写真6**に示します.

### ● 本格的なモータと同じ構造！鉄芯は鋼板を積層して作ってある

ステータを側面からみたところを**写真7**に示します. 本格的なモータ同様, ステータ鉄芯は薄い鋼板を積層して作られていることがわかります. 数えてみたところ, 30枚の鋼板を積層して作られていました.

モータが回転しているときは, 鉄芯に鎖交する磁束は交流的に変化します. この変化により鉄芯中には渦電流が流れます. この渦電流はジュール熱として鉄芯中で消費されてモータの損失(鉄損のうちの渦電流損)になってしまいます. 渦電流損を減らすには, 次の方法が知られています.

(1)鉄芯材料の抵抗率を上げて渦電流を流れにくくする
(2)渦電流の流れる経路を長くして, 渦電流を流れにくくする

(1)については, 通常の鋼板よりもケイ素の添加量を増やして抵抗率を上げることで行います. モータや変圧器を作るために, ケイ素の添加量を増やして抵抗率を上げた鋼板は特に「電磁鋼板」と呼ばれます.

(2)については, ステータ鉄芯を薄い鋼板を積み重ねて作ることで実現します. 分解したモータも薄い鋼板を積み重ねて鉄芯が作られており, 本格的なモータと同じ構造になっています.

### ● ステータ鉄芯が積層鋼板であるメリット

模型用ながら本格的モータと同様の積層構造としているのは, 消費電力を減らして飛行できる時間をより長くしたいというのが一番の理由と思います.

また損失が減ればモータ各部の温度上昇も抑えられます. 温度上昇が抑えられれば各部品の故障が減り, 寿命も延びます. 〈宮村 智也〉

**◆参考文献◆**

(1) 東芝ウェブ・サイト：極, 相, スロットの関係, 東芝 セミコンダクター&ストレージ社, http://toshiba.semicon-storage.com/jp/design-support/e-learning/brushless_motor/chap2/1274507.html, 〈参照：2015年9月20日〉
(2) 森本 雅之：ブラシレス・モータ大解剖, 特集 トコトン実験！モータ制御入門, トランジスタ技術2013年1月号, CQ出版社.

(初出：「トランジスタ技術」2015年12月号)

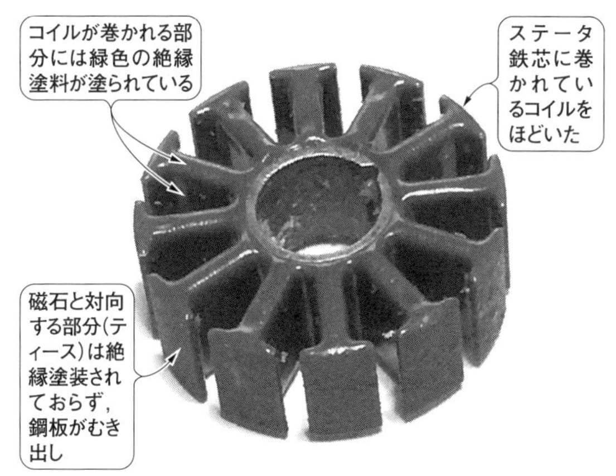

コイルが巻かれる部分には緑色の絶縁塗料が塗られている
ステータ鉄芯に巻かれているコイルをほどいた
磁石と対向する部分(ティース)は絶縁塗装されておらず, 鋼板がむき出し

**写真6　ステータ鉄芯**
コイルと鉄芯を絶縁するために, コイルが巻かれる部分は絶縁塗料で塗装されている

ステータ鉄芯
30枚の薄い鋼板を積層してステータ鉄芯としている

**写真7　本格的なモータと同じ構造！ステータ鉄芯の積層構造**
鉄芯中に流れる渦電流を減らすために薄い鋼板を積層して作られている

# 第7章 ピンとキリ！ 8,000円ビギナ向けと運動性能バツグンの10万円マニア向け 注目の2大ドローン・キット「H8C」と「ARRIS X-SPEED FPV250 ミニレーサー」

江崎 雅康 Masayasu Esaki

**写真1 エントリ用ドローン**
画像撮影ができる！格安8,000円ドローンH8C（JJRC）

第6章で紹介したマルチコプタ型ドローンの飛行実験を行います．飛行中の電気的な特性の測定や，分解して内部構造の観察を行い，ドローンに使われているエレクトロニクス技術について考察します．
〈編集部〉

## ● ドローンを支える三つの技術

長い間，電池によるモータ駆動の飛行機が空を飛ぶのは無理とされてきました．「ラジコン飛行機はエンジン」というのが定説でした．

この定説を覆して，電池駆動の無人飛行機「ドローン」が可能になった理由には次のようなものがあります．

(1)軽量でパワフルなDCブラシレス・モータ
(2)軽量，大容量で大電流放電可能なリチウム・ポリマ蓄電池
(3)軽量で丈夫な新素材(FRP，カーボン樹脂)

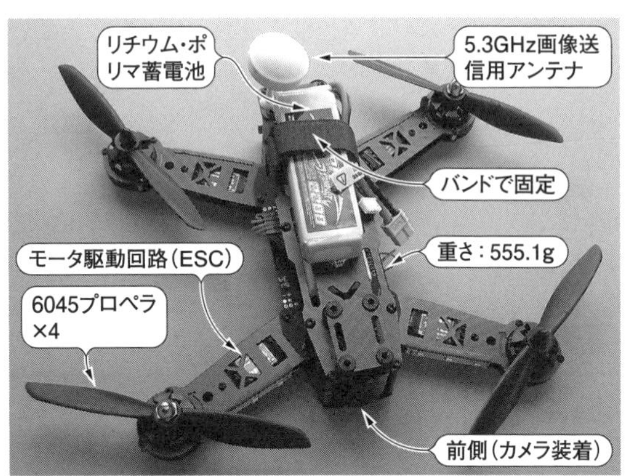


(a) 機体構成

(b) 飛行実験のようす

**写真2 マニア用ドローン**
本格部品全部入り！ドローン用キットARRIS X-SPEED FPV250 ミニレーサー（Tianyu Hi-Tech，本体25,000円）

実際にドローンの飛行実験を行い，この三つの技術がどのように使われているかを検証します．具体的には，次に示す二つのマルチコプタ型ドローンを素材に使用し，飛行中のモータ特性やリチウム・ポリマ蓄電池の充放電特性を測定してみます．

表1　8,000円で購入できて画像撮影までできる！エントリ用ドローンH8Cの仕様

| 項　目 | | 仕　様 |
|---|---|---|
| 型　名 | | H8C |
| メーカ名 | | JJRC |
| 操縦支援機能 | 搭載センサ | 6軸ジャイロ ← 3軸ジャイロ＋3軸加速度 |
| | 飛行動作 | 上昇下降，前進後進，左右旋回，360°ロールオーバ，ホバリング，ライト，360°正確なローカリゼーション |
| 電池 | 駆動電池 | 充電式7.4 V，500 mAh リチウム・ポリマ蓄電池 |
| | 飛行時間 | 8分 ← 筆者試運転では，6分が限界 |
| | 充電時間 | 約90分 ← 実測180分 |
| 送信機 | 送信機の周波数 | 2.4 GHz |
| | 送信機の電池 | 4×単3形電池（別売） |
| | コントロール距離 | 約300 M |
| カメラ | カメラ画素数 | 200万画素 |
| | ビデオ録画 | 可能 |
| | 画像記録メモリ | 2 Gバイト microSD メモリーカード（カードリーダ機能付属） |
| 本体機構 | 材質 | プラスチック |
| | 本体カラー | ホワイト／ブラック |
| | 寸法 | 19.8×19.8×5 cm |
| | 重量 | 370 g ← 実測154.9 g |
| | ロータの直径 | 13.4 cm |

表2　エントリ用ドローンH8Cは機体／電池／カメラ込みで154.9 gとかなり軽量

| 構成部品 | 重 量 |
|---|---|
| 機体 | 123.4 g |
| カメラ | 8.0 g |
| リチウム・ポリマ蓄電池 | 23.5 g |
| 合計 | 154.9 g |

① エントリ用の完成品ドローン
…H8C（JJRC）（**写真1**）
② カスタマブルなマニア用ドローン・キット
…ARRIS X-SPEED FPV250ミニレーサー（Tianyu Hi-Tech）（**写真2**）

ドローンの基本的なしくみを理解するために，ブラシ付きのコアレス・モータが使われているH8Cを使って飛行実験と分解調査を行いました．

その次に，よりパワフルなDCブラシレス・モータを搭載したドローン・キットARRIS X-SPEED FPV250ミニレーサー（Tianyu Hi-Tech）を使って飛行実験と解析を行います．

# エントリ用完成品ドローンH8C

## ■ こんなキット

8,000円と安価に入手できる入門機H8C（**写真1**）を入手し，実際に動かしてみます．

画像を撮影するために必要な機材もセットになっています．セット内容は次の通りです．

- 機体本体（4個のモータ，プロペラ，制御基板）
- HDカメラ撮像ユニット（microSD）
- リチウム・ポリマ蓄電池（7.4 V，500 mAh）
- 充電器
- ラジコン送信機および受信機

**表1**にH8Cの仕様を示します．この表は公開されている仕様をもとに整理したものですが，私が実際に入手して試用や測定を行って得た情報を注記として追加しました．

### ● ラジコン・ヘリコプタより簡単になったとはいえ…まだまだ操縦は難しい

飛行実験は安全を考えて60 m$^2$ほどの会議室で行いました．スロットルを上げると機体は浮き上がりますが，空中に静止させるのは至難の業です．

少しスロットルを上げすぎると天井にバーンと激突しました．あわててスロットルを下げると急降下し，床にあった観葉植物の葉を刈り取りました．プロペラのパワーは強力です．

商品の説明書には，「初めての方でも気軽に飛行」，「思い通りに上昇・下降，左右旋回，前進・後進，左右スライド移動，スタントタンブル，さらに宙返りのアクションを簡単に操作」とありますが，私の操縦技術が未熟なのでとてもできませんでした．

この価格で機体とリチウム・ポリマ蓄電池，充電器，送信機，microSDへの動画記録機能付きのHDカメラ・ユニットが手に入るのには驚きです．何よりも電池とモータでH8Cが空中に浮き上がって飛行するのを見て，新鮮な驚きを感じました．

## ■ 電気的特性

### ● 重量構成…本体＋電池＋カメラで154.9 g

**表2**にH8Cの重量構成を示します．本体は軽くて十分な剛性を有するプラスチックでできています．本体，リチウム・ポリマ蓄電池（7.4 V，500 mA）およびカメラの合計重量は154.9 gでした．

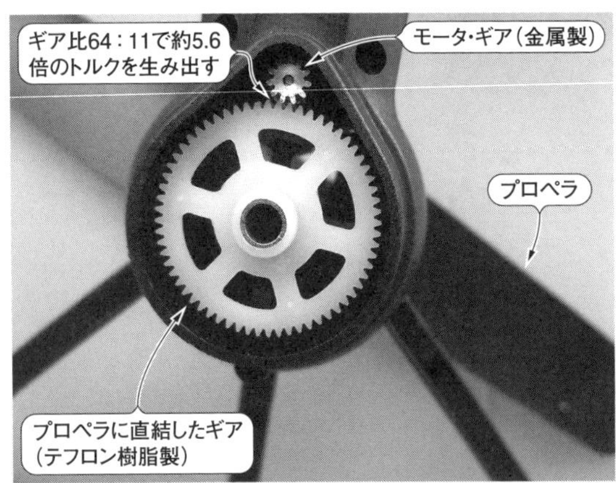


(a) モータ，ギア，プロペラ部

**写真3　エントリ用ドローンH8Cのプロペラ駆動部分**
ギアでトルクを稼ぐことで低トルクDCブラシ付きモータを使用できるようにしている

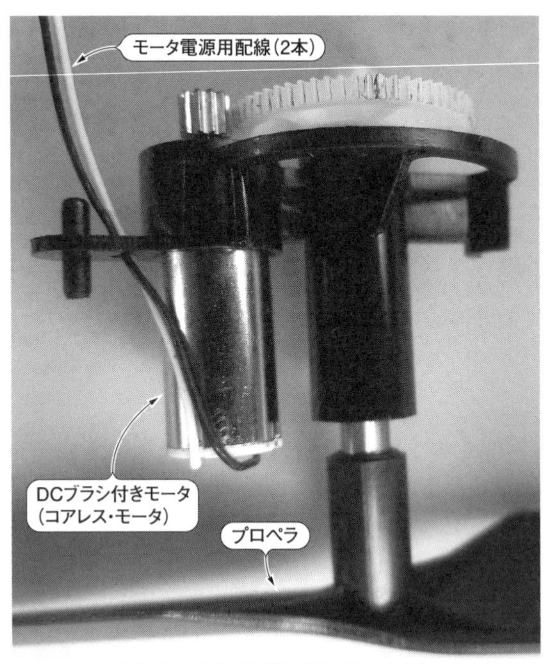


(b) モータとギア部を取り出してみた

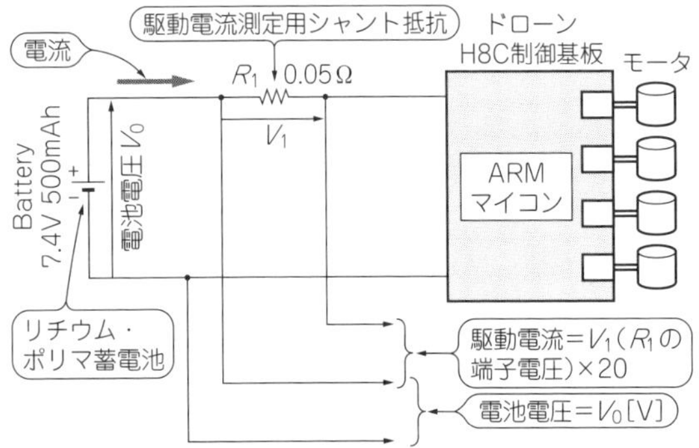


**図1　エントリ用ドローンH8Cに搭載された蓄電池の放電特性を測る**
H8Cと電池の間にシャント抵抗を挿入して電流値と電池電圧を測定

▶重い電池を付けて機体の上昇余力を確認

電池を手元にあった別のリチウム・ポリマ蓄電池(7.4 V，1000 mAh)に置き換えると機体総重量は191.3 gになりますが，なんとか浮き上がりました．機体腹部の電池収納スペースに入りませんので，セロテープを張り付けて実験しました．

7.4 V，500 mAの電池を7.4 V，1000 mAhに変更すると重量は36.4 g増えます．電池の容量を増やすことで継続飛行時間が延びますが，同時に電池の重量が増えてモータの負荷が増えます．

機体の上昇余力を確認するためこの機体に50 gの重量物を追加すると，さすがに浮き上がらなくなりました．

### ● 離陸時の消費電流を測定

飛行時の電池電圧と駆動電流を測定しました．測定回路は**図1**に示すとおりです．

▶測定手順

実際の測定手順は，次の通りです．

(1) H8Cドローンの電池ケーブルの＋側を切断して0.05 Ωのチップ抵抗を挿入
(2) この抵抗の両端(2本)と電池ケーブルの－側(1本)，計3本を細いケーブルで引き出す
(3) ディジタル・マルチメータで電池電圧と駆動電流を測定

▶測定結果…15 g程度のドローンを浮かすには4.6 Aの電流が必要

駆動実験の結果は次の通りです．

- フル・スロットル時の総電流：5.2 A
- ゼロ・スロットル時の総電流：0.6 A

ゼロ・スロットル時は制御基板および周囲のLEDの消費電流を示しています．そのため，モータ4個の駆動電流は次の通りとなります．

5.2 - 0.6 = 4.6 A

以上のことから，150 g程度のドローンを浮上させるには約5 Aの電流を流す必要があります．

ドローンの実現は，大電流で急速放電が可能なリチウム・ポリマ蓄電池が必要不可欠です．

## ■ 駆動部

### ● モータ/ギア(減速機構)/プロペラ

**写真3**はH8Cドローンのモータ，ギア(減速機構)，

**写真4　エントリ用ドローンH8Cに搭載されているDCブラシ付きモータ**
小型な筐体に強力な磁石と5対のコアレス・コイルが収まったコアレス・モータ

プロペラ部の写真です．H8Cドローンはクアッドコプタなので，モータ，ギア，プロペラの組み合わせを4組備えています．

▶プロペラ…安価なプラスチック製を使用

4個のプロペラはCW(時計回り)，CCW(反時計回り)の回転方向で交互に配置されています．プロペラは長さ13.4 cmの軽いプラスチック製です．

▶ギア部…減速比64：11で約5.8倍のトルクを稼ぐ

**写真3**(a)はモータとギア部です．小さい歯車にモータが，大きい歯車にプロペラが接続されています．ギア比は64：11なので，約5.8倍のトルクを稼いでいます．

▶モータ部…搭載しているのはDCブラシ付きモータ

プロペラ駆動部のモータとギアを取り出したのが**写真3**(b)です．プロペラ駆動用モータから出ている配線は2本で，DCブラシ付きモータが搭載されていました．

H8CドローンがDCブラシ付きモータを採用している最大の理由はコストダウンのためと考えられます．量産で入手できるモータから選ぶ場合，小型/軽量/高トルクの製品は限られてきます．

低コストのモータを使いつつ，プロペラ回転に最適な回転数とトルクを実現するために，ギア・モータを選択したものと推察されます．

### ● モータを分解して観察

▶ブラシ付きのコアレス・モータ

**写真4**にH8Cドローンのモータの分解写真を示します．一番左は永久磁石でできた界磁です．強力な磁力を持っており，この写真を撮影している間も少し振動を与えるとジャンプして右端のモータ外ケースにバシッとくっ付きました．

真ん中のギアが付いた円筒がロータ・コイルです．鉄芯のないコアレス・コイルで，5対で構成されています．

ロータ・コイルの下部に整流子があります．この整流子部分が金属製のブラシの間に挿入され，回転に応じてコイルに流れる電流の向きを切り替えます．

右側の円柱形の金属は，モータの外ケースです．強磁性体の金属でできています．組み立てる際は，左側のロータと外ケースの隙間にロータ・コイルが入ります．

▶低トルク/高速回転向き…ドローンの場合はギアでトルクを増幅する必要がある

コアレス・モータは身近に使われているマブチ・モータなど，コアありのモータと比べ，低トルク，高速回転に適した構造です．しかしトルクを要するプロペラ駆動部には，ギアでトルクを増幅する必要があります．

## ■ 制御部

エントリ用ドローンH8Cの本体カバーを開けて，内部を観察してみます．上下のカバーを開いたようすを**写真5**に示します．

### ● 制御基板…飛行するために必要な機能がすべて1枚に搭載されている

**写真6**はH8Cドローンの制御基板です．この基板にすべての機能が集約されています．

▶部品面：マイコン/加速度センサ/無線など…操縦や姿勢制御系の機能を搭載

**写真6**(a)に制御基板の部品面を示します．中央部に32ピン・パッケージの部品が実装されています．

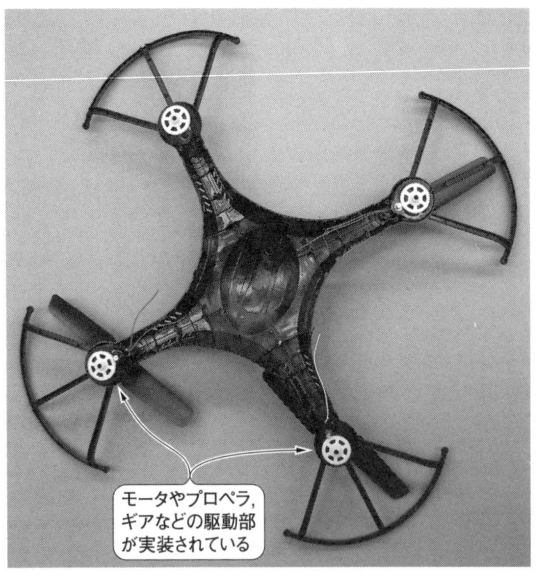


(a) 上側カバー…駆動部が実装されている

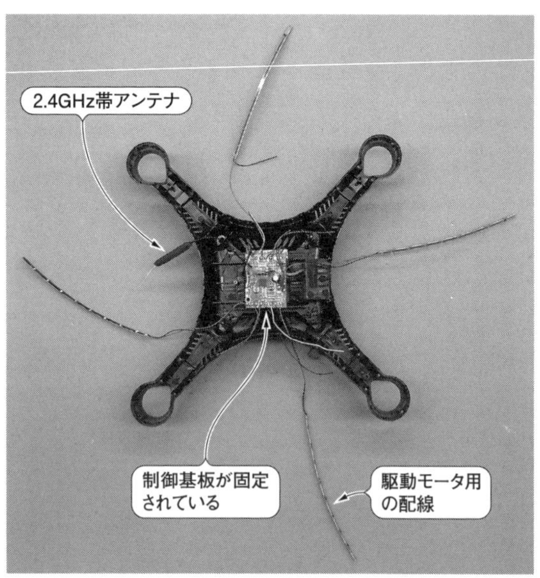


(b) 下側カバー…制御基板が固定されている

**写真5　エントリ用ドローンH8Cのカバーを開けて内部を観察してみる**
カバーに直接駆動部が実装されたシンプルな構造

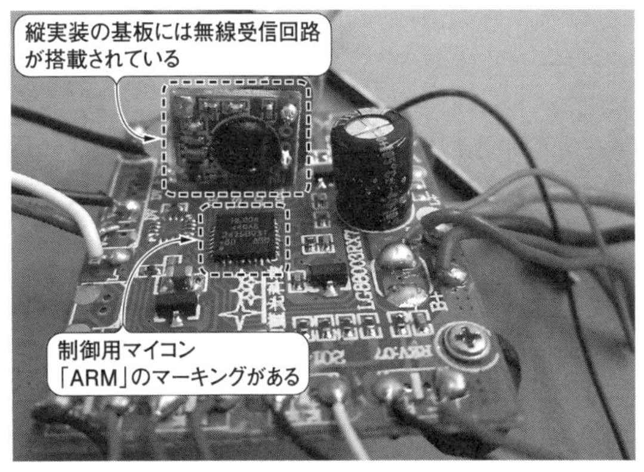


(a) 部品面…マイコン，無線などの機能を搭載している

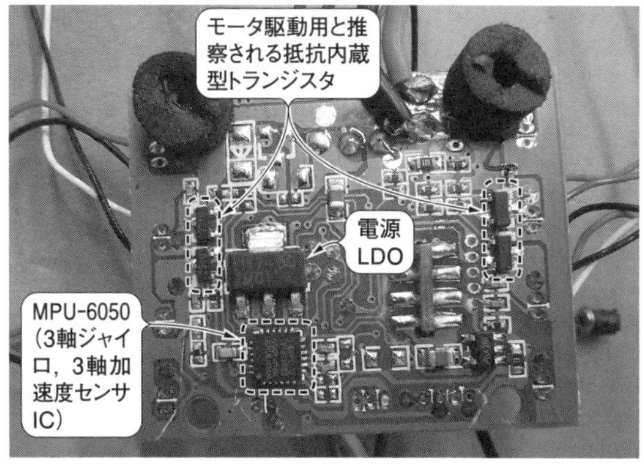


(b) はんだ面…電源回路，センサIC，モータ駆動などの機能を搭載している

**写真6　エントリ用ドローンH8Cの心臓部…制御基板**

これが，制御用のマイコンと考えられます．「HL004440AB2429B031-80 ARM」とマーキングされています．日本では聞いたことのない品番ですが，Webで検索をかけると，ARMと中国語の説明が出てきます．

このマイコンの横に小さな縦実装の基板があります．この縦実装基板から同軸ケーブルが出て，その先にアンテナらしき部品が付いています．この縦実装基板上には送信機から発信された2.4 GHz帯の電波を受信する回路が搭載されていると考えられます．

▶はんだ面：電源回路やモータ駆動機能などを搭載

**写真6(b)** 制御基板のはんだ面には，次に示すような部品が実装されています．

- 電源LDO
- DCブラシ付きモータのPWM駆動用と推察される抵抗内蔵型トランジスタ
- MPU-6050(3軸ジャイロ．3軸加速度センサIC)

制御基板には，次に示す機能が集約されています．

- リチウム・ポリマ蓄電池の電源供給線
- LEDイルミネーション駆動回路
- カメラ＋microSDレコーダ・モジュール

## ● H8Cドローンのシステム全体構成

**図2**にH8Cドローンのシステム構成ブロック図を示

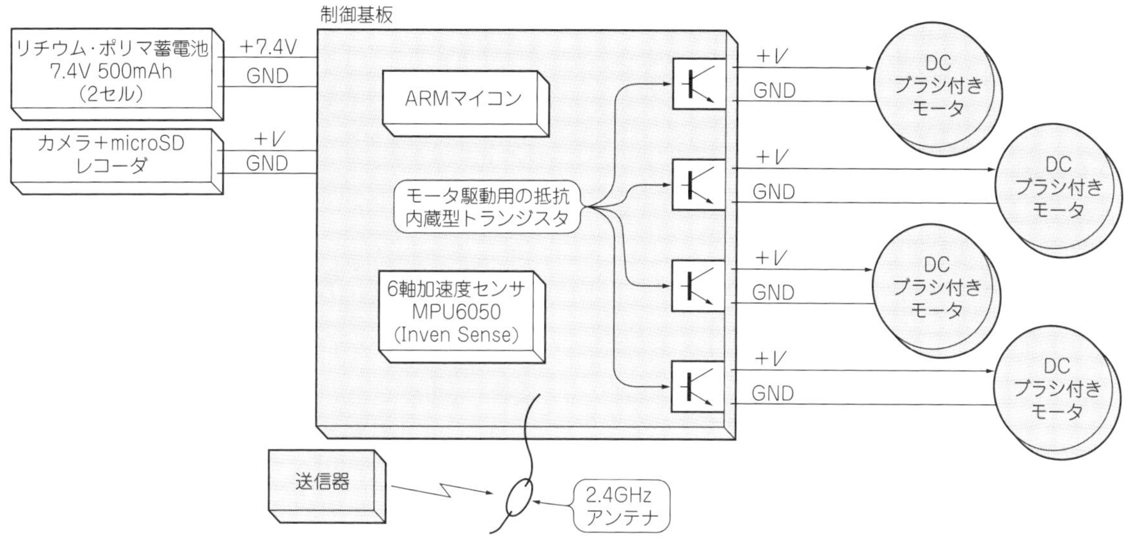


**図2　エントリ用ドローンH8Cのシステム全体構成**
ほとんどの機能は1枚の基板に搭載されている

します.

▶モータとの接続

プロペラ駆動用のモータはDCブラシ付きモータで，制御基板からはモータ電源線2本(+$V$, GND)だけが接続されています.

▶モータ駆動回路

モータ駆動回路は，抵抗内蔵型トランジスタによりON/OFFする極めてシンプルな構成の回路で，制御用マイコンから出るPWM信号により出力を調整します.

▶操縦信号受信回路

送信機からの操縦信号を受信する回路は，復調信号をそのままマイコンに取り込んで判別する，極めてシンプルな回路です.

▶LEDイルミネーション駆動

マイコンのGPIO信号で抵抗内蔵型トランジスタをON/OFFしています.

▶カメラ

**写真6**に示した「カメラ+microSDレコーダ・モジュール」は，完全にスタンド・アローン型の部品です．制御基板から電源を供給していますが，画像データのやり取りはありません.

▶センサ

6軸センサと高度センサについては，品番から個々のセンサを特定できませんでした.

## ■ 付属品

### ● 電池…軽量/大容量/大電流放電特性をあわせ持つリチウム・ポリマ蓄電池が付属

**写真7**はH8Cドローンのパワーを生み出すリチウム・ポリマ蓄電池(公称7.4 V，500 mAh)です．23.5 gの軽量な電池ですが，4個のプロペラを駆動して154.9 gの機体を空中に浮かせる力を発揮します.

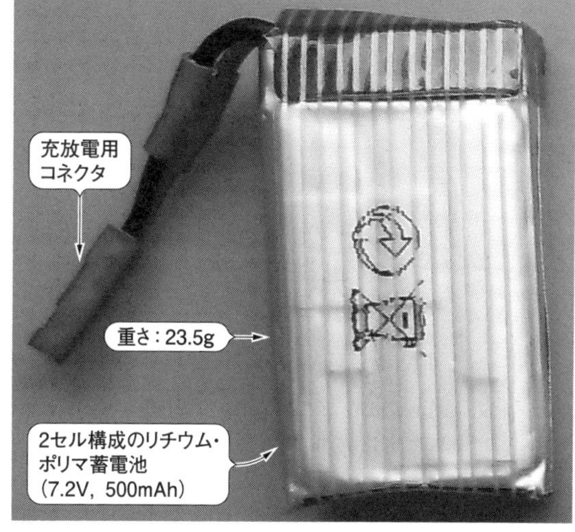


**写真7　エントリ用ドローンH8Cにはリチウム・ポリマ蓄電池(7.4 V，500 mAh)が付いている**

### ● 充電器…専用充電器が付属

H8Cドローンには専用の充電器が付属します．**写真7**のリチウム・ポリマ蓄電池を3時間かけて充電します．公開されている仕様では充電時間は約90分となっていますが，筆者の実測では180分かかりました.

2セル構成の7.4 Vリチウム・ポリマ蓄電池を直列のままで充電しますので，当初設計からマージンが必

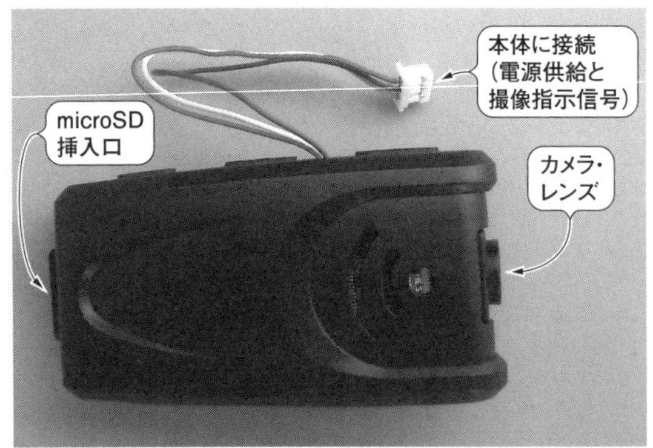

写真8　エントリ用ドローンH8Cの付属品①8.0 gの超軽量カメラ・ユニット…microSDへの録画機能付き(200万画素)
腹部に設置して使用する

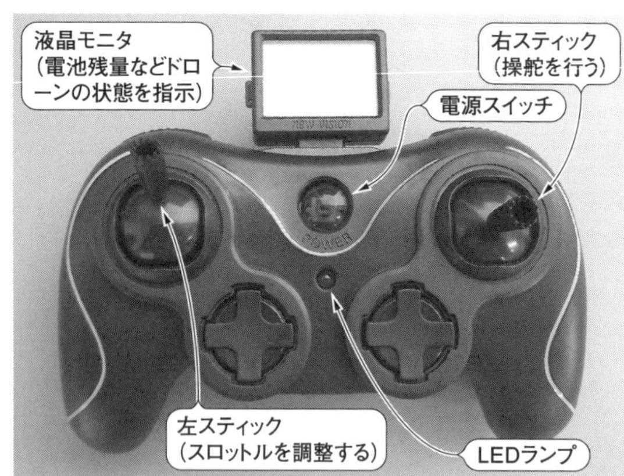

写真9　エントリ用ドローンH8Cの付属品②2.4 GHz帯送信機(単3形電池4本で動作)

要になったのかもしれません.

500 mAhの容量の電池は，150 mAh前後の定電流充電で3時間かけて充電します.

### ● カメラ・ユニット…200万画素の映像をmicroSDへ録画

**写真8**はH8Cドローンに付いている動画記録機能付きのカメラ・ユニットです．腹部に取り付けて撮影します．8.0 gの軽量なユニットですが，画像撮影とmicroSDメモリーカードへの記録を行います.

### ● 送信機(トランスミッタ)…専用品が付属

H8Cドローンに付いているラジコン送信機を**写真9**に示します．2.4 GHz帯を使ったトランスミッタの電源は単3形電池4本です．私はeneloopを4本を使っていますが，良好に動作しています.

システムの初期化および操縦方法についてA4の日本語説明書が付いています．「懇切丁寧」な説明書とは言えませんが，試行錯誤をしながら一通りの操作は可能です.

＊

飛行実験や内部の観察などで感じたことですが，さすがに完成度の低さは否定できません．しかし5,000円～8,000円という驚くほど低価格で飛行し撮像する一通りの機能がそろっているというのは，賞賛に値します.

## マニア用ドローン・キットARRIS X-SPEED FPV250 ミニレーサー

H8Cドローンは低価格なので飛行性能がそれほど高くありません．また，駆動モータには低トルクなDCブラシ付きモータを使用しているため，強力なパワーを味わうこともできませんでした.

そこで今度は，駆動モータに強力なパワーを生み出すDCブラシレス・モータを搭載する本格的なドローンを入手して，実際に動かしてみます.

### ■ こんなキット

モータやプロペラ，電池など，個別にパーツを付け替えることが可能なドローン・キット，ARRIS X-SPEED FPV250 ミニレーサー(Tianyu Hi-Tech)を入手して動かしてみました(**写真2**)．ここではミニレーサー・キットと呼びます.

本体のみであれば完成品で24,999円で入手できます．しかし，キットに含まれる機材のほかに，操縦に必要な6チャネル以上の送信機，少し高解像度のリモート撮像カメラ，リチウム・ポリマ蓄電池(11.1 V，2200 mAh)，充電器などが必要です．実際に動かすために必要なものをすべて揃えると，最終的には10万円近い出費となります.

▶キットに含まれる機材

標準キットには，次の機材が含まれています.

- 本体フレーム
- DCブラシレス・モータ×4個(CW回転用2個，CCW回転用2個)
- ESC(Electronic Speed Control)×4個(アンプもしくはスピード・コントローラと呼ばれているモータ駆動回路)
- プロペラ×4個(CW回転用2個，CCW回転用2個)
- 制御基板(CC3Dフライト・コントローラ)
- 空撮用カメラ(700 TVL 3.6 mm)

そのほか，HDカメラ，5.8 GHzビデオ送受信機，LEDは標準キットには含まれず，オプションになっていましたが，今回はまとめて用意しました.

- 5.8 GHzビデオ送信機
- 5.8 GHzビデオ受信機
- HDカメラ(Mobius HDカメラ)
- LEDライト

▶キットに含まれない機材…送受信機/電池/充電器

操縦用の送受信機，リチウム・ポリマ蓄電池および充電器も含まれていませんので，あわせて購入しました．

- 送信機(2.4 GHz 10チャネル，うち6チャネルを使用)
- 受信機(2.4 GHz 10チャネル，うち6チャネルを使用)
- リチウム・ポリマ蓄電池(11.1 V，2200 mAh)

### ● すさまじい轟音が上がりパワフル駆動を実感

会議室の机の中央に置いて，浮上テストを行いました．スロットルを少し上げるとヴォーという音とともに，机の上にあった書類を風圧で吹き飛ばし，ドローンは30 cmほど浮上しました．

その迫力に圧倒されてスロットルを戻すと，ドスンという重量音を出して机の上に不時着しました．

## ■ 電気的特性

### ● 重量構成…本体＋電池で555.1 g

**表3**にARRIS X-SPEED FPV250 ミニレーサーの重量構成を示します．本体はカーボン樹脂でできています．FRPなどに比べて重量はありますが，金属に匹敵するほどの剛性があります．

H8Cドローンと比べて機体のサイズはそれほど変わりませんが，重量は3.58倍あります．ただし，電池容量は6.6倍あり，DCブラシレス・モータでプロペラを回すので，パワーが格段に違います．

**図3**にARRIS X-SPEED FPV250 ミニレーサーの基本フレームを示します．カーボン樹脂のフレーム(構造体)が合理的に配置されています．

### ● 電池と充電器…3セル構成の大容量リチウム・ポリマ蓄電池と対応充電器を用意

駆動に必要なリチウム・ポリマ蓄電池(11.1 V, 2200 mAh)および充電器は，ミニレーサー・キットには含まれませんので，別途購入する必要があります．

今回用意した電池を**写真10**に示します．11.1 V, 2200 mAh，3セル構成のリチウム・ポリマ蓄電池です．重量は電池単体で157.6 gです．

3セル構成で2200 mAhと比較的容量が大きいので，

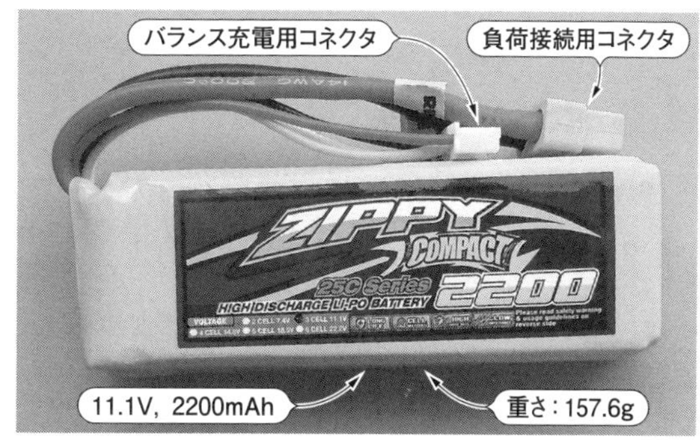


**写真10　3セル構成で大容量のリチウム・ポリマ蓄電池(11.1 V, 2200 mAh)は別売**
重量は電池単体で157.6 g

**表3　ミニレーサー・キットの重量構成**
機体/電池で555.1 gありH8Cドローンの3.58倍あるがパワーでカバー

| 構成部品 | 重 量 |
|---|---|
| 機体(本体) | 397.5 g |
| 電池(11.1 V　2200 mAh) | 157.6 g |
| 合計重量 | 555.1 g |

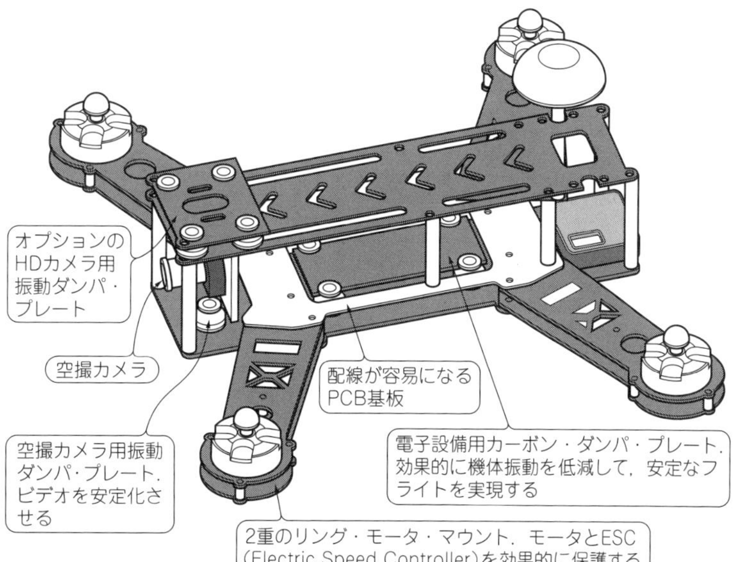


**▶図3　カーボン樹脂製の丈夫なフレームを採用**
ARRIS X-SPEED FPV250 ミニレーサーの基本フレーム

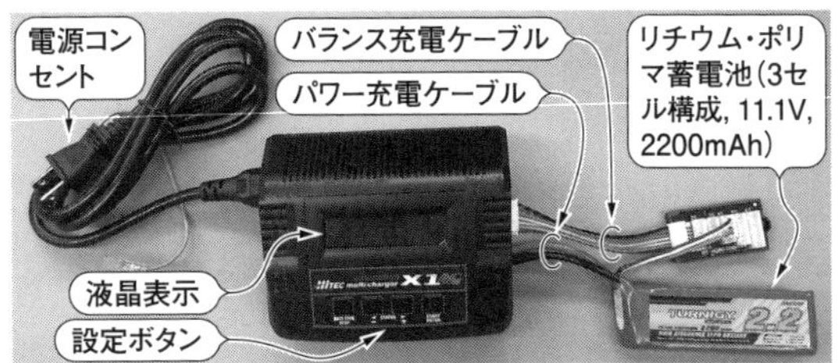


**写真11 バランス充電機能を備えた充電器multi Charger X1 AC Plus**(ハイテックマルチプレクスジャパン)
電池の種類, 定電流充電値, セル数, その他充電モードを細かく設定でき, バランス充電にも対応

短時間で充電を完了させるためには, 充電電流の大きな充電器が必要です. 今回は, **写真11**に示すバランス充電器multi Charger X1 AC Plus(ハイテックマルチプレクスジャパン)を用意しました.

直列接続された3セルの電池電圧と充電電流のバランスを調整しながら充電することができます. また1C急速充電に必要な電流は2200 mAです. これなら1時間で充電が完了できます.

## ■ 駆動部

### ● 軽量パワフルの要…DCブラシレス・モータ

ミニレーサー・キットに搭載されているドローン用DCブラシレス・モータARRIS 2204を**写真12**に示します.

▶12極のアウタ・ロータ型

12極のDCブラシレス・モータで, 放熱用の通気窓から中の構造が見えます. 中心部に12個の界磁コイルが配置されています. コイルはステータ部なので固定されています. ケースの周辺部に12個の磁石が張り付けられていますが, これがロータです. 外側のケースがロータとして回転するので, アウタ・ロータ型のDCブラシレス・モータと呼ばれます.

▶センサレス駆動が前提

**写真12**のように, 界磁コイルから3本の駆動線が出ていますが, ホール素子らしきものは実装されていません. このモータはセンサレス駆動を前提に作られています.

### ● モータが静止状態から起動するときの電流値をチェック

モータが停止状態から起動する際に流れる静止起動時の電流を確認するため, 界磁コイルのUVW端子間の抵抗とインダクタンスを測定してみました.

▶コイルの抵抗とインダクタンスの測定

**写真12**に示す3本のモータ駆動線U, V, WのU-V間, V-W, W-U間の抵抗とインダクタンスを測定します. 写真のモータにはU, V, Wの表示はありません

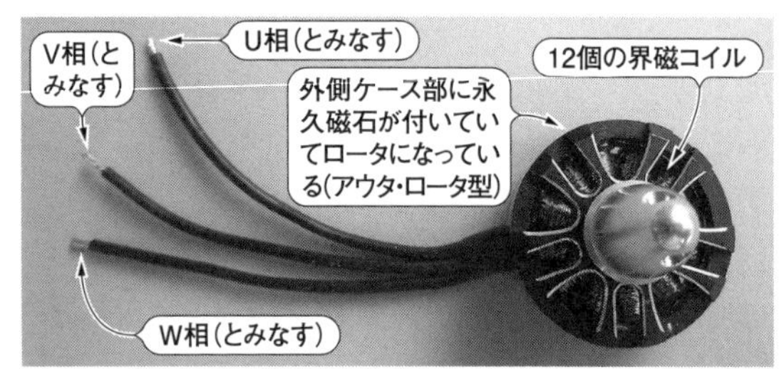


**写真12 ミニレーサー・キットに搭載されているDCブラシレス・モータ**
12極のアウタ・ロータ型モータ…センサレス駆動を前提としている

**表4 ミニレーサー・キットに搭載されているDCブラシレス・モータの駆動コイル抵抗とインダクタンス**

| 測定項目 | 抵抗[Ω] | インダクタンス[mH] |
|---|---|---|
| U-V | 0.120 | 0.014 |
| V-W | 0.121 | 0.016 |
| W-U | 0.122 | 0.0145 |
| 各コイルの平均 | 0.121 | 0.0148 |
| U-VW | 0.090 | 0.012 |
| U-VW/U-V | 0.744 | 0.809 |

各コイルの平均の3/4

んので, 便宜上, 上から順にU, V, Wとみなして測定しました.

抵抗はディジタル・マルチメータで, インダクタンスはインピーダンス・メータで測定しました. **表4**はその測定結果です. 各コイルにはばらつきがありますので, 平均値を求めると次の通りになります.

界磁コイルの抵抗　　　　　：0.121 Ω
界磁コイルのインダクタンス：0.0148 mH

▶界磁コイルの結線方式…スター結線

界磁コイルの結線方式には, **図4**に示すように, デルタ結線とスター結線があります. モータを分解してコイル巻き線を確認するのは手間がかかります. そこで**図5**示すように, U-VW間の抵抗を測ることにより判別できないか, 検討しました. その結果, $R$ = U-V間抵抗とすると, 次の通りになります.

デルタ結線の場合：U-VW = $(1/2)r = (3/4)R$
　※ $r = (3/2)R$
スター結線の場合：U-VW = $r + (1/2)r = (3/4)R$
　※ $r = (1/2)R$

上記の通り, 結局同じ値になり, 無理でした. モータを分解して調べたところ, スター結線でした.

▶計算上の静止状態から起動する時に必要な電流…計算上は91.7 A

インダクタンス成分は影響しませんので, 次の通り

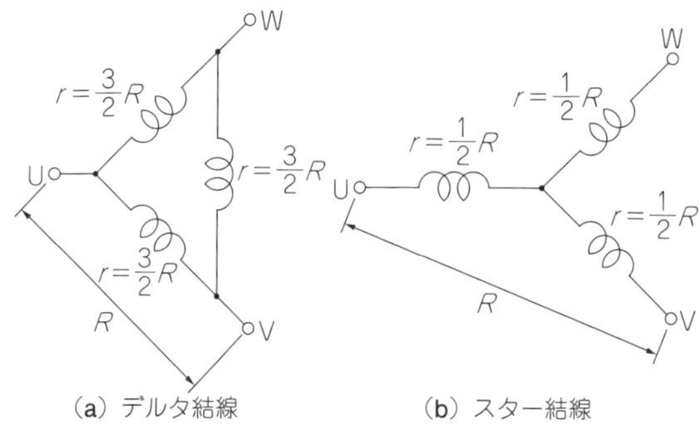


図4 界磁コイルの結線方式

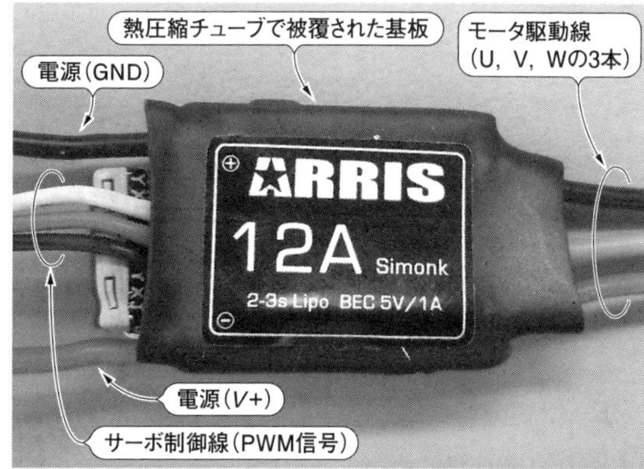


写真13 搭載モータ駆動回路モジュール(ESC)
連続12 A/瞬間最大20 Aの電流が流せるほかBEC機能も内蔵する

91.7 Aもの大電流が流れる計算になります.

$$11.1\ \mathrm{V} \div 0.121\ \Omega = 91.7\ \mathrm{A}$$

実際には電池の内部抵抗や配線の抵抗もありますので，起動電流は20～30 Aにとどまると推定されます.

センサレス駆動でベクトル制御を行う場合は，この抵抗およびインダクタンスも重要なパラメータになります. デルタ結線の場合はこの測定値を，スター結線の場合はこの1/2の値をパラメータとして使います.

### ● モータ駆動回路…連続12 A，瞬間最大20 Aで駆動OK

**写真13**にモータ駆動回路モジュール(ARRIS 12 A Simonk ESC)を示します. ラジコンの世界ではESC (Electronic Speed Control)，もしくはアンプと呼ばれます. 受信機からの信号を受けてモータを制御駆動します.

ESCの仕様を**表5**に示します. 表の中にあるBECはラジコン業界で使われる用語です. Battery Eliminator Circuitの略語で，バッテリ除去回路という意味を持っています. 従来のラジコンでは，動力用と受信機用の二つのバッテリに分かれていましたが，BECを用

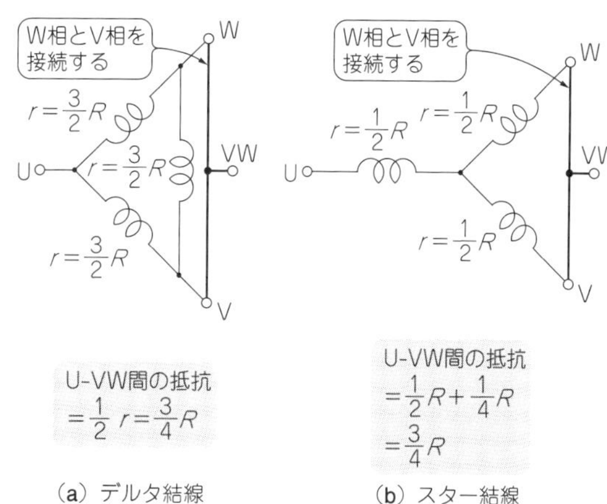


図5 界磁コイルの結線方式の判別方法

表5 ミニレーサー・キットに搭載されているモータ駆動回路モジュール(ARRIS 12 A Simonk ESC)の主な仕様

| 項　目 | 内　容 |
|---|---|
| 品名 | ARRIS 12 A Simonk ESC |
| 重量 | 12 g |
| サイズ | 37 × 18 × 8 mm |
| 連続電流 | 12 A |
| バーストの電流 | 20 A |
| BECモード | 内部 |
| BEC出力 | 5 V/1 A |
| 電池セルの適用可能な数 | 2～3セル |

いることで，動力用のバッテリから受信機用電源を作ることができ，受信機専用バッテリを不要にすることができました.

▶被覆を取り除いて中身をチェック

ESCは熱収縮チューブで被覆されています. この被覆を外すと**写真14**に示すように小さな基板が出てきます. 左側の太い2本(赤・黒)は電源入力で電池電源がそのまま接続されます. その間の3本の信号線はフライト・コントローラの制御線です. ラジコン業界では次のような色識別が標準になっています.

- 赤：受信機電源(+5 V)
- 黒：受信機電源(グラウンド)
- 白：制御信号

基板上に電源IC(LDO)が2個実装されています. このLDOでは，リチウム・ポリマ蓄電池から供給される動力電源から，受信機用電源，および基板上の制御マイコン用の電源を作っています. BECという大げさな名前が付いていますが，実態は11.1 Vの電池電圧から，LDO1個で受信機用の5 Vを作っているだけです.

マイコンの品番は特定できませんでしたが，マイコ

制御マイコン（アトメル製）
電源IC（BEC用）
電源IC（マイコン電源用）
電源平滑およびモータの回生チャージ吸収用電解コンデンサ
ハイ・サイド駆動用MOSFET 3個
ロー・サイド駆動用MOSFET 3個

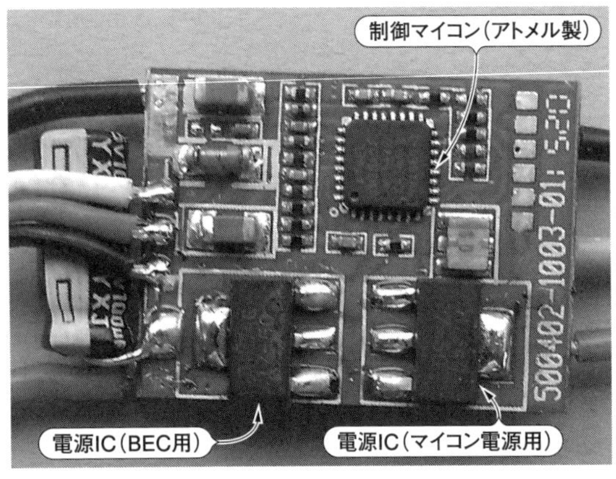

（a）基板部品面…電源IC（LDO）と制御マイコンを実装

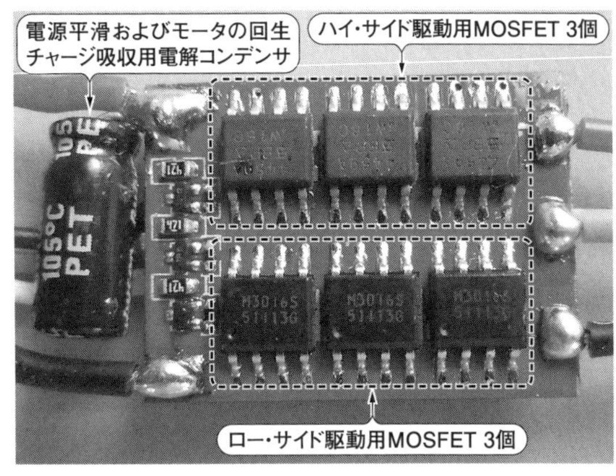

（b）基板はんだ面…駆動用のMOSFETと電源平滑用の電解コンデンサを実装

**写真14　モータ駆動回路モジュール（ESC）の内部**

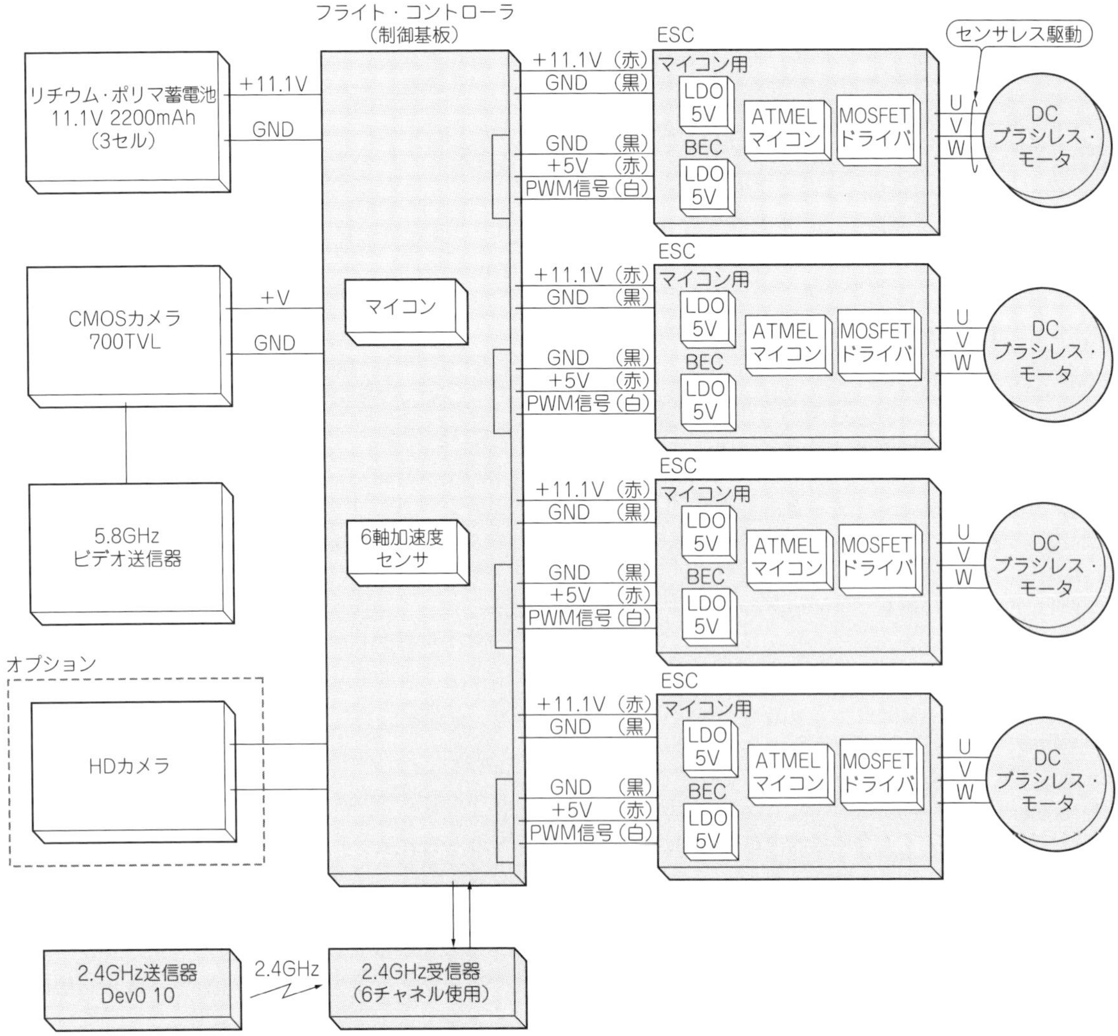

フライト・コントローラ
（制御基板）
リチウム・ポリマ蓄電池
11.1V 2200mAh
（3セル）
+11.1V
GND
マイコン
6軸加速度
センサ
CMOSカメラ
700TVL
+V
GND
5.8GHz
ビデオ送信器
オプション
HDカメラ
ESC
センサレス駆動
+11.1V（赤）
GND （黒）
GND （黒）
+5V （赤）
PWM信号（白）
マイコン用
LDO
5V
BEC
LDO
5V
ATMEL
マイコン
MOSFET
ドライバ
U
V
W
DC
ブラシレス・
モータ
2.4GHz送信器
Dev0 10
2.4GHz
2.4GHz受信器
（6チャネル使用）

**図6　ドローン・キットのシステム全体構成**

ン・メーカのアトメルのロゴが識別できました．フライト・コントローラの信号を受けて，DCブラシレス・モータのセンサレス駆動，およびスロットル制御を行っているものと思われます．

▶モータ駆動用MOSFETは基板はんだ面に実装

**写真14**(**b**)に，ESCのはんだ面を示します．DCブラシレス・モータの3相コイルを駆動するMOSFETが6個並んでいます．3個ずつ同じ品番のMOSFETが並んでいます．ハイ・サイドにPチャネルMOSFET，ロー・サイドにNチャネルのMOSFETを使ったモータ駆動回路です．

回路の詳細を確認するためにMOSFETの品番を調べてみましたが，残念ながらマーキングからはMOSFETを特定することはできませんでした．

## ■ 制御部

### ● フライト・コントローラ…ドローン全体の制御をつかさどるマイコン基板

ドローン全体の制御は，フライト・コントローラと呼ばれる小さなマイコン基板で行われます．**図6**にレーサー・キットのシステム全体構成を示します．

**写真15**に本体に組み付けられたフライト・コントローラを示します．左側のプラスチック・ケースに入った小さな基板です．4本のPWMサーボ信号と電源が引き出されています．

右側の白い小さな箱はプロポ受信機です．10チャネルのサーボ信号コネクタの内，6チャネルを使っています．

▶モータまでの信号の流れ

フライト・コントローラとESCの間の信号を確認してみました．**写真16**に示すようにフライト・コントローラ基板からESCへの制御信号を引き出し，別のESCとモータに接続しました．

受信機からドローンが飛び上がらない程度の微弱なスロットル信号を送って，プロペラを回転させました．

**図7**はフライト・コントローラからESCへ出力されたPWM信号の波形です．送信機のスロットル・レバーを動かすと，ハイとローのデューティ比が変動します．

**図8**はESCから出力されたモータ駆動波形です．位相が120°ずつシフトしたUVW相の矩形波信号が観察できます．約10 kHzごとのリップル波形は，センサレス駆動のためのサンプリング・インターバルの波形と思われます．

DCブラシレス・モータのセンサレス駆動方式は各種ありますので，詳細はわかりません．ESC上には電流検出用の抵抗が見あたりませんので，駆動コイル端の電圧でロータ位置を検出する方式のようです．

## ■ 屋外で飛行実験

「ドローン規制法」もさることながら，操縦に当たっては人とモノに損傷を与えない，他人に迷惑をかけないためには十分な配慮が必要です．

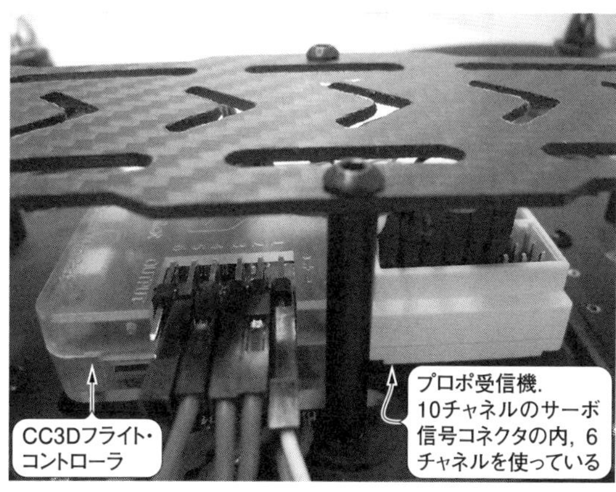


**写真15　ドローン全体の制御を行うフライト・コントローラ**(CC3Dフライト・コントローラ)

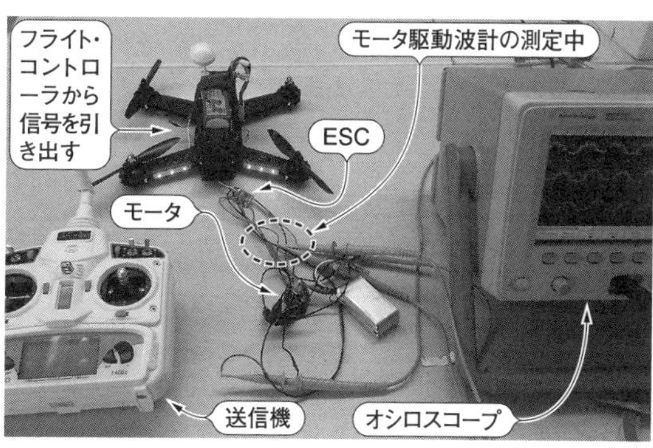


**写真16　フライト・コントローラとモータ駆動回路モジュール**(ESC)**の間の信号を確認しているようす**

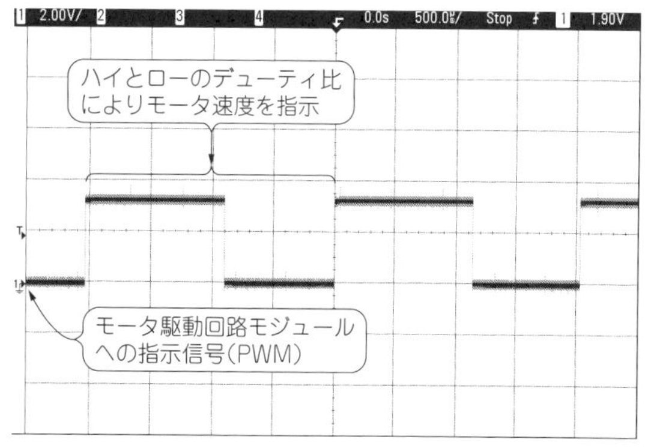


**図7　フライト・コントローラからモータ駆動回路モジュールへ出力されるPWM波形**

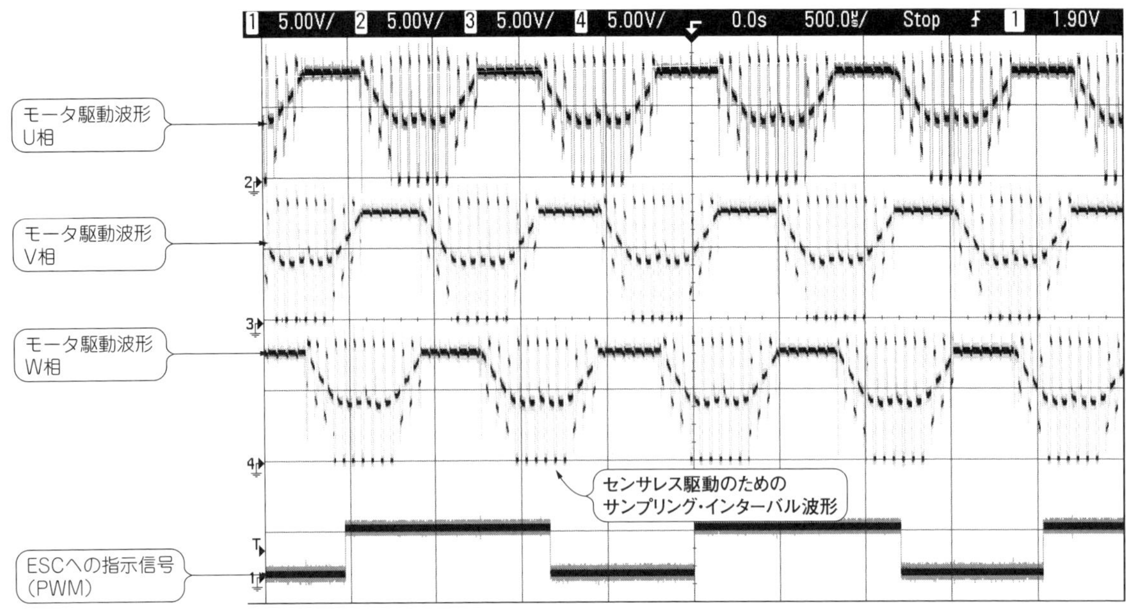


**図8 ESCからモータへ出力されるモータ駆動波形**

コントロール距離は300 mとされていますが，これは電波状況が理想的なところでの場合です．コントロール不能になると人やモノへの損傷，落下や衝突による破損…あらゆる危険を考慮する必要があります．

筆者の実家は「人口密集地」ではありませんが，他人の土地の上空を飛んでも損害賠償の対象になると聞きました．操縦技術も未熟な筆者は当面は「1500 ㎡の実家の農地でテグスを付けて実験」ということに落ち着きました．**写真2(b)**はその晴れ姿です．

（初出：「トランジスタ技術」2015年12月号）

第8章 高速応答！高安定！ヨー／ピッチ／ロールとスロットルのリモコン・レバーにピタッと追従

# 上昇下降！方向転換！加減速！ドローンのサーボ回路と姿勢制御能力

滝田 好宏 Yoshihiro Takita

写真1 本稿の実験用ドローンReversi（Q4用モータ付き）にX4用のHDカメラによる空撮装置を装着

最近のマルチコプタは，MEMSセンサやマイコンの高性能化によって，姿勢角推定がより高精度になり，安定したホバリングができるようになってきました．リモコン（送信機）からの操縦に対する追従やホバリングの安定化はマイコン内部のソフトウェアで制御演算されますが，モータ，プロペラ，機体の物理的な特性が，制御特性に直接影響を与えます．

ドローンの追従性能は高いほどリモコンで操縦しやすく，思いどおりに運転することができます．そのような快適な操縦性の実現には，ドローン本体側に高い応答性能と安定性能をもつサーボ回路が必要です．

本稿では，小型ドローンのモータをより高出力なものに交換して，追従安定性能が改善するか実験で確認します．〈編集部〉

## 実験用の素材ドローン

本稿では，6,000円程度で購入できて，小型軽量で壊れにくく，コアレス・タイプのDCブラシ付きモータを搭載した小型ドローンが持つサーボ回路の追従性能を，飛行実験を交えて解析します．

実験用のドローンにはReversi（**写真1**）を選びました．

比較的機体の大きさに余裕があり，外部機器の取り付けが容易だったためです．

本機体に搭載されたマイクロモータの直径は7 mmでQ4（ハイテックマルチプレックスジャパン）の交換部品として販売されているモータに交換するとパワーアップを試せます．推力に余裕ができたところにWi-Fiカメラなどを搭載すれば，空撮も試せます．

Reversiは，ほかの機体にない背面飛行という特徴的な機能を持ちます．背面飛行を実現するには，プロペラを逆転して浮上力を得る必要があります．本機の場合は，モータ駆動回路にHブリッジを採用しています．

## 制御用ハードウェア

### ● 制御基板…マイコン／センサ／モータ駆動回路など飛行に必要な機能が凝縮

カバーを外すと，**写真2**に示す制御基板が見えます．

部品面には，制御マイコンのARM Cortex-M0マイコンSTM32F031K4（STマイクロエレクトロニクス），3軸ジャイロ／加速度センサICのMPU-6050（InvenSense），2.4 GHz無線モジュールとしてnRF24L01互換のXN297（Panchip），およびPチャネルMOSFETが並んでいます．

反対側のはんだ面には，NチャネルMOSFETが並んでいます．

**図1**に，Reversi全体の回路構成を示します．ここでは現物に忠実な回路を描いています．一般的には，MOSFETのゲート端子とマイコン端子の間にダンピング抵抗を挿入しますが，本基板には見当たらないので，直結しているものと考えます．

### ● CPU…姿勢制御のためにセンサからの情報を集めてモータに指示を出す

Reversi全体の制御は，CPUコアにARM Cortex-M0を内蔵したSTM32F031K4マイコンを使用してい

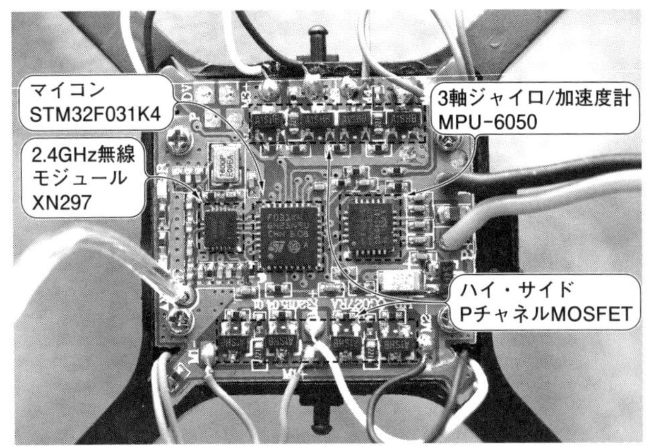


(a) 部品面

ロー・サイド
Nチャネル
MOSFET

(b) はんだ面

写真2　飛行に必要な制御機能が1枚の基板にまとめられている

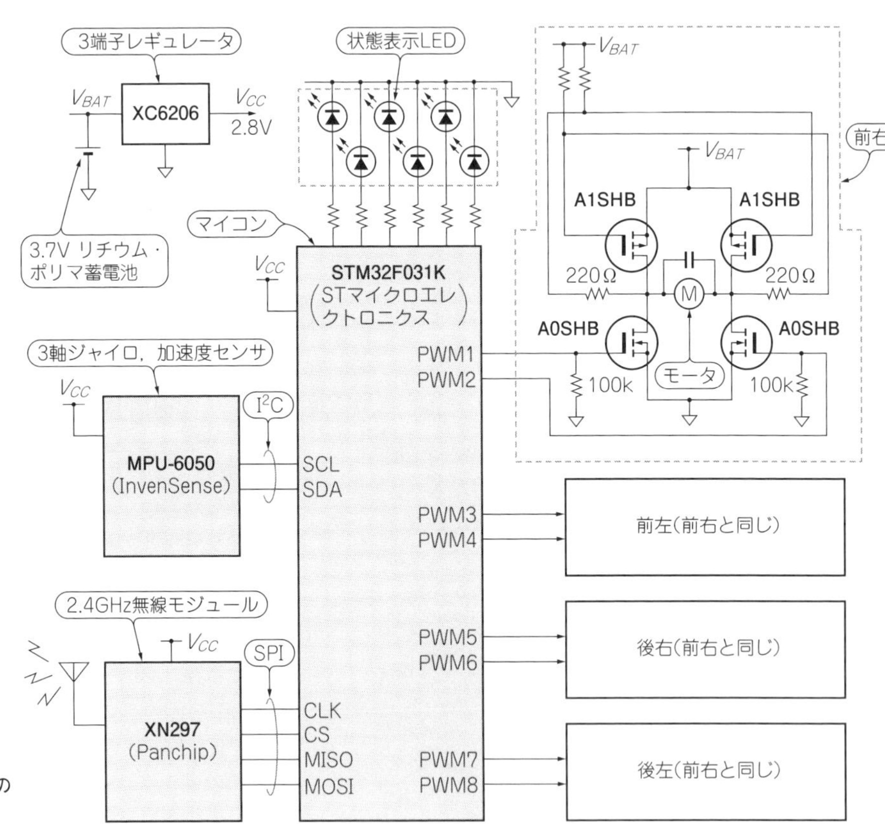


図1　ドローンReversiの制御システム全体

ます．性能を表1に示します．

この小型高性能なマイコンはMPU-6050から角速度と加速度を$I^2C$から入力，送信機のスティックの操作量をXN297から受信，姿勢角と操作量から各モータを駆動するPWMのパルス幅を決定しています．マイコン内部の姿勢角推定のアルゴリズムは明らかではありませんが，MPU-6050搭載基板のネット販売ページにサンプル・コードがあります．

## ● 姿勢制御の方法…送信機のスティックでロール/ピッチ/ヨーの目標値を与える

飛行機などの姿勢角を表す方法として，図2のような右手直角座標系の回転角を一般的に用います．$x$，$y$，$z$軸のそれぞれの回転をロール角$\phi$，ピッチ角$\theta$，ヨー角$\psi$としています．Reversiがホバリングする場合には，オペレータの基準面を維持するように，ロール角，ピッチ角およびヨー角を制御します．Reversiでは，姿勢制御の目標値変更を，付属の送信機のスティック

表1(1) ドローンの頭脳STM32F031K4マイコンの仕様

| 項 目 | 内 容 |
|---|---|
| CPU | ARM Cortex-M0(最大動作周波数48 MHz) |
| デバッグ機能 | シリアル・ワイヤ・デバッグ(SWD) |
| 内蔵フラッシュ・メモリ | 16 Kバイト |
| 内蔵RAM | 4 Kバイト |
| 割り込み制御 | ベクタ割り込みコントローラ(NVIC),32要因 |
| GPIO | 最大39本,プルアップ/プルダウンMOS,割り込み入力,5 Vトレラント25本 |
| 汎用タイマ | 16ビット・タイマ×7チャネル,32ビット・タイマ×1チャネル |
| ウォッチ・ドッグ・タイマ | 内部リセット発生用ウォッチ・ドッグ・タイマ |
| UART | 調歩同期式シリアル通信,モデム制御信号付き |
| SPI | クロック同期式SPI |
| I²C | フル・スペックI²C |
| A-D変換器 | 12ビット×10チャネル |
| クロック制御 | 内蔵発振器8 MHz,逓倍PLL内蔵 |
| パワー制御 | 3種類の低消費電力モード,パワー・オン・リセット回路内蔵 |
| 電源電圧 | 2.0～3.6 V |
| パッケージ | 32ピンHVQFN |

の操作で行います,右のスティックはスロットルとロール角の目標値,左のスティックはピッチ角とヨー角速度の目標値を与えます.

マイコン内の制御プログラムは,機体重量とモータ特性に合った制御ゲインとなっていますが,機体重量やモータを変更することで制御特性が変化します.一般的なクワッドロータ型ドローンの詳細な姿勢制御のしくみは,Column 1を参照してください.

### ● 姿勢制御用センサ…ジャイロのドリフトに注意

一般的に姿勢角は応答速度の速いジャイロの値を積分して求めるので,ドリフトする可能性があります.Reversiの場合,搭載されている姿勢角センサはジャイロと加速度計のみです.ロール角とピッチ角は,加速度計による重力の方向によりドリフト抑制がきますが,ヨー角のドリフトを抑えることはできません.ヨー角のドリフトを抑えるために,磁気コンパスを用いるのが一般的で,ジャイロや加速度計,磁気コンパスがワンチップに収められたものもあります.

ヘリが飛行中に3軸ジャイロ,加速度計には,モータ通電による電源の乱れ,プロペラによる振動などが入り込み,結果的にセンサ出力にノイズとして観測されます.ノイズに埋もれた信号から姿勢角の意味ある信号を取り出すのに,拡張カルマン・フィルタや姿勢角の特異点を回避する四元数(クォータニオン)を用いた方法があります.

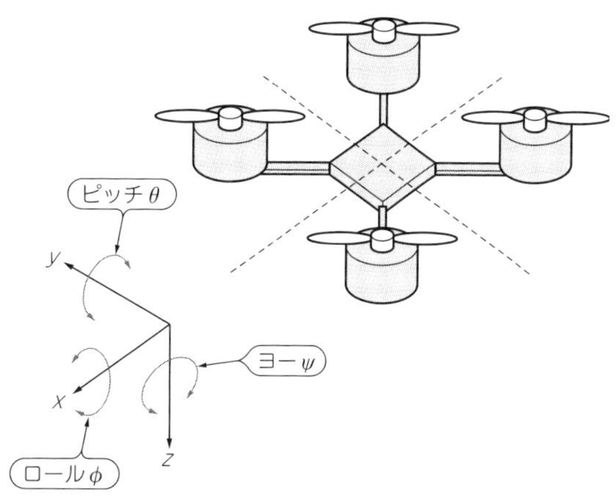


図2 ドローンの姿勢制御では三つの座標系($x$, $y$, $z$)と姿勢角($\theta$, $\psi$, $\phi$)を目標値として用いる

## 応答速度と安定性の高い姿勢制御を実現する三つの技術

### 1 マイコンによる高速信号処理

### ● 制御周期を短くするほど安定しやすくなる

マルチコプタの飛行中の安定性を評価する上でのポイントは,センサ信号を入力して制御信号をモータに与えるまでの時間(制御周期)で,その逆数を制御周波数と言っています.制御周期が短いほど,姿勢変化が小さいうちに修正できるので,安定性が向上しやすくなります.

私は以前に,3プロペラのマルチコプタを製作したことがありますが,制御周波数は200 Hzでした.さらに小型で慣性モーメントの小さいReversiでは,どのようになっているのか,I²Cからのセンサ入力のタイミングを計測して,制御周波数を求めます.

一般的な送信機のデータ更新の周波数は50 Hzです.Reversiの場合について,XN297とのSPI信号から調べます.

### ● 姿勢角センサ…サンプリング間隔2.12 ms/送受信時間229 μs

Reversiに搭載されている3軸ジャイロ/加速度センサICのMPU-6050の仕様を**表2**に示します.I²Cの信号をオシロスコープ(DPO2014)で測定した波形を**図3**に示します.I²Cのクロックは763 kHzです.それぞれ六つの16ビット・データと制御コマンドを加えた全17バイトの送受信にかかる期間は229 μsです.サンプリングの間隔は2.12 msで,フィードバック制御の間隔と同じだとすると高速に処理されていました.

### ● 送信機から送られてくる目標値(スティック操作)

▶送信機信号…送信間隔8.2 ms/送受信時間1.43 ms

**写真3**に送信機の外観と内部基板を示します．送信機のスティックの信号処理チップ(基板中央)と，2.4 GHzの無線モジュール(中央の上)の型番は不明でした．信号処理チップはSPIを通して無線送信モジュールにデータを渡しています．SPI信号をオシロスコープで測定しました．

MOSI，MISOおよびCLKの波形をオシロスコープで観測すると，送信間隔は8.2 msで，1回に21バイトのデータでやり取りをしています．1回のデータのやり取りに要する時間は1.43 msです．**図4**にオシロスコープで取得したSPI信号波形を示します．SPIのCLKの周波数は133 kHzでした．

表2[2]　3軸ジャイロ/加速度計をワンチップに内蔵するセンサIC MPU-6050の仕様

| | 項目 | 内容 |
|---|---|---|
| ジャイロ | 軸数 | 3軸 |
| | 検出範囲 | ±250，±500，±1000，±2000°/s |
| | A-D分解能 | 16ビット |
| | 感度 | 131，65.5，32.8，16.4 LSB/(°/s) |
| | 感度温度変化 | ±2 % |
| | 静止時出力温度変化 | ±3°/s |
| | 直線性 | 0.20 % |
| | ゼロ点出力 | 0.2～4°/s |
| | ゼロ点出力安定性 | ±2°/s |
| | ローパス・フィルタ周波数 | 5～256 Hz |
| | データ更新レート | 4～8000 Hz |
| | 出力ノイズ | 0.05°/$sec_{RMS}$ |
| 加速度計 | 軸数 | 3軸 |
| | 検出範囲 | ±2g，±4g，±8g，±16g |
| | A-D分解能 | 16ビット |
| | 感度 | 16384，8192，4048，2048 LSB/G |
| | 感度温度変化 | ±0.02 %/℃ |
| | 静止時出力温度変化 | ±2 % |
| | 直線性 | 0.50 % |
| | ゼロ点出力 | xy軸±50 mg，Z軸±80 mg |
| | ゼロ点出力安定性 | xy軸±35 mg，Z軸±60 mg |
| | ローパス・フィルタ周波数 | 5～260 Hz |
| | データ更新レート | 4～1000 Hz |
| | 出力ノイズ | 400 mg/$\sqrt{Hz}$ |
| 電源電圧 | | 2.375～3.46 V |

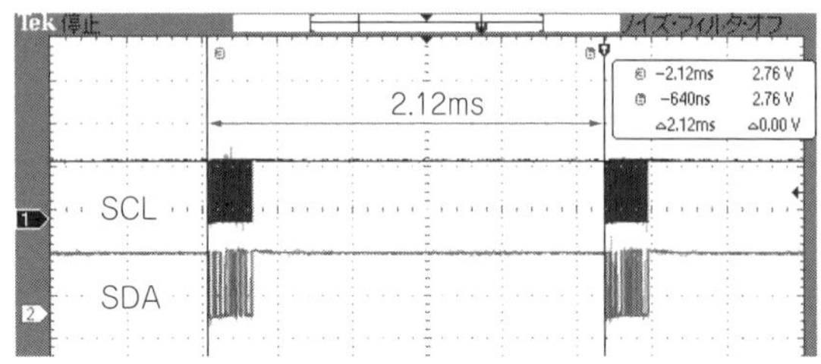


(a) 受信インターバル…2.12 ms

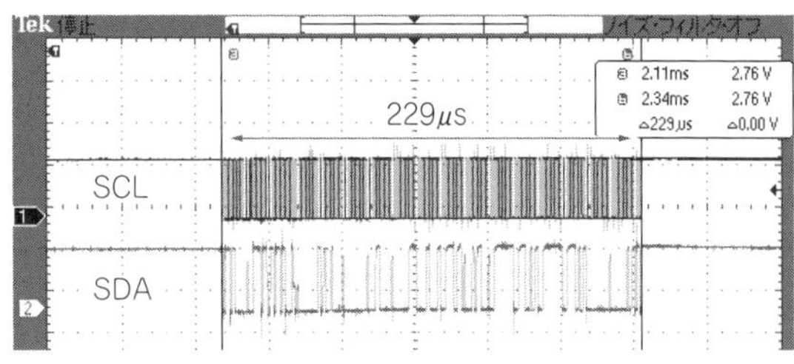


(b) 送受信時間…229 μs

**図3　3軸ジャイロ/加速度センサICのMPU-6050とマイコン間のI²C信号**

制御周期は2.12 ms

(a) 外観

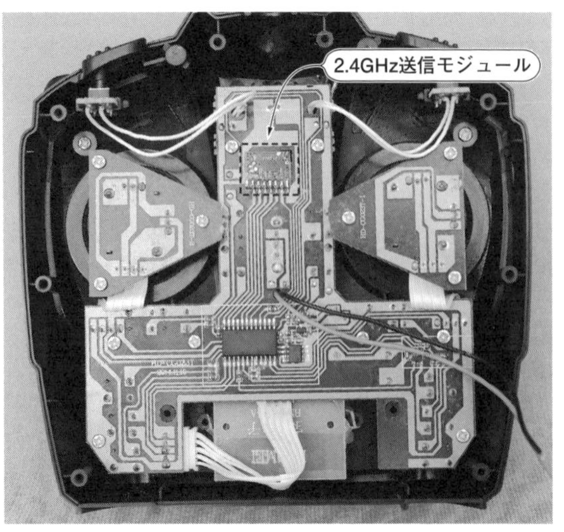


(b) 内部基板

写真3　Reversiに付属している送信機…スティック操作で姿勢制御の目標値を本体に送信する

▶受信機信号…受信間隔2.1 ms/送受信時間144 μs

送信機から送信された信号の復号は，2.4 GHz無線モジュールXN297が行っています．**表3**にXN297互換のnRF24L01の仕様を示します．

仕様によると，送信機とXN297の組み合わせで100 mまでの通信が可能です．マイコンとXN297はSPIで接続されています．MOSI, MISO, CLKの信号波形をオシロスコープで測定すると(**図5**)，次のことがわかりました．

2.1 msごとに受信データの確認コマンド送信があり，受信バッファにデータがあった場合(8.4 msごと)に26バイト分の送受信を144 μsで行っています．ここで，データの内容の解析は行っていません．SPIのCLKの周波数は1.69 MHzでした．

▶送信間隔(8.2 ms)と受信間隔(2.1 ms)は非同期だが…データ更新間隔はかなり高速

送信機の送信間隔が8.2 ms，マイコン側の読み取り間隔が2.1 msとなり，完全には同期していないようです．XN297の受信バッファをこまめに確認して，データ更新されていたら受信する方式のようです．一般的なラジコン用送信機の送信間隔は20 msなので，Reversiの送信機の方がデータ更新を高速に行っています．

▶制御周期を短くするために…I²CとSPIをオーバ・クロック！

MPU-6050のマニュアルによると，I²Cクロックは最大400 kHzと表記されていますが，1.9倍の763 kHzに設定され動作しています．クロック周波数400 kHzを使うと，センサ読み込みに229 μsの1.9倍の435 μsとなってしまいます．制御間隔2.12 msでセンサ入力229 μs，姿勢角推定(不明)，制御演算(不明)および送

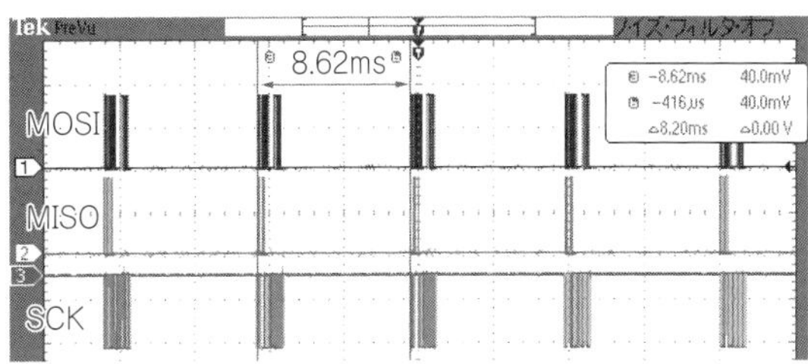


(a) 送信インターバル…8.2 ms

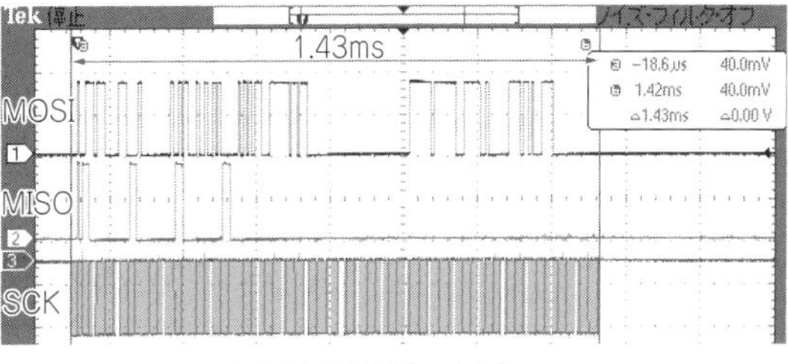


(b) 送受信時間…1.43 ms

**図4　送信機内部のマイコンと無線送信モジュール間のSPI信号**
データ更新間隔はかなり高速

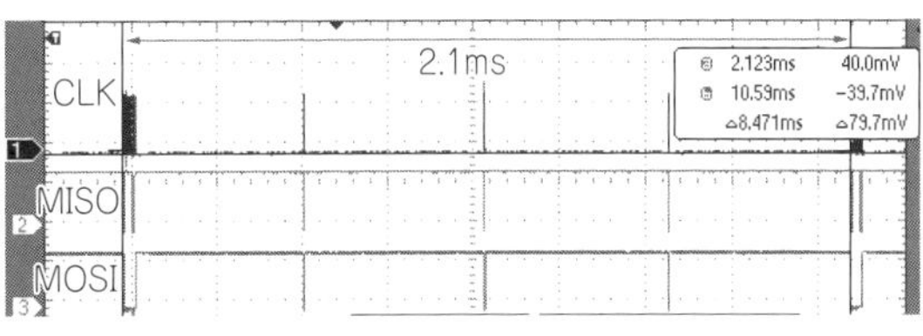


(a) 受信インターバル…2.1 ms

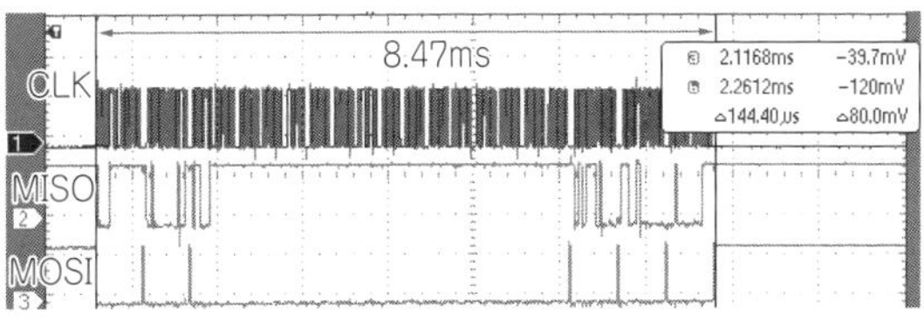


(b) 送受信時間…144 μs

**図5　2.4 GHz無線モジュールXN297とマイコン間のSPI信号**
データ更新間隔はかなり高速

**表3[3]　2.4 GHz無線モジュールXN297の仕様**
実際には互換品のnRF24L01の仕様

| 項　目 | 内　容 |
|---|---|
| 通信周波数 | 2.4 GHz |
| 転送レート | 2 Mbps |
| 電流 | 11.3 mA(Tx)，12.3 mA(Rx) |
| 受信 | 4 Kバイト |
| インターフェース | SPI(4線式) |
| 待機電流 | 900 nA |
| 仕様用途 | PC周辺機器，ワイヤレス・マウス・キーボード，ゲーム・コントローラ，低消費電力センサ・ネットワーク，おもちゃ |
| 電源電圧 | 1.9～3.6 V(単一) |
| パッケージ | 20ピンQFN |

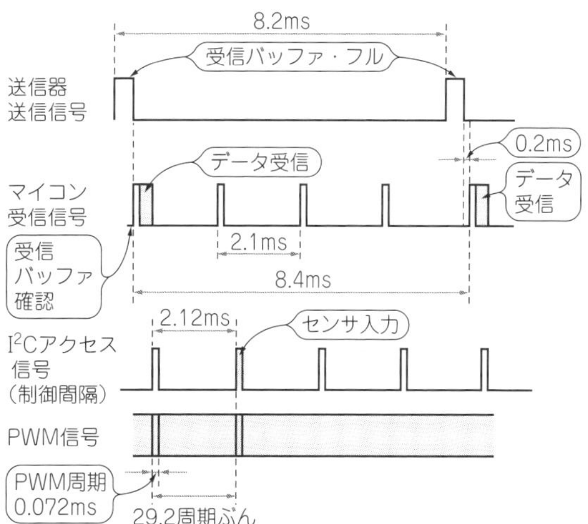


**図6　センサ信号と目標値データの送受信周期は短いほど安定性が向上しやすい**

信機の信号入力144 μsが行えるように，切り詰められるところを探して，I²CとSPIのオーバ・クロックになったと推測できます．

### ● センサ・データからの制御周期は471 Hzと高速！

これまでの解析から，マイコンが行っている処理のタイミング・チャートを**図6**に示します．8.2 msごとに送信機の信号を受信するXN297に対して，マイコンは2.1 msごとに受信バッファを確認します．バッファフルの場合にデータを受信することで，8.4 msごとに送信機から送られてきた新しいデータに更新されます．送信機からの信号受信から最大で2.1 msの遅れが発生しますが，許容できる範囲です．

その間にマイコンは，2.12 ms間隔でセンサ入力し，制御演算を行ってモータ制御のPWM値を設定しています．次節で示すようにPWM周期は72.5 μs(周波数13.8 kHz)となっており，2.12 msの間の29周期でPWM値の更新がありません．

## 2 正逆回転が可能なモータ・ドライブ回路

Reversiの特徴である背面飛行を可能にしているのは，装備されたモータを逆回転する回路です．**図7**にMOSFETで構成したHブリッジのモータ駆動回路を示します．AまたはBに排他的にPWM信号が入力されます．回転方向とMOSFETスイッチの関係を**表4**に示します．

▶左方向(CCW)に回転させる方法

Aのゲートが“H”になると，NチャネルMOSFETはONとなり，ソース電圧が“L”，対角DのPチャネルMOSFETのゲートが同時に“L”となりON状態になります．するとL側に電流が流れてモータが回転します．

▶右方向(CW)に回転させる方法

Aのゲートが“L”になるとNチャネルMOSFETはOFFになり，ソース電圧が“H”，対角DのPチャネルMOSFETのゲートが“H”となり，電流が流れな

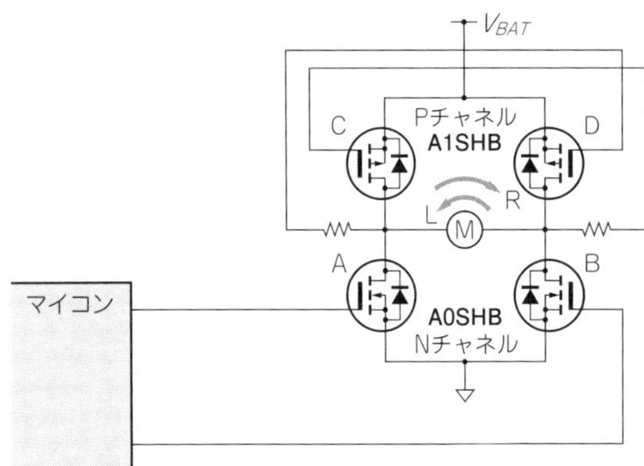


図7　Reversiのモータ駆動回路
逆回転が可能なHブリッジ

表4　モータ回転方向とMOSFETスイッチの設定

| 回転方向 | MOSFETスイッチ | | | |
|---|---|---|---|---|
| | A | B | C | D |
| L | ON | OFF | OFF | ON |
| R | OFF | ON | ON | OFF |
| フリー | OFF | OFF | OFF | OFF |

表5　MOSFETの主な仕様

| 項　目 | | 内　容 | |
|---|---|---|---|
| | | Pチャネル A1SHB [Si2301D互換] | Nチャネル A0SHB [SI2300互換] |
| ドレイン-ソース間電圧 | | 20 V | 20 V |
| ゲート-ソース間電圧 | | ±8 V | ±12 V |
| ドレイン電流 | DC | 2.3 A | 2.3 A |
| | パルス | −10 A | 8 A |
| 許容損失($T_c$ = 25 ℃) | | 1.25 W | 1.25 W |
| オン抵抗 | | 190 mΩ −2.5 V駆動(−1.9 A) | 80 mΩ 2.5 V駆動(−2 A) |
| 立ち上がり時間 | | 85 ns(最大) | 65 ns(最大) |
| 立ち下がり時間 | | 130 ns(最大) | 85 ns(最大) |
| パッケージ | | TO-236(SOT-23) | |

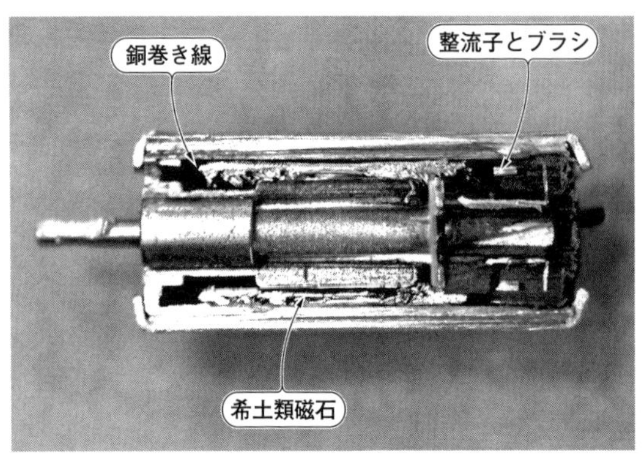


(a) コアレス・モータのカット・モデル

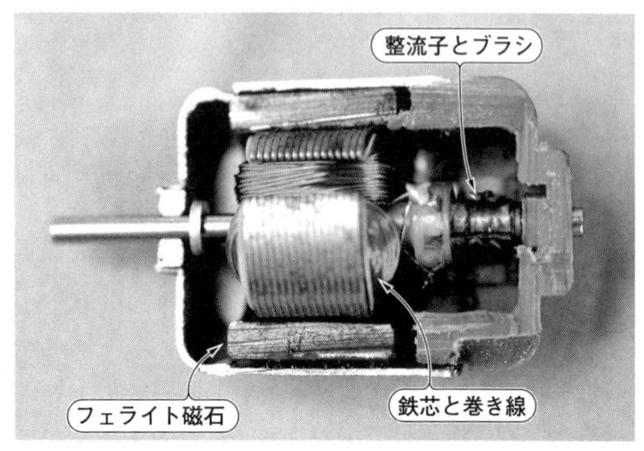


(b) コア・モータのカット・モデル

写真4　コアレス・モータは回転する部分の重量が軽くてなめらかで高速な応答ができる！

くなります．反対に，Bのゲートを“H”にすると，R側に電流が流れて，先ほどとは逆方向に回転します．

▶MOSFETがすべてOFFの場合…逆起電力で電荷が溜まる

PWM信号が“L”の間は，すべてのFETがOFFの状態になり，モータが慣性力で回転して逆起電力を発生しますが，ここで発生する電荷は行き場がありません．この電荷はAかBどちらかのゲートがONになったときに放出されます．

▶MOSFET

Reversiに使用されているMOSFETの特性を確認します．A0SHBとA1SHBはそれぞれSI2300とSI2301Dの互換のようなので，互換品を参考にしました(**表5**)．

▶PMW周波数…13.8 kHz

Reversiのモータ制御回路を駆動するPWM周波数を調べるためにゲート端子をオシロスコープで測定すると13.8 kHzでした．コアレス・モータの一般的なPWM周波数は10 kHzから20 kHzであり，妥当な設定です．

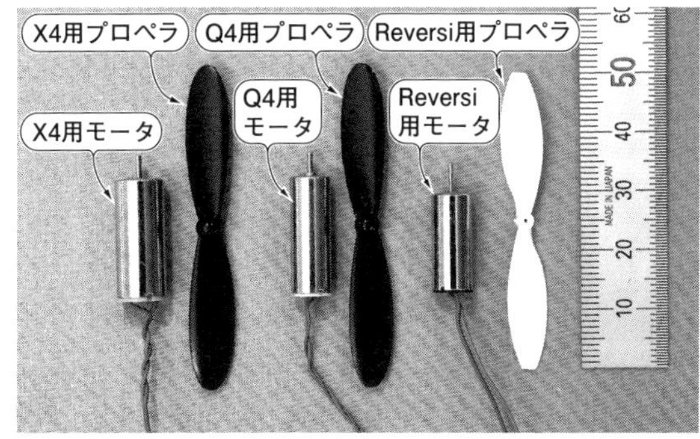


写真5　実験用に準備した3種類の小型ドローン用コアレス・モータ

## 3 高速応答の軽量モータ

### ● なめらかに高速応答！小型コアレス・モータ

Reversiのような小型ドローンが普及した理由の一つに，携帯電話のバイブレータ用に開発された強力な希土類磁石を使用したコアレス・モータが大量生産されたことが挙げられます．

**写真4**にコアレス・モータのカット・モデルを示します．回転子は銅の巻き線とブラシと接触する部分の整流子のみです．回転する部分の重量が軽く，慣性モーメントが小さいことが想像できます．希土類磁石はコアの内側にあります．

**写真4(b)**に一般的な鉄心回転子のコアモータのカット・モデルを示します．鉄芯が外側の磁石に近いほど吸引力で回転むらが発生します．コアレス・モータは慣性モーメントが小さく，コア・モータのようなコキング・トルクが発生しません．そのため，なめらかで高速な応答が得られる特徴があります．

### ● 実験でモータの静的推力特性を測定してみる

Revesi，Q4，X4に使用されている3種類のモータと，それらに用いられるプロペラを用いて，推力特性を測定しました．

X4，Q4およびReversi用のモータとプロペラの外観を**写真5**に示します．モータの外形はX4用が8.5 mm，Q4とReversi用が7 mmです．サイズ的には，Q4用モータもReversiに搭載できます．

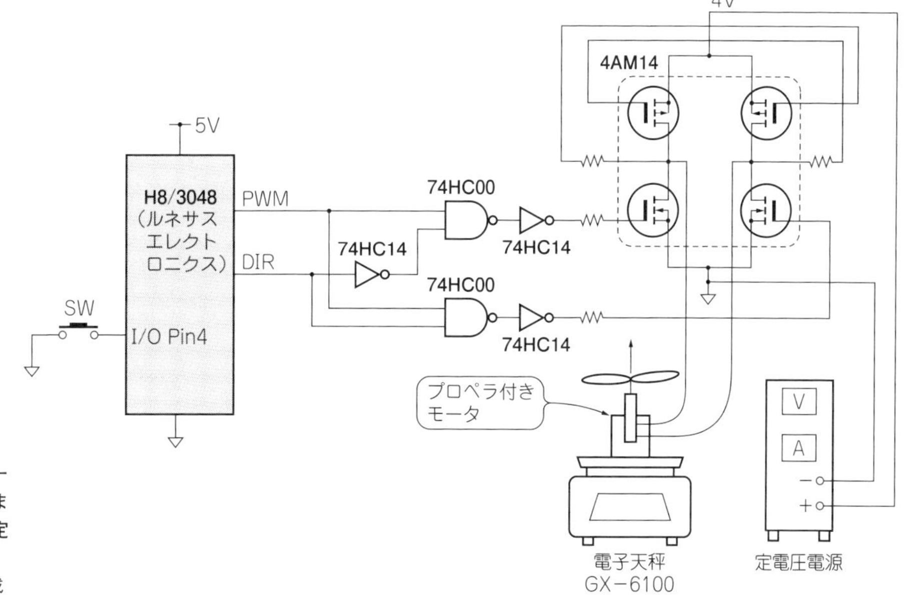


図8　電子天秤の上でモータにプロペラを付けたまま駆動させて推力を測定する
推力測定装置の回路図と構成

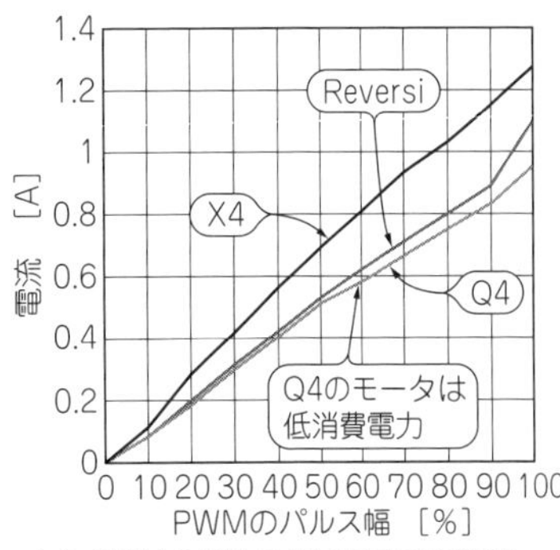

(a) PWMのパルス幅に対する電流値…消費電力を比較

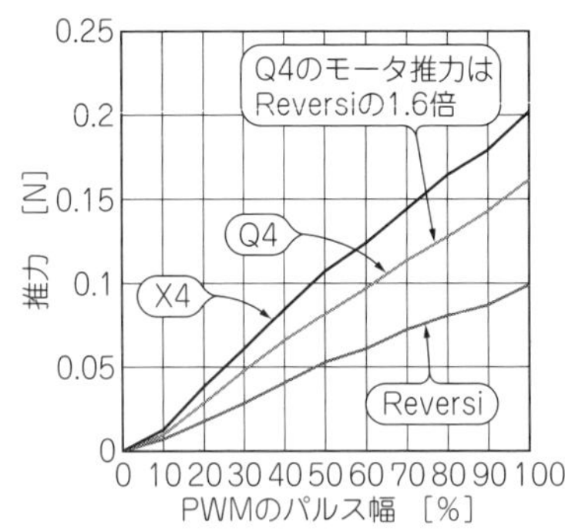

(b) PWMのパルス幅に対する推力…推力の大きさを比較

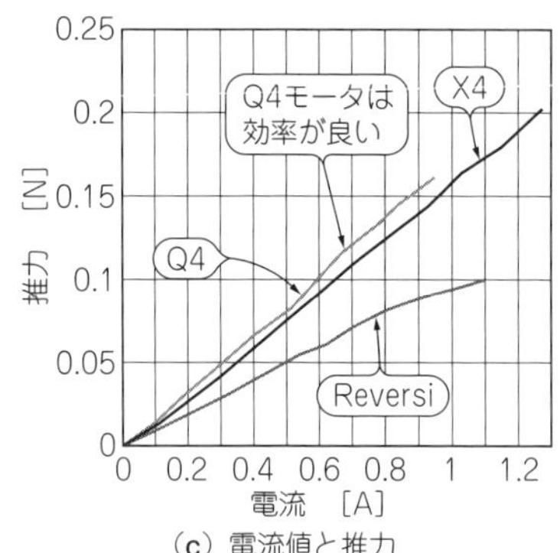

(c) 電流値と推力

**図9 3種類のモータ特性を比較…Q4用モータが低消費電力で推力も効率もReversiを上回る**

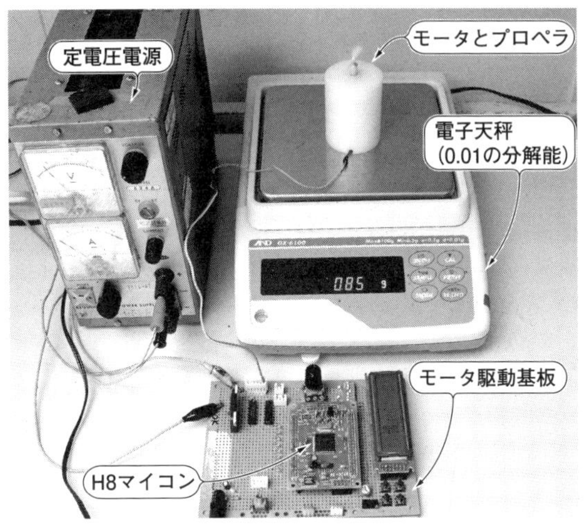

**写真6 推力計測装置の外観**

▶測定方法…電子天秤にて推力計測

これらのモータの推力特性の測定には，**図8**のようにH8/3048マイコンを用いたモータ駆動回路を作成して，**写真6**のような実験装置を構成しました．H8マイコンのプログラムでは，タクト・スイッチの押すタイミングで0から100％にPWMのパルス幅を変更できるようにして，電流と電子天秤の値を読み取りました．**図9**に示す結果が得られました．

▶測定結果…Q4用モータが良さそう

**図9(a)**の結果を見ると，電流特性はReversi用モータよりQ4用モータが良好です．**図9(b)**からはQ4用モータの推力がReversi用モータの1.6倍と大きく異なっています．**図9(c)**からは，Q4用モータがほぼ直線で，X4用モータを上回る推力勾配となっています．

静的推力特性からQ4用モータが良さそうです．測定結果を**表6**に示します．

▶考察…むしろQ4用モータの方が適正

一般的な設計では，約半分の推力で浮上できることが望ましいとされています．外乱による変動を制御で補うためのマージンを残す必要があるからです．これを踏まえて，Reversi用モータについて考えてみます．Reversiは電池を含めた質量が30.0 gで，浮上させるには0.294 N必要です．一つのモータで4分の1を担った場合は0.0736 Nとなります．**図9(b)**から読み取ると73％になるので，余裕がない状態と言えます．

一方，Q4用モータをReversiに搭載した場合を考えます．ReversiにQ4用モータを搭載すると質量は32.48 gで，浮上させるには0.319 Nが必要です．一つのモータで0.0797 Nとなるので，**図9(b)**から50％と読み取れます．このモータをReversiに載せ換えて比較します．

**表6 モータの静止推力特性**

電圧4V時の測定結果

| 項　目 | X4 | Q4 | Reversi |
|---|---|---|---|
| PWM100％推力［N］ | 0.2 | 0.16 | 0.099 |
| PWM50％推力［N］ | 0.107 | 0.0815 | 0.0535 |
| PWM100％電流［A］ | 1.28 | 0.95 | 1.1 |
| 質量［g］ | 4.83 | 3.41 | 2.91 |

## 実験！モータの高出力化と安定性の改善

### ■ 準備

実験でホバリングの状態の特性を調べます．使用するモータはReversi用モータとQ4用モータの2種類です．

▶追従安定性の測定方法…3次元計測器

ホバリングの測定はReversiのフレームに3次元計測用の反射マーカ3個を**写真7**のように取り付け，スロットルのみで離陸からホバリングして着地させます．飛行状態の計測装置にはProReflex MCU240(Qualisys社)を4台用い，サンプリング周波数を200 Hzとしました．計測装置のキャリブレーション時の誤差は1.3 mm程度です．3個のマーカの質量は1.33 gでした．

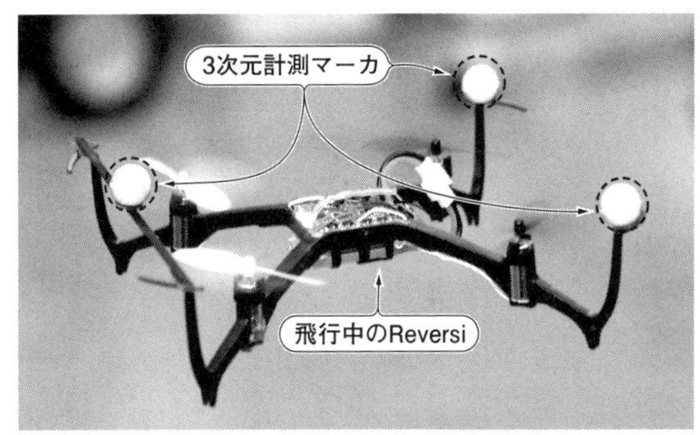

写真7　3次元計測用マーカ付でホバリング状態のReversi

## ■ 実験

① 標準モータで測定

**図10**と**図11**にReversi用標準モータによる離陸から着陸までの軌跡と姿勢角を示します.

**図10**は軌跡を2次元平面から見たものです. $x$-$y$平面上の三角形は, 計測経過時間でのマーカの位置を示しています.

**図11**の姿勢角はマーカで作る3角形からロール角, ピッチ角およびヨー角を3次元計測装置用のソフトウェアから得られたものを示しています.

このように, ロール角, ピッチ角ともに1°以内で制御されていますが, この間ヨー角はわずかにドリフトしています. Reversiの制御システムでヨー角のドリフトを抑えたいときは, 磁気コンパスが必要になります.

姿勢角の変化を詳しく見るために, **図11**の網掛け部分の1024サンプルをFFTで周波数分析しました. 結果を**図14**に示します.

▶参考実験…フリップから背面飛行を3次元計測

Reversiは宙返りから背面飛行ができます. これは, 他のドローンにはない特徴的な機能です. Reversiがホバリングから宙返りして背面飛行する状態の計測軌跡を**図12**に示します. Reversiは0.8 mの位置から動作開始後, わずかに右側を中心として左回転し背面状態まで0.7秒程度, 1.2秒後にモータを逆転させ浮上力を回復して最下点に到達して浮上して背面ホバリング状態に入っています. この飛行では, Reversiの動きを見ながらスロットルを操作します. スロットルを維持し, フリップボタンを押して, ロールスティックを素早く右に操作しています. **図12**に示すように, Z-Y平面での軌跡では, 宙返り開始で$y$方向に力が発生して移動を開始し, 背面飛行に入っても移動し続けています. 宙返りするときはある程度の空間が必要です.

② 高出力モータでの測定

モータの比較で使用したQ4用高出力モータに換装したReversiでホバリングの3次元計測を行いました. 実験条件は換装前の**図11**と同様です.

**図13**にホバリング開始から18秒間の姿勢角を示します. **図13**の波形は, **図11**と比較して振幅がわずかに小さいことがわかる程度です. さらに姿勢角の変化を詳しく見るために, 網掛け部分をFFTで周波数分析した結果を**図15**に示します.

▶モータ換装により振動レベルが改善!

**図14**と**図15**を比較すると, 10 Hzから20 Hzの網掛けした部分に注目すると標準モータと高出力モータでのホバリング時の特性がわかります. Q4用モータでは10 Hz以上のPowerレベルが10以下となり振動が抑えられています.

Reversi用モータのPowerレベルは20 Hzを超えても10以下になっていません.

● 結論! Q4モータに換装するとより安定

ReversiはQ4モータに換装するとより安定したホバリング特性が得られました. また, 飛行時間が伸びたように感じました.

残念なのは, フリップを行って背面飛行を試みると墜落することです. Q4用プロペラは逆回転対応ではないので仕方ありません.

## ■ ブレのない空撮に成功!

● Ai-Ballによる空撮の挑戦

ReversiはQ4用モータに換装すると飛行の安定性が増すので, 空撮に挑戦しました. まず, 軽量なWi-FiカメラAi-Ball(Bravo)を購入し, Reversiに取り付けました. **写真8**に飛行の様子を示します.

Ai-Ballは軽量ですが, Ai-Ballをケースごと取り付けるペイロードの余裕がReversiにはないので, むき出しの状態にしています. 電源はリチウム・ポリマ蓄電池からDC-DCコンバータで電圧変換して供給しています.

Ai-BallとReversi送信機の無線通信周波数が同じ2.4 GHzなので, Ai-Ballと通信を確立した後にReversiで飛行を開始すると, 通信が切れてしまいました. Ai-Ballによる空撮の挑戦は失敗に終わりました.

● X4のHDカメラを拝借…空撮に成功!

X4のHDカメラは, 空撮の画像がmicroSDメモリーカードに記録される方式で, 小型軽量です.

X4で空撮すれば良いと思うでしょうが, Q4用モータに換装したReversiはX4より20 gも軽量で, 安定感があります. X4からHDカメラを取り外して, Reversiに取り付けた後に, 電源を配線してから空撮を開始します.

カメラ部をReversiのフレームに張り付けると振動

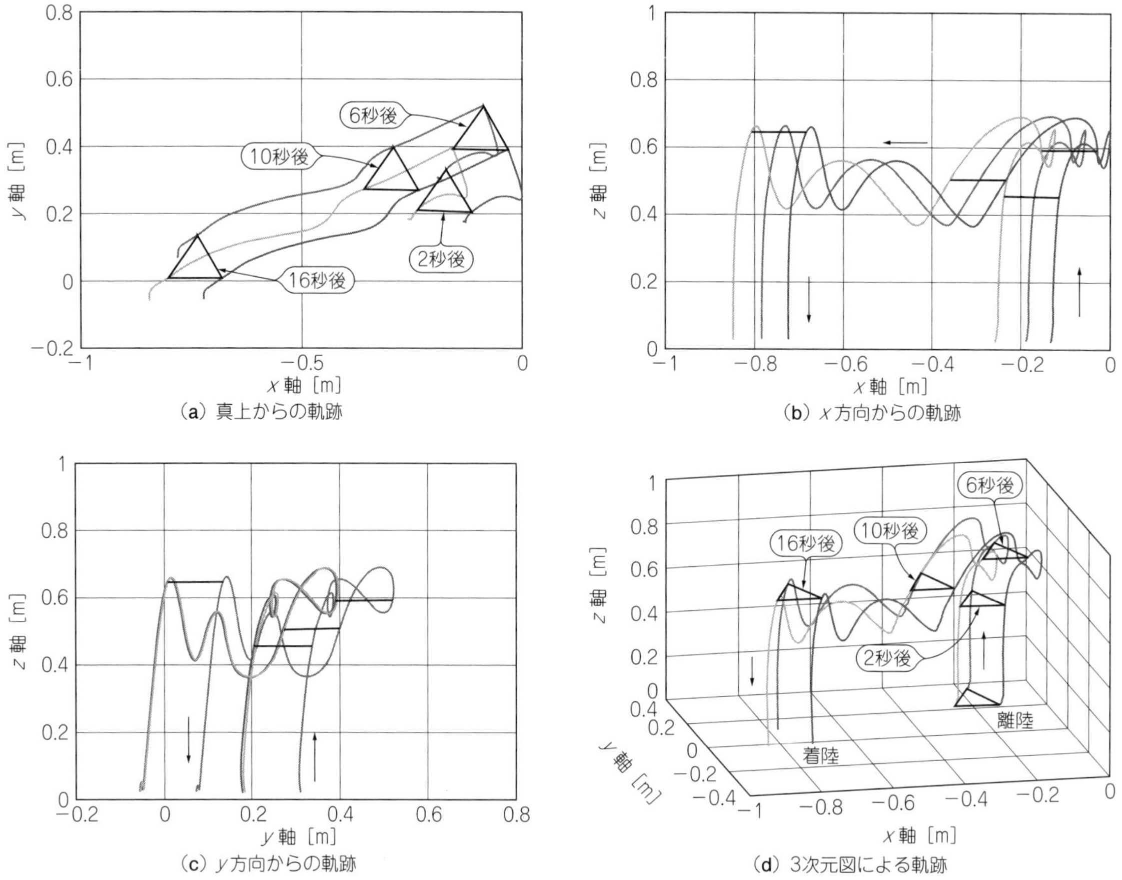

(a) 真上からの軌跡

(b) $x$方向からの軌跡

(c) $y$方向からの軌跡

(d) 3次元図による軌跡

**図10　標準モータでのホバリング時の軌跡**

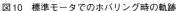

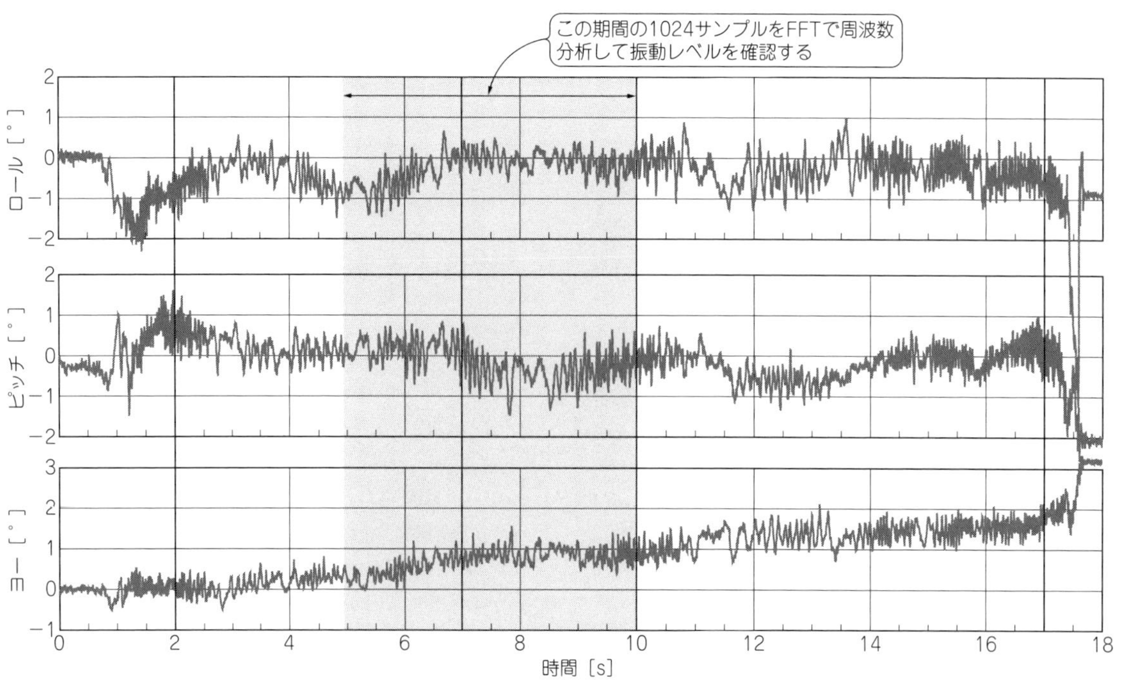


**図11　標準モータでのホバリング時の姿勢角…ヨー角がわずかにドリフト**

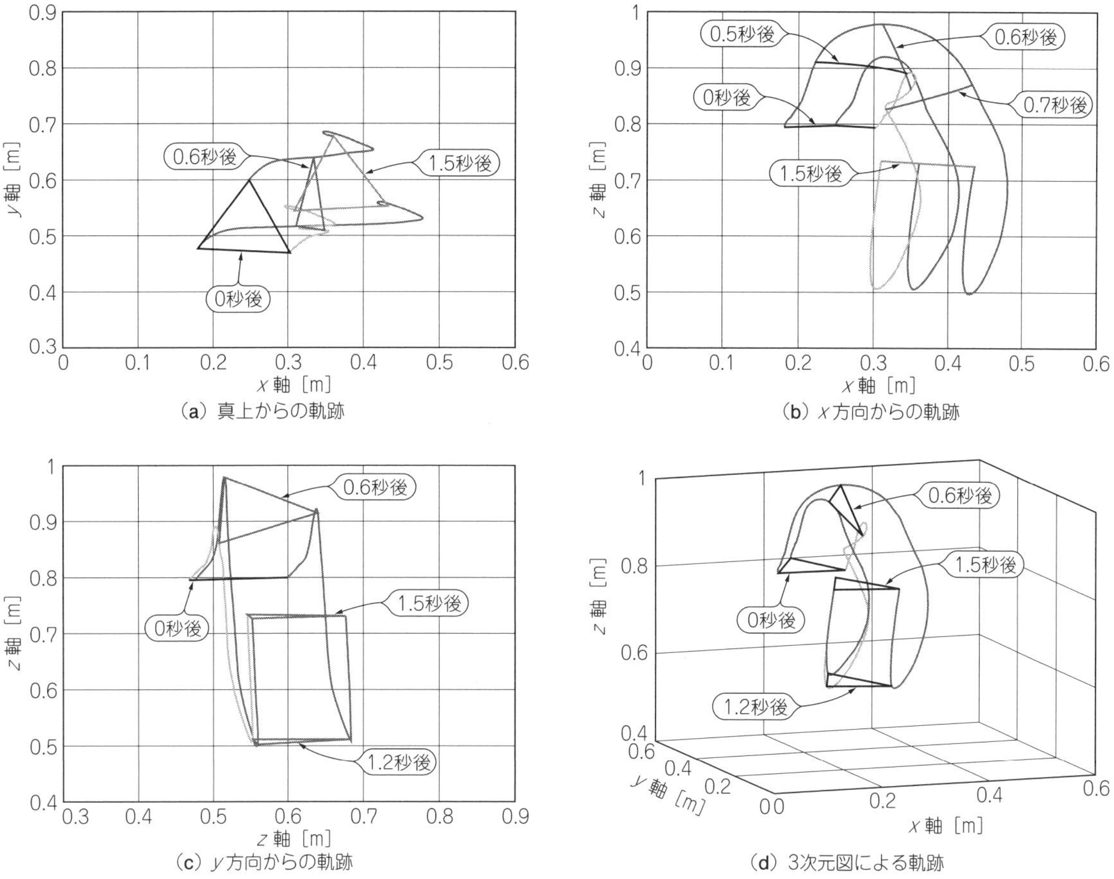

(a) 真上からの軌跡

(b) x方向からの軌跡

(c) y方向からの軌跡

(d) 3次元図による軌跡

図12　参考実験…標準モータでの宙返り動作の軌跡

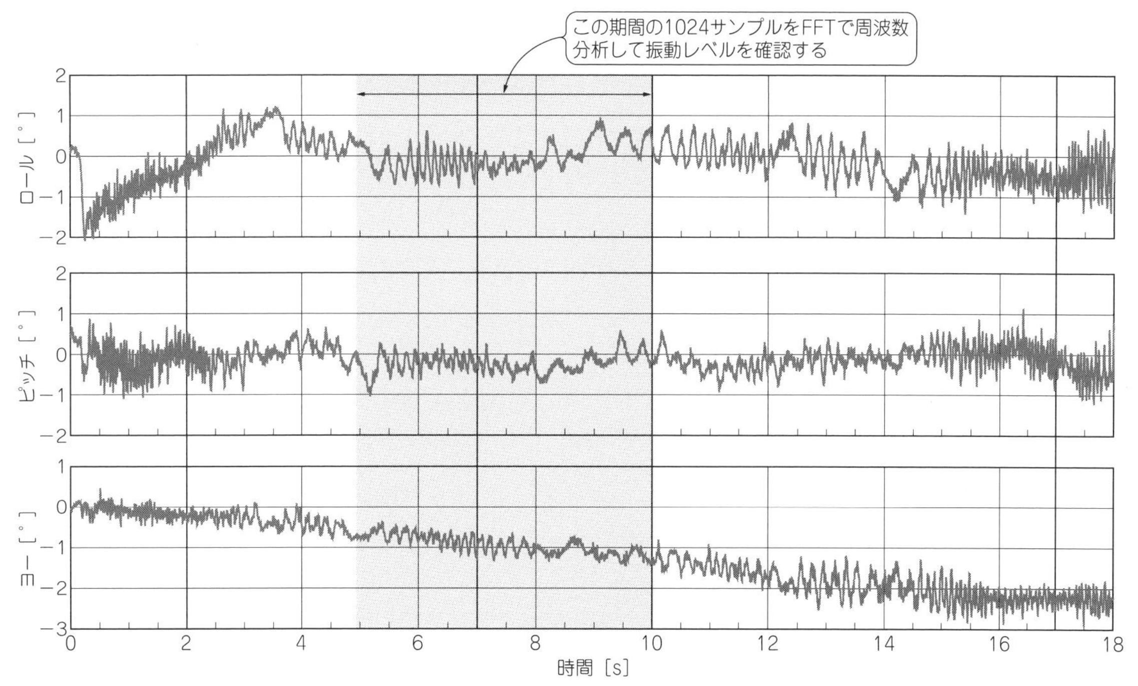


図13　高出力モータでのホバリング時の姿勢角

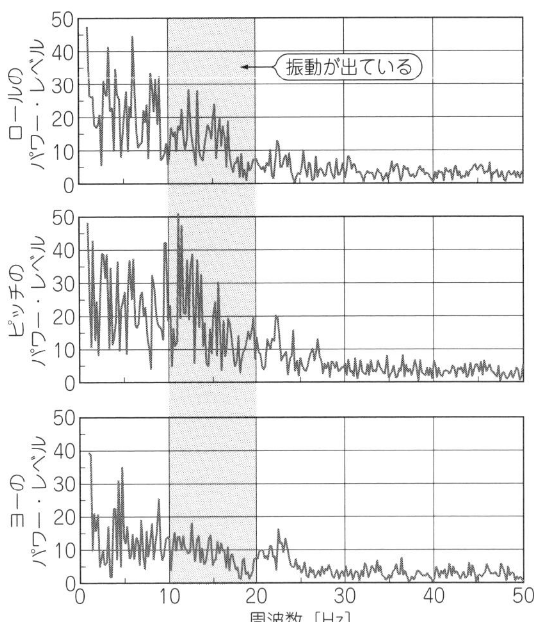


**図14　標準モータでのホバリング時の姿勢角…周波数分析で変化を詳しく見る**
FFTで周波数分析した結果

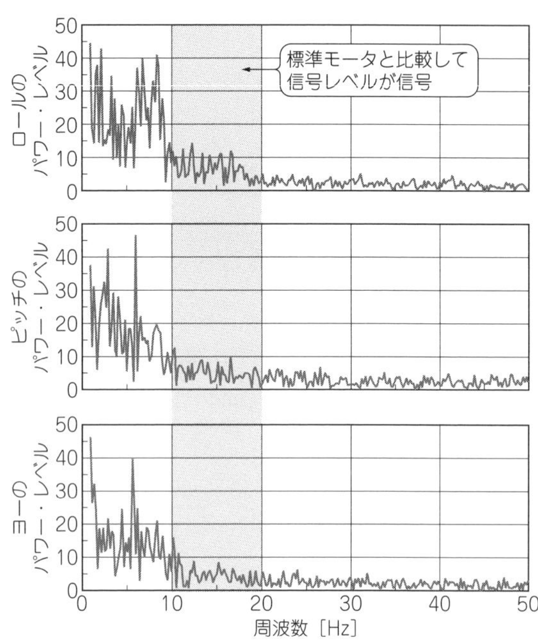


**図15　高出力モータでのホバリング時の姿勢角…モータ換装により振動レベルが改善！**
FFTで周波数分析した結果

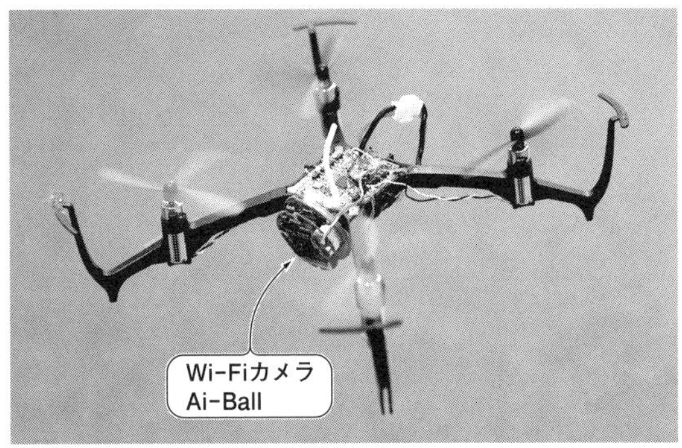


**写真8　Wi-Fiカメラでリアルタイム空撮に挑戦するも…通信が切れて失敗**
Reversi（Q4用モータ付き）とWi-FiカメラAi-Ballによる空撮装置

**写真9　Reversi**（Q4用モータ付き）**とX4用のHDカメラによる空撮装置で上空の4方向を空撮したようす**

で画像が乱れるので，カメラと基板をEPPのような材料でカバーすると振動対策と保護になります．

**写真1**はX4 HDのカメラとQ4用モータを搭載したReversiです．この装置を用いて空撮した動画のキャプチャ画像を**写真9**に示します．野外での撮影のため，偏光フィルタを使って光量を半分にしました．

＊

ドローン規制法案によって，飛行禁止時間と区域が決定されるようになります．読者の皆さまには，くれぐれも法律に違反することのなく，楽しんでいただきたいと思います．

**◆参考文献◆**

(1) http://www.st.com/web/en/catalog/mmc/FM141/SC1169/SS1574/LN7/PF259777
(2) http://www.invensense.com/products/motion - tracking/6 - axis/mpu - 6050/
(3) http://www.nordicsemi.com/eng/Products/2.4 GHz - RF/nRF24L01

（初出：「トランジスタ技術」2015年12月号）

## ドローンをピタッと操縦できる姿勢制御　Column 1

クワッドコプタ型ドローンは，座標軸の取り方によってモータの制御方法が異なります．ここでは，Reversiが採用しているX型のPID制御に基づく制御ブロック線図の例を**図A**に示します．

送信機の指示値のオフセットからの偏差を求めます．ロールとピッチはそれぞれの値を目標値とします．ヨーの場合は，偏差の分が加えられて(ここでは積分回路で表現)目標値としています．

マイコンはセンサの姿勢角データから姿勢角推定の計算を行って，目標値との誤差，誤差の積分値と誤差の微分値に各制御ゲインを掛けて，それぞれを加えることでモータの制御量とします．

図のように，スロットルの制御量にロール，ピッチ，ヨーの制御量を組み合わせることで，ホバリングと飛行を行わせることができます．ホバリングにおけるロールとピッチの目標値は水平なのでゼロです．スロットルを大きくすると水平を保ちながら浮上して上昇します．

モータ間のバランス調整は，送信機のトリムにより微少の目標値を与えることで行います．このブロック線図はPWMの値に対するモータ推力は線形(比例関係)であることを仮定しています．

〈滝田 好宏〉

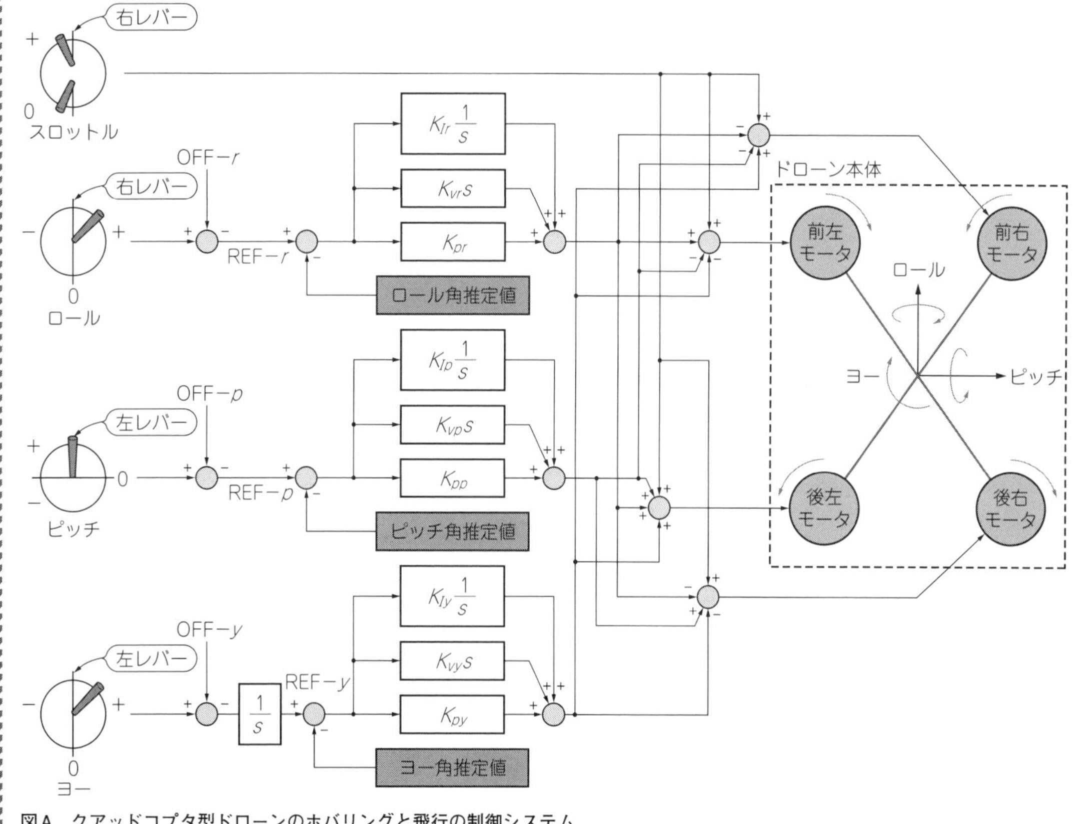


図A　クアッドコプタ型ドローンのホバリングと飛行の制御システム

**第9章** 実車の測定データからその性能を確かめる

# トルク・アップ60%！回転速度2倍！プリウス用IPMモータの研究

宮村 智也 Tomoya Miyamura

本稿ではIPMモータのメカニズムを解説します．また，実際のプリウス(トヨタ)用モータ(**写真1**)における実験データ(1)から，その性能を確かめてみましょう．
**〈編集部〉**

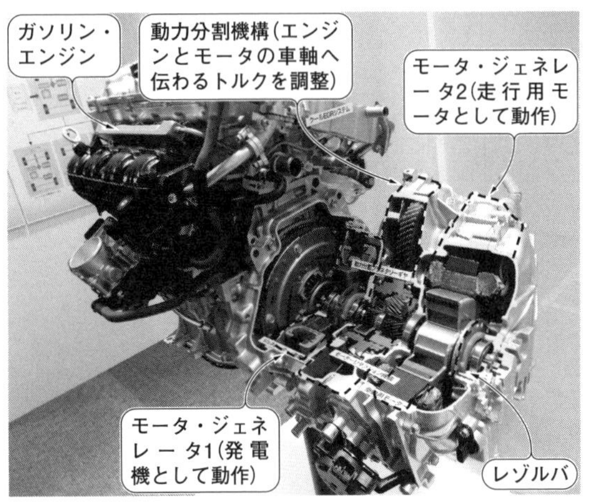


(a) 2010年型プリウスの電動パワー・トレーン

(b) モータ全体構造[1]

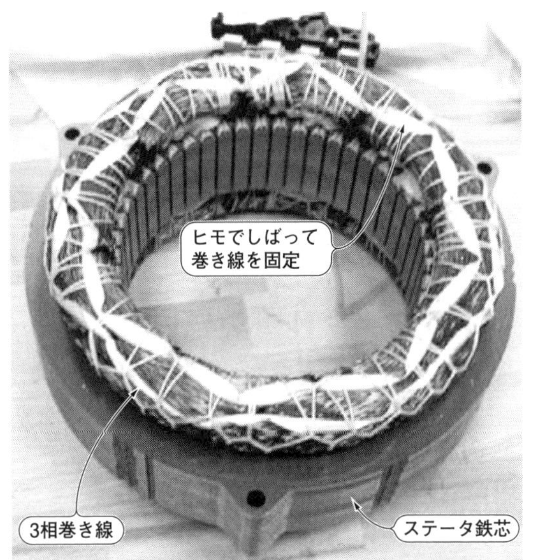


(c) ステータを取り出したところ[1]

(d) ロータを取り出したところ[1]

写真1 プリウスの低燃費性能を支えるIPMモータを解剖

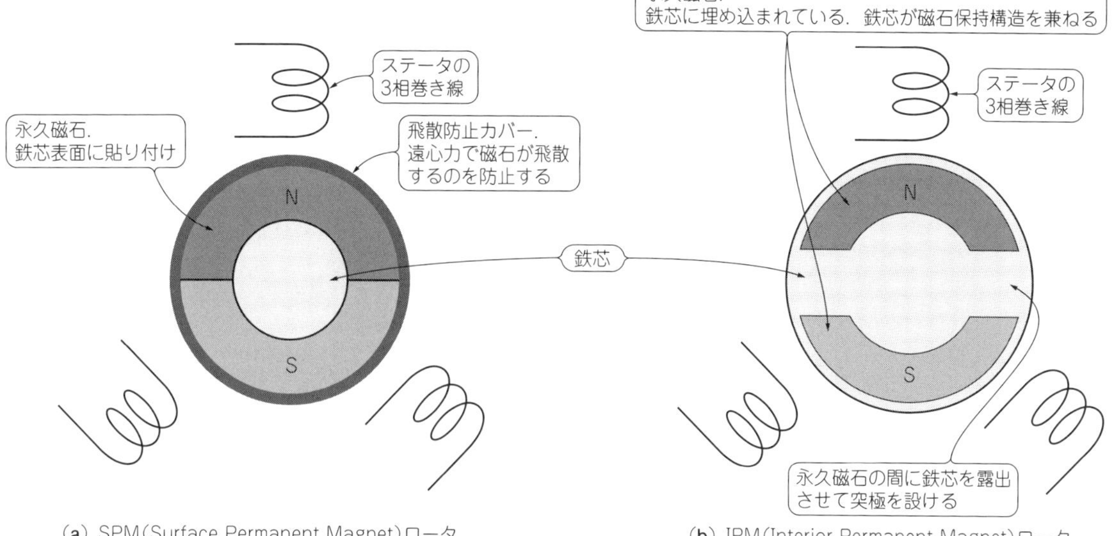


**図1 IPMモータ…ロータを構成する磁石と鉄芯の配置に特徴がある**

## ロータに見る構造的特徴

### ■ 鉄芯に磁石が埋め込まれている

永久磁石式のDCブラシレス・モータ(同期モータ)は,ロータの形状によって大きく2種類に分類されます.

▶SPMモータ…音や振動が少なくて制御が簡単

一つは,永久磁石をロータの表面に貼り付けた形式のモータです.この形式のロータは「表面磁石式」とか「SPM(Surface Permanent Magnet)」などと呼ばれます.

▶IPMモータ…低コスト,高トルク,高速回転が狙える優れモノ

もう一つは,永久磁石をロータ鉄芯に埋め込んだ形式のものです.この形式のロータは「埋め込み磁石式」とか,「IPM(Interior Permanent Magnet)」などと呼ばれます.SPMとIPMのロータの模式図を**図1**に示します.プリウス用IPMモータのロータ内部を**写真2**に示します.

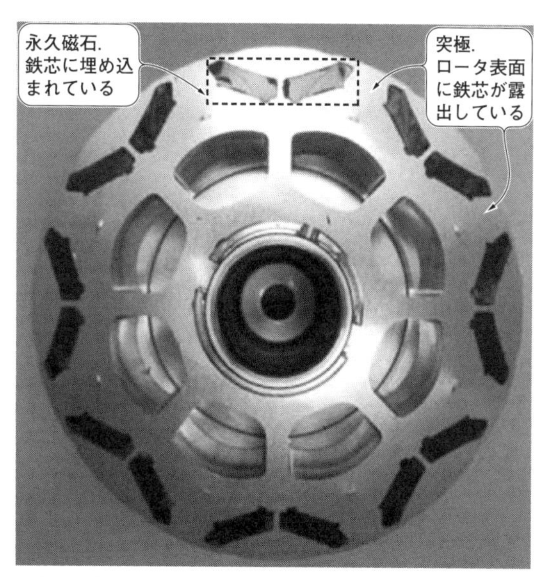


**写真2 プリウス用IPMモータのロータ内部**[(1)]
永久磁石が埋め込まれて突極が設けられている

### ■ メリットとデメリット

#### ● メリット

**図1**に示すように,SPMモータはロータに永久磁石がすき間なく並べられています.これに対し,IPMモータは,永久磁石と永久磁石の間に鉄芯が顔を出しています.

永久磁石と永久磁石の間にロータの鉄芯を露出させることで,面白い性質が出てきます.そのメリットは次の通りです.また,**表1**にIPMモータとSPMモータのメリット・デメリットを示します.

▶メリット1…リラクタンス・トルクでより力強く

磁石が発生するトルクの他に,リラクタンス・トルク(後述)も活用できるようになります.

▶メリット2…界磁弱めでより速く

もう一つは界磁弱めによる運転範囲の拡大がしやすく,高速回転しやすくなることです.

▶その他のメリット…部品点数が少なくて済むので低コストで安全に作れる

モータの性能には直接関係ありませんが,IPMモータには,部品点数が少なくて済み,低コストで製造

**表1　IPMモータのメリットとデメリット**
SPMモータとの比較

| 項目 | IPMモータ | SPMモータ |
|---|---|---|
| メリット | ●磁石飛散防止のための部品が必要ない<br>●使用する磁石量を減らすことができる<br>●回転数範囲を拡大しやすい | ●音・振動が少ない<br>●制御が簡単<br>（モータ電流位相は常に一定なので） |
| デメリット | ●音・振動はSPMより大きい傾向<br>●制御は複雑<br>（モータ電流位相を変える必要あり） | ●それなりの磁石量が必要<br>●磁石飛散防止のための部品が必要<br>●回転数範囲の拡大は難しい |

できるメリットがあります．

SPMロータでは原理上，ロータの回転で発生する遠心力で永久磁石が飛散する恐れがあります．飛散してしまうと，モータが破壊されるだけでなく，思わぬ事故につながる恐れもあります．そのため，永久磁石が飛散しないように飛散防止カバーを設ける場合が多くあります．飛散防止カバーは，ステンレス鋼や繊維強化プラスチックなどの非磁性材料で作ります．これに対し，IPMロータは永久磁石をロータ鉄芯に埋め込んであるので，永久磁石が遠心力で飛散する心配がありません．このため，飛散防止カバーは必要なく，部品点数を減らすことができます．

### ● デメリット

SPMモータは，ロータ表面に永久磁石をすき間なく配置しますので，ロータの場所によらず磁束の量がほぼ一定です．これは，モータとしては音や振動が少ない傾向です．音や振動を嫌う用途（自動車のパワー・ステアリング用モータや工作機械に使うサーボ・モータなど）で使われます．

一方，IPMモータは永久磁石と永久磁石の間にロータ鉄芯が露出するので，磁束の量が一定にならず，音や振動はSPMより増える傾向にあります．しかし，IPMモータはSPMモータでは得にくい利点があるので，エアコンや冷蔵庫のコンプレッサ用モータ，ハイブリッド車や電気自動車の走行用モータなどで使用されています．

## IPMモータ利用のメリット①…60％のトルク・アップ

## ■ 発生メカニズムとその効果

### ● SPMモータは磁石トルクしか利用できない

永久磁石式モータのモータ電流の流し方の基本は，永久磁石の発する磁束と，ステータのコイルが発する磁束が直交するようにモータ（＝ステータのコイル）に電流を流します．永久磁石の発する磁束と，ステータのコイルが発する磁束を直交させるには，誘起電圧位相と同位相のモータ電流を流します．こうすることで，永久磁石で発生する電流あたりのトルクが最大になります．

### ● IPMモータは磁石トルクに加えてリラクタンス・トルクも利用できる

ロータに配置する永久磁石の間に隙間を設け，ここにロータ鉄芯を露出させると，永久磁石で発生する力に加えて，ステータが突極を引っ張る力が利用できます．ステータが突極を引っ張ることで発生するトルクを「リラクタンス・トルク」といいます．

**図2**にリラクタンス・トルクの発生原理を示します．ちなみに，このロータ鉄芯が露出した部分が突極です．

一般的にリラクタンス・トルクは，誘起電圧位相に対し電気角で45°位相の進んだ電流を与えることで最大になります．磁石トルクとリラクタンス・トルクの両方が使えるIPMモータの電流位相とトルクの関係の例を**図3**に示します．

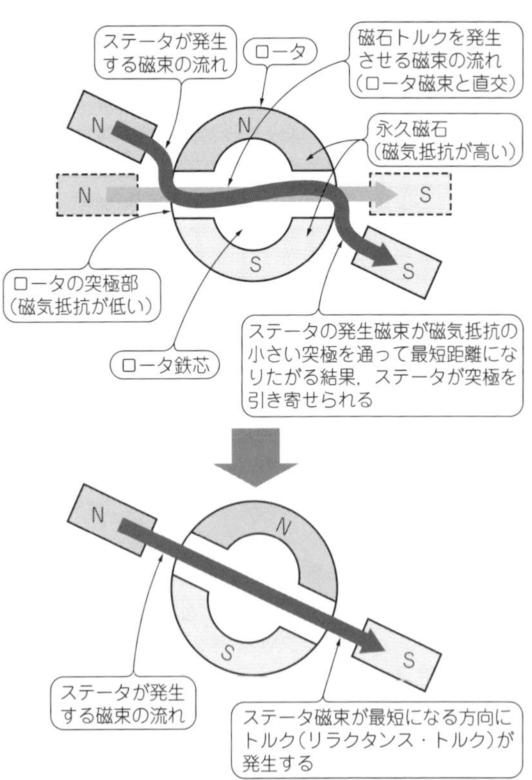


**図2　リラクタンス・トルクのベクトルが直線になるようにロータが回転する**

▶プリウスでは最大約60％トルク・アップ！

**図3**は，トヨタのハイブリッド車「プリウス」の駆動モータのトルク特性です．プリウス用モータは**写真2**に示した通り，ロータ外観からIPMモータであることがわかります．**図3**の場合，電流位相が30°～40°の間で合成トルクが最大値を示しています．このように，IPMモータは電流位相を最適化すれば，磁石トルクに加えリラクタンス・トルクによるトルク・アップが期待できます．また，あらかじめモータ負荷の特性から，モータに要求される必要トルクがわかっていれば，リラクタンス・トルクの分を見込んでモータに使用する永久磁石量を減らすことができます．これにより，コストを抑えた設計も可能になります．モータの構成部品のなかでも永久磁石は高価ですので，IPMにすることでモータのコスト・ダウンが狙えます．

## リラクタンス・トルク利用の効果を引き出すには「ベクトル制御」が必要

リラクタンス・トルクを有効活用するためには，モータの運転状況に応じて狙った振幅と位相の電流をモータに供給することが必要です．このため，IPMモータ・システムではいわゆるベクトル制御がよく用いられます(第3章参照)．

モータに流れる電流の振幅と位相は，モータに加える電圧の振幅と位相で決まります．このため，流したい電流の位相と振幅からモータに加えるべき電圧をリ

磁石トルクは誘起電圧位相と同相(0°)で最大になる
磁石トルクとリラクタンス・トルクの合成(最終的に回転軸に出る)
磁石トルク
リラクタンス・トルク
リラクタンス・トルクは電流位相45°進相で最大になる
トルク [Nm]
0
20
40
60
80
100
120
140
160
0 10 20 30 40 50 60 70 80 90
モータ電流位相(誘起電圧位相基準)［°］


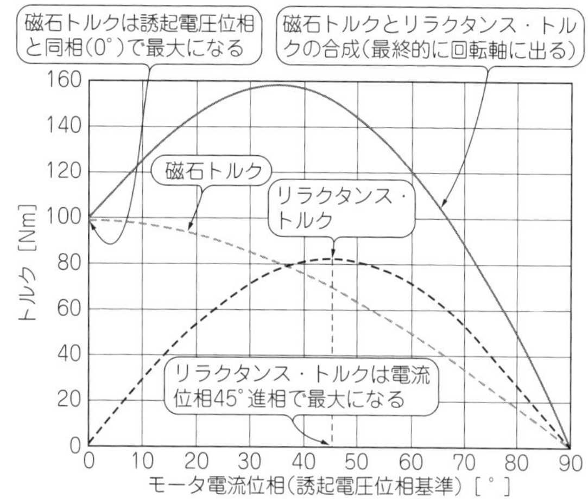

**図3**[1] **IPMモータの駆動電流の位相と発生トルク**
2010年式プリウス用モータの電流位相-トルク特性．リラクタンス・トルクと磁石トルクは合わせて使える

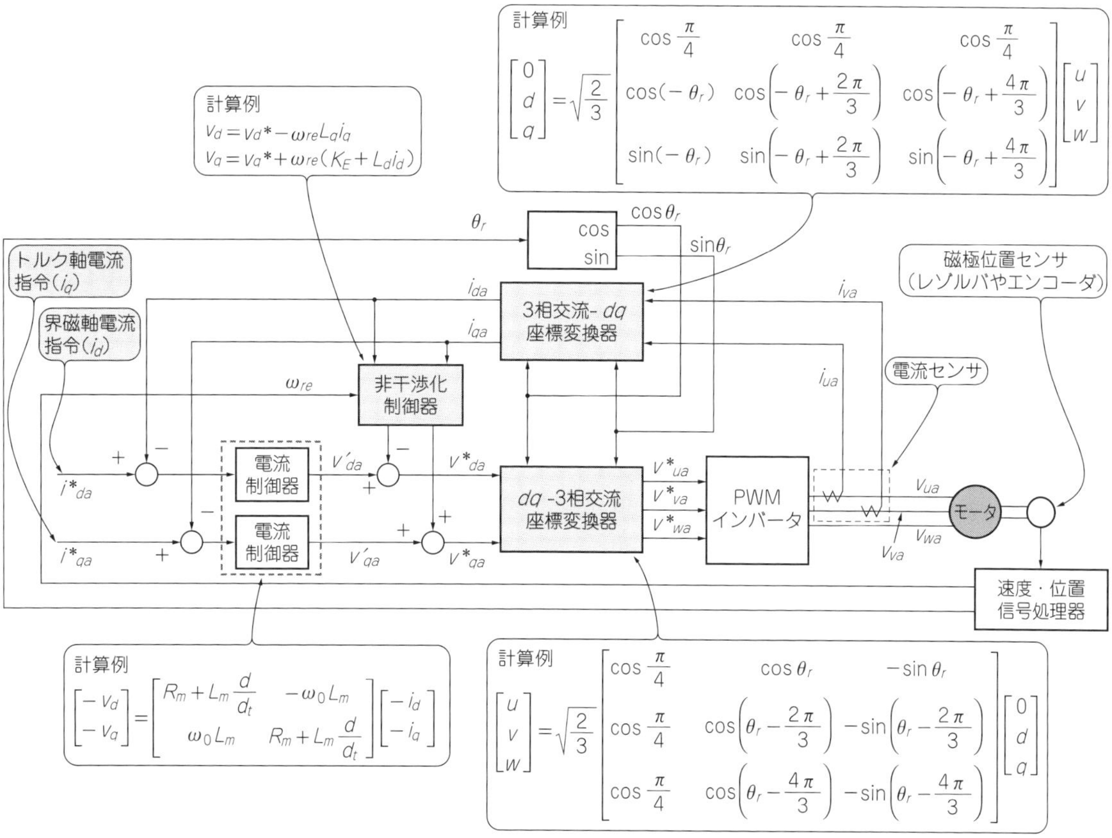

計算例
$\begin{bmatrix}0\\d\\q\end{bmatrix}=\sqrt{\frac{2}{3}}\begin{bmatrix}\cos\frac{\pi}{4} & \cos\frac{\pi}{4} & \cos\frac{\pi}{4}\\ \cos(-\theta_r) & \cos\left(-\theta_r+\frac{2\pi}{3}\right) & \cos\left(-\theta_r+\frac{4\pi}{3}\right)\\ \sin(-\theta_r) & \sin\left(-\theta_r+\frac{2\pi}{3}\right) & \sin\left(-\theta_r+\frac{4\pi}{3}\right)\end{bmatrix}\begin{bmatrix}u\\v\\w\end{bmatrix}$
計算例
$v_d=v_d{}^*-\omega_{re}L_qi_q$
$v_q=v_q{}^*+\omega_{re}(K_E+L_di_d)$
$\theta_r$
cos
sin
$\cos\theta_r$
$\sin\theta_r$
トルク軸電流指令($i_q$)
界磁軸電流指令($i_d$)
磁極位置センサ(レゾルバやエンコーダ)
$i_{da}$
$i_{qa}$
$i_{va}$
3相交流-$dq$座標変換器
$\omega_{re}$
非干渉化制御器
$i_{ua}$
電流センサ
電流制御器
電流制御器
$V'_{da}$
$V'_{qa}$
$V^*_{da}$
$V^*_{qa}$
$i^*_{da}$
$i^*_{qa}$
$dq$-3相交流座標変換器
$V^*_{ua}$
$V^*_{va}$
$V^*_{wa}$
PWMインバータ
$V_{ua}$
$V_{va}$
$V_{wa}$
モータ
速度・位置信号処理器
計算例
$\begin{bmatrix}-v_d\\-v_q\end{bmatrix}=\begin{bmatrix}R_m+L_m\frac{d}{d_t} & -\omega_0L_m\\ \omega_0L_m & R_m+L_m\frac{d}{d_t}\end{bmatrix}\begin{bmatrix}-i_d\\-i_q\end{bmatrix}$
計算例
$\begin{bmatrix}u\\v\\w\end{bmatrix}=\sqrt{\frac{2}{3}}\begin{bmatrix}\cos\frac{\pi}{4} & \cos\theta_r & -\sin\theta_r\\ \cos\frac{\pi}{4} & \cos\left(\theta_r-\frac{2\pi}{3}\right) & -\sin\left(\theta_r-\frac{2\pi}{3}\right)\\ \cos\frac{\pi}{4} & \cos\left(\theta_r-\frac{4\pi}{3}\right) & -\sin\left(\theta_r-\frac{4\pi}{3}\right)\end{bmatrix}\begin{bmatrix}0\\d\\q\end{bmatrix}$


**図4**[2][3] **ベクトル制御の制御ブロック図**

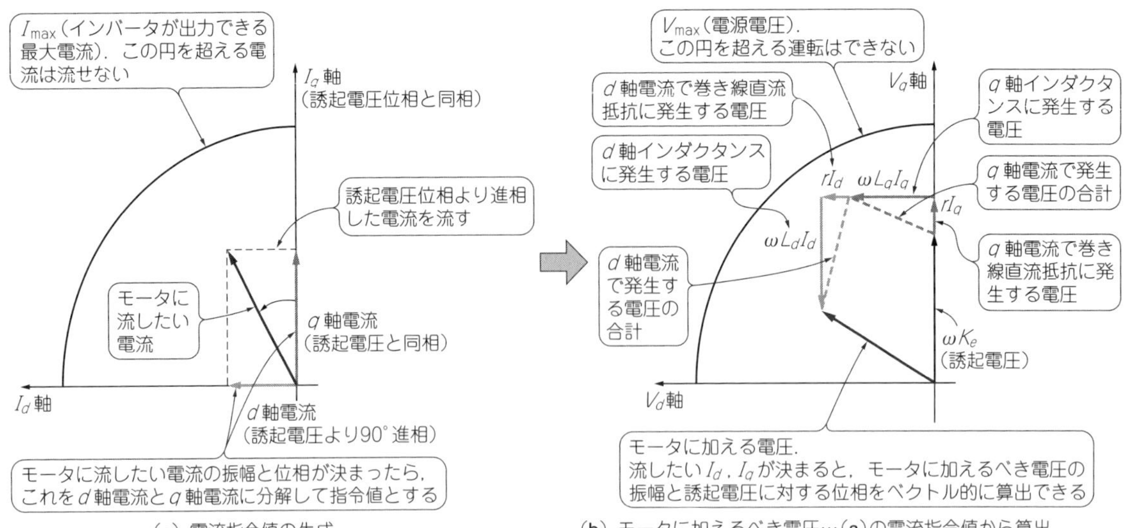


(a) 電流指令値の生成

(b) モータに加えるべき電圧…(a)の電流指令値から算出

**図5　$d$軸用と$q$軸用の駆動電流から$d$軸用と$q$軸用の駆動電圧を算出するプロセス**
最適な振幅・位相のモータ電流を与えるために，$q$軸電流と$d$軸電流を指令値として与える

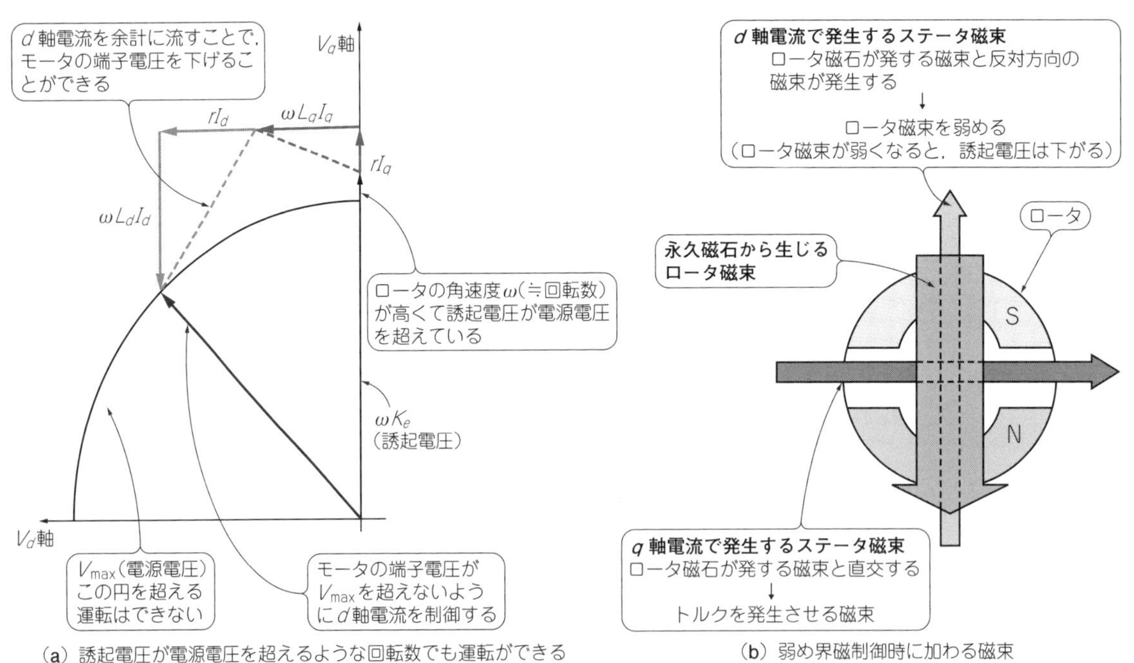


(a) 誘起電圧が電源電圧を超えるような回転数でも運転ができる

(b) 弱め界磁制御時に加わる磁束

**図6　電源電圧による限界を超える高速回転を実現する界磁弱め制御の原理**

アル・タイムで演算し，決定する必要があります．与えられた電源電圧とモータ回転数から目標とするトルクが決まれば，モータの諸定数からモータに加えるべき電圧が計算できます．

▶モータに加えるべき電圧をトルク軸($q$軸)と界磁軸($d$軸)で定義する平面で演算

ベクトル制御では，モータに加えるべき電圧を，誘起電圧と同相のトルク軸($q$軸)と誘起電圧より90°位相の進んだ界磁軸($d$軸)で定義する平面で演算します．モータに加える電圧を$d$軸電流と$q$軸電流およびモータ諸定数からベクトル的に算出するため，ベクトル制御と呼ばれます．ベクトル制御の回路ブロックの代表例を**図4**に示します．

ベクトル制御では，指令値として$d$軸電流と$q$軸電

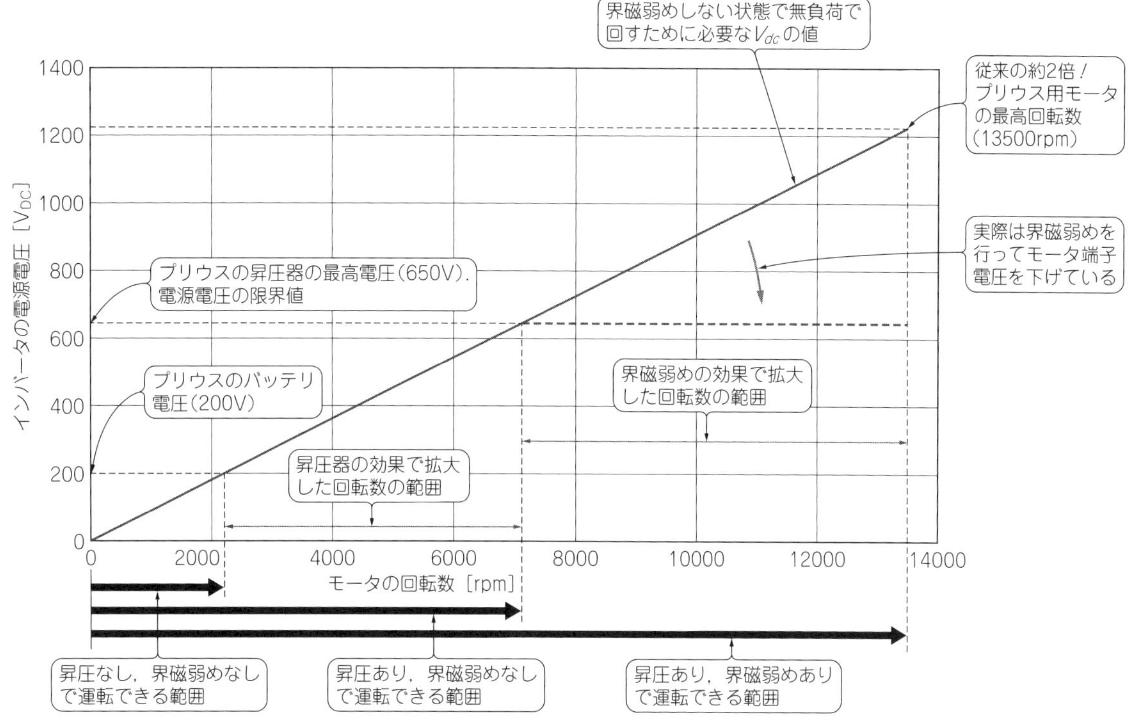


**図7　プリウスの駆動モータを界磁弱めなしで無負荷で回すのに必要な電源電圧**
米オークリッジ国立研究所のレポート(1)より，誘起電圧波形が正弦波であると仮定して推定した

流をモータの動作状況に応じて与えます．

リラクタンス・トルクをうまく引き出して**図3**に示す合成トルクを最大化するために，ベクトル制御では**図5**に示すように$d$軸電流と$q$軸電流の比を変えることでモータ電流の位相を最適化します．

## IPMモータ利用のメリット②…回転速度の上限が2倍に

### ● 電源電圧による回転速度の壁

SPMモータとIPMモータを含む永久磁石式モータは，ロータの回転によりステータのコイル巻き線に誘起電圧が発生します．誘起電圧はロータの回転数に比例して大きくなります．

誘起電圧を含めたモータ端子電圧が電源電圧より大きくなるような回転数ではモータを回すことができません．つまり，モータの回転数範囲は，電源電圧による制限を受けます．

永久磁石式モータが回転すると，ステータにはフレミングの右手の法則にしたがって誘起電圧が発生します．モータの誘起電圧と同相の電流を流す方法だけでは，誘起電圧を含めたモータ端子電圧が電源電圧を越える回転数以上で運転することはできません．誘起電圧定数と電源電圧の比でモータの無負荷最高回転数は決まってしまいます．この制限を緩和して，モータの回転数範囲を拡大するために用いられるのが界磁弱め制御です．IPMモータはSPMモータに対して界磁弱めがかかりやすい性質があります．

### ● 解決法

永久磁石式モータを回すときは，誘起電圧と同相の電流を流すのが基本ですが，モータ電流位相を誘起電圧位相に対して進相させてやると，モータの端子電圧が下がります．これが界磁弱め制御です．回転数あたりの誘起電圧を示す比例定数(**図6**中の$K_e$)が誘起電圧定数です．誘起電圧定数は永久磁石が発する磁束の量とステータに巻かれたコイルの巻き数で決まります．したがって，ロータに設けられた永久磁石を何らかの方法で弱くすることができればモータの端子電圧が下がり，誘起電圧定数と電源電圧の比で決まる最高回転数を超える回転数でモータを回すことができるはずです．

永久磁石式モータにおいて誘起電圧位相に対して進み位相の電流を流したとき，モータ内部はどんな状態になっているかを考えてみます．**図6**に界磁弱めの原理を示します．ここでもベクトル制御を活用します．

進み位相のモータ電流を，誘起電圧と同位相の電流

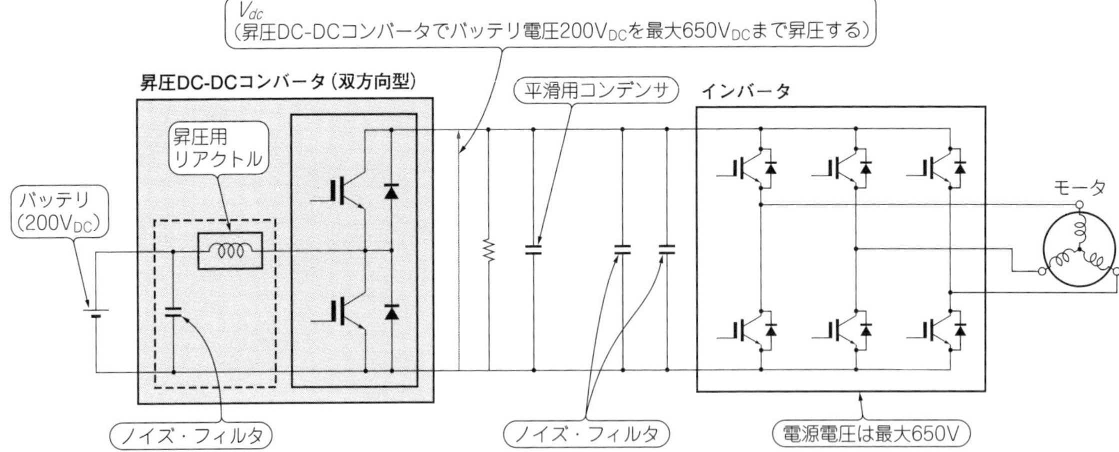


**図8**[1] **プリウスの駆動モータ・ドライブ回路の構成**
バッテリとインバータの間に昇圧DC-DCコンバータを持ち，バッテリ電圧を昇圧する構成

($q$軸電流)と，誘起電圧に対し90°位相の進んだ電流($d$軸電流)に分けて考えます．$q$軸電流は，ロータの永久磁石が発する磁束と直交するステータ磁束を生みますから，これは磁石トルクになる電流といえます．一方，$d$軸電流が生むステータ磁束は，ロータの永久磁石が生む磁束と逆向きの磁束を発生する電流となります．$d$軸電流が生むステータ磁束は永久磁石を弱める磁束になります．

このように，モータの端子電圧を下げて回転数範囲を拡大する目的で，モータ電流を誘起電圧位相に対して積極的に進相させる制御方法を界磁弱め制御といいます．

## ■ プリウスのIPMモータは界磁弱め制御なしと比べてほぼ2倍の回転数に！

界磁弱めの効果を，実機のデータからみてみましょう．**図7**にプリウスの駆動モータを，界磁弱めなしの状態で無負荷で回すのに必要なインバータ電源電圧を示します．

プリウスのモータ駆動システムは，**図8**に示すようにバッテリとインバータの間に昇圧用のDC-DCコンバータが設けられています．インバータの電源電圧$V_{dc}$は最大で650 $V_{DC}$です．

仮にプリウスのモータを界磁弱めなしで運転した場合，最大限バッテリ電圧を昇圧しても7000 rpm程度までしか回せないことが**図7**からわかります．プリウスの駆動モータの最高回転数は13500 rpmといいますので，プリウスの駆動モータは界磁弱め制御を用いて回転数範囲を拡大していることがわかります．

### ● IPMモータは界磁弱めがかけやすい

界磁弱めの効果は，モータのインダクタンスによって変わります．界磁弱めのかけやすさは界磁軸インダクタンス$L_d$の大きさで決まります．**図9**に示すように，SPMはロータの全周が永久磁石で覆われているため，ロータ位置によらずインダクタンスが一定で，かつインダクタンスの値は小さくなる傾向にあります．

一方IPMは，磁気抵抗の低い突極部のおかげで界磁軸インダクタンス$L_d$を大きくでき，界磁弱めの効果が出やすいモータにできます．IPMモータはリラクタンス・トルクが活用できるだけでなく，界磁弱めもかけやすいモータといえます．

**◆参考・引用*文献◆**


(1)* T. A. Burress, S. L. Campbell, C. L. Coomer, C. W. Ayers, A. A. Wereszczak, J. P.Cunningham, L. D. Marlino, L. E. Seiber, H. T. Lin：EVALUATION OF THE 2010 TOYOTA PRIUS HYBRID SYNERGY DRIVE SYSTEM, Oak Ridge National Laboratory, ORNL/TM-2010/253, 2011年3月, 入手先〈http://info.ornl.gov/sites/publications/files/Pub26762.pdf〉
(2)* 高橋 久, 服部 知美：3相ACモータをDCモータ風に！ベクトル制御入門, インターフェース2014年4月号, CQ出版社.
(3)* 杉山 英彦, 小山 正人, 玉井 伸三：ACサーボシステムの理論と設計の実際, 1990年, 総合電子出版社.
(4) 圷 重光, 佐藤 博之, 宮村 智也, 篠木 弘明：燃料電池車用主駆動モータの開発, Honda R&D Technical Review Vol.15 No.2, 2003年10月, ㈱本田技術研究所.


(初出：「トランジスタ技術」2015年12月号)

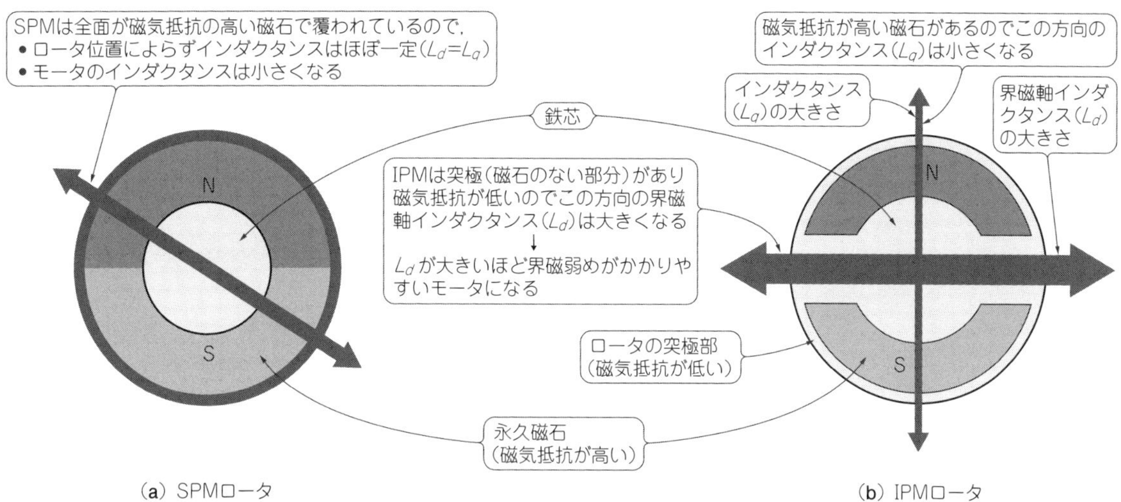


(a) SPMロータ　　(b) IPMロータ

**図9　磁界軸インダクタンスが大きいIPMロータは界磁弱めがかけやすく高速回転が得意**

## 2010年型プリウスは電源電圧も高めて回転速度の上限を上げている　Column 1

これまで実機の例として紹介した2010年型プリウスもそうですが，**図A**に示すようにインバータの前段に昇圧DC-DCコンバータを設けてもともとの電源電圧以上の電圧をインバータに供給することで，システム全体の小型・軽量化と高出力を両立するようなシステムもハイブリッド車や家庭用のエアコンでみられるようになりました．こうすることで，界磁弱め制御だけの場合よりもさらにモータを高回転化することができます．

〈宮村 智也〉

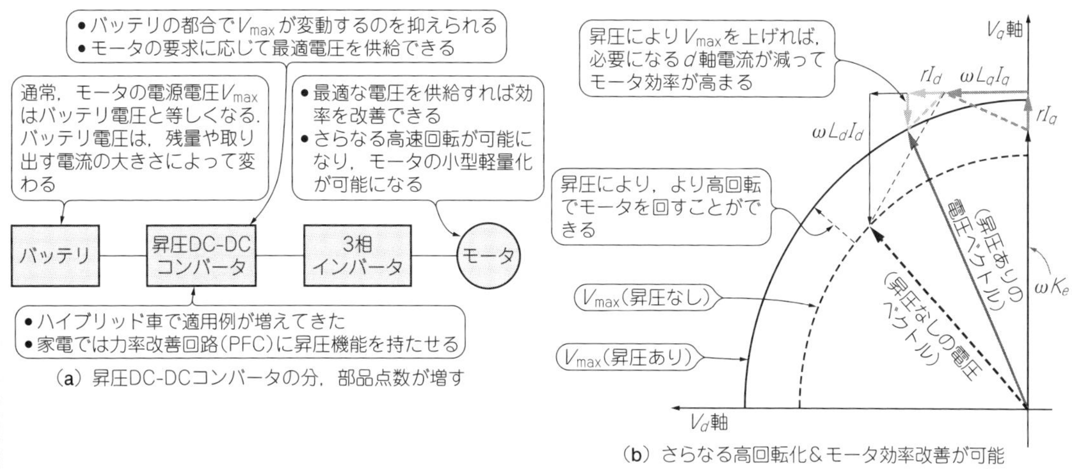


(a) 昇圧DC-DCコンバータの分，部品点数が増す　　(b) さらなる高回転化＆モータ効率改善が可能

**図A　昇圧DC-DCコンバータを使うと昇圧によりさらに高速回転でモータを駆動できる**

# Appendix 8

振動/温度変化/汚損に強くハイブリット車やEVにピッタリ！

# 高効率モータ駆動技術「ベクトル制御」の効果を引きだす高精度角度センサ「VR型レゾルバ」

## ● ベクトル制御の効果を引き出すには高精度な角度センサが必須

ベクトル制御では，モータに流す電流位相を細かく調整するために，ロータの回転角度を高い精度で検出する必要があります．そのため，精度の高い角度センサを取り付けて使用するのが一般的です．その中でもモータの出力軸に取り付けて，ロータの回転角度を検出するタイプの角度センサをよく使用します．

ロータの出力軸に取り付けるタイプの角度センサには，光学式のロータリ・エンコーダをはじめ，さまざまな種類がありますが，ここではハイブリッド車などで多数採用されているVR(Variable Reluctance)型レゾルバを紹介します．

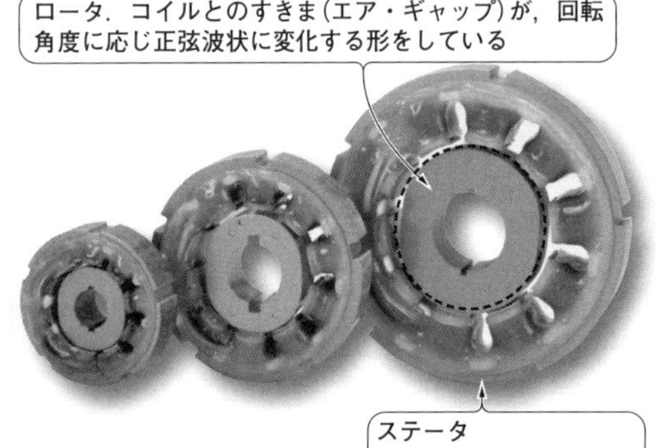
ロータ．コイルとのすきま(エア・ギャップ)が，回転角度に応じ正弦波状に変化する形をしている
ステータ
励磁コイルと出力コイルが巻かれている

**写真1**[1] VR型レゾルバ シングルシン(多摩川精機)
回ると正弦波状の出力が出るようなロータ形状となっている．ステータ外形は直径11～160 mmまで標準品としてラインナップされている．温度変化に強く，－40℃～＋150℃で使える

## ● 振動/温度変化/ほこり/汚損に強く丈夫！なのに低コスト

VR型レゾルバは，**写真1**に示すように構造が大変シンプルなので，振動や温度変化に強く，またその動作原理からほこりやオイルなどの汚損に強い角度センサです．また，センサそのものは銅線と電磁鋼板でできているので低コストで製造できます．

こうした特徴から，VR型レゾルバは温度変化や振動，汚損などの過酷な状況が想定されるハイブリッド車や電気自動車の駆動モータ用磁極位置検出センサとして多く使われています．

## ● 電気角で1°程度の分解能で角度センサとしての精度も高い！

DCブラシレス・モータでよく使われる磁極位置検出の手段に，三つのホール・センサを用いる方法があります．この方法は簡便ではありますが，そのままでは電気角で60°の分解能しかありません．
一方，VR型レゾルバは，電気角で1°程度の角度分解能が確保できますので，モータ電流の精密な位相制御を行うベクトル制御用の角度検出器として好んで使われます．

## ● 原理…コイルと特殊形状ロータの電磁結合の変化を利用する

**図1**にVR型レゾルバの原理を示します．励磁コイルと出力コイルは，ステータに巻かれています．ロー

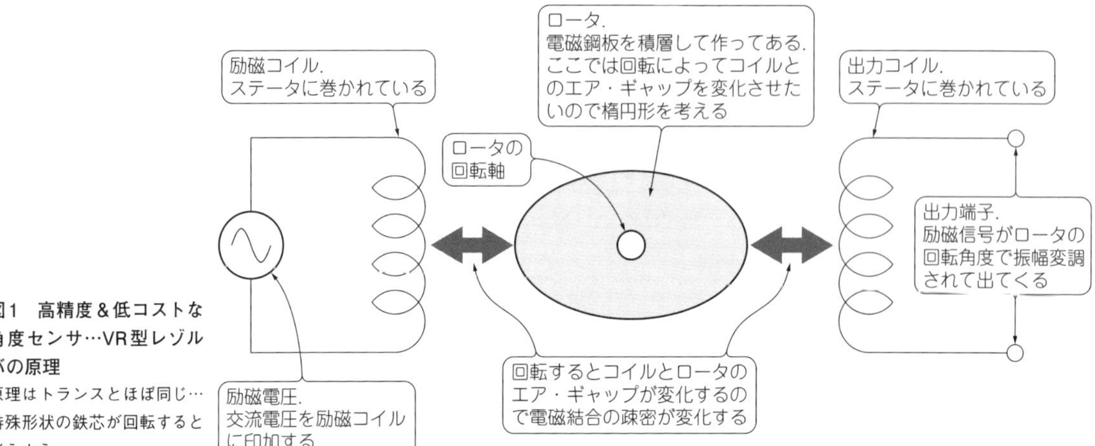
励磁コイル．
ステータに巻かれている
ロータ．
電磁鋼板を積層して作ってある．
ここでは回転によってコイルとのエア・ギャップを変化させたいので楕円形を考える
出力コイル．
ステータに巻かれている
ロータの回転軸
出力端子．
励磁信号がロータの回転角度で振幅変調されて出てくる
励磁電圧．
交流電圧を励磁コイルに印加する
回転するとコイルとロータのエア・ギャップが変化するので電磁結合の疎密が変化する

**図1 高精度＆低コストな角度センサ…VR型レゾルバの原理**
原理はトランスとほぼ同じ…特殊形状の鉄芯が回転すると考えよう

タは電磁鋼板を積層したもので作られています．ここではロータの形は，ステータに巻かれた励磁コイルと出力コイル間のすきま(エア・ギャップ)がロータの回転角度で変化するように，楕円形を考えます．

励磁コイルに交流の励磁電圧を加えた状態でロータを回転させると，コイル-ロータ間のエア・ギャップが変化して，コイルとロータの電磁結合の疎密が変化します．その結果，ロータの回転角で振幅変調された励磁電圧が，出力コイルに現れてきます．

励磁コイルと出力コイルはロータを介して電磁結合で励磁電圧を伝えます．そのため，VR型レゾルバはロータ回転角で結合係数が変化するトランスの一種といえます．

## ● ロータは楕円形…回ると出力が正弦波状に変化

実際のVR型レゾルバでは**写真1**に示した通り，ステータとロータのエア・ギャップが回転角に応じて正弦波状に変化するように，ロータの形状を決めています．こうすることで，ロータの回転角に応じて出力が正弦波状に変化します．

**図2**に示すように出力コイルを二つ用意し，90°位相をずらして配置することで，アブソリュート型のロータリ・エンコーダのようにロータの絶対角度が検出できるようにしてあります．

〈宮村 智也〉


◆参考・引用*文献◆

(1) * 多摩川精機㈱：VR形レゾルバ　シングルシン　カタログ，Catalogue No.T12-1570N13，2014年12月

(2) 日本機械学会：ハイブリッド自動車搭載VR形レゾルバシステムの開発と実用化，発明と発見のデジタル博物館　卓越研究データベース，http://dbnst.nii.ac.jp/pro/detail/1837，(2015年8月11日参照)


(初出：「トランジスタ技術」2015年12月号)

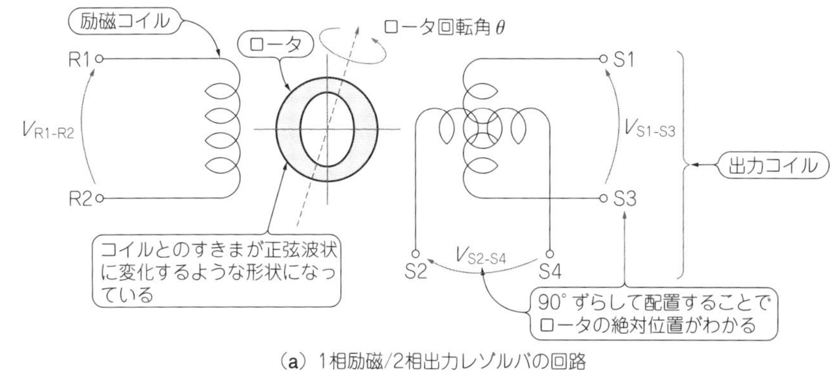


(a) 1相励磁/2相出力レゾルバの回路

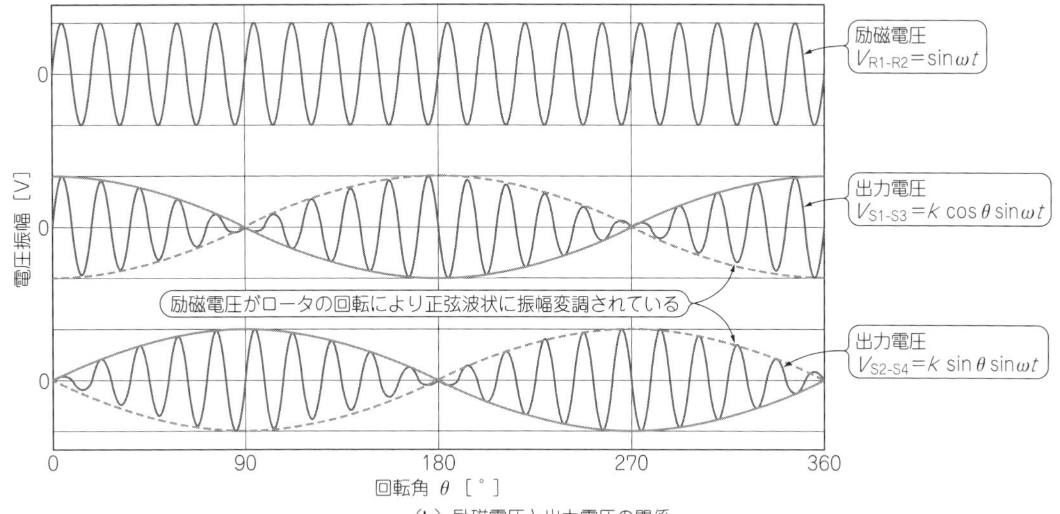


(b) 励磁電圧と出力電圧の関係

**図2**[(1)] **出力コイル二つを90°位相をずらして配置すれば精度が高まり絶対角度の検出も可能に！**

# Appendix 9

## オーソドックスなSPM用誘起電圧と停止状態でもロータ位置がわかるIPM用高周波重畳 2大センサレス・モータ制御方式

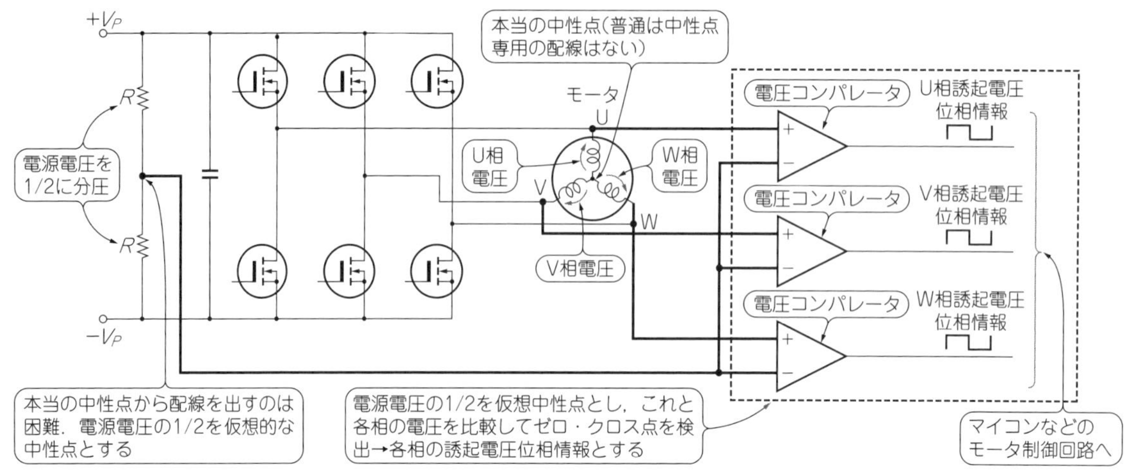


**図1　誘起電圧利用式センサレス制御の回路**
仮想中性点と各相の電位をコンパレータで比較し，誘起電圧の位相を検出する

### ■ ロータ位置検出用センサは故障やコストアップの原因

#### ● 同期モータやDCブラシレス・モータにはロータの位置を検出するしくみが必須

永久磁石式同期モータやDCブラシレス・モータを回すには，ロータ位置に応じて巻き線に流すモータ電流を切り替える必要があります．一番基本的な永久磁石式同期モータの電流の流し方は，誘起電圧と同位相の電流を流す方法です．誘起電圧と同相のモータ電流を流すと，巻き線に流す電流値と，ロータの永久磁石で発生するトルクの比が最大になります．

オーソドックスな永久磁石式同期モータは，ロータの回転軸にレゾルバやロータリ・エンコーダなどの角度センサを設け，磁極の位置を検出します．同期モータの制御回路は，磁極位置検出センサの角度信号からモータの誘起電圧の位相情報を得て，巻き線に流す電流を切り替えます．

#### ● センサがなければ故障しにくくなる！センサなしで回すセンサレス制御

磁極位置検出センサの存在を前提とするドライブ・システムでは，磁極位置検出センサから得られる誘起電圧の位相情報を頼りにモータへ供給する電流を決定します．磁極位置検出センサが故障すると，誘起電圧の位相情報が得られなくなるので，モータに正しい電流を供給できなくなります．そのため，モータを回すことができなくなります．

レゾルバやロータリ・エンコーダなどの磁極位置検出センサを省略できれば，部品点数が減って小型化・低コスト化できます．装置全体の構造上，磁極位置検出センサの設置が難しい場合もあります．また，システムの信頼性の面では，「ないものは壊れようがない」ので，磁極位置検出センサなしで誘起電圧の位相情報が得ることができれば，システムの信頼性を高めることにもつながります．こうした背景から，永久磁石式同期モータの「センサレス制御」がさまざま提案され，実用化されています．

### ■ 方式①…SPMモータ用の「誘起電圧利用式」

#### ● N/S極の切り替わりがわかりやすいSPMモータ向け

誘起電圧利用式のセンサレス制御による駆動回路を**図1**に示します．この回路は**図2**に示すようにゼロ・クロス点を検出します．誘起電圧のゼロ・クロス点は，ロータに設けられた永久磁石のN極とS極が切り替わる境目を示しています．

IPMモータの場合，N極とS極の間にはロータ鉄芯を表面に露出させた突極があります．このため，IPMモータは誘起電圧のゼロ・クロス点がわかりづらい場合があります(磁気回路の設計にもよる)．

ロータの全周が永久磁石で覆われているSPMモータでは，N極とS極の磁石間のすき間がわずかなので，誘起電圧のゼロ・クロス点もIPMモータよりもはっ

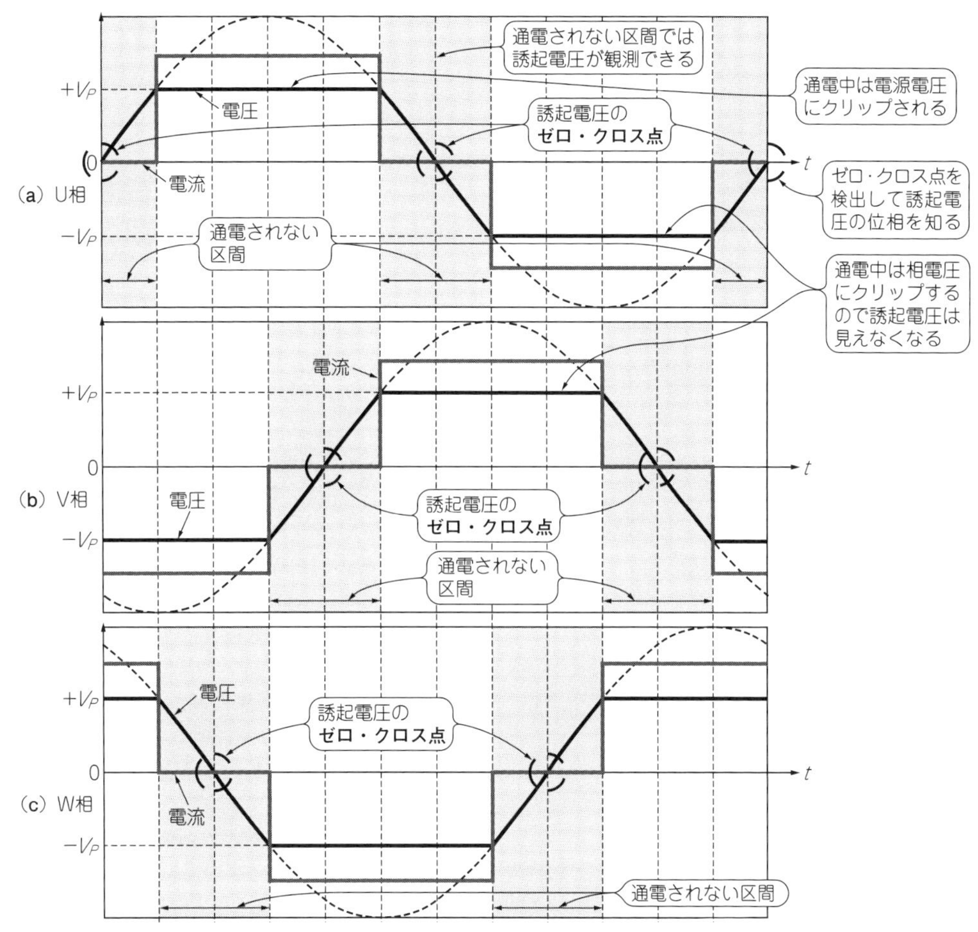


図2　巻き線に通電されていないときに現れる誘起電圧の位相を測ればセンサなしでもロータの位置を特定できる

きり出る傾向にあります．

誘起電圧利用式は，どちらかと言えばSPMモータ向けのセンサレス手法といえます．

### ● 回ると出る誘起電圧を使ってロータ位置を知る

永久磁石式同期モータは，ロータが回転していれば通電/無通電を問わず巻き線の両端に誘起電圧が発生します．誘起電圧は，ロータに設けられた永久磁石から発する磁束がステータに設けられた巻き線に鎖交し，フレミングの右手の法則にしたがって発生する誘導起電力です．誘起電圧利用式は，この誘起電圧を観測して位相を知る方法です．**図1**に原理回路を示します．

### ● 通電されてないタイミングで誘起電圧を検出して位相を知る

同期モータの120°矩形波通電制御では，任意の1相に着目したとき，**図2**に示すように半サイクルの180°区間のうち，通電している期間は120°の区間となります．通電前後の30°区間は通電されません．巻き線に通電している区間は電源電圧にクリップされるため，誘起電圧が直接観察できませんが，無通電の区間は誘起電圧が観察できます．無通電区間に巻き線に現れる誘起電圧を直接検出し，これを誘起電圧の位相情報として利用することで磁極位置検出センサを省略します．これが誘起電圧利用式のセンサレス制御の原理です．

### ● ロータが停止すると位置信号が途絶えてどうしようもなくなる

巻き線に発生する誘起電圧の振幅は，ロータの回転数に比例します．回転数ゼロ，すなわちロータが停止している状態では誘起電圧は発生しません．**図1**に示すように，誘起電圧利用式の場合は誘起電圧を直接検出するので，停止状態ではロータの位置がわかりません．

停止状態からモータを起動する場合は誘起電圧位相とは無関係にモータへ3相電流を適当に流し，ロータが回転を始めるのを期待するしかありません．この場合，停止状態からの起動トルクは，ロータの停止位置によって都度異なるので，不定です．

低速回転時は誘起電圧の振幅が小さく，誘起電圧の

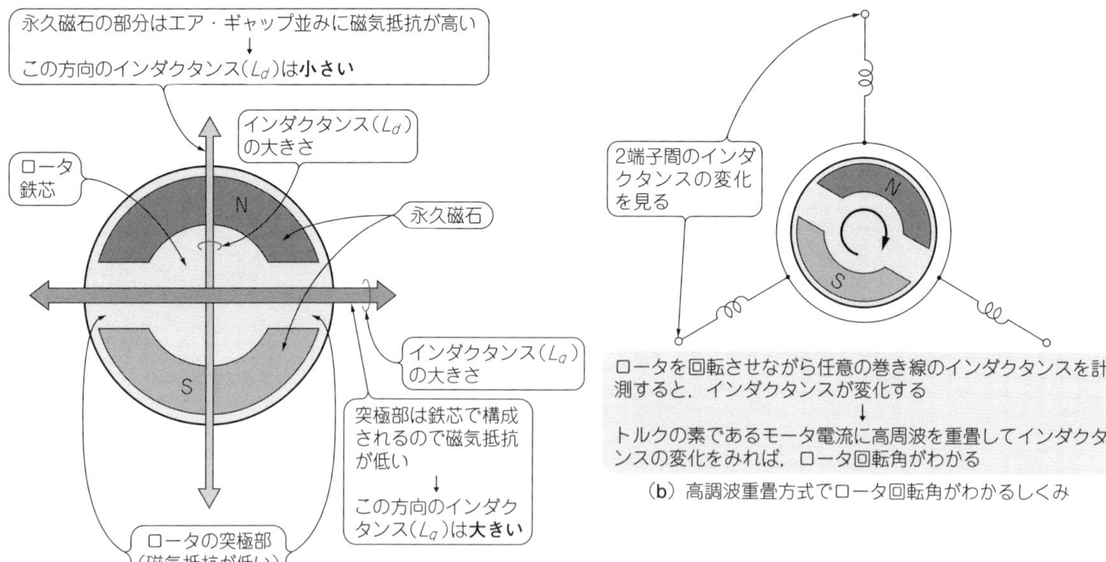

永久磁石の部分はエア・ギャップ並みに磁気抵抗が高い
↓
この方向のインダクタンス($L_d$)は**小さい**
インダクタンス($L_d$)の大きさ
ロータ鉄芯
永久磁石
N
S
インダクタンス($L_q$)の大きさ
突極部は鉄芯で構成されるので磁気抵抗が低い
↓
この方向のインダクタンス($L_q$)は**大きい**
ロータの突極部(磁気抵抗が低い)
2端子間のインダクタンスの変化を見る
ロータを回転させながら任意の巻き線のインダクタンスを計測すると，インダクタンスが変化する
↓
トルクの素であるモータ電流に高周波を重畳してインダクタンスの変化をみれば，ロータ回転角がわかる

(a) ロータ位置によってインダクタンスが変化する理由

(b) 高調波重畳方式でロータ回転角がわかるしくみ

**図3　高周波重畳方式センサレス制御の原理**
IPMロータの突極性に着目し，ロータ回転角でモータのインダクタンスが変化する性質を利用する

ゼロ・クロス点の検出が難しくなり，検出位相の精度が悪化します．

▶使われるシーン

誘起電圧利用式のセンサレス制御は起動時のトルクが小さくても問題にならず，比較的回転数変動の少ない負荷(ファンやポンプ，コンプレッサなど)でよく使われています．ホビー用途では，ラジコン航空機用の推進モータに使う同期モータがほぼすべてといってよいほど誘起電圧利用式でセンサレス化されています．

## ■ 方式②…IPM用の「高周波重畳方式」

### ● 誘起電圧利用式の弱点を克服！停止状態でもロータの位置がわかる

IPMのロータには突極が設けられているので，ロータ位置によって巻き線のインダクタンスが変化します．このインダクタンス変化はロータ角度の関数となります．高周波重畳方式は，ロータ回転中の巻き線インダクタンスの変化を検出することで，ロータの回転角を知ろうとする方法です．

モータのインダクタンスは，モータが止まっていようが回っていようが関係なく測定が可能なので，ロータの回転数がゼロでも磁極位置検出が可能です．このため誘起電圧利用式と組み合わせて使えば，起動時・低回転時のトルク特性を改善できます．

### ● モータ電流に高周波を重畳してインダクタンスを測る

インダクタンス測定のため，モータ電流に高周波を重畳します．重畳した高周波の電流成分の変化からモータのインダクタンス変化が測定できます．これを手がかりにロータの回転角度を計算します(**図3**)．

ロータ軸上に設ける磁極位置検出センサも，直接的にはロータの回転角度を検出しているので，高周波重畳方式によりロータの回転角度がわかれば，磁極位置検出センサを省くことができます．

### ● ロータ位置でインダクタンスが変化するIPMモータ向け

この方法はロータの突極性(ロータ位置によってモータ・インダクタンスが変化する性質)を利用していますので，$L_d > L_q$となるIPMモータに適した方法といえます．

〈宮村 智也〉

**◆参考文献◆**

(1) Padmaraja Yedamale：Using the PIC18F2431 for Sensorless BLDC Motor Control，Microchip Application Notes AN970，Microchip Techonology Inc.，2005年．

(2) 赤津 観：全速度域で運転できるセンサレス制御「高調波重畳方式」，トランジスタ技術2013年1月号，pp101 - 102，CQ出版社．

（初出：「トランジスタ技術」2015年12月号）

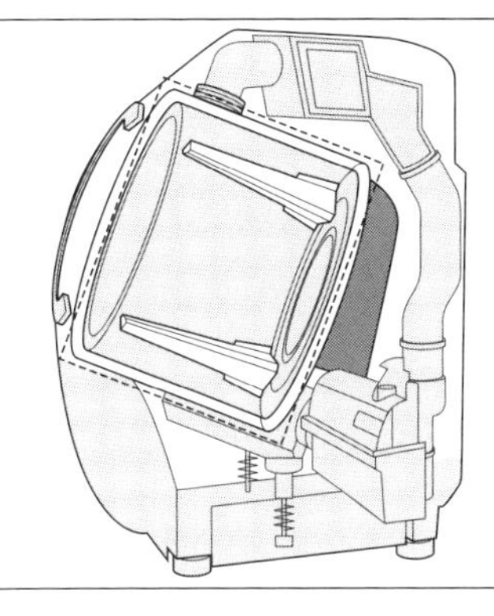

# 第10章 10万rpmのサイクロン掃除機用やデュアル・ロータの洗濯機用を考察

# 三大家電用「SRモータ」，「PMモータ」，「可変磁力モータ」の最新技術

小坂 卓 Takashi Kosaka

環境問題や省エネ，脱レア・アースといった逆風を追い風にして，家電や自動車で用いられるモータの技術は，日々進化を遂げています．本章では，掃除機，エアコン，洗濯機など家電用モータを例に，今どきモータのテクノロジを紹介します．

## ① 回転速度重視！掃除機用モータ

### ● 小型モータを高速回転させて大出力化！

20世紀まで，掃除機といえば車輪が付いた本体と吸引ノズルをホースでつないだタイプのキャニスタ型(**写真1**)が主流でした．30000～45000 rpmで回転するユニバーサル・モータ(整流子モータ)が一般に使われていました．21世紀に入り，サイクロン式掃除機が普及し，コードレス式ハンディ・タイプなど小型かつ軽量で使いやすさを追求した掃除機が登場します．

これらの掃除機の中には，50000～100000 rpmと超高速回転で小型軽量なSRM(Switched Reluctance Motor，スイッチト・リラクタンス・モータ)や，永久磁石を用いて高効率を実現するPMSM(Permanent Magnet Synchronous Motor，永久磁石型同期モータ)が新たに用いられています．

従来のユニバーサル・モータに対し，SRMやPMSMは機械式の電気接点であるブラシと整流子を持たないブラシレス・タイプです．寿命や信頼性に影響を与える整流火花がないので，超高速回転が可能です．

モータの出力(パワー)は，回転速度とトルクの積で決まります．また，モータのサイズはトルクの大きさで決まります．このため，同じ出力を超高速回転で実現すれば，トルクは小さくて済み，モータを小型軽量化できます．

### ● 10万rpmで回せるSRモータを採用

テレビCMで一世を風靡した吸引力の変わらない掃除機，キャニスタ型掃除機DC12(ダイソン)は10万rpmのSRMを採用していました．**写真2**は，DC12を分解して，SRMを取り出したものです．

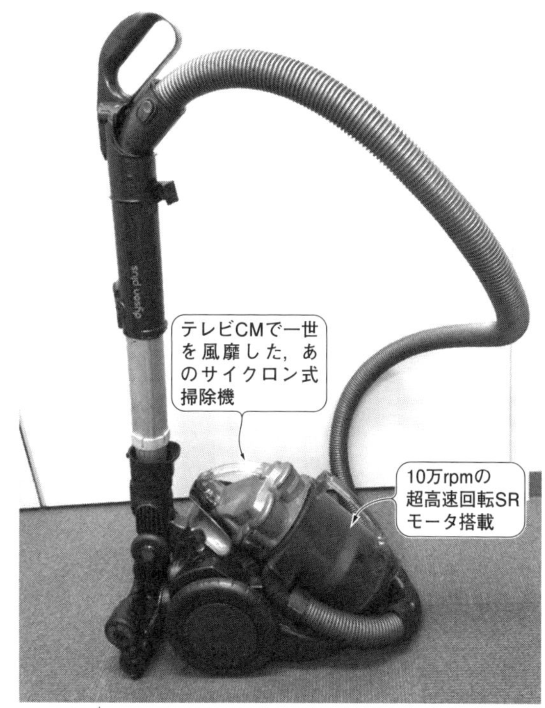
テレビCMで一世を風靡した，あのサイクロン式掃除機
10万rpmの超高速回転SRモータ搭載

**写真1　10万rpmのSRモータを搭載した掃除機DC12**(ダイソン)

▶高回転モータの宿命…鉄損が大きい

高速に回転するモータでは鉄芯での損失(鉄損と呼ばれる)が大きく，熱設計，効率などが問題となります．鉄損とは，鉄芯(コア)が交番磁場に曝されることで発生するヒステリシス損失と渦電流損失です．これらの損失は鉄芯の発熱損失となります．特に後者の渦電流損失は，交番磁場の交番周波数に2乗に比例するため，交番周波数の高くなるモータでは問題となります．

▶対策…0.2 mmや0.15 mmと薄い電磁鋼板を使用して低損失化＆小型軽量化

この対策として，ステータの鉄芯には0.2 mm厚(計測値)，ロータの鉄芯には0.15 mm厚(計測値)という

厚さ0.2mm(計測値)の低
損失薄板電磁鋼板を使用

(a) ステータ

厚さ0.15mm(計測値)の低
損失薄板電磁鋼板を使用

(b) ロータ

(c) 二つ合わせた断面概略図

**写真2　鉄芯での損失を減らすために薄い電磁鋼板を用いている**
DC12に搭載されているSRモータの分解写真

非常に薄板の低損失電磁鋼板を使用しています．同社比によれば，従来モータに対し，重量やサイズを半分にできたとしています．

この製品はすでに販売終了していますが，2015年10月現在，同じく高速に回転するモータを採用した掃除機として，コードレス・サイクロン掃除機EC-SX200(シャープ)が販売されています．

### ● 出力1.6倍で10%の効率改善！ PMSM…コードレス式の電池寿命に貢献

コードレス式ではバッテリが電源となるため，長時間使用するためには，モータの効率が重要です．これに対し，PMSMを採用したコードレス掃除機が各社から商品化されています．**表1**は，ある国内メーカによる従来モータとPMSMの性能比較表です．モータ効率で10%程度改善，さらにモータ出力は1.6倍程度になっているにもかかわらず，外形，重量は小型軽量化されています．こうした高効率，小型軽量化の技術は，モータ自体に加え，制御回路の効果的な冷却技術の工夫が支えています．

**表1　PMSMの性能…出力1.6倍で10%の効率改善**
従来のモータとの比較

| 項　目 | 従来品 | PMSM(インバータ) |
|---|---|---|
| モータ効率 | 42.8 % | 52.8 % |
| モータ出力 | 約100 W | 165 W |
| 外形寸法 | $\phi$ 105 × 91 mm<br>+制御回路 | $\phi$ 105 × 93.5 mm<br>(制御回路込) |
| 重量 | 610 g | 580 g |

## ② 省エネ重視！エアコン用モータ

### ● 磁石…回転力を磁石に頼って省エネ化！強い磁力を持つネオジム系磁石を採用

各社のエアコン用コンプレッサ・モータには，**表2**に見るようなモータの低損失化技術の導入が次々と進んできています．

エアコン用コンプレッサ・モータの種別はPMSMで，回転側であるロータは初期にはフェライト磁石を用いていました．1990年代中盤ごろから，レア・アース磁石と呼ばれる強力な磁力を持ったネオジム系磁石の採用が進みます．磁石の磁力と固定側であるステータに巻かれたコイルの電流との相互作用(フレミング左手の法則)によって発生する回転力をマグネット・トルクと呼びます．コイルの電流は銅損という発熱損失を生じるので，より少ない電流で同じトルク・出力を発生させれば，モータの効率は改善します．強力なネオジム系磁石を使うことで，コイルの電流を少なくできます．

▶リラクタンス・トルクも使ってトルク・アップ

ネオジム系磁石は製造上，薄い板状の形状が作りやすいため，ロータの鉄芯コアの内部に磁石を埋め込んだIPMSM(Interior Permanent Magnet Synchronous Motor，埋込磁石型同期モータ)が主流となります．さらに高効率化するため，マグネット・トルクとは発生原理の異なるリラクタンス・トルクを利用するため，埋込形状(V字埋込など)が工夫されています．リラクタンス・トルクとは，コイルの電流による電磁石にロータの鉄芯部分が引き寄せられることで発生する回転力です．コイルの電流の大きさはそのままで，すなわち，銅損はそのままで，電流の位相を適切に制御することで，マグネット・トルクを利用し

表2　高効率化がどんどん進むエアコン用コンプレッサ・モータの技術変遷

| 項目 | 2000 → 2010<br>年間電気代競争 → COP規制対応 → APF競争 → 省資源 |
|---|---|
| ロータ | 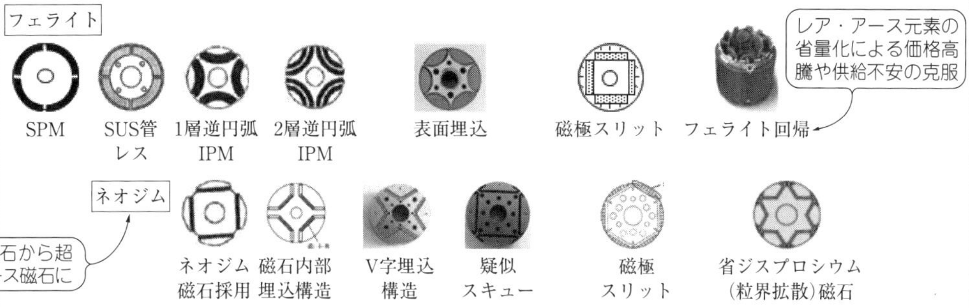 フェライト<br>SPM／SUS管レス／1層逆円弧IPM／2層逆円弧IPM／表面埋込／磁極スリット／フェライト回帰 ←（レア・アース元素の省量化による価格高騰や供給不安の克服）<br>（フェライト磁石から超強力レア・アース磁石に）→ ネオジム<br>ネオジム磁石採用／磁石内部埋込構造／V字埋込構造／疑似スキュー／磁極スリット／省ジスプロシウム(粒界拡散)磁石<br>鉄損低減 → マグネット・トルク向上 → リラクタンス・トルク併用 → 逆起電力正弦波化(静音化) インダクタンス低減 → 省・脱レア・アース |
| ステータ | （分布巻きから銅損を低減する集中巻きに）（高密度巻き線の製造技術も進化中）（製造工程で電磁鋼板の応力ひずみ低減による低鉄損化）<br>分布巻き／集中巻き／分割巻き線／集中巻きインサータ／焼嵌応力分散コア／ステータコア溶接固定工法<br>（電磁鋼板の厚さがどんどん薄くなって低鉄損化）<br>巻き線抵抗低減 → 鉄心の応力緩和による鉄損低減 |
| 電磁鋼板 | 低鉄損電磁鋼板(0.5 mm厚) → 低鉄損電磁鋼板(0.35 mm厚) → 高飽和磁束密度電磁鋼板 → 低鉄損電磁鋼板(0.25～0.3 mm厚) |

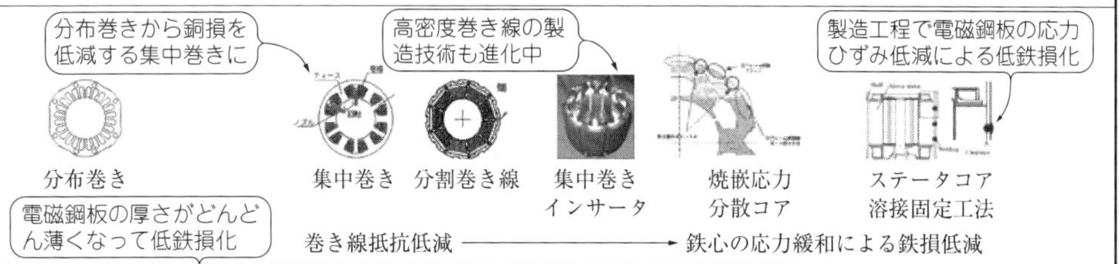

つつ，プラス・アルファという形でリラクタンス・トルクも回転力として同時に利用します．同じ回転力をさらに少ない銅損で実現する画期的な技術です．しかし，ややモータ音が大きくなるといった欠点を持つため，静音性の向上策として，擬似スキューや磁極スリットなどの工夫も採用が進みます．

▶ネオジム系磁石はレア・アースが必要…極力使わないための技術が発展中

ネオジム系磁石は，ネオジム(Nd)や高温環境下でも磁力を維持させるための添加剤であるディスプロシウム(Dy)といったレア・アース元素を使用します．これらのレア・アース元素は主として中国からの輸入に頼っているため，一時，価格高騰や供給不安に見舞われました．それを受けて，国内のエアコン・メーカ各社は，それまでに培われたモータの高効率設計技術を用いて，フェライト磁石への回帰あるいはレア・アース元素の中でもより資源リスクの高い省Dy技術を採用しています．

## ● コイル…銅損を減らして高効率に！分布巻きから集中巻きへ

ステータのコイルは，古くは分布巻きと呼ばれる巻き線方式を使用していました．今でもオフィスや工場などで使われる業務用の大容量機種では，この巻き方が使われています．

一方，家庭用では，集中巻きと呼ばれる巻き線方式の採用が進んでいます．集中巻きは，コイルを高い密度で巻くことができ，コイル銅材の使用量を減らせます．その結果，コイルの抵抗値を低減して銅損を抑制できます．また，いかに簡単にコイルを巻くのかといった製造技術の工夫も進み，年々，効率が改善されています．

## ● 鉄芯…製造時のひずみを抑制＆薄板化で高効率に

ステータの構成部材である鉄芯は，1 mm以下の厚さの電磁鋼板という材料を積み重ねて作ります．これを積層コアと呼びます．

単に積層しただけではバラバラになってしまいますので，何らかの手段で一体締結させなければなりません．また，いったん締結した積層コアをコンプレッサ容器内へ固定装着しなければいけません．このような製造工程で，電磁鋼板にはさまざまな要因によって応力ひずみが働き，鉄損と呼ばれる損失を増加させます．

これを抑制するため，固定装着時の焼嵌(やきばめ)の際の応力ひずみを分散させるコア形状や，溶接固定方法などが工夫され，鉄損を減らしています．

電磁鋼板はその厚さが薄くなるほど鉄損(正確には渦電流損)が小さくなりますので，その厚さが0.5 mmから0.35 mm，0.3 mmと，どんどん薄くなっており，効率の改善が進んでいます．

## ③ トルク＆速度重視！ 洗濯機用モータ

### ● 洗濯のときは「トルク」！ 脱水のときは「速度」

洗濯機の代表的な仕事は，「洗濯」と「脱水」です．この仕事動作ごとに洗濯槽に働くトルクと回転数の関係をみたものが**図1**です．

▶洗濯時…低速でトルクが求められる

洗濯時には洗濯槽に一杯の衣類と水が入っているので，洗濯槽を回転させるためのトルクが必要です．しかし，衣類が適度に擦れあえばよいので，攪拌する回転数は毎分数十回転程度で十分です．結果，洗濯時にはトルクが重視されます．

▶脱水時…回転速度が求められる

脱水時には衣類に染み込んだ水分はあるものの，洗濯時に比べれば遥かに軽く，回転させるためのトルクは小さくて済みますが，遠心力で水を勢いよく飛ばすために回転速度が重視されます．

### ● 課題1…トルクも回転速度も両立するのはモータにとってかなり難しい

モータにとって洗濯時のトルクと脱水時の回転速度を1台で両立するのは，かなり難しい課題です．そのため，従来は回転速度を重視したモータに，ギアやベルト・プーリといった機械的な減速機構を組み合わせて，トルクと回転速度を両立させるという二つの極端な動作状態を実現していました．

### ● 課題2…静音性まで求められるようになった

1990年代後半からマンションなどでの住宅事情から，洗濯機の静音性が求められるようになりました．先の減速機構が騒音問題の一因です．そこで家電メーカ各社は，減速機構を排除し，トルクと回転速度を1台のモータで両立し，さらに静音性に優れたダイレクト・ドライブ・モータ(Direct Drive Motor，DDモータ)を開発しました．

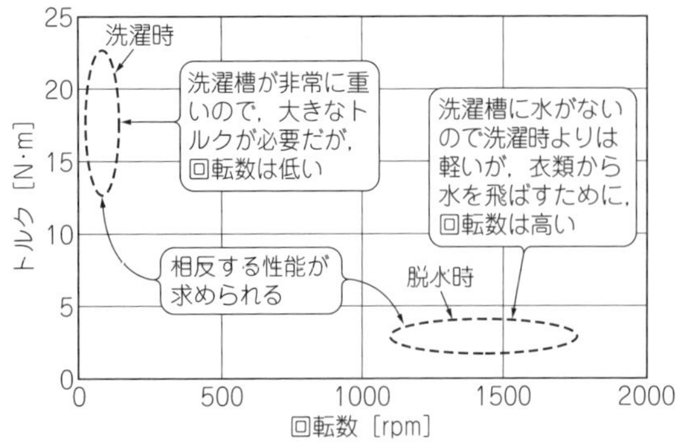


**図1　洗濯時と脱水時に必要なトルクと回転数の関係**
トルクと回転速度という相反する性能が求められる洗濯機用モータ

### ● 高トルク！多極扁平形状デュアル・ロータのDDモータ

**図2**は，2005年に商品化されたダイレクト・ドライブ・モータの構造です．まるで硬貨のような極めて薄い扁平なモータ形状です．**図3**に示すななめドラム式洗濯機で使用する場合を考慮したためです．限られた洗濯機の奥行きサイズの中で，洗濯槽容量をできる限りたくさん確保するために，モータはできる限り薄くしなければなりません．

この形状のモータで大きなトルクを実現するために，いくつかの工夫を採用しています．

▶工夫1…デュアル・ロータでトルクを出す

一つ目は，ロータを二つ採用した点です．ステータの内側で回転するインナ・ロータに，外側で回転するアウタ・ロータを追加し，デュアル・ロータとしました．個々のロータでトルクが発生するため，トルクを大きくできます．

▶工夫2…多極化でトルクを出す

二つ目は，各ロータに非常に多くのN極，S極(**図2**左図の赤色と青色，計30極)のネオジム系永久磁石を配置している点です．掃除機やエアコン用モータでは，一般に2極(N極，S極×1)～6極(N極，S極×3)程度のモータが用いられるのに対して，DDモータでは20極から多いもので56極といった多極のモータを用います．この多極化でも，トルクが出しやすくなります．

▶工夫3…独自の巻き線方式で大トルク＆薄肉化

三つ目は，トロイダル巻き線方式と呼ばれる独特の巻き線方式を採用してことです．これにより，コイル・エンドと呼ばれるモータの厚さ方向の巻き線のはみ出しを抑え，薄肉化しつつ高い密度でコイルを巻いて，効率良く大きなトルクを発生させています．しかも，巻き線コイルの作る磁場のひずみが小さいことから，静音性にも優れます．

▶デュアル・ロータDDモータは高速回転時の効率が悪い

デュアル・ロータDDモータは，大きなトルクで洗濯し，高速回転で脱水もできます．しかし，高効率な高速回転はやや苦手です．ネオジム系磁石の強力な磁力は，効率良く大きなトルクを発生できますが，高速回転させると効率が悪くなります．

▶強力な磁力を持った永久磁石は高速回転が苦手

強力な磁力のネオジム系磁石を多極で配置したDDモータの場合，モータを高速回転させるためには非常に高い電圧が必要になります．しかし，コンセントから得られる電圧は一般家庭の場合，単相100Vで限りがありますので，何か工夫がないと高速回転させることができません．

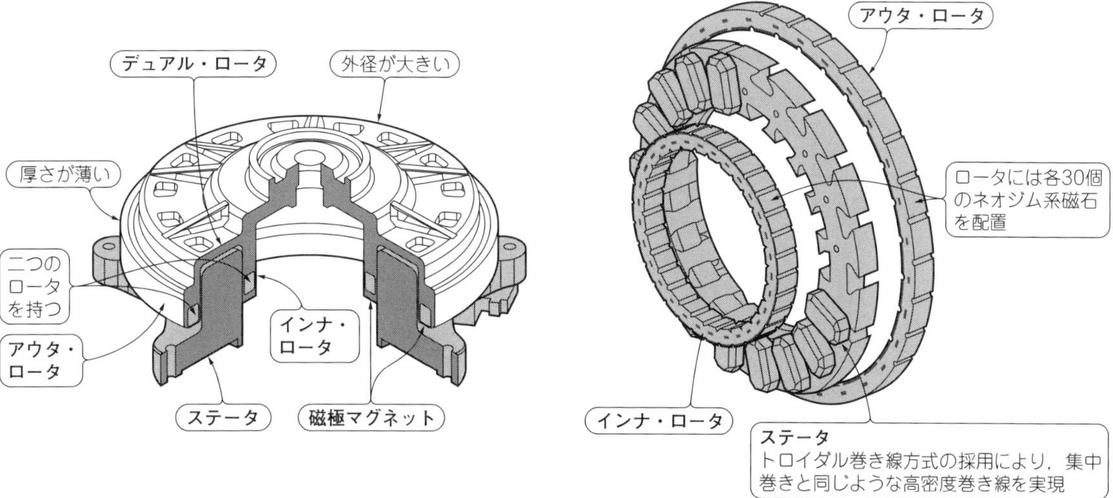


**図2**(1) **大きなトルクを出すために多極化された二つのロータを持つ多極扁平形状デュアル・ロータDDモータ**
トルクを重視して静音性を実現．ドラム式洗濯機に収めるため外径が大きく厚さの薄い円盤のような形状をしている

その工夫が弱め界磁制御という制御です．永久磁石の磁力をコイルの逆磁場で抑えて，電圧を許容値までに抑えながら高速回転させるという方法です．しかし，コイルの逆磁場を発生させるための電流によって生じる銅損は，残念ながらただの損失になってしまいます．そのため，モータ効率を低下させますので，効率良く高速回転させることが難しくなります．

## ● 高いトルクと高速回転の両立！ 可変磁力モータ

▶磁性材料「サマリウム・コバルト」

ネオジム系磁石に限らず，一般に永久磁石は常に一定の磁力を持っているものとして扱います．

しかし，洗濯の際のトルク重視の運転をするときには強力な磁力，回転速度重視の運転をするときには弱い磁力というように，磁力が可変する磁石があれば，効率よく高速回転できるようになります．この考え方のもとで考案された，可変磁力の磁石を採用したモータが開発され，そのモータを搭載した洗濯機が商品化されています．

▶磁力が可変できるサマリウム・コバルト磁石を採用

**図4**は洗濯機用可変磁力モータの構造です．**図5**はそのモータ断面イメージ図です．薄い網掛け部分の磁石は前述のモータと同様，強力な磁力を持つネオジム系磁石，濃い網掛け部分の磁石はやや弱い磁力ながら磁力を可変できるサマリウム・コバルト磁石です．余談ですが，サマリウム(Sm)もレア・アース元素の一つです．

▶逆磁場を与えると減磁させることが可能！

磁石は外部から強力な磁場を与えて着磁という工程を経て磁力を持ちます．可変磁力磁石は比較的弱い順磁場で着磁できる磁石で，逆に言えば比較的弱い逆磁

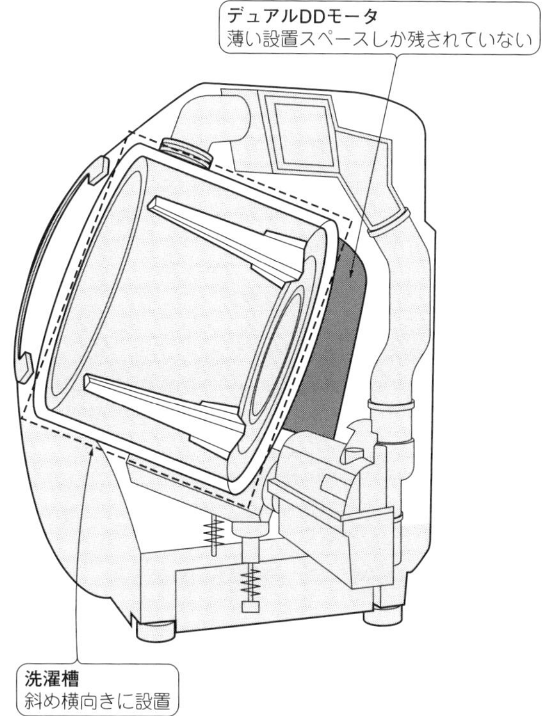


**図3**(1) **ななめドラム洗濯機のモータ設置スペース**
洗濯槽が斜め横向きなので薄いモータでないと洗濯槽容量が確保できない

場でも磁力を下げる脱磁(正確には減磁)が可能です．洗濯機の場合，仕事動作によって可変磁力磁石の磁力を次のように変化させます．

- 洗濯/すすぎ時…順磁場をかけて元々の磁力を出す
- 脱水動作時 …… 逆磁場をかけて磁力を下げる

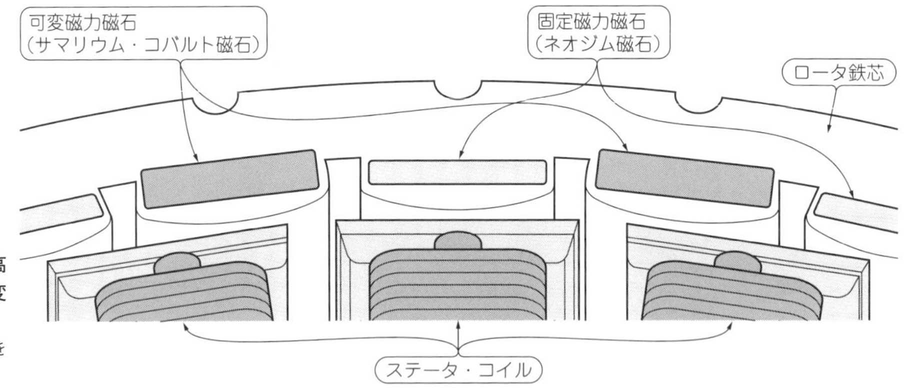


**図4(2) 大きなトルクと高速回転動作を両立する可変磁力モータの構造**
サマリウム・コバルト磁石を採用している

このように，洗濯/すすぎ後の脱水動作に移る前に，コイル電流を適切に流して，可変磁力磁石に逆磁場をかけて磁力を下げます．再度，洗濯する場合には，順磁場をかけて磁力を元に戻します．

▶可変幅は25％程度

磁力の可変幅は25％程度ですが，これによって，洗濯時のトルクは強力な磁力で高効率に，脱水時の高速回転も弱い磁力で高効率になり，理想的な運転を実現しています．

＊

洗濯機用のDDモータに採用された可変磁力の磁石も含め，モータを構成する磁性材料の進化と，それを活かしたモータの構造設計によって，日々，モータの高効率化技術は進歩しています．

◆引用文献◆

(1) http://news.panasonic.com/press/news/official.data/data.dir/jn070906-1/jn070906-1.html
(2) https://www.toshiba.co.jp/tha/about/press/090928_2.htm

(初出：「トランジスタ技術」2015年12月号)

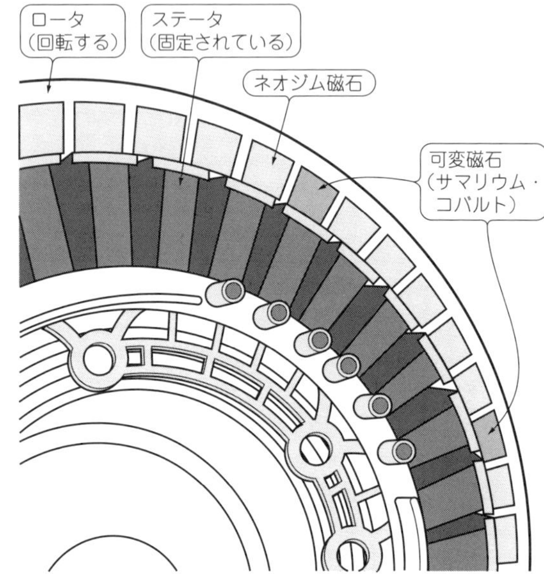


**図5 固定磁力のネオジム磁石と可変磁力のサマリウム・コバルト磁石の2種類を使用する**

## 磁石がなくても回るモータSRモータと誘導モータ　Column 1

**実験の動画がご覧いただけます！** http://toragi.cqpub.co.jp/tabid/652/Default.aspx

直流モータは，磁石を固定して，コイルに電流を流すと回転します．ブラシレス・モータでは固定したコイルの電流を流すと磁石が回転します．

原理的に磁石が不要なモータもあります．それはSRモータ(スイッチト・リラクタンス・モータ)と誘導モータです．SRモータは磁石が鉄を引き付ける力を利用して回転します．古くから原理は知られていたのですが，最近になって実際に使われるようになってきました．現在では，海外製の掃除機などに使われています．

誘導モータは電磁誘導という現象を利用して回転します．電磁誘導とは，磁石が移動したり，磁界の強度が変化したりすると導体中に電流が流れる現象です．これをうず電流といいます．うず電流を発生させる磁界がうず電流と作用することで力を発生するのです．誘導モータの原理はアラゴの円盤[注]の実験で知られています．磁石がなくても回るモータはたくさんあるのです．

〈**森本 雅之**〉

注）アラゴの円盤：円形の磁石と銅，アルミなど非磁性物質の円形の金属板が隣接して並んでいるとき，磁石が回転すると磁気を帯びていない金属板も磁石と同方向に回転する現象．

# 特設1 頭の中の構想が形になるまで 図面作成の3 STEP

太田 祐介 Yusuke Ohta

## 図面を描く基本手順

しっかりした部品を作るためには，それぞれに1枚の図面が必要です．その1枚の部品図を作るためにはいくつかの行程があります．大きな流れは次のとおりです．

「立案」→「構想」→「設計」→「製図」→「製作」

「立案」では，どのような「もの」を作り上げるのか，を決定します．

次に「構想」で，ものの形を大ざっぱに決めます．「設計」で，部品の種類や構造，加工部品の大きさを決定し，「製図」でそれを製作できる「図面」へと仕上げます．

最後に，図面を見ながら「製作」することで，頭の中に思い描いた一つのモノが，現実の世界に存在できる形へと姿を変えていきます．

本章では，「モータ取り付け金具」の設計を通じて，「構想」，「設計」そして「製図」の一連の流れを説明します．

本稿では「図面」を描けるようになるのが最終目的ですが，それ以外の大事な部分として，「構想」（アイデア・スケッチ）や「設計」なども簡単に紹介します．

それ以外の「製図」の部分は，図枠を描き，表題欄・部品欄を描き入れ，図形を正しく描き，寸法を記入し，寸法公差，表面性状を順番に描き入れる，という基本的な手順にしたがって，1枚の図面として完成させます．

それでは，順を追って説明します．

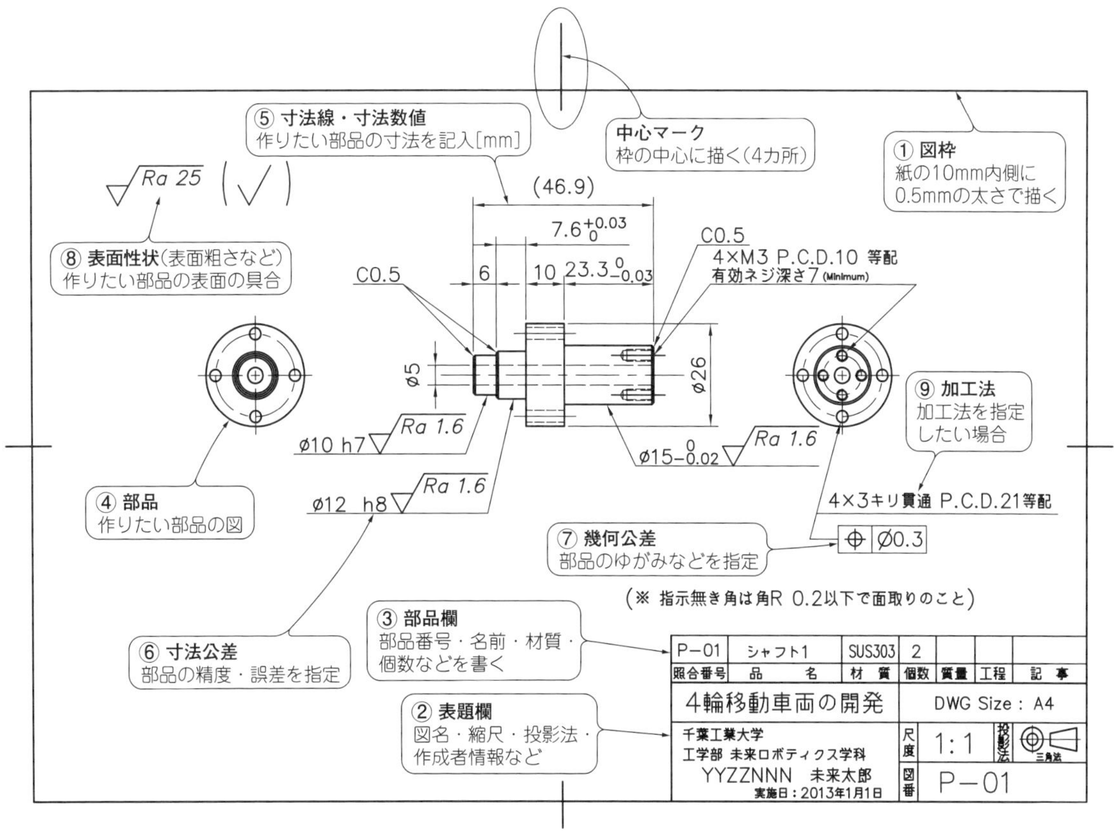


図1 図面の要素

## STEP1　図面には図枠，表題欄，部品欄を描こう

部品が描いてある紙を「図面」と呼ぶには，**図1**に示すような要素が必要です．

① 図枠：図面の範囲を示す枠です．
② 表題欄：「もの」を表すのに必要な情報を書きます．
③ 部品欄：加工する部品の情報を記述します．
④ 図形：作りたい「もの」を表す図です．
⑤ 寸法線・寸法数値：加工する際に大事とする大きさを表します．
⑥ 寸法公差：与えた寸法がどの範囲に入っていれば良いのかを示します．
⑦ 幾何公差：「もの」が幾何学的にどの程度ひずんでいてもよいのかを指定します．
⑧ 表面性状：「もの」の表面(加工面)のデコボコさを指定します．
⑨ 加工法：加工方法を指定する際に記載します．

### 全体から細部へ　Column 1

私のお勧めする手順を**図A**に示します．

最初は大まかにアイデアを構想し，その後に詳細について詰めていきます．作りたい物のアイデア・スケッチ(構想図)を作成し，外形形状や機能について検討します［**図A**(**a**)］．

作成したアイデア・スケッチを基にして，全体が把握できる図(組立図，全体図と呼ぶ)を作成します［**図A**(**b**)］．この時点では全体の外形寸法と内部の大まかな構成がわかればよいでしょう．

次に，作成した組立図(全体図)から，構成する各部品の形状を決定した部品図を作成します［**図A**(**c**)］．ここで作成する部品図は，後に加工者へ提出する図面となるので，すべての寸法が決定している(設計ができている)必要があります．

最後に，部品図で作成した部品を組み立て，再び組立図を作成します［**図A**(**d**)］．この際に，組み立てができなかったり，部品同士で干渉があったりしないかを確認します．問題がなければ，部品図を加工者へ提出します．

この流れは一見して手間が多いように感じますが，失敗とやり直しを考えると，不思議と最終的には最短ルートになっています．〈**青木 岳史**〉

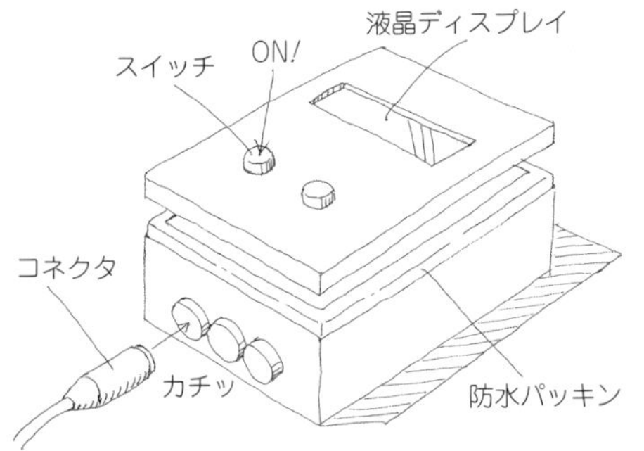


頭の中のアイデアを絵にしてみて整理していく

(a) 構想を形にするアイデア・スケッチを描く

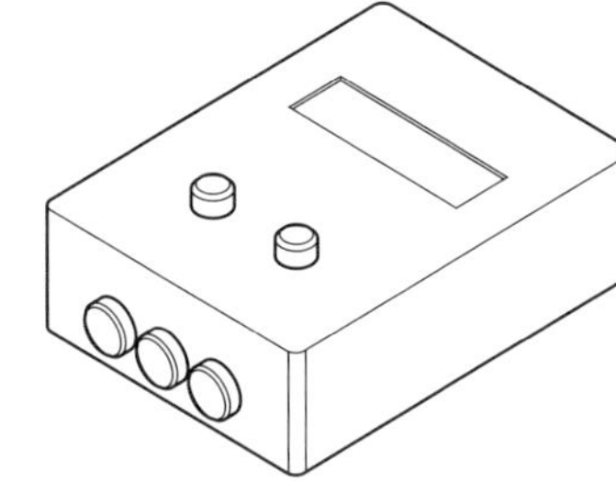

(b) 大まかなサイズや構成を決めて全体図を描く

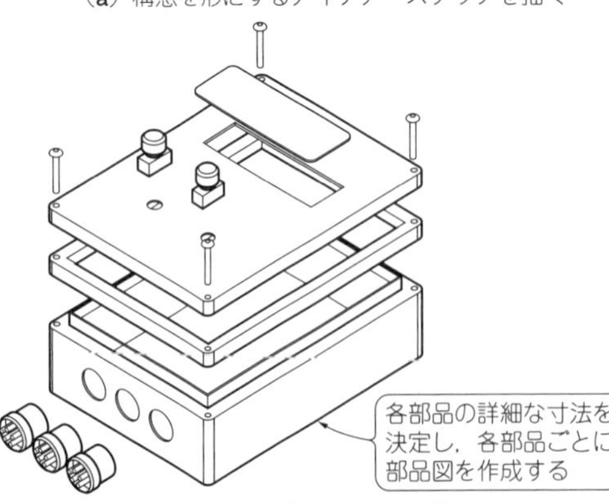


(c) 設計を進めて部品ごとに部品図を描く

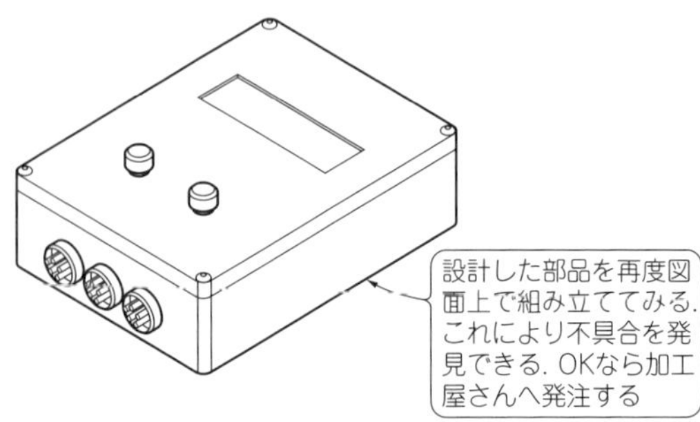

設計した部品を再度図面上で組み立ててみる．これにより不具合を発見できる．OKなら加工屋さんへ発注する


(d) 部品図を基に組み立て図を作って最終チェック

**図A　設計製図の流れ**

紙は横に長くなる向きにおいて使用するのが普通です.

最初に「図枠」を描きます. 図枠とは部品を書く範囲を示す枠のことで, 用紙の端から10 mmほど内側に, 0.5 mmの実線で描きます. 図面をファイルなどに綴じる場合は, 左側だけは20 mm程度内側にしておいたほうがよいでしょう. A4サイズの紙を横向きに使用した場合は, 図面の上にあたる長手部分がファイルに綴じる際の穴になりますので, そちらを20 mm程度内側にするのがよいでしょう.

次に, 図枠の中心に「中心マーク」をつけます. 図枠の内側5 mm程度の場所から外側は紙面いっぱいまで線を描きます. 線の太さは図枠と同じく0.5 mmの太い実線です.

次に図面の顔といえる「表題欄」を書きます. これは人によって書く内容が異なりますが, 最低限必要な情報は, 1) 図名, 2) 縮尺, 3) 投影法, 4) 製図者情報, 5) 図面番号(図面は名称ではなく番号で管理されることが多い)などです. 場合に応じて, 6) 製図日時, 7) 更新履歴, も書くこともあります. また設計者・製図者の連絡先(電話番号など)を書いておくと, 図面に不備があったときに加工者から直接連絡が来ることがあります.

部品図の場合, 表題欄の上に部品欄を追記します. 図面の右上や左上に書かれることもありますが, 表題欄の上にあったほうが見やすいです. 部品欄に必要な情報としては, a) 部品番号(部品が多くなると番号で管理されることが多いため), b)部品名, c) 材質, d) 数量, e) 備考, などです. 基本的には紙1枚に対して一つの部品図を描きます. これを1品1葉の原則といいます. それぞれの部品ごとに, 加工する人や使う機械が異なることがあるためです.

## STEP2 「構想」: 立体図を使ったアイデア・スケッチ

### ● 立体図を使ったアイデア・スケッチで自分の構想が他の人にもわかるようにしよう

今回は, すでに「立案」ができていて, **図2**に示すような, モータを取り付け, ベルトとプーリ(ベルトを回す溝付きの車)を介して駆動する車両を作ることが決まっているとします.

この車両を作りあげるのに必要な図面を作る手順を考えていくこととします. 具体的には, その際に必要となる「モータ取り付け金具」(モータ・ステー)を設計する手順の一例を見ていきましょう.

### ● アイデア・スケッチは「立体図」で描く

はじめに, どんな感じの部品を作るか, というアイデアを**図2**のように描きます. アイデアですから, 全体の形がわかるような「立体図」で描くとわかりやす

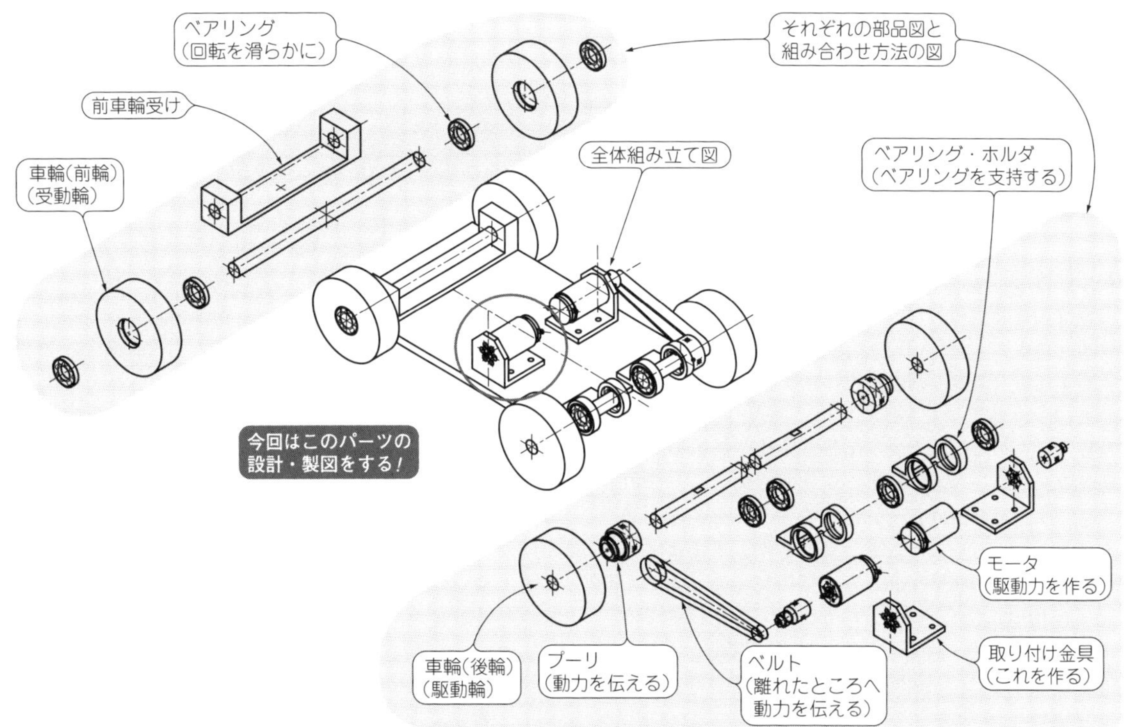


図2 モータとプーリ・ベルトで駆動される4輪車

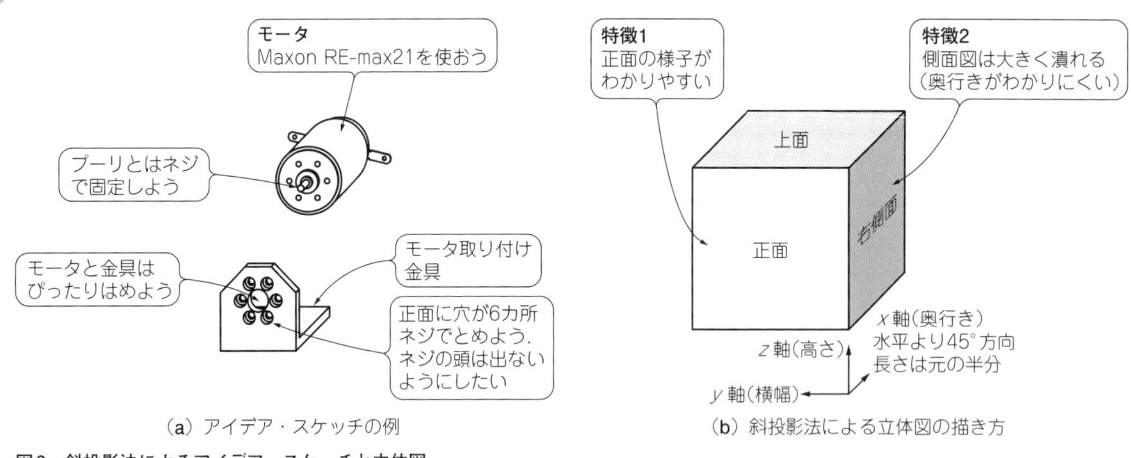


**図3　斜投影法によるアイデア・スケッチと立体図**

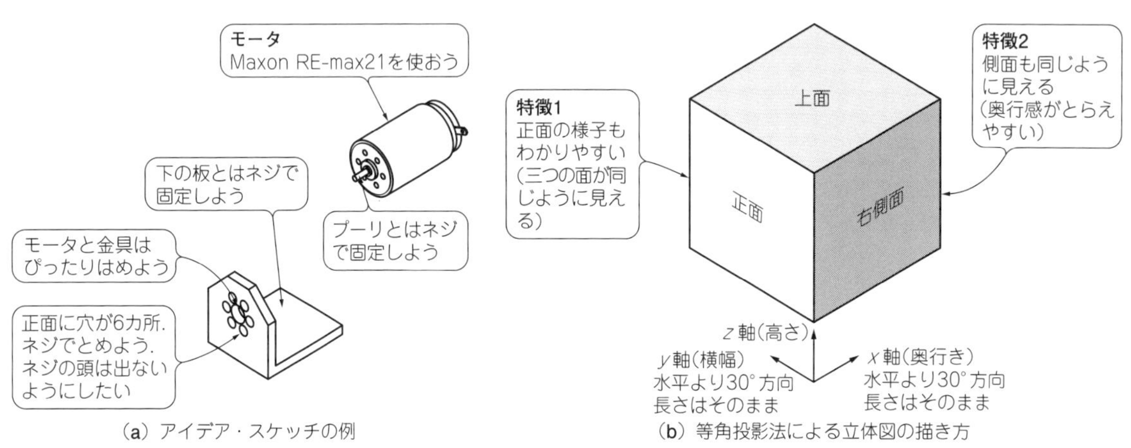


**図4　等角投影法によるアイデア・スケッチと立体図**

いです．ここでは頭の中で描いたイメージを立体図にして表現する図法について説明します．

### ● 斜投影図ではなく等角投影図で

もっとも簡単に描ける立体図は，**図3**に示す「斜投影図」と呼ばれるものです．小学校でも扱う立体図でほとんどの人になじみがあります．正面に見える部分を実物そのままの大きさや形状で描き，奥行きを45°の傾きで実際の半分の長さで描きます．半分の長さで描いたものが一番本物に近く見えるためです．この図では，部品の正面は正確に描けますが，上の面と側面の形が大きく変形するため，細かい部分は描きにくく，側面が簡単な形状でない場合には特になのですが，奥行き感が正確には表現しづらくなってしまいます．

それに対して，機械を描くときには**図4**に示す「等角投影図」による立体図がよく使われます．これは三つの面すべてが等しく見える描き方です．具体的には，$x, y, z$軸をそれぞれ120°となるように描き，長さは作りたい部品の実寸で描きます．こうすることにより，上面，正面，側面の三面の様子がわかりやすくなります．

機械の図面では，これら三面(上面，正面，側面)の図を使う三面図を描くので，等角投影図を覚えておくと，この後で図面にするときに作業がしやすくなります．実際に機械加工をする際にも，この三面を見ながら行うことがほとんどですので，部品のイメージがしやすくなります．これら三面は部品作成時には重要な面なのです．

▶より正確に表現できるアイソメトリック図

すべての長さを実長の約0.8倍で描く「アイソメトリック図(アイソメ図)」(**図5**)もあります．アイソメ図を描く専用の紙(すべての目盛りが約0.8倍に拡大されているもの)も売られているので，それを使えば簡単にアイソメ図を描くことができます．

描いてみるとわかりますが，こちらはより実物に近い状態に見えます．実際のものの三つの面(正面，上面，右側面)を等しく見えるように置くと，面の奥行きの

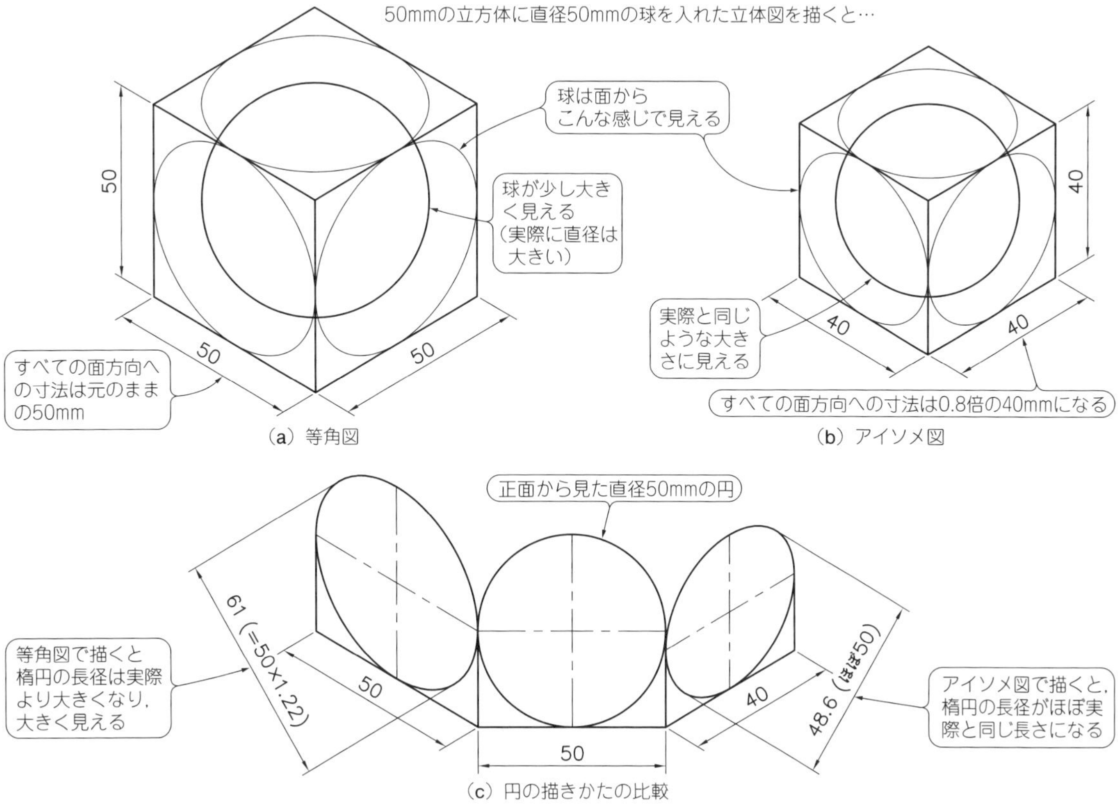

50mmの立方体に直径50mmの球を入れた立体図を描くと…
50
50
50
球は面から
こんな感じで見える
球が少し大き
く見える
(実際に直径は
大きい)
すべての面方向へ
の寸法は元のまま
の50mm
(a) 等角図
40
40
40
実際と同じ
ような大き
さに見える
すべての面方向への寸法は0.8倍の40mmになる
(b) アイソメ図
正面から見た直径50mmの円
61 (=50×1.22)
等角図で描くと
楕円の長径は実際
より大きくなり,
大きく見える
50
50
40
48.6 (ほぼ50)
アイソメ図で描くと,
楕円の長径がほぼ実
際と同じ長さになる
(c) 円の描きかたの比較


**図5　等角投影図とアイソメトリック図の比較**

ために，実際には小さく見えます．そのため図に描くときにも少し小さめに(0.8倍で)描くと，本物に見た目が近い感じで描けるのです．

ただし，アイデア・スケッチの段階では，見た目(寸法の比率)が大事で，細かい寸法値まで正確である必要はないので，等角投影図で十分です．

## STEP3 「設計」：検討・計算してモノを具体的にしていく

どのような要求に応える性能を出すか，いろいろな部品の組み合わせを決定する作業が「設計」になります．計算をしなくては決められない項目も多々あります．良いものを作り上げるためには，この組み合わせの選択を何度も何度もすべての結果が満足いくように

電源を変える
ドライバを変える
モータを変える
●重さの問題
●大きさの問題
●出力(力・トルク)の問題
取り付け方法が変わる
軸の直径が変わる
締結方法を変える
伝達動力が
変わる
部品の寸法を変える
材質を変える
構造(型)を変える
伝達方法を変える
●プーリからギアへ
●あるいはそれ以外へ
●種類の変更
(モジュールなど)
●軸間距離
●ピッチ円半径(プーリ径・ギア径)
が変わる


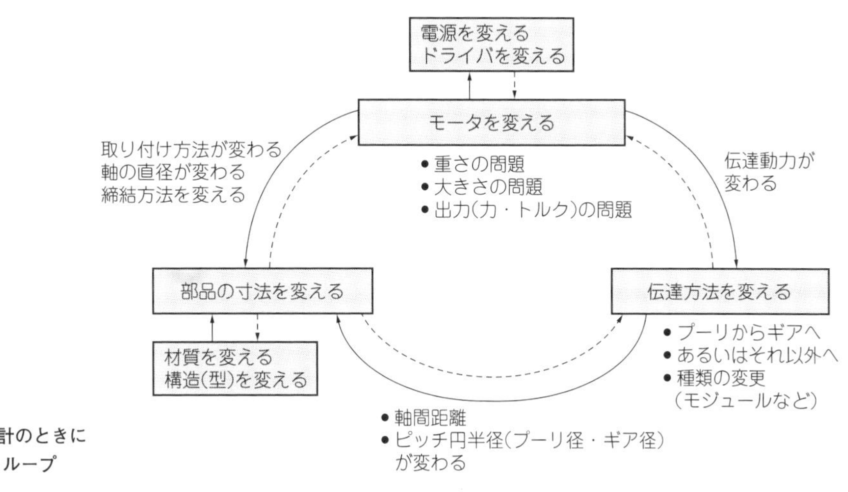

**図6　設計のときに行われるループ**

なるまで繰り返さなくてはいけません．

例えば今回の設計では，**図6**に示すような関係があります．入手の都合で，最初にモータの種類を決めたとします．すると，

モータの種類の選定 → モータの大きさ → 取り付けサイズの変更 → 伝達動力（力やパワー）の変更 → ベルトの種類の変更 → プーリ径・寸法の変更 → 軸間距離の変更 → プーリ径・寸法の変更 → 伝達動力の変更

と，順番に決まったり変更が必要になったりします．

このように，それぞれの要素が密接に関係しており，1カ所の変更でも，その他全部の箇所を変えなくてはいけません．これがうまくいくまで（すべてが必要な条件を満たすまで）繰り返し考えていくのが「設計」です．ものづくりにおける重要な要素です．

実際には，すべてが必要な条件にできることは少なく，どこかで十分な条件での設計となることがあります（例えばコスト，時間，材料などの問題）．そのため設計は非常につらく，しかし同時にやりがいのある楽しい部分です．自分のアイデア，考え，理念，思想にしたがって自分の考える「モノ」を世に送り出しましょう．

（初出：「トランジスタ技術」2013年1月号別冊付録）

## 手描きが成功への近道　Column 2

アイデア・スケッチとは，作りたい物の全体像を把握するための構想図で，とても重要です．このアイデア・スケッチを用いて，全体の大きさ，形状，機能などを検討します．

アイデア・スケッチはCADなどを使わずに手描きしましょう（**図B**）．CADなどで作図すると寸法を決めて具体的に描くことができますが，その時点でアイデアの膨らみを制限してしまいます．創造性豊かな設計を行うために，思いついたアイデアをすべて手描きの図の中に盛り込みましょう．その際に，スイッチやコネクタの動きをマンガにして描き込むと，大きさや動きのイメージを掴むことができます．

また，設計について打ち合わせる場合は，アイデアを伝えるためのコミュニケーション・ツールとしても役立ちます．複数の設計者で設計を行う場合はお互いの考えを伝える必要があります．このアイデア・スケッチを用いると設計者の考えを簡単に伝えることができます．

さらに，三面図を作成する際には特徴が一番よくわかる面を正面図としますので，アイデア・スケッチを一度作成すると採用する面の選択も簡単に行うことができます（**図C**）．

〈**青木 岳史**〉

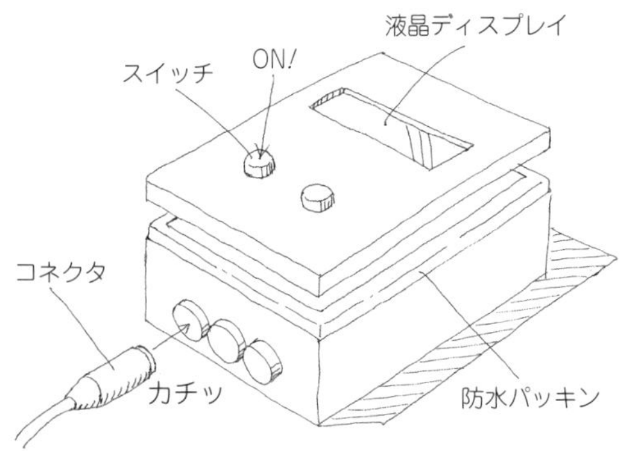


**図B　制御ボックスのアイデア・スケッチ**

（a）アイデア・スケッチ

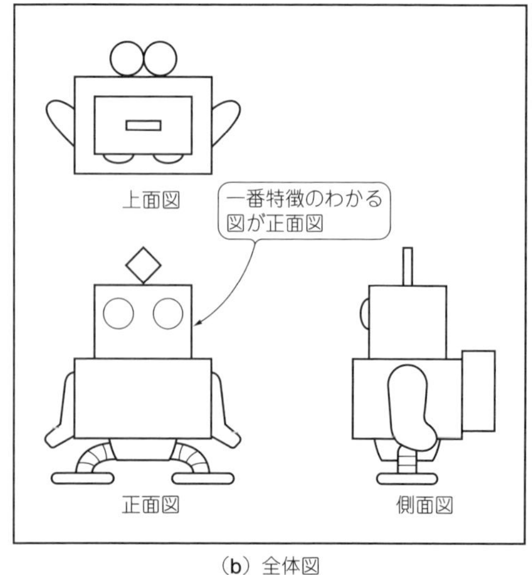


（b）全体図

**図C　しっかりしたアイデア・スケッチなら特徴をつかみやすい**

特設2

誰が見てもわかるように

# 線や形を描くテクニック

太田 祐介 Yusuke Ohta

## アイデア・スケッチを元に発注用の立体図を描く

大ざっぱに立体図を描いたら，次はそれを元に図面へと変化させていきます．立体図をいくら丁寧に描いても図面にはなりません．立体図では細かいところが曖昧でわかりにくいからです．

### ● さいころを展開するイメージで「三面図」を描く

立体図(3次元の図)を平面の図(2次元の図)に直す方法の決まりを「投影法」と言います．日本では**図7(a)**のように，正面から見た図(正面図)，上から見た図(平面図)，右から見た図(右側面図)の三つの面の図を，それぞれさいころを展開するようにして，それぞれの位置に描きます．これにより，**図7(b)**のようにそれぞれの面の位置が正しく表現されます．描く位置も重要なので，間違えないでください．

三つの面を使えばほぼすべての図形が表現できるはずですが，わかりにくい場合には必要に応じて左側面図・下面図・背面図なども描きます．

モータ・ステーでの例を**図8**に示します．

### ● 国や用途によって異なる「投影法」

このような描き方の決まりを「三角法」と呼びます．機械加工の際に日本で使われている投影法です．しかしヨーロッパ，中国，ブラジルなど外国では「一角法」を使うところも多くあります．日本でも，建築系の図面は一角法で描かれます．

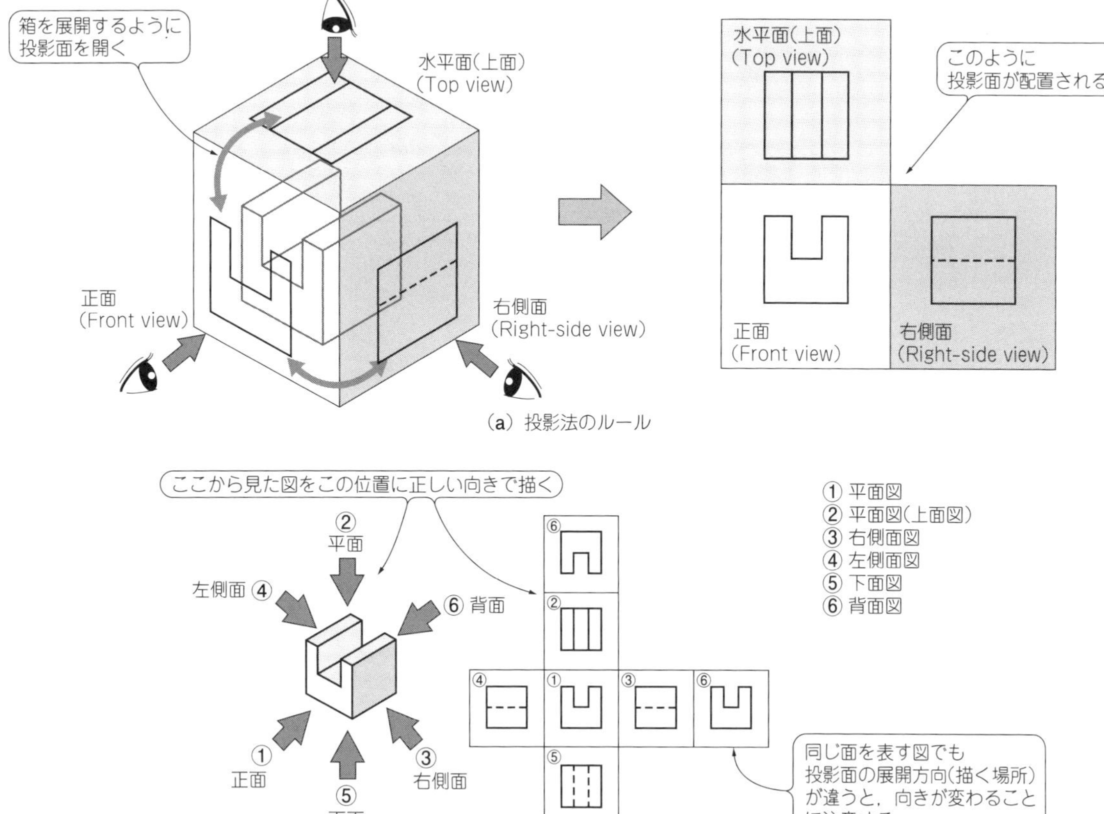


図7 三面図の描き方

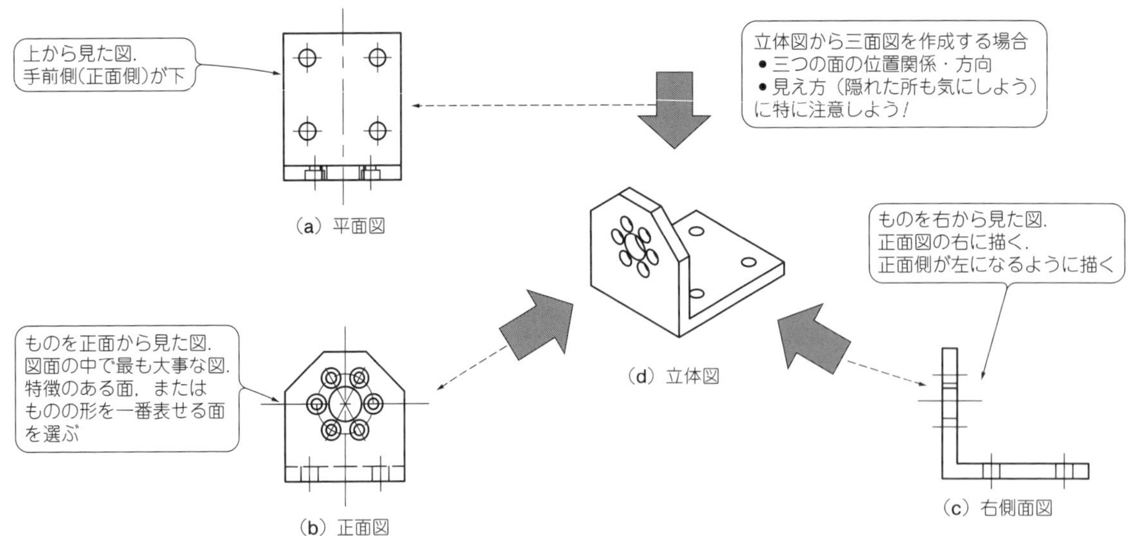


**図8　立体図から三面図を作る**

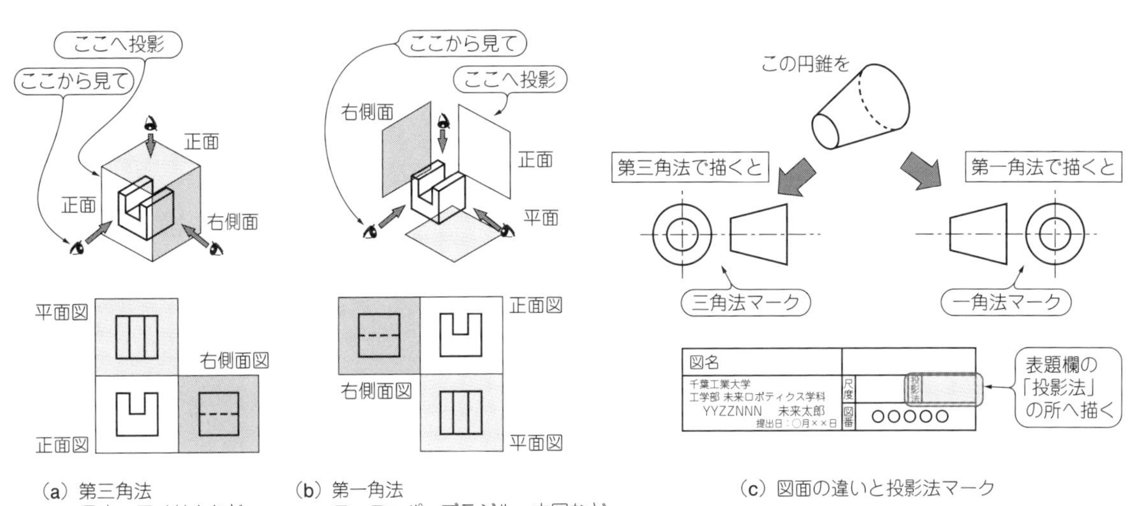


**図9　よく使われる2種類の投影法**

三角法と一角法の違いは，それぞれの面から見た図を描く位置だけです(**図9**)．どの投影法で描いたかわかるように，表題欄中の「投影法」の所に**図9**(**c**)に示す投影法マークを描いておきます．これがないと，どの方法で描かれたのかわからず，意図したものと違うモノが完成してしまいます．逆に一角法なら一角法マーク，三角法なら三角法マークを描いておけば，世界中どこへ図面を持って行っても理解してもらえます．

## 見やすい大きさ(縮尺)で格好良く!

### ● 一番大事なのは正面図

三面図のうち，正面図が一番大事です．ここに作りたいモノの形を一番よく表している図を選んで描きます．

意外に難しいのは正面図の選び方です．いわゆる部品の「正面」が必ずしも投影法における「正面図」として適切であるとは限りません．例えば，**図10**に示すように，モータなど長細いものの「正面図」は，前から見た図ではなく，横から見た図を描くのが一般的です．なぜならば，実は横から見た図だけでも全体の形が理解できるからです．正面図が正しく選べていない図面は，何となく据わりが悪く，見た感じが美しくありません．後で説明しますが，多くの場合，正面図に寸法を入れます．もっとも寸法の入れやすい(部品の特徴が一番現れている)図を正面図とするのが適切

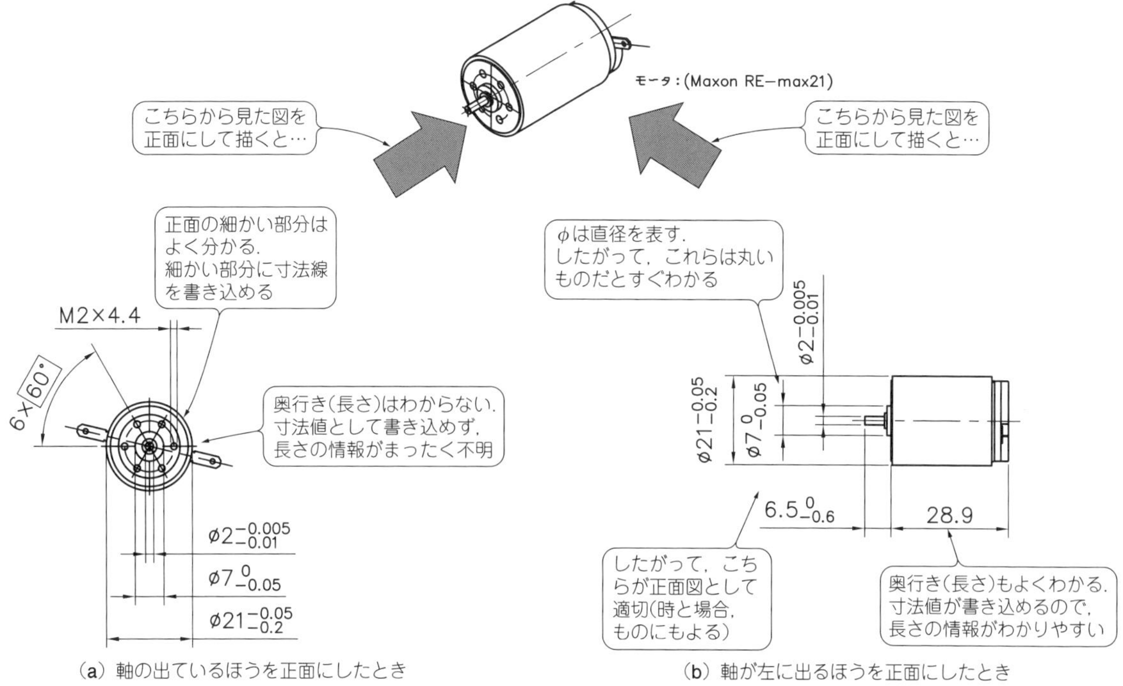


**図10　正面図の決め方**

です.

## ● 描く大きさは現物と同じ大きさ(寸法)が基本

次に描く大きさ「縮尺」ですが，作りたいモノと同じ大きさで描く(原寸で描く，と言う)のが基本です．なぜならばそのほうが直感的にわかりやすいからです．その場合には，表題欄中の「縮尺」の所に「1：1」と書き込みましょう．もし実際のモノの2倍の大きさで描きたい場合(倍尺と言う)には「2：1」と，逆に半分の大きさで描きたい場合は，「1：2」と書き込みましょう．

1：1(原寸)で図面を描くとよいのは，見た感じによる「弱そう・強そう・重そう」などの感覚が意外と正しかったりするためです．もちろん経験もある程度必要ですが，この感覚は大事です．もちろん，寿命計算・強度計算などの設計も重要です．現在ではCAE (Computer Aided Engineering)などを使って考えることも多くなりました．

# 線は正しい太さ，濃さで描こう

## ●「太く濃く」か「細く濃く」が基本

製図で使用する線の種類と太さは**図11**に示すように決まっています．これは見やすい図を描くためのルールです．線の太さが同じだと，**図12**のようにメリハリがなく見にくい(形状が把握しにくい)のです．太い線は細い線の約2倍の太さで描いてあると見やすく，細い線も濃くはっきりと描いてあるのがよいです．一般的に太い線は0.7 mm，細い線は0.3 mmで描いてあると見やすいです．

製図で使用する線の種類は以下のものがあります．

① 外形線(エッジなど見える部分を表す線) → 太い実線(0.7 mm)
② 寸法線(寸法(長さなど)を記入するための線) → 細い実線(0.3 mm)
③ 寸法補助線(ものの端などから引き出すための線) → 細い実線(0.3 mm)
④ 引出線(ものの形状や注釈などを示すために引き出す線) → 細い実線(0.3 mm)
⑤ ハッチング(断面であることを表すための斜線) → 細い実線(0.3 mm)
⑥ 中心線(ものの中心を表す線) → 一点鎖線(0.3 mm)
⑦ 隠れ線(見えない線)　→　破線(0.3 mm)※点線ではないので注意

なお，芯の太さが0.3 mm，0.7 mmという製図用のシャープ・ペンシルも売られているので，それを使うと比較的簡単にメリハリのある美しい図面が描けます．

モータ・ステーを例に，外形線や隠れ線などをちゃんと描いた例が**図13**です．

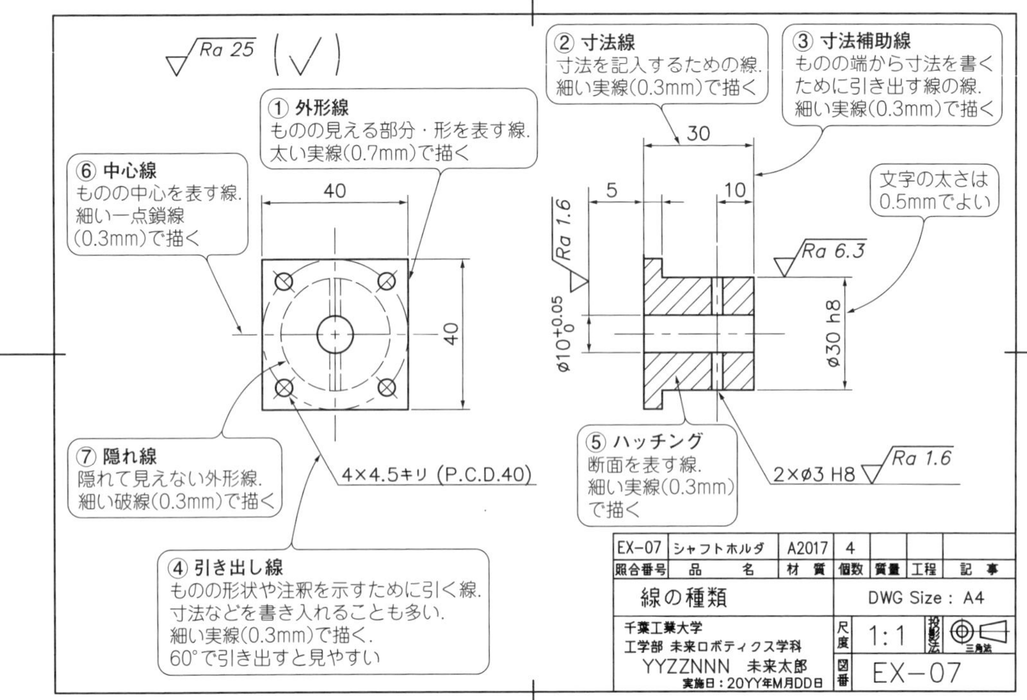


図11 線の種類と太さのルール

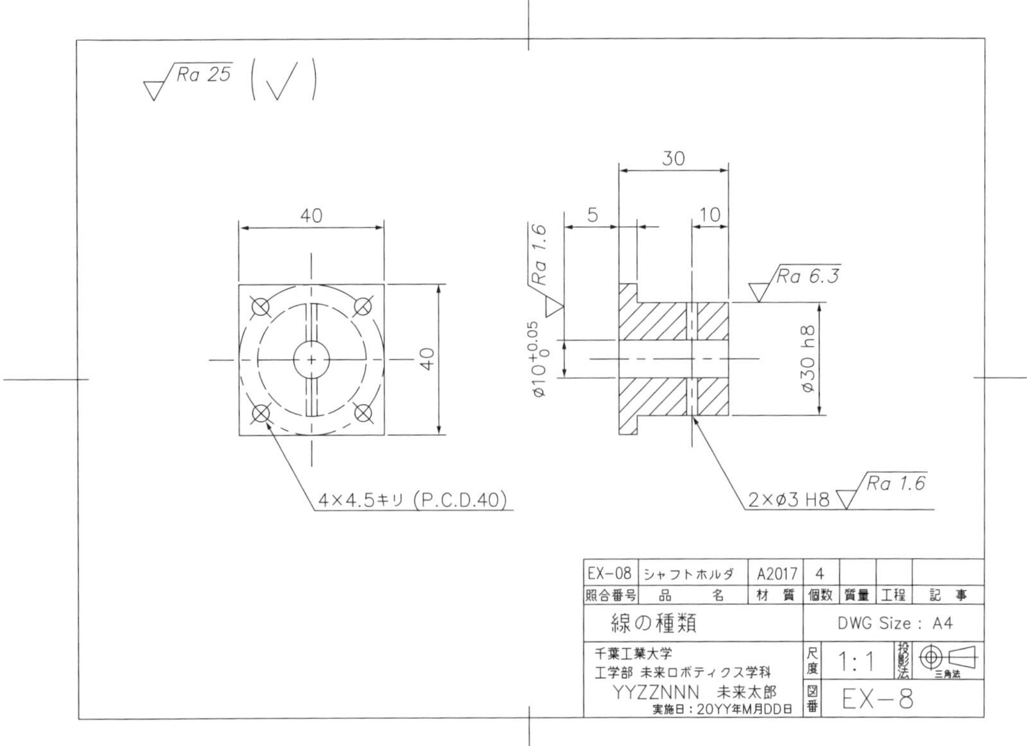


図12 細い線だけで描かれたダメな図面

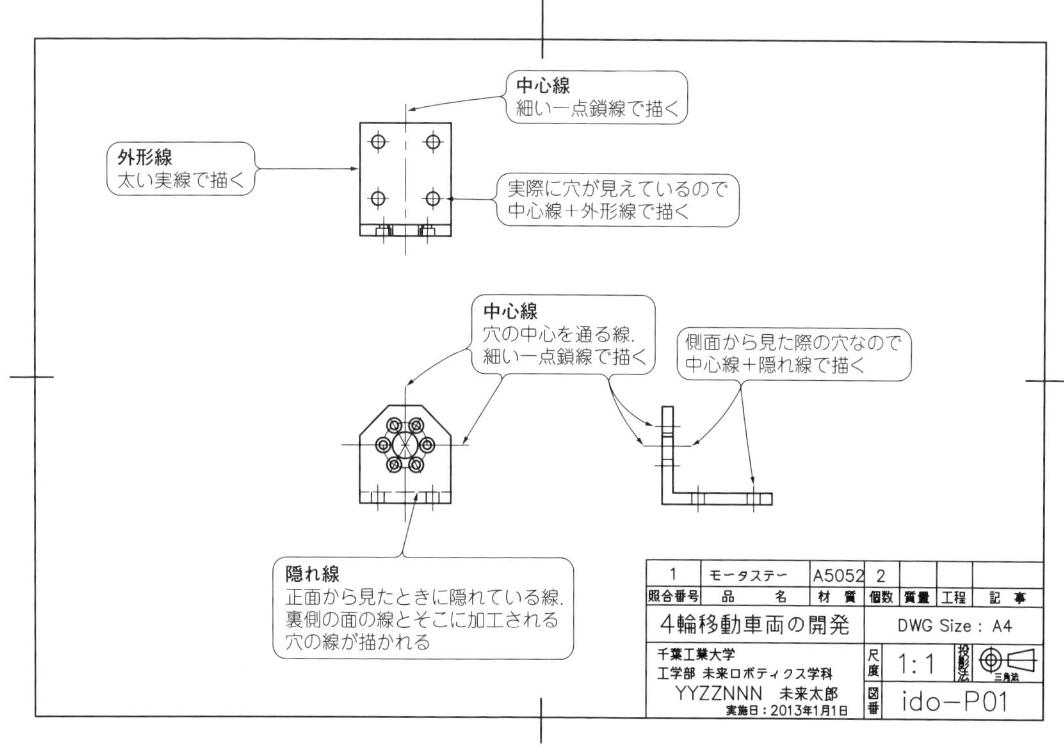
中心線
細い一点鎖線で描く
外形線
太い実線で描く
実際に穴が見えているので
中心線＋外形線で描く
中心線
穴の中心を通る線.
細い一点鎖線で描く
側面から見た際の穴なので
中心線＋隠れ線で描く
隠れ線
正面から見たときに隠れている線.
裏側の面の線とそこに加工される
穴の線が描かれる
1
モータステー
A5052
2
照合番号
品 名
材 質
個数
質量
工程
記 事
4輪移動車両の開発
DWG Size : A4
千葉工業大学
工学部 未来ロボティクス学科
YYZZNNN 未来太郎
実施日：2013年1月1日
尺度
1:1
投影法
三角法
図番
ido−P01

図13　モータ・ステーの外形線と隠れ線を描いてみた例

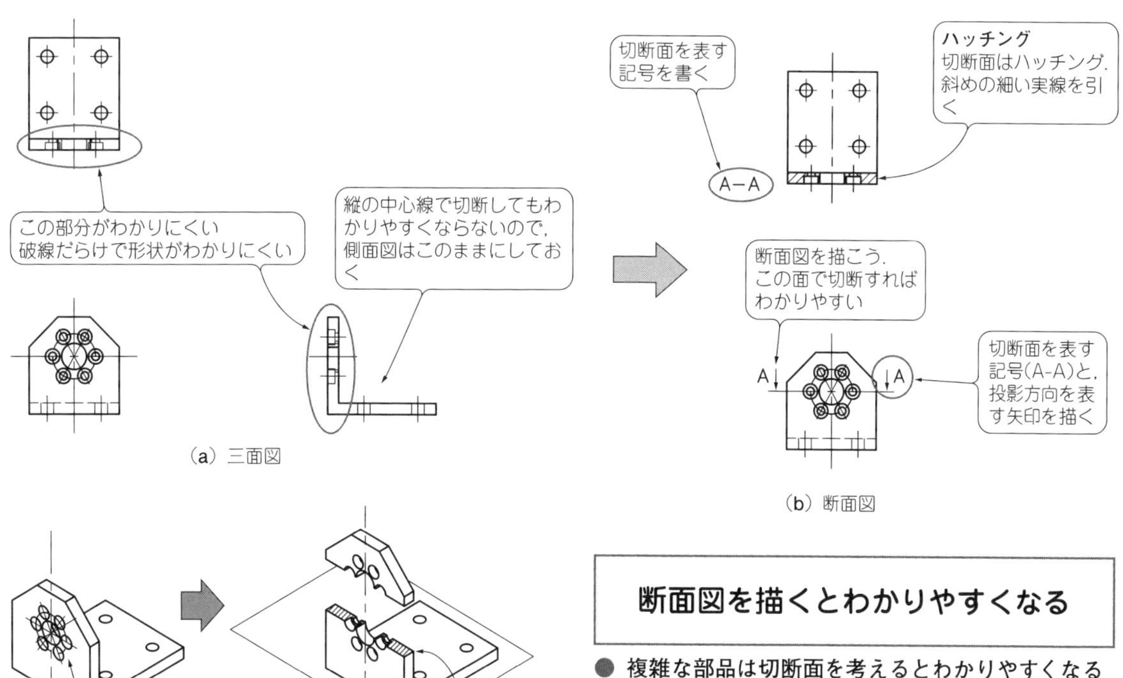
この部分がわかりにくい
破線だらけで形状がわかりにくい
縦の中心線で切断してもわかりやすくならないので,
側面図はこのままにしておく
(a) 三面図
切断面を表す
記号を書く
A−A
ハッチング
切断面はハッチング.
斜めの細い実線を引く
断面図を描こう.
この面で切断すれば
わかりやすい
A
A
切断面を表す
記号(A-A)と,
投影方向を表
す矢印を描く
(b) 断面図
ここがわかりにくいので…
この平面で切る
(c) 立体図で示した断面

図14　断面図を描いてみる（平面図を断面図に変更する）

## 断面図を描くとわかりやすくなる

### ● 複雑な部品は切断面を考えるとわかりやすくなる

外から見た図を描いているだけだと，破線（隠れ線）が多くなってしまい，図面が見にくくなることがあります．このようなとき，部品を切断して断面の図を描くとわかりやすくなります．このような図を「断面図」と言います．

## 部品図と組立図の役割

**Column 3**

部品図とは構成する各部品を1個ずつ記載した図面のことです．例を**図D**に示します．組立図はすべての部品によって組み立てた製作物を，構成する要素がわかりやすくなるようにまとめた全体図のことです．例を**図E**に示します．部品図は一番わかりやすい面を正面図とし，各部の寸法が過不足なく記載されている必要があります．また外側から内部形状がわかりづらい部品に関しては断面図を適宜追加するとよいでしょう．組立図は製作物を構成する各部品の配置がわかりやすくまとめられた全体図です．部品図に記載した寸法通りの部品を組立図上で組み立てて不具合がないか確認します．もし3D-CADが使用できれば，3次元空間内での部品の干渉を調べることができます．

〈**青木 岳史**〉

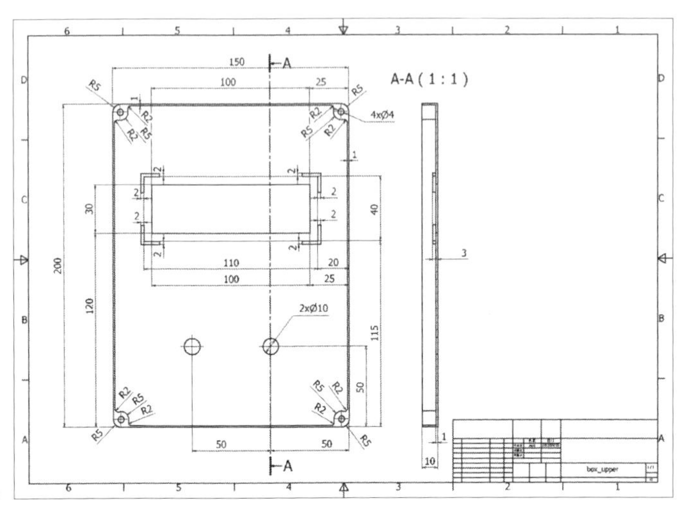


**図D　部品図の例…制御ボックスの蓋**
形状がわかりやすく表現され，寸法が記入されている

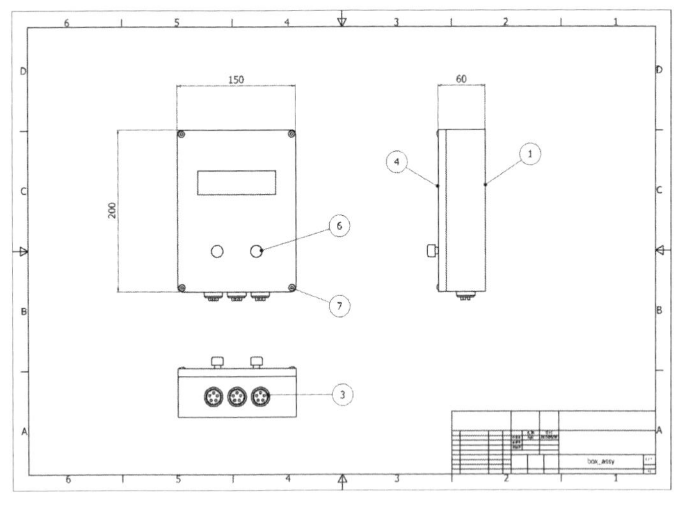


**図E　組立図の例…制御ボックス**
組み立てるのに必要なパーツがまとめられている．この中で④が図Dに示した蓋のこと

断面図の注意は，

(1) 切断した部品の断面の部分には「ハッチング」と呼ばれる斜めに0.3 mmの細い線を引くこと

(2) 2種類以上の部品が描かれている組立図などの場合には，それぞれの部品ごとにハッチングの角度を変えて部品の違いが分かるように描く

(3) 切断面の奥に見えている外形線も0.7 mmの太い線で描く

(4) ハッチングした面には，隠れ線は描かない

というぐらいです．通常は中心線に沿って切断して考えます．モータ・ステーでの例を**図14**に示します．

（初出：「トランジスタ技術」2013年1月号別冊付録）

**特設3** 数値の書き入れ方

# 寸法記入と仕上げのテクニック

太田 祐介 Yusuke Ohta

## 寸法を記入しよう

### ● 寸法線の上にmm単位で数値のみを記入する

図形が描けたら，次に図15のように寸法を記入していきます．大事な長さの部分に寸法を描き入れます．手順としては以下のような流れです．

(1) 寸法を入れたい形状の場所から，寸法補助線を細い実線で引き出します．

(2) 外形線から10 mmぐらい離した所に両矢印の寸法線を細い実線で引きます．矢印は30°開き，約3 mmの長さを目安に描くときれいに描けます．寸法補助線の間隔が6 mmより狭い場合には，矢印を外側にしたり，描かなかったり，あるいは黒丸にしたりしてもよいでしょう．

(3) 寸法値を寸法線の上に書き入れます．水平方向の寸法は，紙面上に対して左から右へ，垂直方向の寸法は，紙面の左側が上向きに見えるように下から上へと数値を記入します．寸法値の単位は[mm]です．ただし，mmは記入しません．インチなどmm以外の単位で記入する場合は，インチなど使用した単位を記入します．

(4) 直径を表すときは，頭に「φ」をつけ，直径10 mmのときはφ10のように書きます．半径を表すときは，頭に「R」をつけ，半径5 mmのときはR5のように書きます．角度を表すときは，寸法値の後ろに「°」をつけます．

＊

簡単ですが，寸法が足りなくてはモノができません．逆に多くてもいけません．同じ部分に2カ所寸法を指

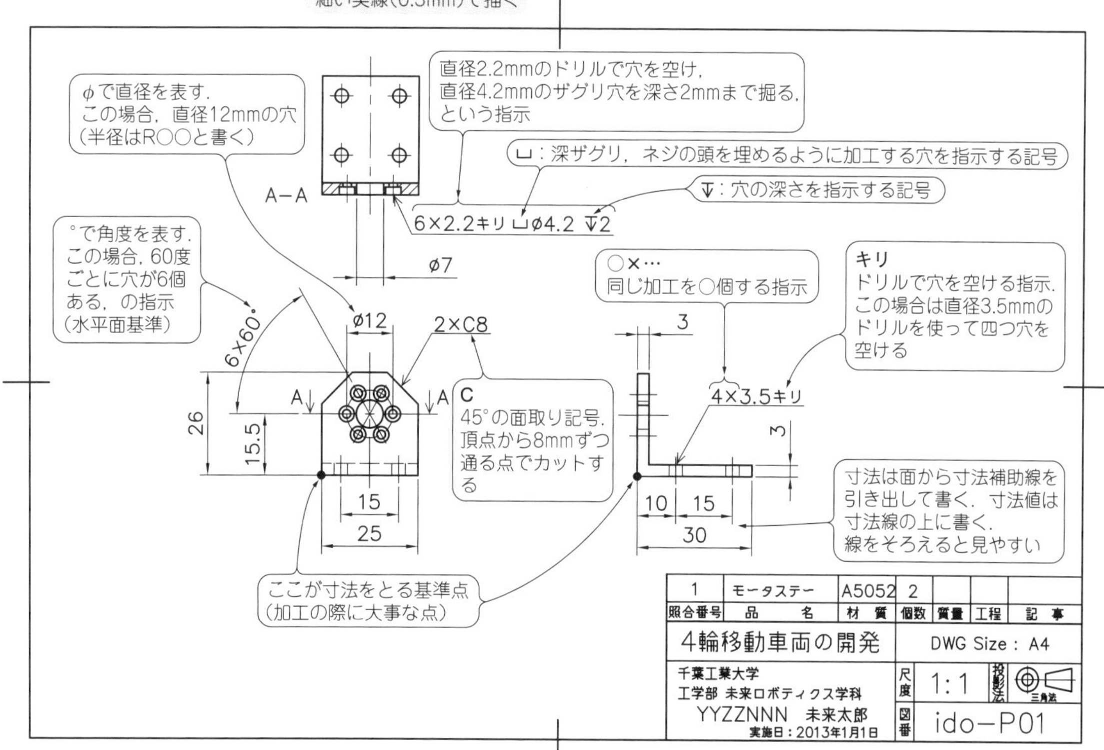


図15 三面図に寸法を書き入れる

定してはいけないことになっています(重複寸法と言います)．また，括弧でくくられた寸法(○○)は，参考寸法と呼ばれます．

寸法線を書くときに注意することとしては，

(1) 寸法線はそろっていると見やすいです．
(2) ある一点を基準にして，寸法をすべて書くとわかりやすいです．これを基準点と言い，実際に加工する際に一番大事な点，線，あるいは面になります．

＊

これ以外に，図形の寸法情報を記入する方法として「引き出し線」があります．図形中心付近から矢印を引き出して，適当なところで水平線にします．その上に寸法値などの情報を書き込みます．この引き出し線は60°で描くと大変見やすくなります．

## 寸法公差を指定する

### ● 寸法には誤差(公差)が含まれている

指定した寸法に対して±0 mmというもの(完全に一致するもの)を加工するのは不可能です．記入した寸法には，すべて加工品の誤差を許容する許容差(公差といいます)が含まれると考えましょう．

寸法公差の指定は，

(1) 図面に描いてある寸法すべてに対して同じ公差域を指定
(2) 必要なところにはさらに厳しい公差を指定

という2段階です．**図16**を参考にしてください．

標準的な寸法公差には，「精級」「中級」「粗級」とあります．それぞれ範囲が決まっています．図面の下のほうに注記しておくと，記入された寸法全体に対して公差を指定したことになります．記載しない場合は工場によりますが中級程度が目安です．

最近では，NC機械の導入により，中級程度の公差…1 mの寸法指定に対して±1 mm，100 mmの寸法指定に対して±0.5 mm程度…は，容易に保証されるようになりました．

個別に公差を指定したい場合，つまり，中級程度以上の精度で指定したい部分には，記入した寸法値に続いて公差の上限値は○○＋0.01，下限値は○○－0.01，と記入します．上限値と下限値は○○＋0.01－0.02のように別々に指定，あるいは○○±0.01のように同一値で指定できます．

### ● 寸法記入と公差指定の関係：寸法を記入するのと公差を指定するのは一緒

大事なところに必要十分な寸法を入れる，という図

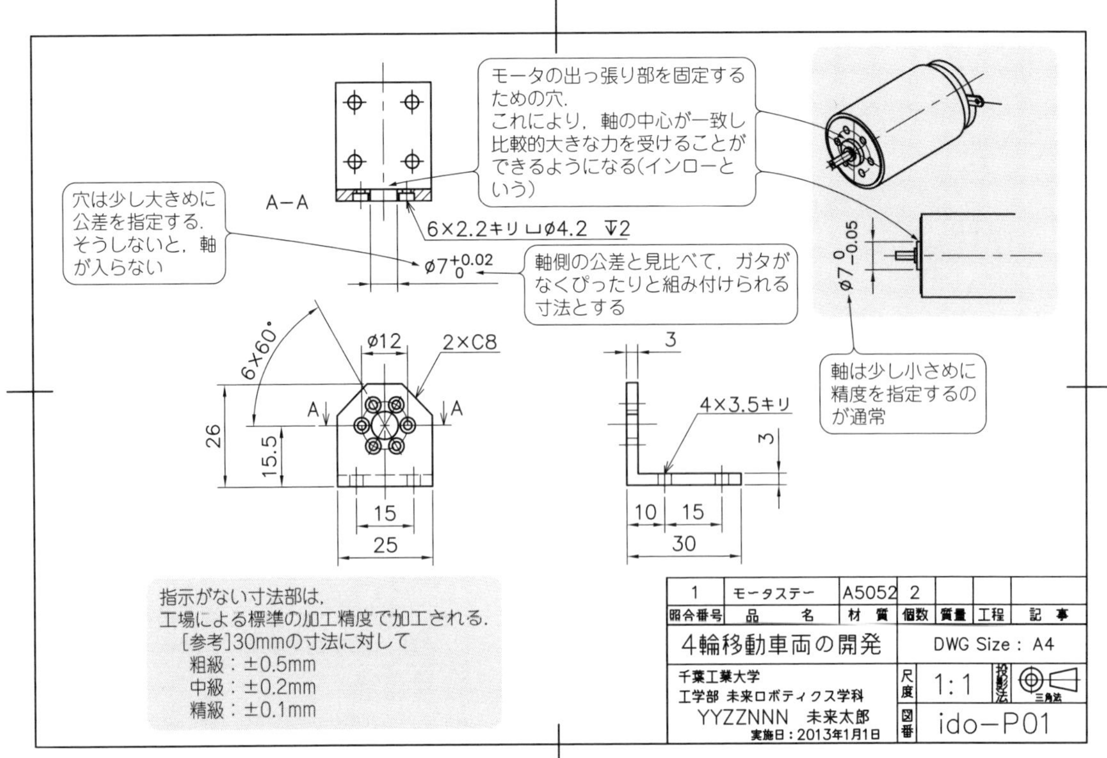


図16 寸法公差も書き入れる

面の大前提は，大事なところは寸法公差まで気にする，ということにほかなりません．

寸法を記入していないところは，許容差も指定されていません．つまり，ある一定の範囲内に寸法が収まっていることが保証されない，ということを意味します．

重複寸法が許されていないのは，公差まで考えた際に矛盾が生じるからです．括弧書きの参考寸法は公差を考慮しなくてよい寸法値のことを指します．

過度に公差指定をすることは，加工時間とコストを増やすだけなので，適切なものとするように心がけましょう．

## はめあいを指定する

### ● 軸・穴加工において寸法公差が重要な理由

もっとも寸法公差を気にする部品が，軸と穴です．一般に二つの部品を締結したり，回転する部分だったりします．そのため，いつでも望むとおりに組み立てや分解ができるように，これらの部品には必ず寸法公差を指定する必要があります．高速回転する軸などの場合，ほんの少しのガタが大きな振動を生む可能性があるため，精密に設計，組み立てする必要があります．

意外かもしれませんが，$\phi$100 mm穴に$\phi$100 mmの軸は通りません．$\phi$99 mmでは(99.5 mmでも)ガタガタで，おそらく望むものとは違うでしょう．どの程度のガタ，つまり公差が良いかについては，ある程度経験的に決められています．

### ● 記号による寸法公差指定法：はめあい

軸と穴の寸法公差を指定する方法は「はめあい」と呼ぶ特別な公差記載法があります(**図17**)．通常の寸法公差と同様に公差の上限下限値を記述する方法も使えますが，同じ± 0.03 mmの公差でも，軸・穴の直径

## 見やすい図のレイアウトと寸法の入れ方　Column 4

図面は情報を過不足なく伝えることが重要で，必要以上に煩雑になってはいけません．図面を作成する際はすべての情報を簡潔に過不足なく伝える必要があります．三面図を作成する際には部品の状態が理解可能な最小限の図だけで構成しましょう(**図F**)．各部の寸法も過不足なく記入する必要があります．不足はもちろんですが，親切のつもりでたくさん寸法を記入すると，逆に加工者を混乱させてしまいます．一番効果的なレイアウトを考えて図面を作成しましょう．

〈青木 岳史〉

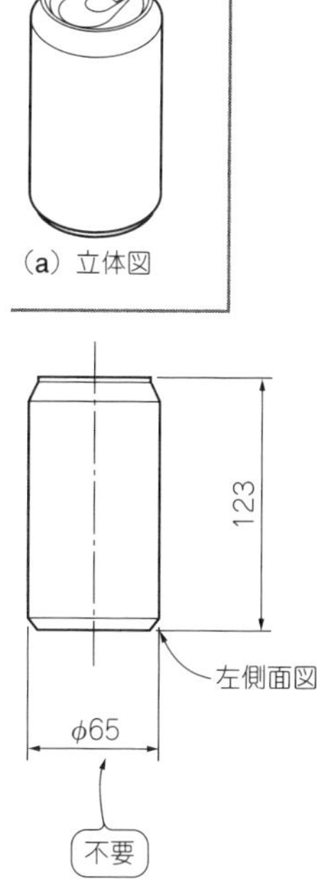


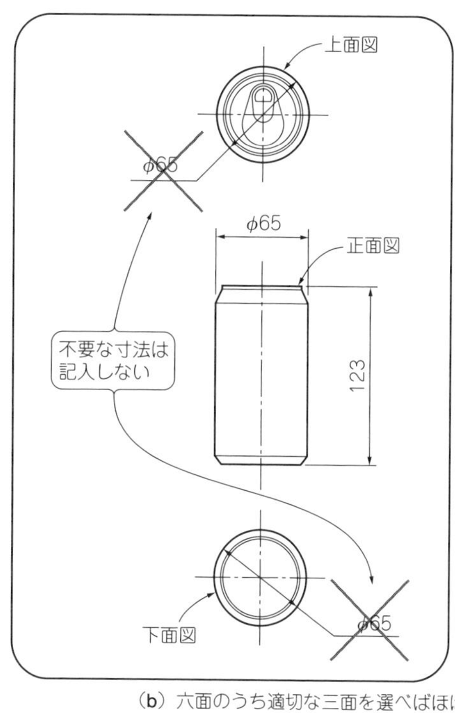


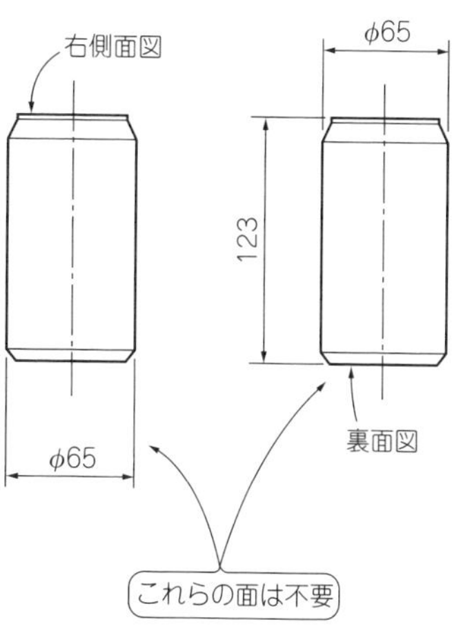


(b) 六面のうち適切な三面を選べばほぼ過不足なく情報を伝えられる

**図F　缶の図**

特設　寸法記入と仕上げのテクニック

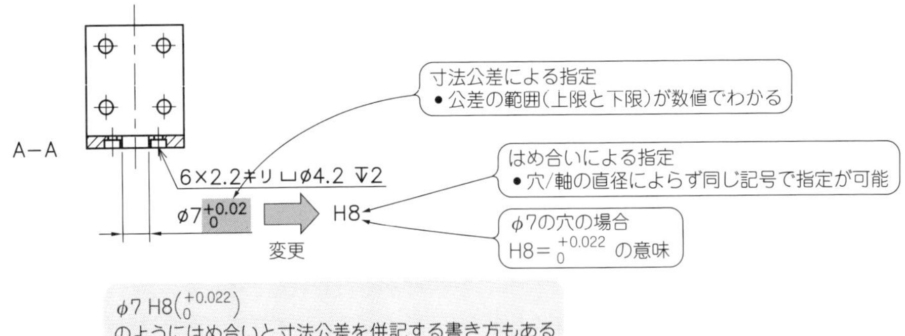


**図17　軸と穴の関係のような寸法公差は，はめあいによる指定も可能**

が100 mmのときと500 mmの場合では，軸の通りやすさは変わってしまいます．この通りやすさの感覚を大事にするための記載方法が「はめあい」による方法で，軸・穴の大きさによって相対的に公差域が変わります．

はめあいによる公差の指定法(記述法)は，指定する寸法値の後ろに,「アルファベット＋数字」を書きます．アルファベットは，基準となる公差の上限値(軸の場合)または下限値(穴の場合)を表し，数字がその公差域の広さを表します．アルファベットは，軸に対しては小文字で，穴に対しては大文字で指定します．

よく使われるはめあいの組み合わせ数パターンを覚えて使い分けられれば，問題はないでしょう．例えば以下の通りです．

- **H7/h7**：きつい組み合わせ(二度と分解しない場合など)
  [φ100のとき，穴 ＋0.035 －0 / 軸 +0 －0.035]
- **H7/h8**：しっかりした組み合わせ
  [φ100のとき，穴 ＋0.035 －0 / 軸 +0 －0.054]
- **H7/g6**：組み立て分解がしやすい組み合わせ　(すきまばめ)
  [φ100のとき，穴 ＋0.035 －0 / 軸 －0.012 －0.034]
- **H8/h7**：比較的安価できっちりした組み合わせ(中間ばめ)
  [φ100のとき，穴 ＋0.054 －0 / 軸 +0 －0.035]
- **H8/g6**：ゆるく，組み立て分解がしやすい組み合わせ(すきまばめ)
  [φ100のとき，穴 ＋0.054 －0 / 軸 －0.012 －0.034]

公差域内に加工する際，軸に対しては比較的調整しやすい(旋盤で測りながら少しずつ削れば調整できる)のですが，それに比べて穴の公差調整はドリルやフライス盤加工では難しいので，軸側で調整できるようにしておいたほうがよいでしょう．

どの組み合わせにしたらよいのかわからなければ，H7/h8(ぴったり)か H8/g6またはH7/g6(組み付けやすい)を選択するのが無難でしょう．

## 表面粗さを指定する

### ● どの程度まで綺麗に加工するかを指定する

加工の仕方によって，表面の滑らかさが違ってきます．どの工具を使うかによっても，あるいは丁寧に加工するか素早く加工するかによっても違います．どうでもよい場所もあれば，凹凸が気になるところもあります．図面の仕上げの最後は，この表面の粗さ(滑らかさ)を指定することです．

大まかに言うと，表面粗さを指定したい面に表面粗さ記号を描きます．そしてRa *XX*と記述すればよいのです(**図18**)．*XX*のところにくる数字が粗さの平均値で，単位はマイクロメートル(1 mmの1000分の1)です．Ra 25は，長さ方向に対して凹凸の平均値が25 μmということです．

値の目安は以下の通りです．

▶Ra(算術平均粗さ)

(1) 加工工具の違いによる値の違い

穴(キリ[ドリル])………Ra 6.3程度(3.2 ～ 12.5)
穴(リーマ)………………Ra 3.2程度(1.6 ～ 6.3)
面(フライス)……………Ra 0.8 ～ 25
シャフト(旋盤)…………Ra 0.1 ～ 12.5
ペーパ仕上げ……………Ra 0.1 ～ 1.6

(2) 値による面の違い

25…… ほとんど生地のままでよい場合の指定
12.5… 機能上あまり精度を問わない表面への指定
6.3…… 一般的な切削面．
3.2…… 中級の精度を必要とする面への指定．軸とそれに組み合わせるギアやプーリなどの固定部．
1.6…… 精度を必要とする面へ指定．ベアリングの挿入穴や，ベアリングに入れる軸など，精密な取り付け基準面．
0.8…… 高精度な仕上げ面．集中加重を受ける面など．ピン挿入穴や精密ねじなどの摺(しゅう)動面．

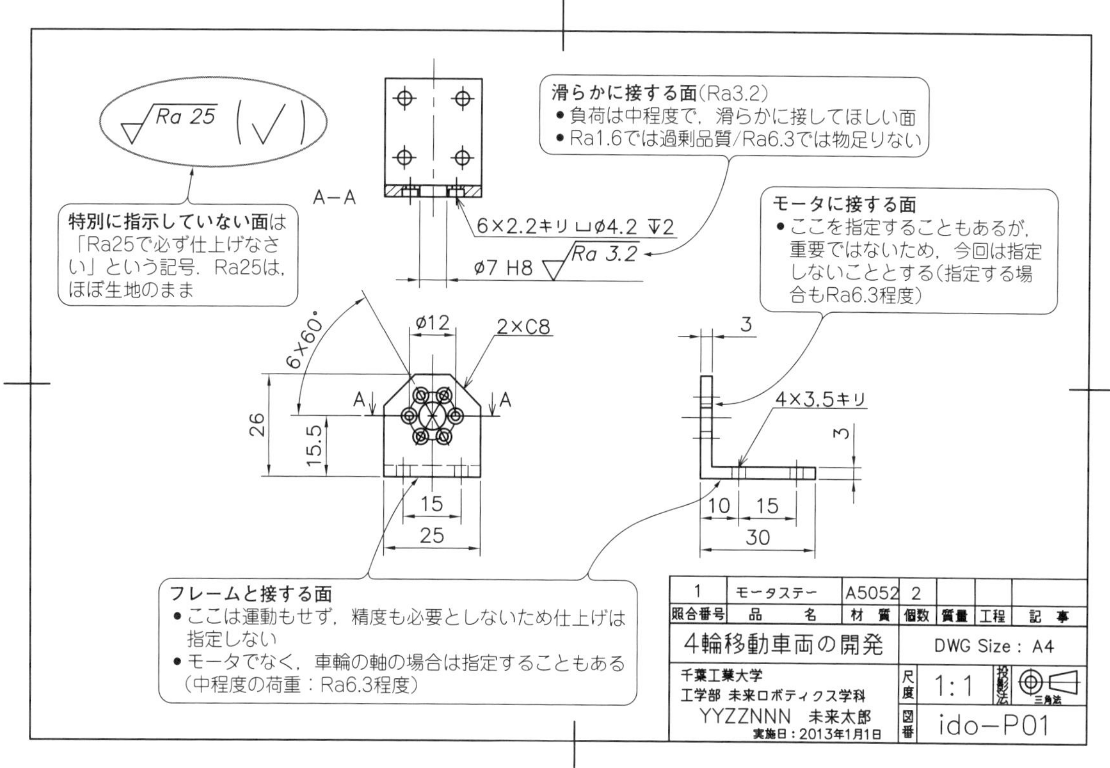


図18 表面粗さの指定



もちろん，加工する工具を指定することもできますが，加工業者に任せてほとんど問題はありません．

過度の仕上げ指定(ざらざらのRa 25で良いのに，つるつるのRa 0.8を頼むなど)をすると，加工時間が非常にかかり，それに伴い加工費用が非常に高くなるので，適切な表面粗さを選択するようにしなくてはいけません．

大まかにいえば，仕上げの値を1段階上げるごとに加工時間が倍，費用も倍です．

## きっちり検図をしよう

### ● 出図の前に時間をかけて検図する

出図(業者へ図面を出して加工をお願いする)の前に，もう1回改めて図面を見直すことを「検図」と言います．

ポイントを**図19**に示します．これがきっちりできていないと，思ったような部品ができあがらず，後で大変な思いをしますので，面倒でも時間をかけて見直すことをおすすめします．自分だけで検図すると，思わぬ思い込みがあるので，誰か他の人にも見てもらえるとよいですね．

検図には，以下の点に気をつけて行うとよいでしょう．

(1) 部品欄・表題欄に情報が正しく記載されているか？

(2) 正しい位置に描かれているか(三角法で描いてあるか？ 投影法マークは？)？

(3) 寸法は過不足なく記入されているか？ 縮尺は正しいか？

(4) 寸法公差は記入されているか？ 過剰公差ではないか？

(5) 表面粗さは過不足なく指定されているか？ 過剰仕上げを要求していないか？

このほかに，

(6) 加工可能であるか？

(7) 組み立て可能であるか？

まで考えることができれば，すばらしいでしょう．

そうして完成した図面が**図20**です．

(初出：「トランジスタ技術」2013年1月号別冊付録)

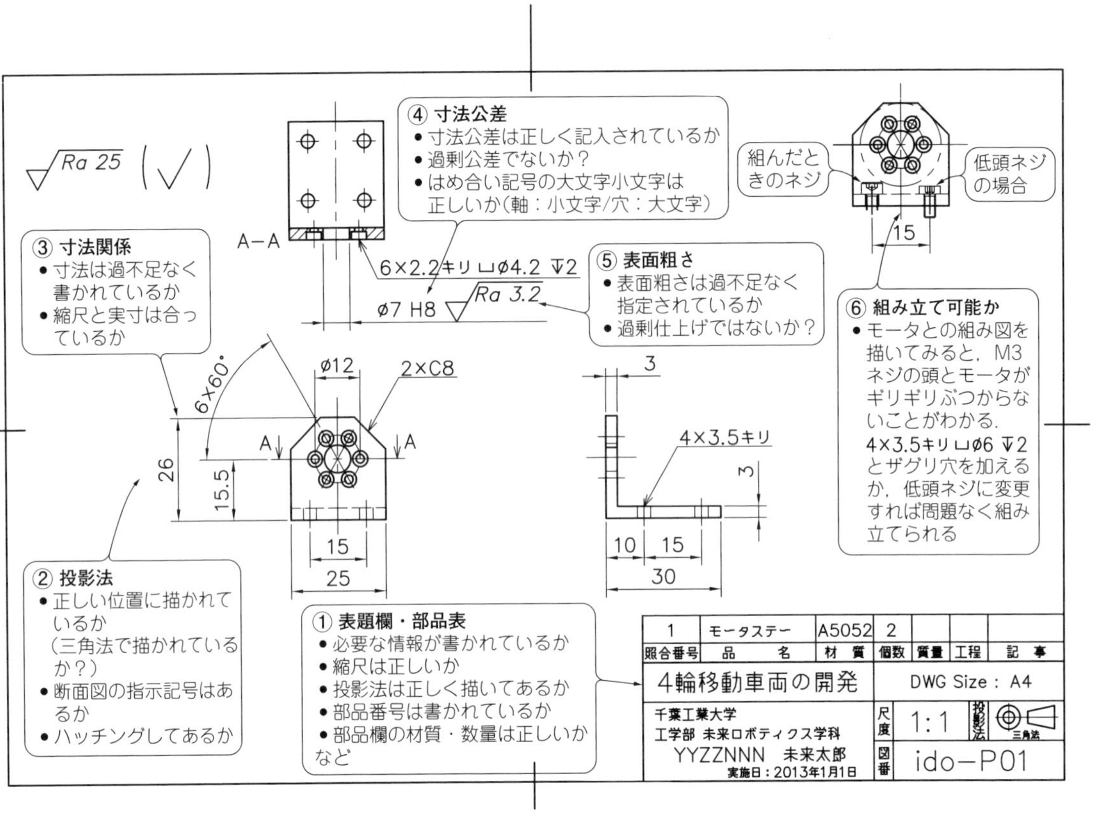

Ra 25 (✓)
④ 寸法公差
●寸法公差は正しく記入されているか
●過剰公差でないか？
●はめ合い記号の大文字小文字は正しいか（軸：小文字/穴：大文字）
組んだときのネジ
低頭ネジの場合
15
③ 寸法関係
●寸法は過不足なく書かれているか
●縮尺と実寸は合っているか
A−A
6×2.2キリ ⌴ϕ4.2 ↧2
ϕ7 H8
Ra 3.2
⑤ 表面粗さ
●表面粗さは過不足なく指定されているか
●過剰仕上げではないか？
⑥ 組み立て可能か
●モータとの組み図を描いてみると，M3ネジの頭とモータがギリギリぶつからないことがわかる．4×3.5キリ ⌴ϕ6 ↧2とザグリ穴を加えるか，低頭ネジに変更すれば問題なく組み立てられる
6×60°
ϕ12
2×C8
3
A
A
4×3.5キリ
26
15.5
3
15
25
10
15
30
② 投影法
●正しい位置に描かれているか（三角法で描かれているか？）
●断面図の指示記号はあるか
●ハッチングしてあるか
① 表題欄・部品表
●必要な情報が書かれているか
●縮尺は正しいか
●投影法は正しく描いてあるか
●部品番号は書かれているか
●部品欄の材質・数量は正しいかなど
1 モータステー A5052 2
照合番号 品名 材質 個数 質量 工程 記事
4輪移動車両の開発
DWG Size：A4
千葉工業大学
工学部 未来ロボティクス学科
YYZZNNN 未来太郎
実施日：2013年1月1日
尺度 1:1
投影法 三角法
図番 ido−P01


図19 検図のポイント

Ra 25 (✓)
A−A
6×2.2キリ ⌴ϕ4.2 ↧2
ϕ7 H8
Ra 3.2
6×60°
ϕ12
2×C8
3
A
A
4×3.5キリ
26
15.5
3
15
25
10
15
30
1 モータステー A5052 2
照合番号 品名 材質 個数 質量 工程 記事
4輪移動車両の開発
DWG Size：A4
千葉工業大学
工学部 未来ロボティクス学科
YYZZNNN 未来太郎
実施日：2013年1月1日
尺度 1:1
投影法 三角法
図番 ido−P01


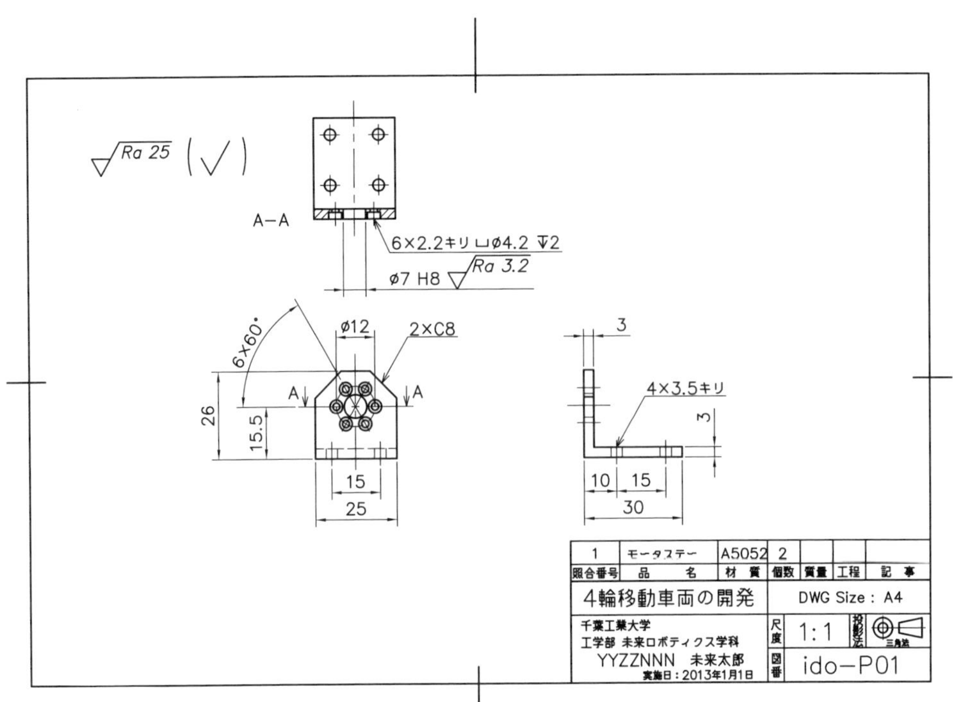

図20 完成した図面

## ピッタリはまる穴の書き方

**Column 5**

部品同士を正確に組み合わせるためには寸法の正確さである「寸法公差」を記述する必要があります．軸を寸法の値がまったく同じ穴に通そうとすると，実は通せません．実際に同じ寸法で部品を製作すると，加工精度や材料の熱膨張により基準寸法にぴったりの大きさにすることはできないのです．必ず穴は少し大きく，軸は少し小さく指定する必要があります(**図G**)．

また部品を製作する加工者は基準寸法ピッタリには作らず，ある範囲内に加工後の寸法が入るように製作します．なぜならこれをしないと加工のコストが跳ね上がるからです．設計者が指定するこの範囲を「寸法公差」(軸と穴の場合は「はめあい」)と呼びます．JISの規格では基準寸法を境に＋側は大文字のアルファベット，－側は小文字のアルファベットで定義し，基準寸法の大きさにたいして範囲の寸法が定義されています(**図H**)．

軸を一度挿入して二度と抜かない場合は基準寸法に近い範囲の寸法公差を指定し，何度も抜き差しをするのであれば緩い寸法公差を指定します．加工者はこの指定された寸法公差の範囲で部品を製作しますので，設計者の意図通りの寸法公差が指定されていれば部品同士の組み立てはうまくいくはずです．

寸法公差の指定は非常に手間ですが，省くことはできません．逆に寸法公差の必要ない穴などについては大きめの指定(いわゆる「バカ穴」と呼ばれる指定)をするとよい場合もあります．一般的に高精度で動作する機械の場合は相当の精度が要求されますので，はめあいもキツイはめあいを指定します．逆に趣味で行う工作のようにそれほど精度が必要ない場合は，ゆるい可動はめあいのほうが組み立て/分解を簡単に行うことができます．

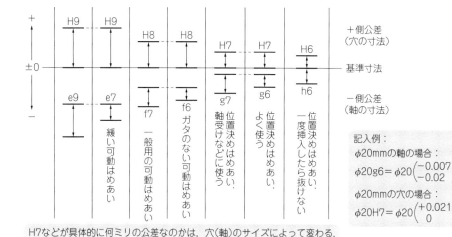

〈青木 岳史〉

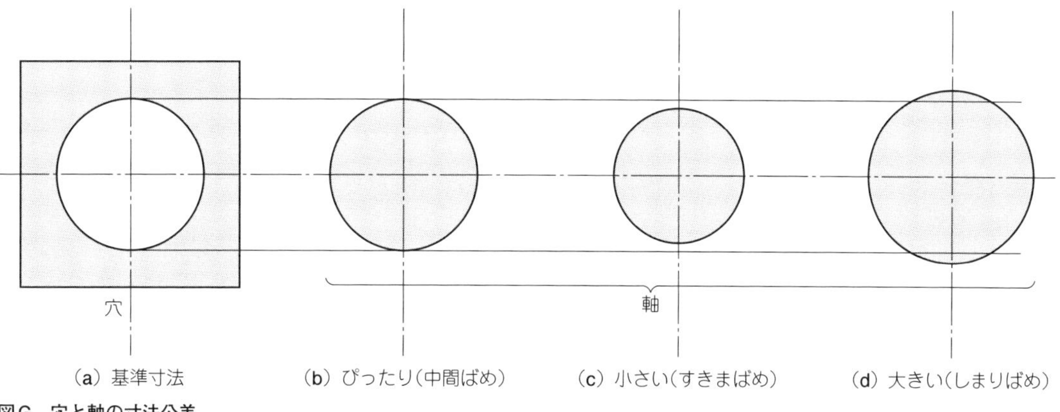


**図G　穴と軸の寸法公差**

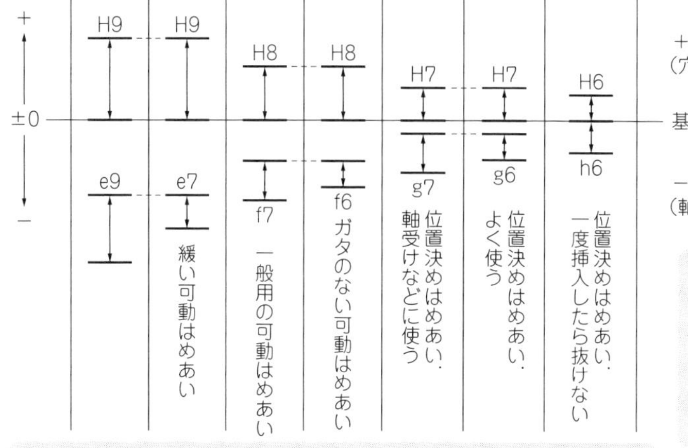


**図H　＋側は大文字，－側は小文字で表記される．数値が大きいほど緩くなる**

特設 寸法記入と仕上げのテクニック

穴/ネジからベアリング/シャフトまで

# 特設4 機械部品を描くテクニック

太田 祐介 Yusuke Ohta

ここからは，機械要素ごとに分け，製図の記載方法を解説します．

## 穴の種類と加工指示

穴の役割は，

(1) 部品を穴にはめ込み固定するもの

(2) ネジ穴をあけるための下穴，または貫通ネジ用

のどちらかがほとんどでしょう．

穴を描くときに必要な寸法線・情報は**図21**に示すとおりです．

① 穴をあける位置を示すための中心線と基準面からの距離(水平距離・垂直距離など)
② 穴の個数(同じ穴をあける場合)
③ 穴の直径(公差指定が入ることもある)
④ 穴の深さ(公差指定が入ることもある)
⑤ 穴のあけ方(工具の指定)
⑥ 表面粗さの指定

これらを必要に応じて順番に書いていきます．

▶例1　バカ穴の場合

ネジを留めるときにネジ穴の空いていないほうの穴(精度を求められない穴)のことを通称「バカ穴」と言います．この場合，ネジの大きさの1割ぐらい大きな穴をあけます．ネジ穴に0.1 mmの位置精度は求められませんので，適当でよいのです．またこの場合，穴の位置に対する精度も求められませんので指定しません．

▶例2　止まり穴

貫通していない穴の場合には，穴の直径・穴の深さ

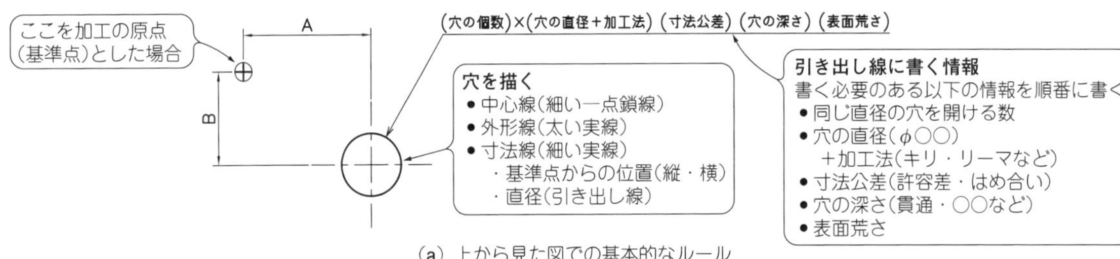


(a) 上から見た図での基本的なルール

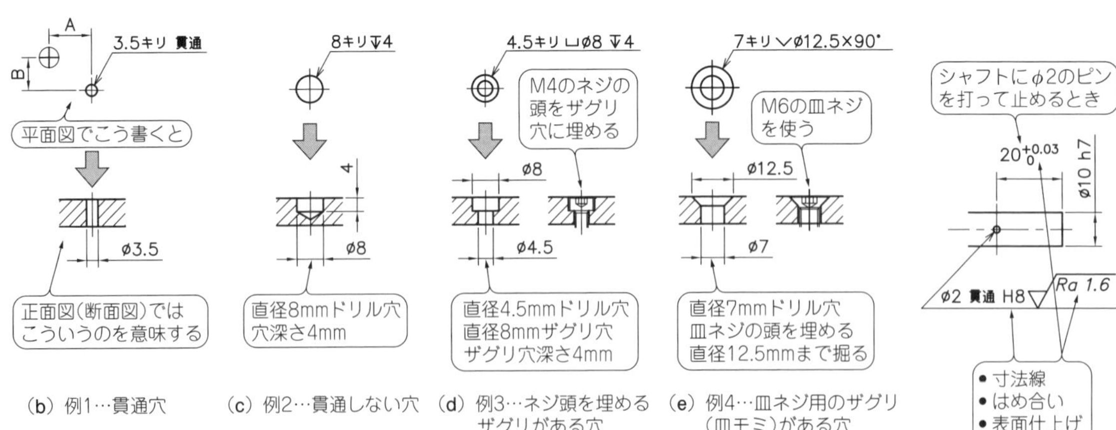


(b) 例1…貫通穴　(c) 例2…貫通しない穴　(d) 例3…ネジ頭を埋めるザグリがある穴　(e) 例4…皿ネジ用のザグリ(皿モミ)がある穴　(f) 例5…ピンを打ち込むための穴

図21　穴加工の指示

を指定します．ドリル穴の指定(キリ)をした場合，一般的に穴の一番深い部分の長さは指定した穴深さより長くなるので，気密部品などを設計する場合などは注意が必要です．

▶例3　ザグリ穴

ネジの頭を隠すなどして見た目を良くしようとする場合，ザグリ穴を使います．必要な情報は，下穴径・ザグリ穴径およびザグリ穴深さです．それぞれのネジに対してこれらの寸法はほぼ決まっており，JISの規格表などを見ると書いてあります．

▶例4　皿モミ(皿ザグリ)

皿ネジの頭を埋める際に作成する穴です．ザグリ穴と同じように指定します．

▶例5　精度の必要な穴(ピンを刺すなど)

ピンを刺すなどの穴は，位置の精度(公差)が厳しくなります．また直径に関してもはめあいによる公差指定を必要とします．表面粗さも滑らかなものを指定します．

## 面取り(C面取りとR面取り)の加工指示

切断した板材や切削加工後の材料や穴などには,「バリ」と呼ばれる切削かすが残ることがあります．これらをそのままにしておくと，けがの原因となることや，組み立てることができないなどの問題が発生します．そのため部品には，角を少し除去するC面取りやR面取りを多用します(**図22**)．

もう一つ，面取りの重要な役割として，シャフトなどを穴に通す場合，それぞれの部品に出っ張りがあるとうまく組み付けできないので，若干大きめの面取り(C0.5～1程度)を指定することが一般的です．

角をまっすぐカットする方法のうち，45°の角度で面取りするものをC面取りと言い，日本ではC○○として記載できます(国際的には，○○×45°と記載しなくてはいけません)．もちろん，45°以外の場合には，(1) それぞれの削る長さの指定，(2) 削る長さ一つと角度の指定，で指定することができます．角を丸く削る場合をR面取りと言い，削る半径を指定することで加工できます．

C面取り，R面取りのとき，個数×C○○(R○○)という記載法も実際の現場では使用されています．JISでは認められていませんが，意味は伝わります．

加工の際に生じたバリに注意をして，これらを除去して欲しいことを特に指定したい場合，図面の下部に「指示無き面取りは糸面取りのこと」と注記する方法もあります．こうすると，すべての角を大体C0.2ぐらいでとってくれます．バリはこれで除去されます．



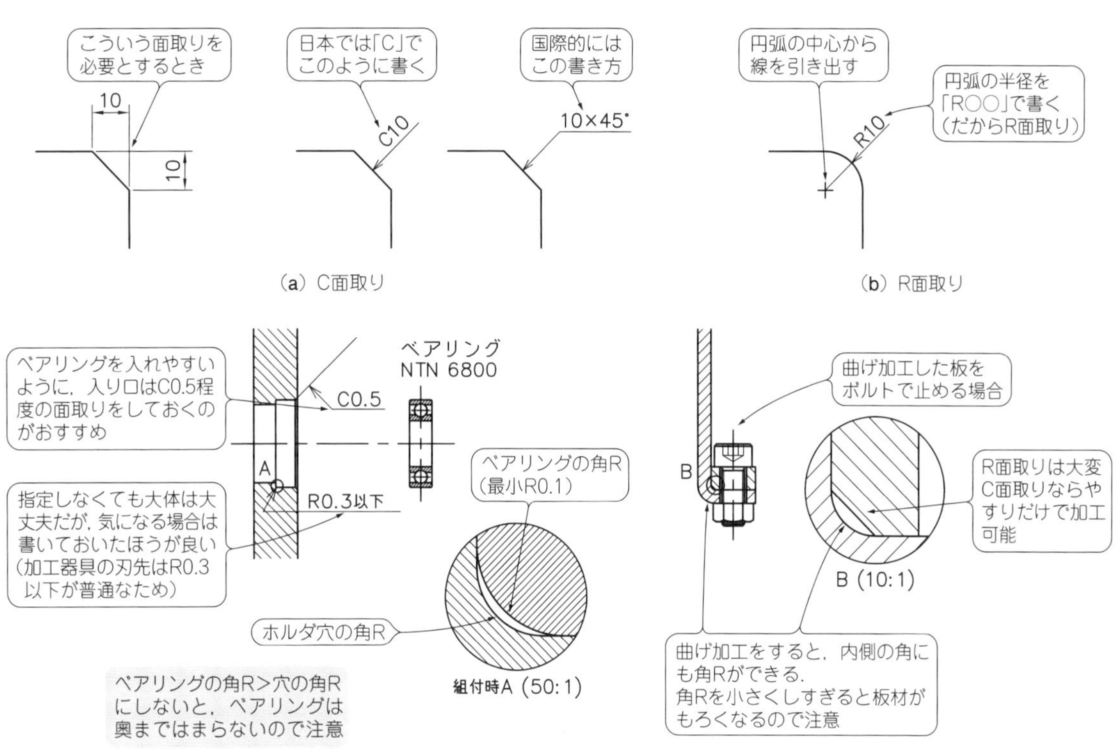


(a) C面取り

(b) R面取り

(c) 例1…ベアリング取り付け部分の加工

(d) 例2…曲げ部品に取り付ける抑え部材の加工

**図22　面取りの指示**

## ネジの図面と加工指示

ネジは，二つの部品を締結するのに使います．基本的に，ネジの方向へ力が加わるようにします．違う方向(ネジを折る方向)には力が加わらないように設計します．

ネジには，雄(お)ネジ(ボルト)，雌(め)ネジ(ナット)があり，**図23**に示すようにそれぞれ描き方が違います．

大事な線(雄ネジの外径線・雌ネジの内径線)は太く書き，谷の線は細く書きます．正面からの図のときは，大事な線は太い実線で，谷の線は細い実線で，かつ右上1/4を消しておく必要があります．

ネジ穴を描くときに必要な情報は，**図24**のようになり，それぞれを順番に図面上に記載します．

① ネジ穴をあける位置を示すための中心線と基準面からの距離(水平距離・垂直距離など)
② ネジ穴の個数(同じネジ穴をあける場合)
③ ネジ穴の大きさ(ネジの直径．細目ネジ・インチネジなどのピッチ情報が入ることもある)
④ ネジ穴(有効ネジ部)の深さ
⑤ 下穴の深さ(直径)
⑥ ザグリ穴/深ザグリ穴の直径/深さ，面取りなどの追加情報

正面図に引出線を使って書いても，あるいは断面図にすべて寸法線として記載しても，どちらでも結構ですが，必要な情報はすべて記載しなくては，ものが作れません．

## Cリング / Eリングの描き方

これらの部品は，シャフトや部品がずれるのを防いだり，力を伝達するのに使います．具体的には**図25**のように描いて使用します．細かい寸法などは，JISの規格表に載っています．規格表を見て確認しながら設計していく必要があります．

要素に加工が難しい場合など，最近では接着による締結も有効な手段です．接着剤の性能が向上して，締結力が強いだけではなく，耐衝撃性にもすぐれた商品が開発されています．例えばカーボンなど切削加工が難しい材料に他の部品を締結する際に使用されています．最近ではカーボン素材で大半が作られた飛行機などもあります．ただし，接着剤を使う場合，気をつけて使用しないと二度と分解できなくなります．瞬間接着剤(アロンアルファなど)は衝撃に弱いので，使う場所を選びます．

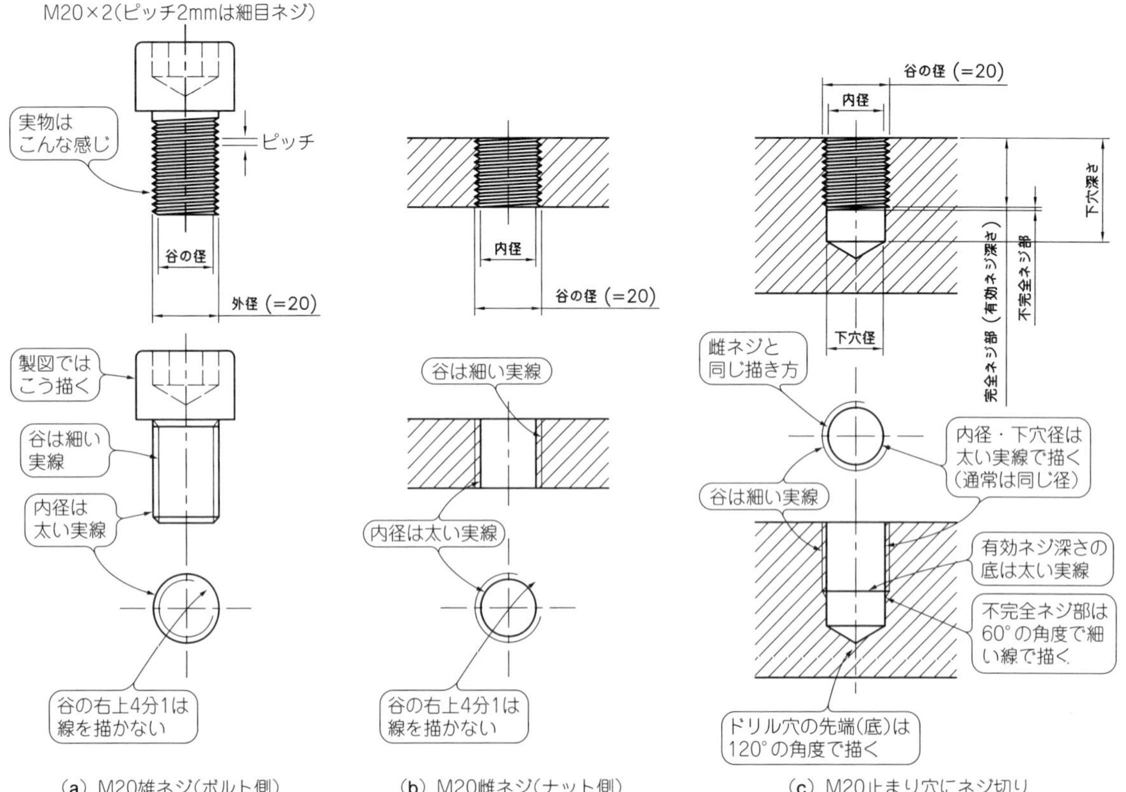


(a) M20雄ネジ(ボルト側)　(b) M20雌ネジ(ナット側)　(c) M20止まり穴にネジ切り

図23　ネジとネジ穴の描き方

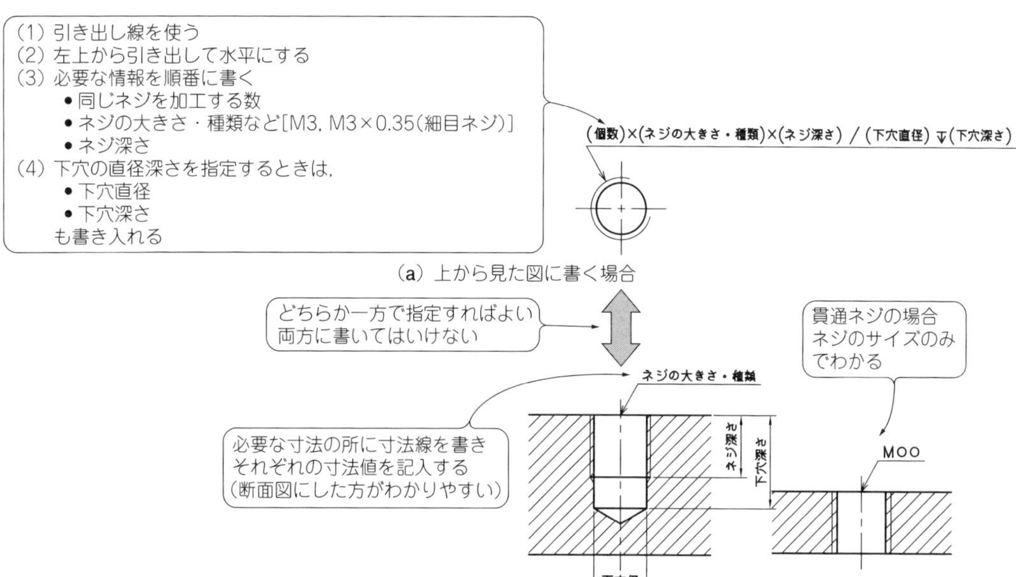
(1) 引き出し線を使う
(2) 左上から引き出して水平にする
(3) 必要な情報を順番に書く
• 同じネジを加工する数
• ネジの大きさ・種類など[M3, M3×0.35(細目ネジ)]
• ネジ深さ
(4) 下穴の直径深さを指定するときは,
• 下穴直径
• 下穴深さ
も書き入れる
(個数)×(ネジの大きさ・種類)×(ネジ深さ) / (下穴直径) ↧(下穴深さ)
どちらか一方で指定すればよい
両方に書いてはいけない
ネジの大きさ・種類
必要な寸法の所に寸法線を書き
それぞれの寸法値を記入する
(断面図にした方がわかりやすい)
ネジ深さ
下穴深さ
下穴径
貫通ネジの場合
ネジのサイズのみ
でわかる
M○○

(a) 上から見た図に書く場合

(b) 横から見た図に書く場合

図24　ネジ穴加工の指示

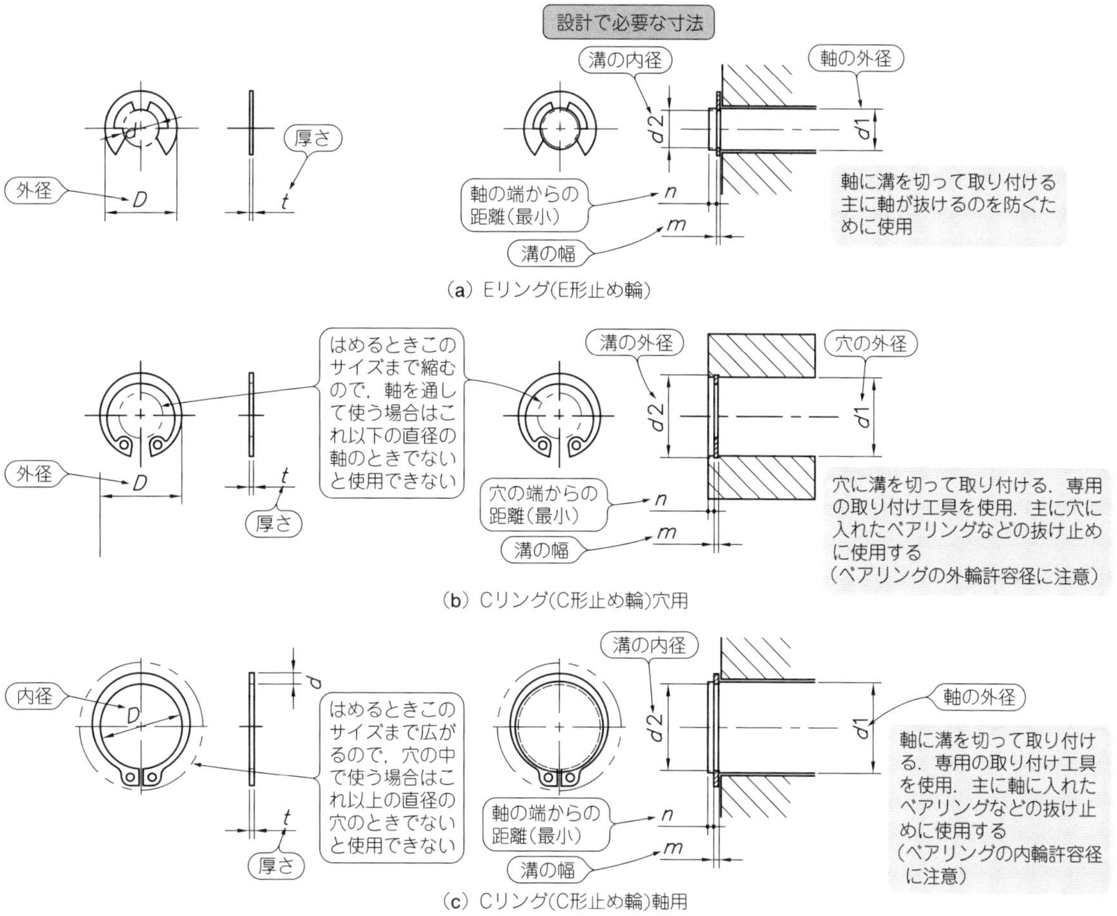

設計で必要な寸法

外径
$D$
厚さ
$t$
溝の内径
$d2$
軸の外径
$d1$
軸の端からの距離(最小)
$n$
溝の幅
$m$
軸に溝を切って取り付ける
主に軸が抜けるのを防ぐために使用

(a) Eリング(E形止め輪)

外径
$D$
厚さ
$t$
はめるときこのサイズまで縮むので，軸を通して使う場合はこれ以下の直径の軸のときでないと使用できない
溝の外径
$d2$
穴の外径
$d1$
穴の端からの距離(最小)
$n$
溝の幅
$m$
穴に溝を切って取り付ける．専用の取り付け工具を使用．主に穴に入れたベアリングなどの抜け止めに使用する
(ベアリングの外輪許容径に注意)

(b) Cリング(C形止め輪)穴用

内径
$D$
$d$
厚さ
$t$
はめるときこのサイズまで広がるので，穴の中で使う場合はこれ以上の直径の穴のときでないと使用できない
溝の内径
$d2$
軸の外径
$d1$
軸の端からの距離(最小)
$n$
溝の幅
$m$
軸に溝を切って取り付ける．専用の取り付け工具を使用．主に軸に入れたベアリングなどの抜け止めに使用する
(ベアリングの内輪許容径に注意)

(c) Cリング(C形止め輪)軸用

図25　Cリング/Eリングの描き方

## 歯車／プーリの描き方

歯車やプーリなどを使い，モータからの力を離れたところに伝える事例は数多くあります．その際の製図法を紹介します．

基本的な描き方は同じです．歯車は**図26**，プーリは**図27**に示すとおりです．図面としての要素は，

- 歯先円： 太い実線で描く
- 歯底円： 細い実線で描く
- ピッチ円：一点鎖線で書く

これだけです．あと，歯の大きさを表す用語として，モジュールと言うものがあります．同じモジュールを持つものでなくては，動力の伝達ができないので，設計のときには注意が必要です．

## ベアリングを使う図面の描き方

回転するシャフトを支える際にベアリングを使います．一般的には**図28**に示すよう指定して使います．

軸やホルダとのはめあいが非常に重要になりますが，あまり細かいところを気にしないようであれば，軸h8/穴H8，表面性状Ra1.6程度を指定しておくと無難です．

厳密には，ベアリングに対する加重方向が変化することによって，はめあいを変えるとさらに良いです．例えば**図29**に示すように，タイヤを回転させる場合にも，軸を回すかタイヤを回すか(取り付けたベアリングが回転するかどうか)によって，はめあいを変えます．

h7/H7の指定は，固定を前提とした「しまりばめ」

### ネジのいろいろ　Column 6

機械部品の締結要素として最も一般的なものがネジです．ネジにはたくさんの種類があり，ネジの形状以外にも材料の物性や表面処理などが異なるものも存在しています．代表的な形状を**図1**に紹介します．ここではネジの形状しか紹介しませんが，自分の使用用途に合わせたものを選んでみてください．ただ，あまり特殊な種類やサイズを選ばないほうが，汎用性の高い設計ができます．〈青木 岳史〉

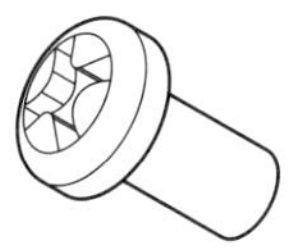
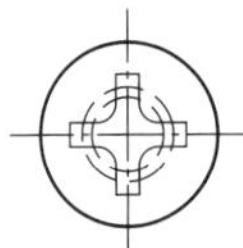
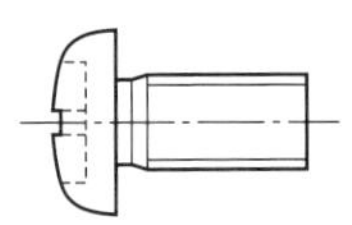

(a) ナベ子ネジ
最も良く使われるネジ．安価に入手可能．
ネジ頭をなめやすい

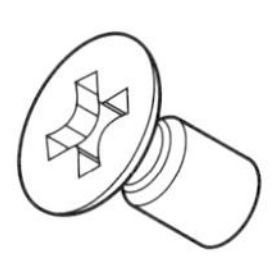
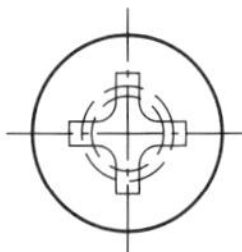
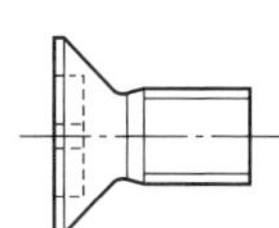

(b) 皿ネジ
締結の際にネジ頭を板材に埋め込むことが可能
(皿ザグリが必要)

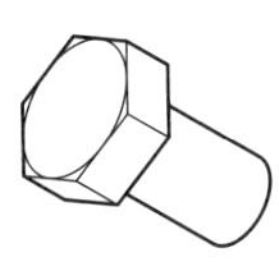
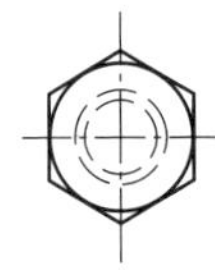
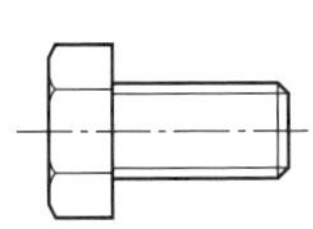

(c) 六角ボルト
一般的にボルトと言ったらこれ．スパナで回す

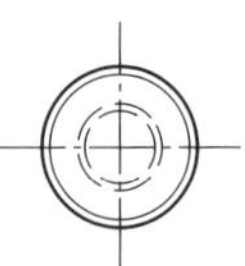
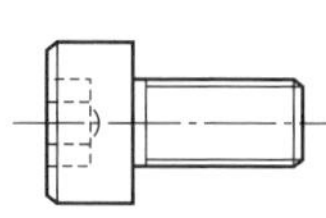

(d) 六角穴付きボルト
六角レンチにより高い締め付けが可能

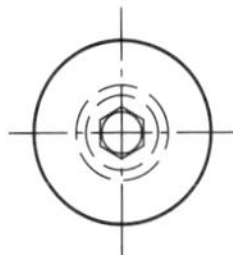
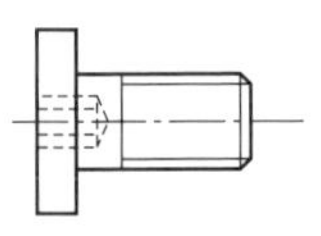

(e) 六角穴付き低頭ボルト
ネジ頭が低く抑えられている．ネジ頭の干渉を
防ぐことができる

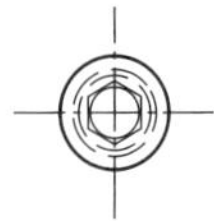
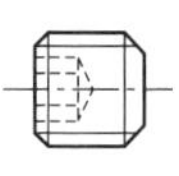

(f) 止めネジ
イモネジとも呼ぶ．ギヤなどの締結に用いる

**図1 よく使われるネジの形状**

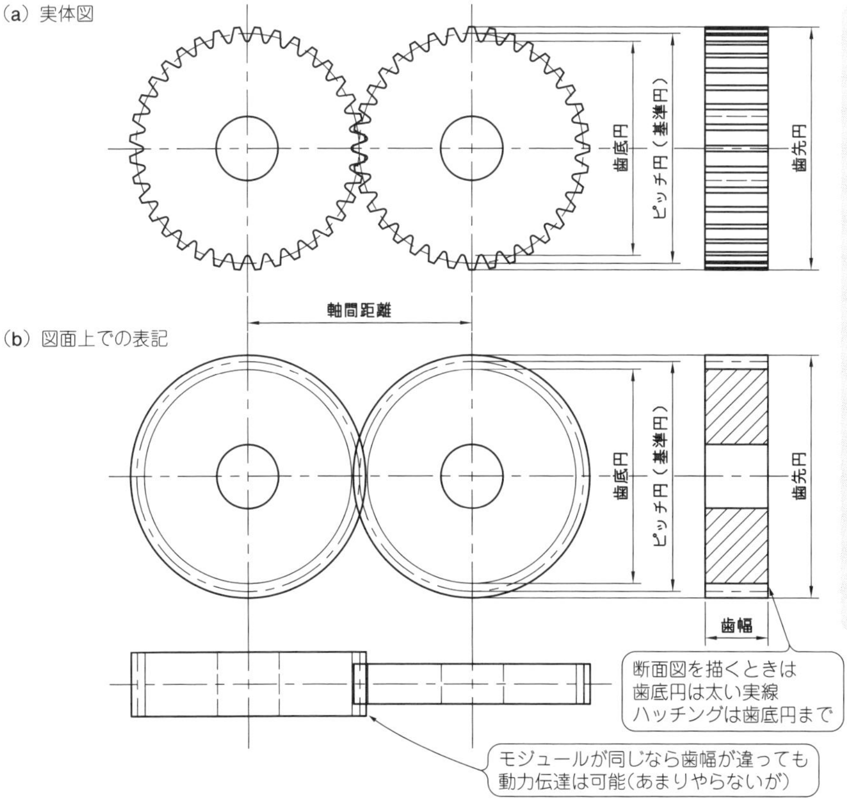

(a) 実体図

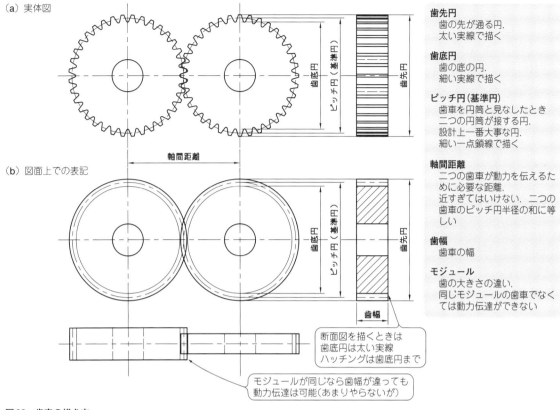

(b) 図面上での表記

歯底円
ピッチ円(基準円)
歯先円
軸間距離
歯幅
断面図を描くときは
歯底円は太い実線
ハッチングは歯底円まで
モジュールが同じなら歯幅が違っても
動力伝達は可能(あまりやらないが)

**歯先円**
歯の先が通る円.
太い実線で描く

**歯底円**
歯の底の円.
細い実線で描く

**ピッチ円(基準円)**
歯車を円筒と見なしたとき
二つの円筒が接する円.
設計上一番大事な円.
細い一点鎖線で描く

**軸間距離**
二つの歯車が動力を伝えるために必要な距離.
近すぎてはいけない. 二つの歯車のピッチ円半径の和に等しい

**歯幅**
歯車の幅

**モジュール**
歯の大きさの違い.
同じモジュールの歯車でなくては動力伝達ができない

**図26　歯車の描き方**

(a) 実体図

(b) 図面上での表記

描き方は歯車と同じ
ピッチ円は歯先円より
大きくなるので注意
歯底円
歯先円
ピッチ円(基準円)
軸間距離
軸間距離はベルトの
長さによって決まる
歯底円
細い実線
歯先線
太い実線
ピッチ円
細い一点鎖線
ベルトの先はピッチ円よりさらに大きい
(想像線:二点鎖線で描いた)
中心線
フランジ(外れ止め)を
使うことがほとんど
歯幅
プーリ幅
ベルトの幅より
歯の幅を広く取る.
プーリ幅はフランジを
含むのでもっと大きい

**図27　プーリの描き方**

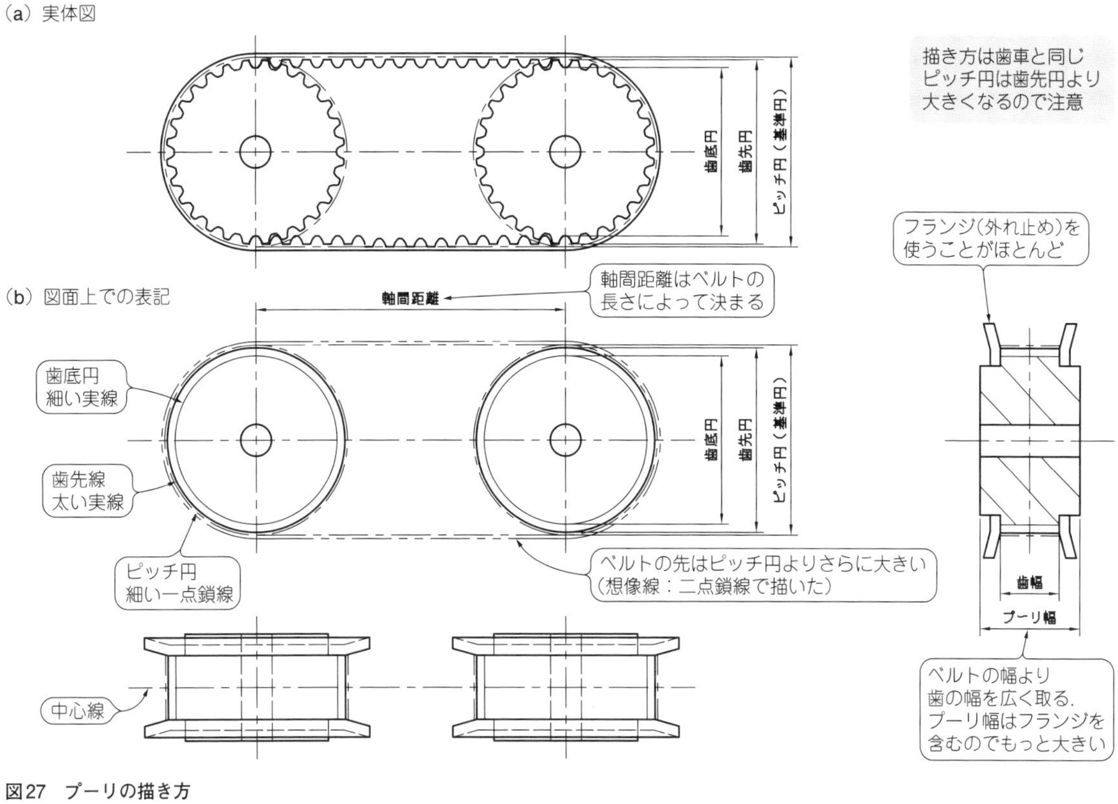

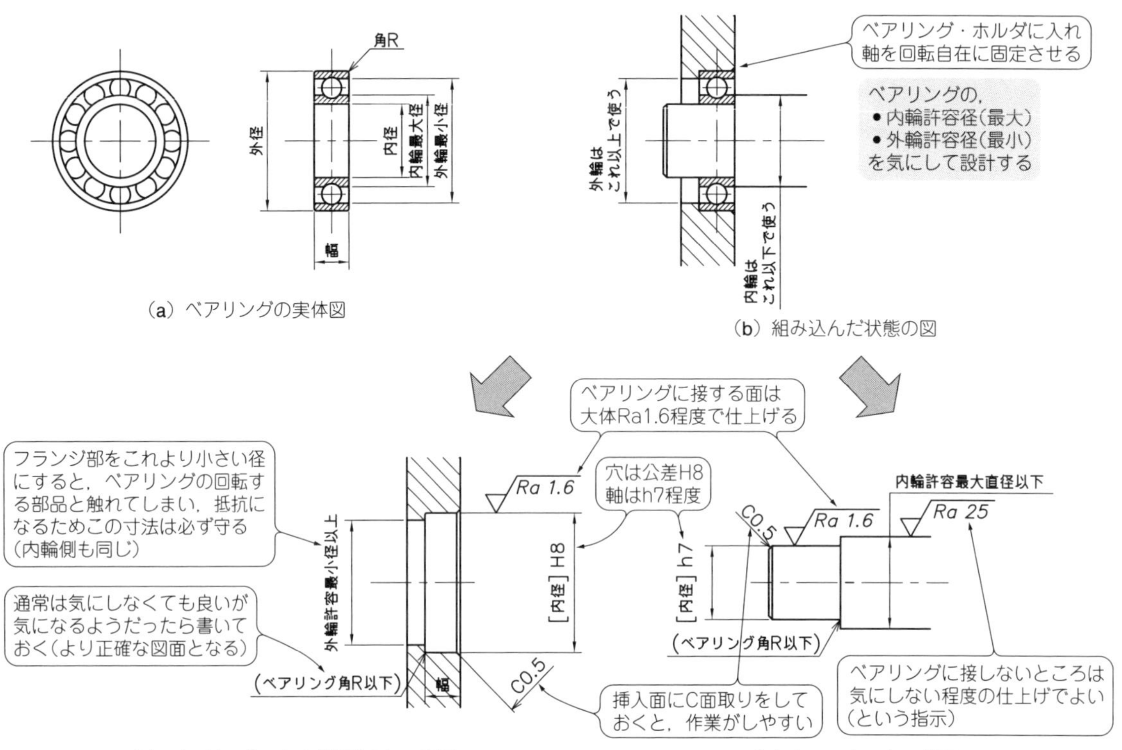

角R

外径

内径

内輪最大径

外輪最小径

幅

（a）ベアリングの実体図

ベアリング・ホルダに入れ
軸を回転自在に固定させる

ベアリングの，
• 内輪許容径（最大）
• 外輪許容径（最小）
を気にして設計する

外輪は
これ以上で使う

内輪は
これ以下で使う

（b）組み込んだ状態の図

ベアリングに接する面は
大体Ra1.6程度で仕上げる

フランジ部をこれより小さい径にすると，ベアリングの回転する部品と触れてしまい，抵抗になるためこの寸法は必ず守る（内輪側も同じ）

通常は気にしなくても良いが気になるようだったら書いておく（より正確な図面となる）

外輪許容最小径以上

Ra 1.6

穴は公差H8
軸はh7程度

［内径］H8

（ベアリング角R以下）

幅

C0.5

内輪許容最大直径以下

C0.5

Ra 1.6

Ra 25

［内径］h7

（ベアリング角R以下）

挿入面にC面取りをしておくと，作業がしやすい

ベアリングに接しないところは気にしない程度の仕上げでよい（という指示）

（c）ベアリング・ホルダ部分の加工指示

（d）シャフトの加工指示

**図28　ベアリングの描き方と加工指示**

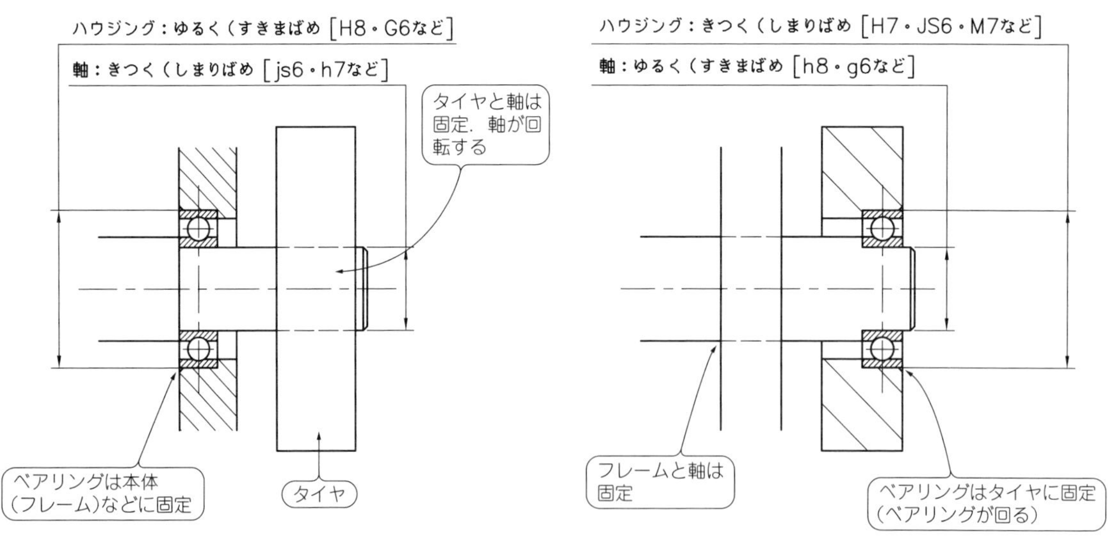

ハウジング：ゆるく（すきまばめ［H8・G6など］
軸：きつく（しまりばめ［js6・h7など］
タイヤと軸は固定．軸が回転する
ベアリングは本体（フレーム）などに固定
タイヤ
ハウジング：きつく（しまりばめ［H7・JS6・M7など］
軸：ゆるく（すきまばめ［h8・g6など］
フレームと軸は固定
ベアリングはタイヤに固定（ベアリングが回る）

軸とベアリングはきつく，
ハウジングとベアリングはゆるく固定する．

例えば6mmの軸・ハウジングのとき：
軸側：h7(0～−0.012)/js6(±0.004)/m6(+0.004～+0.012)
ハウジング側：H8(0～+0.018)/G6(+0.004～+0.012)

（a）軸が回転する場合

軸とベアリングはゆるく，
ハウジングとベアリングはきつく固定する．

例えば6mmの軸・ハウジングのとき：
軸側：h8(0～−0.018)/g6(−0.004～−0.012)
ハウジング側：H7(0～+0.012)/JS6(±0.004)/
M7(0～−0.012)

（b）ベアリングの外側が回転する場合

**図29　ベアリングの組み込み部分は加重方向によってはめあい指定を変える**

止めネジ
（セット
スクリュー）
ギヤなど
シャフト
軸そのものにネジを
押しつけてもよいが,
面を作りそこへ押し
つけたほうが確実
（Dカットという）
(a) ギヤなどにボスを設けて
ネジを取り付ける
ボスにネジ穴を開けて
そこで止めるのが一般的
この部分を
ボスという
(b) 断面図
特徴：
○簡単に固定できる
△あまり大きな力は伝えられない
×たまにネジを壊す
この辺りの数値はおおざっぱで
よいように設計する
シャフト表面は
良く仕上げる
シャフト直径は
はめ合い指定を
する
L2
L1
A
φD はめあい
Ra 1.6
A–A
平面を表す製図法
A
C00
シャフトの角は面取りして
おいたほうが，いろいろな
部品に差し込みやすく都合
が良い
(c) シャフトの部品図

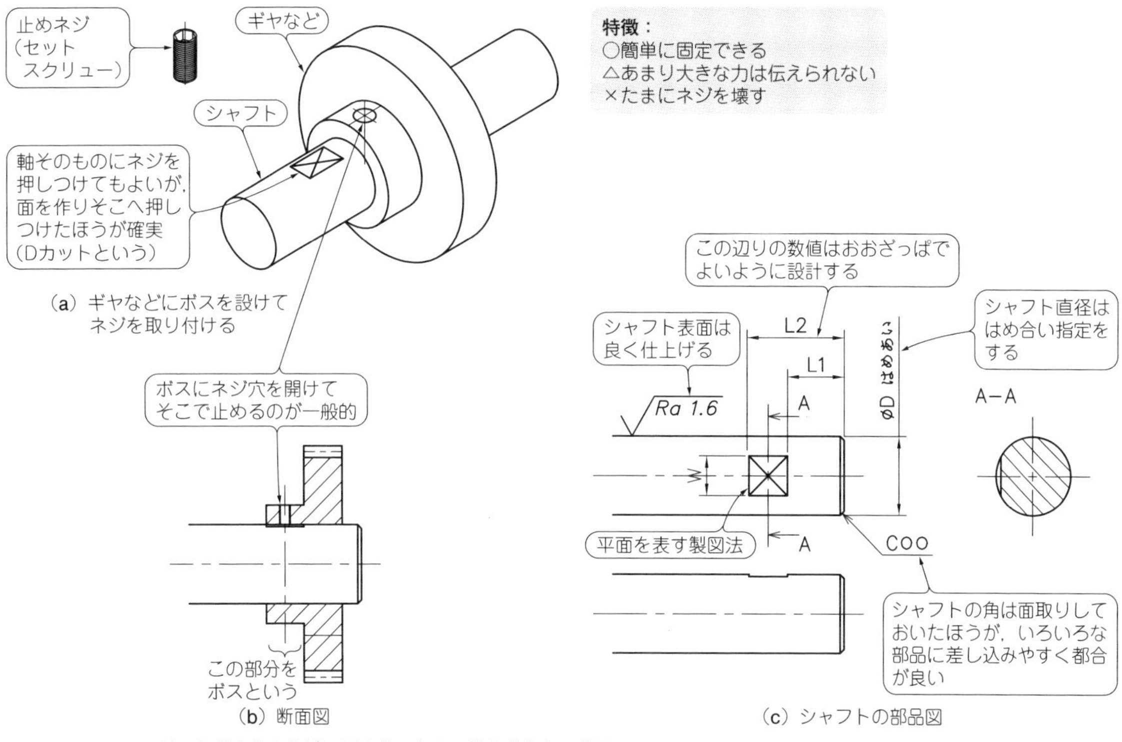

図30　シャフトにギヤなどを止めネジで固定するときの描き方と加工指示

特徴：
○キーがしっかりはまって大きな力を伝えられる
△軸方向には固定されない
△キー溝の加工が必要
キー材
（平行キー）
キー溝（穴側）
ここでキーを止める
キー溝（軸側）
ここにキーを入れる
(a) シャフトとギヤなどの両方にキー溝をつける
(b) 断面図と平面図
シャフト表面・キー溝
表面は良く仕上げる
キーはキッチリはまらなくて
はいけないので，寸法公差・
はめあいを指定する
Ra 1.6
Ra 1.6
L 公差
E
A
B はめあい
φD はめあい
A–A
(R)
A
C00
T 公差
シャフト直径は
はめ合い指定をする
シャフトの角は面取り
しておいたほうが，い
ろいろな部品に差し込
みやすく都合が良い
キー溝の幅寸法をしていれば
ここは(R)のみの記載（参考寸
法記入）でよい.
幅で指定するのではなく，こ
こに寸法を入れてもよい.
キー溝加工の都合，ここにR
がつかないようにするのは,
異常に高価となるため注意
(c) シャフトの部品図

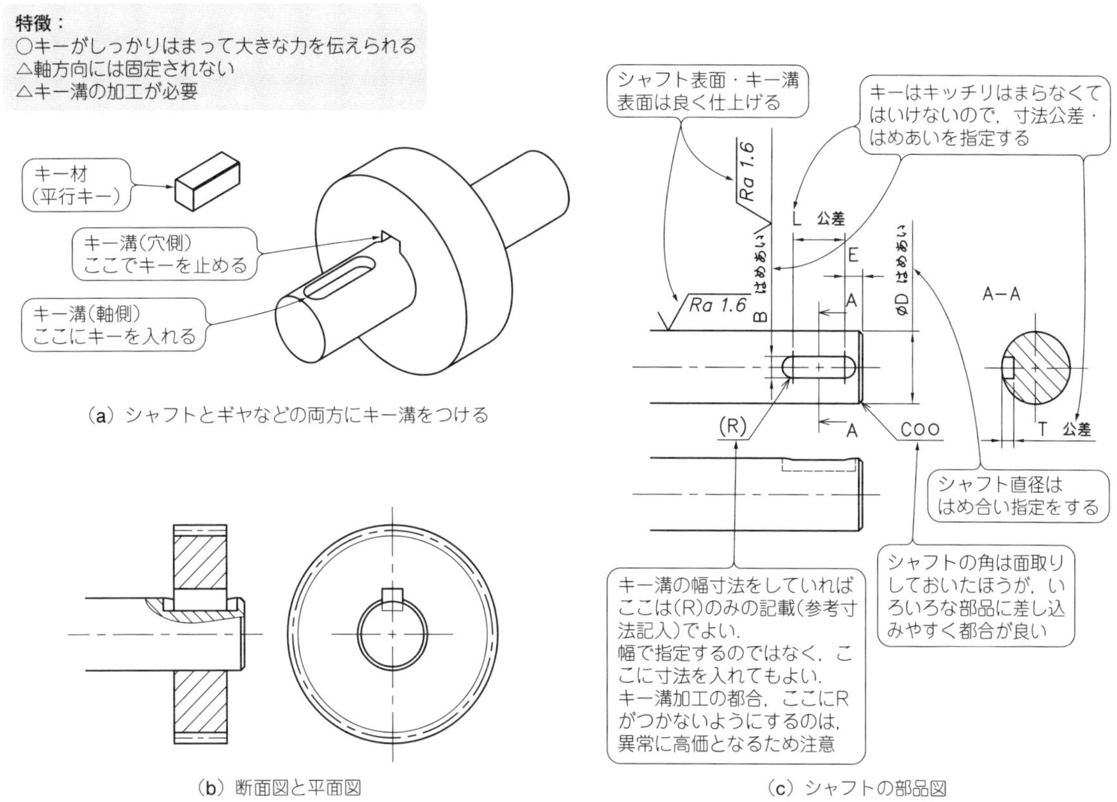

図31　シャフトにギヤなどをキーによって固定するときの描き方と加工指示

ではなく少し余裕のある「すきまばめ」ですが，緩い組み合わせではないので，軽荷重の場合に限定して，ここではきつめの組み立て方法として紹介しています．

## シャフトの描き方と加工指示

タイヤを回したり，ギヤを回したりする際に，シャフトを使います．**図30**，**図31**，**図32**にその使い方の代表例とその際の図面の描き方の例を紹介します．他の部品を留めるのに使用するシャフトは，ピンと呼ぶことが多いです．

(初出：「トランジスタ技術」2013年1月号別冊付録)

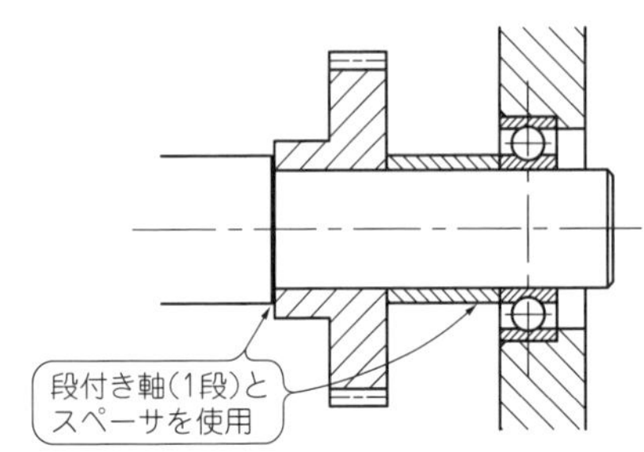

段付き軸(1段)と
スペーサを使用

(a) 段付きシャフトとスペーサを使うときの断面図

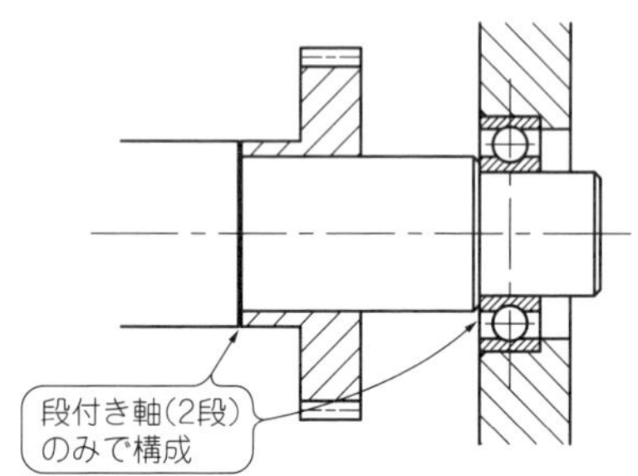

段付き軸(2段)
のみで構成

(d) 2段の段付きシャフトを使うときの断面図

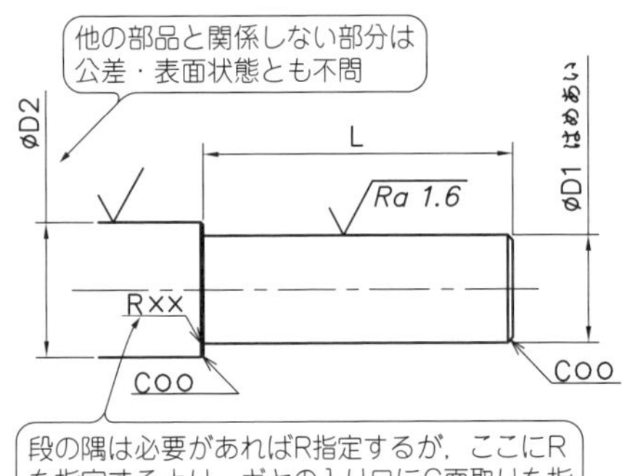

他の部品と関係しない部分は
公差・表面状態とも不問
φD2
L
Ra 1.6
φD1 はめあい
Rxx
COO
COO
段の隅は必要があればR指定するが，ここにR
を指定するより，ギヤの入り口にC面取りを指
定したほうが安価でかつ効率が良い

(b) 段付きシャフトの部品図

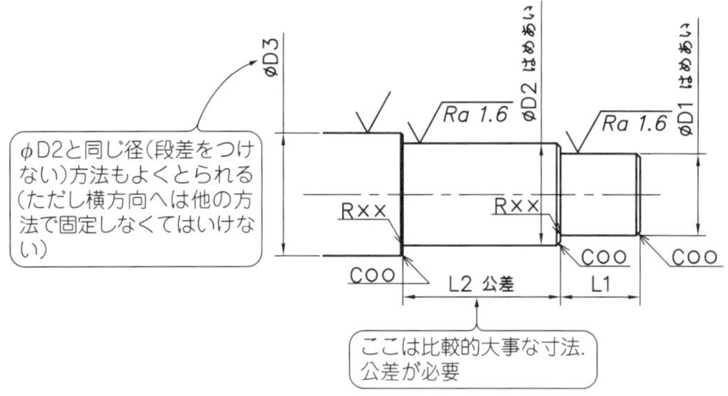

φD3
φD2 はめあい
φD1 はめあい
Ra 1.6
Ra 1.6
φD2と同じ径(段差をつけ
ない)方法もよくとられる
(ただし横方向へは他の方
法で固定しなくてはいけな
い)
Rxx
Rxx
COO
COO
COO
L2 公差
L1
ここは比較的大事な寸法．
公差が必要

(e) 2段の段付きシャフトの部品図

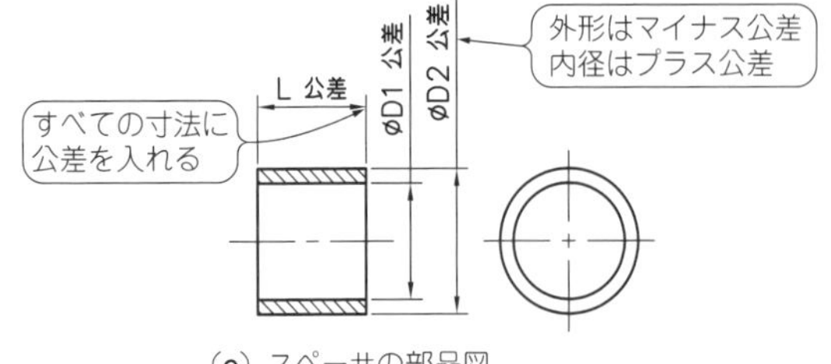

L 公差
φD1 公差
φD2 公差
外形はマイナス公差
内径はプラス公差
すべての寸法に
公差を入れる

(c) スペーサの部品図

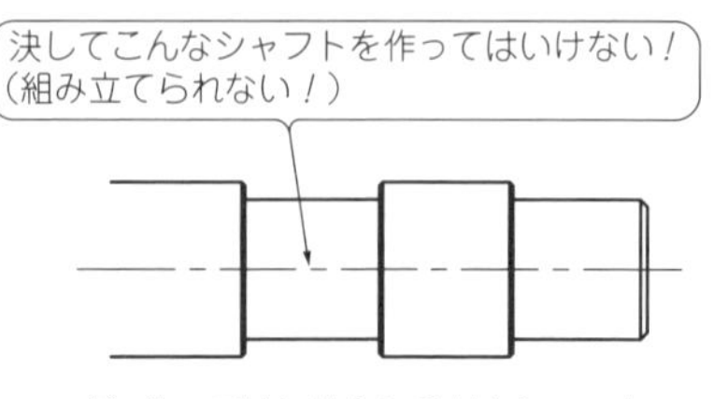

決してこんなシャフトを作ってはいけない！
(組み立てられない！)

(f) 作ってはいけない段付きシャフト

**図32　段付きシャフトでギヤやベアリングなどを固定するときの描き方と加工指示**

## モータの使い方豆知識　Column 7

モータは減速機といっしょに使われます．減速機を介すことによって，(a)回転トルクを増幅，(b)回転速度を必要な速度まで減速できます．

減速機には大きく分けて2種類のものが存在し，①モータ専用の減速機，②外付け減速機があります(図J)．

①はギヤ・ヘッドと呼ばれ，一般的にモータを購入する際に選定するとモータとギヤ・ヘッドが一体となった形で手に入ります．これをギヤド・モータと呼び，一体型の大きなモータとして扱うことができます．

②は，軸継手やキーなどを介して取り付けられる減速機で，産業用のものが数多く販売されています．ハーモニック・ドライブなどもこちらに分類できます．ホビー用としては，ラジコン・カーのギヤ・ボックスや田宮模型によるギヤ・ボックスがよく使われています．

▶モータの取り付け方法

一般的な産業用モータの場合はモータ軸を支えるベアリングの外側に精度の良い円筒形状があり，これを挿入し，端面の取り付け用ネジ穴を使用して取り付けます［図K(a)参照]．

模型用モータの場合は，ラジコン用などの大きいタイプならば，出力軸のある端面に取り付け用ネジ穴があるので，それを使用して取り付けます．小型のモータの場合はケースを使用して取り付ける場合が多いようです［図K(b)参照]．この場合，取り付け精度はあまり良くないのですが，実用上は問題ありません．

〈青木 岳史〉

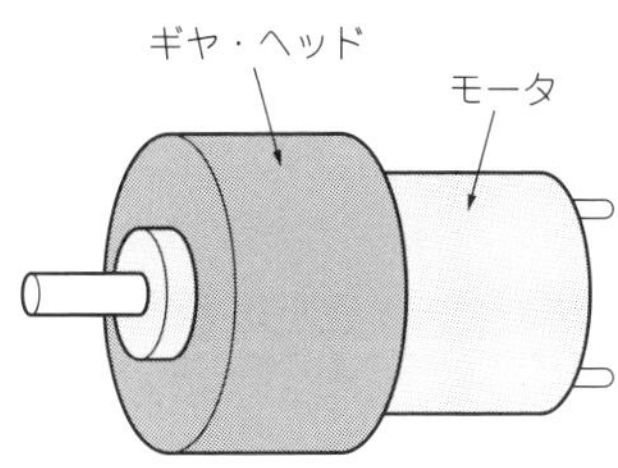


(a) 減速機付きのモータを入手する

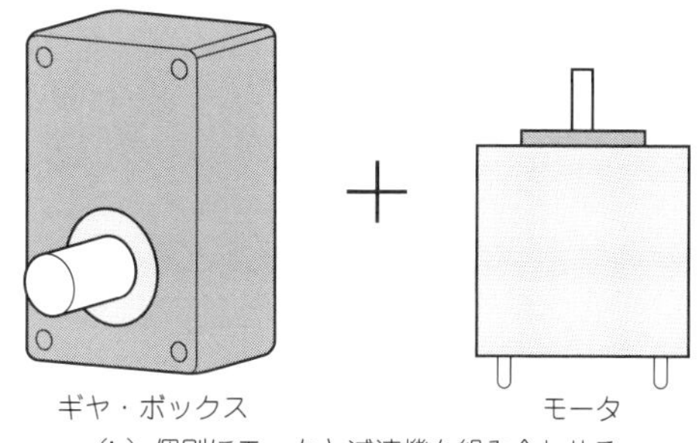


(b) 個別にモータと減速機を組み合わせる

図J　モータの多くは減速機が必要

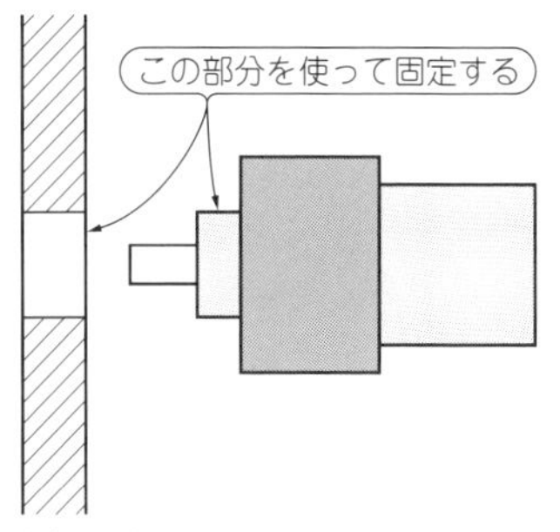


(a) 産業用モータで多い取り付け方法

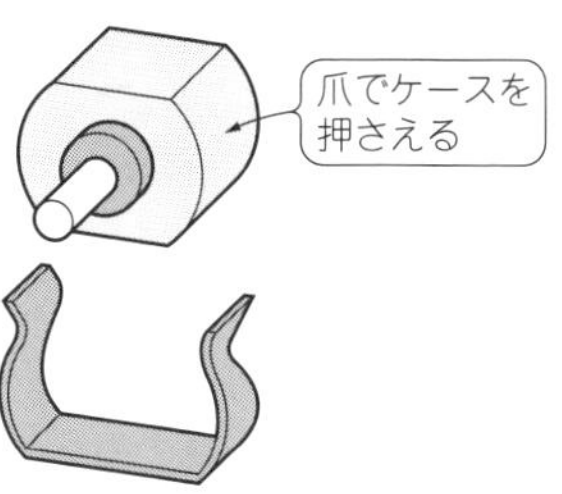


(b) 模型用の小型モータで多い取り付け方法

図K　モータの取り付け方法

## 動力を伝える部品のいろいろ

機械を動力の発生源はアクチュエータ(モータやエンジンなど)ですが，多くの場合はそれを使用する箇所まで伝達したり，また必要な回転数や力(トルクなど)にするために減速したりする必要があります．ここではよく使われる一般的な伝達要素を紹介します．

▶ギヤ(**図L**)

最もよく使われる伝達要素です．伝達する軸の方向(平行軸，交差軸，食い違い軸)で使用できる種類が異なります．多くの種類の歯車は非常に伝達効率に優れますが，ウォーム・ギヤなど伝達効率が悪いものもあります．歯の大きさはモジュールと呼ばれる数値で規格化され，この数値と歯数を積算することによりピッチ円直径を求めることができます．

1組のかみ合う歯車の各ピッチ円の半径を足すと歯車の軸間距離を求められます．歯車の歯数はなるべく素数同士になるように設計し，同じ箇所が極端に摩耗しないように注意しましょう．

▶チェーン，タイミング・ベルト(**図M**)

離れた軸の間で伝達を行う伝達要素で，減速比やプーリ径によらず軸間距離を設計できます．ただしチェーンもタイミング・ベルトも長期間使用すると必ず伸びが発生しますので，常に張りの調整をする必要があります．

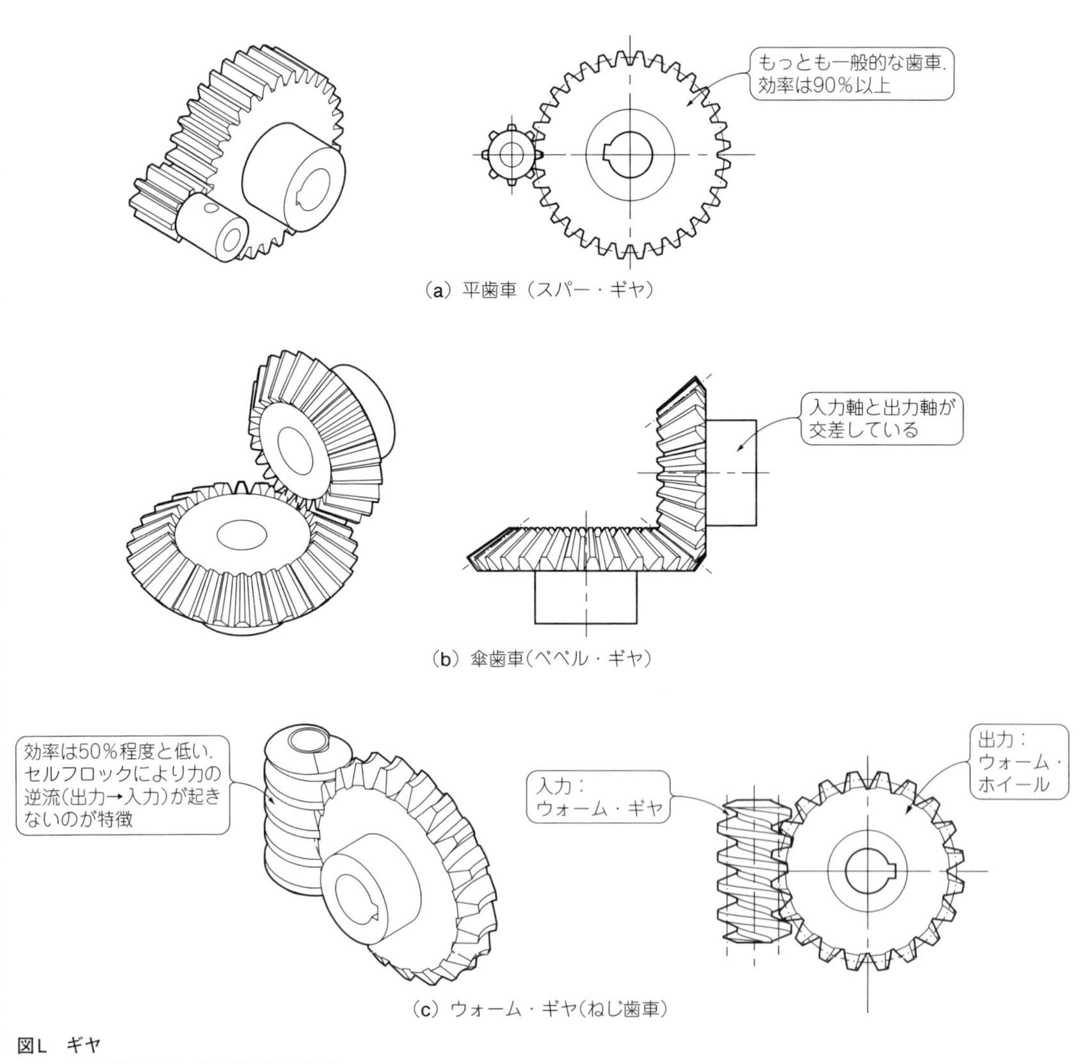
もっとも一般的な歯車．
効率は90％以上
(a) 平歯車（スパー・ギヤ）
入力軸と出力軸が
交差している
(b) 傘歯車(ベベル・ギヤ)
効率は50％程度と低い．
セルフロックにより力の
逆流(出力→入力)が起き
ないのが特徴
入力：
ウォーム・ギヤ
出力：
ウォーム・
ホイール
(c) ウォーム・ギヤ(ねじ歯車)

**図L　ギヤ**
いくつかの種類がある．代表的なものを示す

## Column 8

▶**軸(図N)**

トルクを伝達できる要素です．ねじりトルクによる変形をどこまで許容するかによって，軸径と長さが決まります．材質によっても性質が異なります．

材料力学的に考察すると，外径が同じ径のパイプ(中空)形状の軸と中実の軸とでは，強度は大きくは変わりません．

▶**継手(図N)**

軸同士を接続する際に必ず使用する機構要素です．2本の軸を接続する場合は必ず位置の誤差を含んでいるので，その誤差を吸収するために継手を使用する必要があります．継手は偏心(軸中心のずれ)と偏角(軸同士がなす角)を吸収することができ，伝達すべきトルクの大きさで最適なものを選定します．

▶**軸受(図O)**

軸を支える機構要素で，通常はベアリングとも呼びます．深溝玉軸受は一般的にボール・ベアリングと呼ばれる軸受で，ボールの回転によってベアリングの内輪と外輪の間の摺動抵抗を軽減する効果があります．耐荷重や寿命から，最適なものを選定します．

**〈青木 岳史〉**

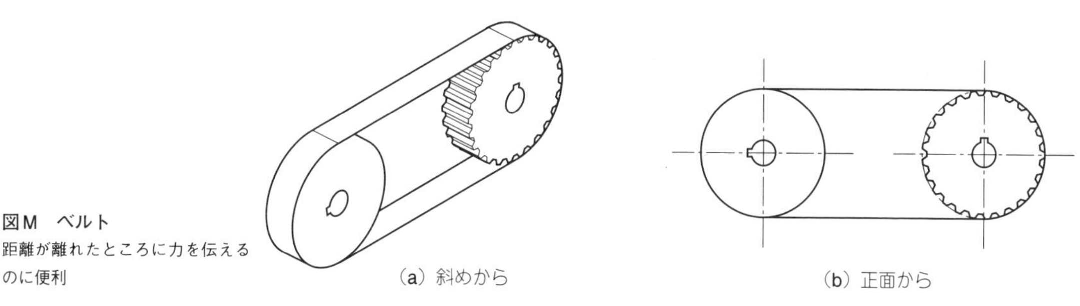
(a) 斜めから
(b) 正面から

**図M　ベルト**
距離が離れたところに力を伝えるのに便利

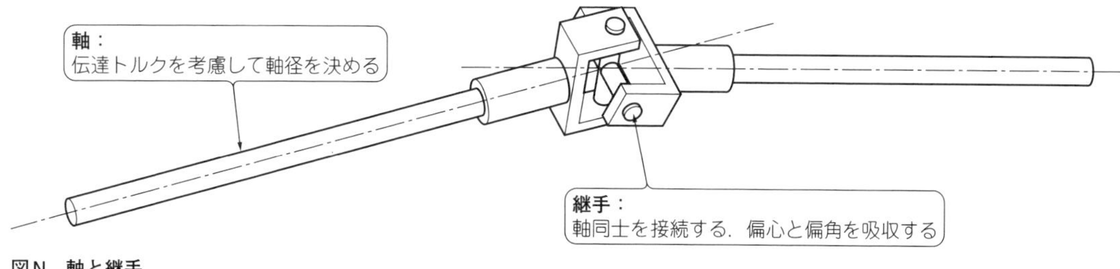
軸：
伝達トルクを考慮して軸径を決める
継手：
軸同士を接続する，偏心と偏角を吸収する

**図N　軸と継手**

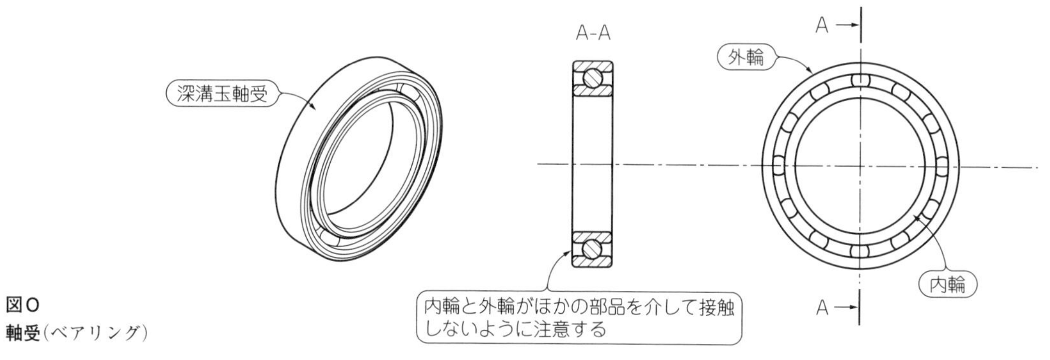
深溝玉軸受
A-A
A
外輪
内輪
A
内輪と外輪がほかの部品を介して接触しないように注意する

**図O**
**軸受**(ベアリング)

# 特設 5 切削から板金加工まで
# 部品加工のコモンセンス

青木 岳史 Takeshi Aoki

設計製図を行うためには部品の加工法について正しく理解する必要があります．なぜなら，せっかく設計して製図した部品が作れない場合がよくあるからです．どんな加工法によってどんな形状の物が作れるのか知っておくと，そんな失敗をせずに済みます．

実際に加工する加工者と加工の工程について相談しながら設計できると一番良いのですが，多くの場合ではそれはかないません．

複雑な形状の部品でなければ一般的な加工法を知るだけで十分に設計できますので，ここでは代表的な加工法を紹介します．

## 切削加工

ブロックや丸棒の材料を削って加工する，一番基本となる加工法です．多くの部品の試作は切削加工で行います．樹脂部品の射出成型品や鋳物と比較すると，精度は保証されますがコストが高くなります．車のエンジンなどは，切削加工では決して製作しません！（レース用は別）

近年ではNC加工（Numerical Control machining）が盛んに導入されています．これは加工者が手動で加工を行うのではなく，数値制御によって工作機械に内蔵されたサーボ・モータを駆動して自動で行う方式です．この方式を使えば曲面形状などを簡単に加工することができます．工作機械の制御にはコードを書いたプログラムが必要になります．

切削加工を行う多くの機械は，部品を完成させるまでに複数の方向から切削する必要があるため，何回か材料の向きを変えて固定し直す必要があります．この固定する作業をチャッキング（金属の爪で材料を固定する）と言います．チャッキングの際には必ず位置合わせの作業が伴いますので，複数回のチャッキングが必要な加工はどうしてもコストが高くなります．なるべく少ないチャッキングで加工ができる形状を設計しましょう．

### ● 穴を開ける「ボール盤」

ドリル刃を使用して穴を開けます（**図33**）．最も手軽に使える工作機械で，使用頻度が非常に高いです．穴を開ける前には必ずポンチを打ちましょう．

### ● シャフトを削る「旋盤」

回転するチャック（材料を把持する爪）に材料を固定し，外からバイト（加工するための刃物）を当てて切削します（**図34**）．軸など外形が円形の物を削り出すことや，材料の切断や輪切りが可能です．木製バットも旋盤で削り出して製作します．

### ● 等高線削りが得意な「フライス盤」

$X$，$Y$，$Z$方向へ移動可能なテーブルに材料を固定し，回転するエンドミル（円柱形状のバイト）を当てて切削

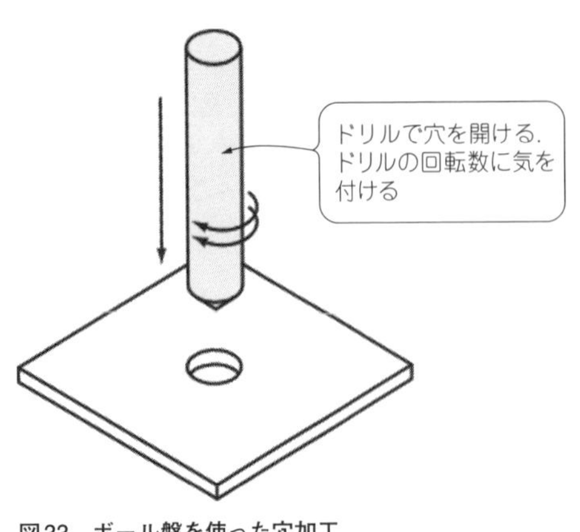
ドリルで穴を開ける．
ドリルの回転数に気を
付ける

図33　ボール盤を使った穴加工

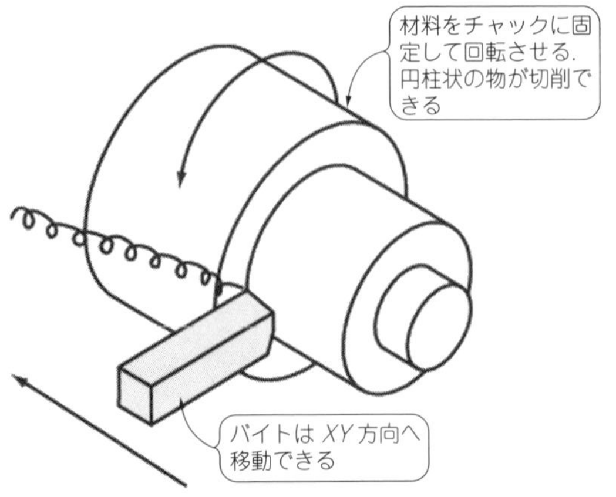

材料をチャックに固定して回転させる．円柱状の物が切削できる

バイトは$XY$方向へ移動できる

図34　旋盤を使った軸などの加工

します［**図35(a)**］．板材やブロックから部品を削り出すことが可能です．等高線をなぞるように，材料の上から一層ずつ削っていきます．先端が丸くなっているボール・エンドミルを使用すると，自由曲面も切削できます［**図35(b)**］．

### ● 複雑な形を削れる「多軸加工機」と，1台で何でもできる「マシニング・センタ」

多軸加工機は，旋盤とフライス盤とを合わせた複合的な動きで切削を行い，3次元形状のドリルやカムなどを作ることができます(**図36**)．さらに優勝トロフィーのような複雑な形状も1回のチャッキングで切削できます．

工程の途中で，切削に使用するバイトを自動で交換できるマシニング・センタは，荒削りから仕上げまでを連続して行えて非常に便利です．その対価として，切削パスが複雑になるので，プログラムが難しくなるという欠点があります．

## 板金加工

板材を切ったり，曲げたり，接合したりする加工法です．初歩的な加工法であれば難しくはありませんので，自分でも加工できます．

高度な加工法を習得すると，溶接加工などを使って箱を作ったりすることもできます．車のボディなどは高度な板金加工の一例です．

### ● 簡単だけど奥が深い曲げ加工

曲げ加工は，薄板を曲げて成型する加工法です(**図37**)．平面上の板材から立体物を製作できます．通常は曲げ機(ベンダー)を使用して曲げますが，薄板で精

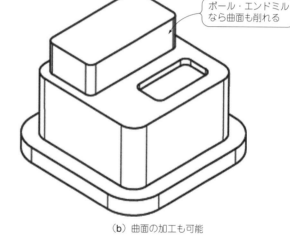

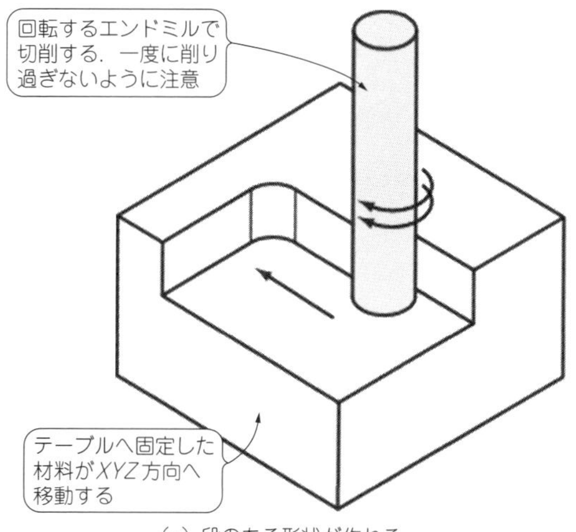
回転するエンドミルで切削する．一度に削り過ぎないように注意
テーブルへ固定した材料がXYZ方向へ移動する
(a) 段のある形状が作れる

ボール・エンドミルなら曲面も削れる
(b) 曲面の加工も可能

**図35　フライス盤を使った加工**

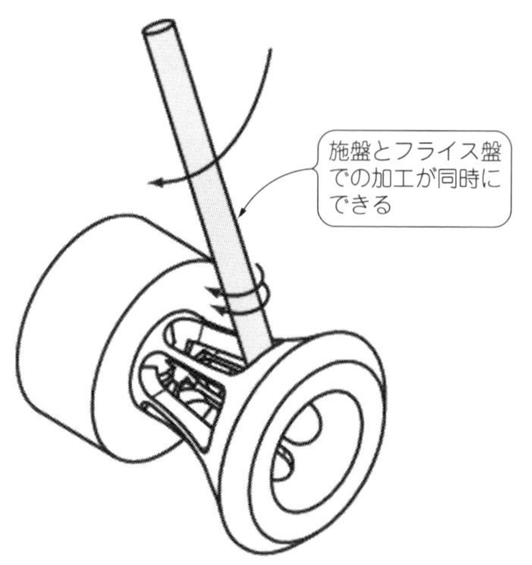
施盤とフライス盤での加工が同時にできる
**図36　多軸加工機を使うと複雑な形状が削り出せる**

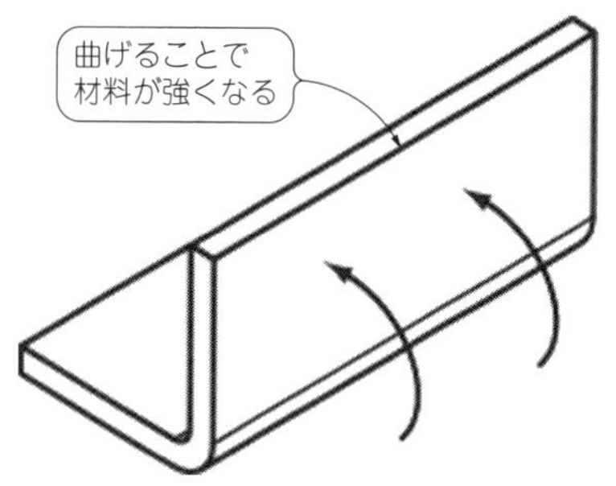
曲げることで材料が強くなる
**図37　板から立体物を作る曲げ加工**

度が重要でない場合は，万力などで代用できます．また薄板を曲げることによって断面形状が大きく変わるため，強度を上げることもできます．ただし材料の靱性(粘り強さ)が低い材料(硬い材料)は，曲げると破断しますので注意してください．

### ● なんでも切り出せるワイヤ・カット

ワイヤを使った放電によって板材を溶かして切り出します(**図38**)．

複雑な形状を切り出すことが可能で，また熱処理によって硬くなった材料でも切り出せます．最近ではキー溝加工や歯車の歯切りもワイヤ・カットによって行われます．

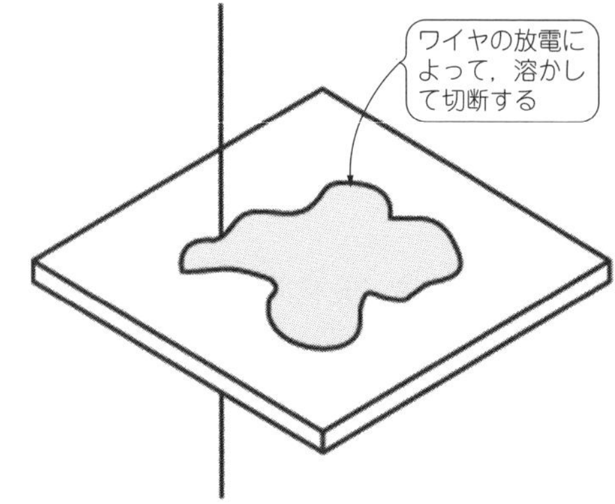
ワイヤの放電によって，溶かして切断する

図38　硬い素材でも切り出せるワイヤ・カット

### ● とっても便利なプレス加工

油圧などの圧力によって薄板に型を押し当てて立体成型を行ったり，穴あけやカットなどを行う加工法です(**図39**)．

立体成型を行うと，薄板の材料でも非常に強い材料へ変化します．また薄板であれば穴あけも打ち抜きで同時に行えますので，作業が効率的です．

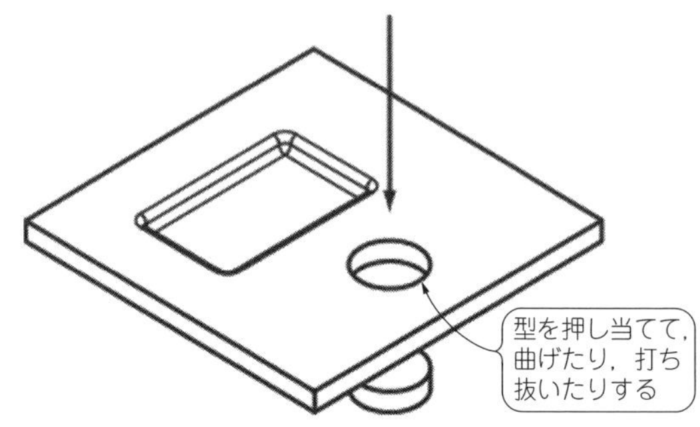
型を押し当てて，曲げたり，打ち抜いたりする

図39　立体成型と打ち抜きが同時にできるプレス加工

### ● ガッチリ固定できる「溶接」

金属を熱で溶かして接合する加工法を溶接と呼びます(**図40**)．接着剤を用いた接着とは異なり，材料同士が直接接合されるため，非常に高い接合強度が得られます．

さらに薄板などをつなぎ合わせて箱形状を作ることもできます．切削加工が引き算の加工法とすると溶接は足し算の加工法なので，切った貼ったの「貼った」が可能になります．

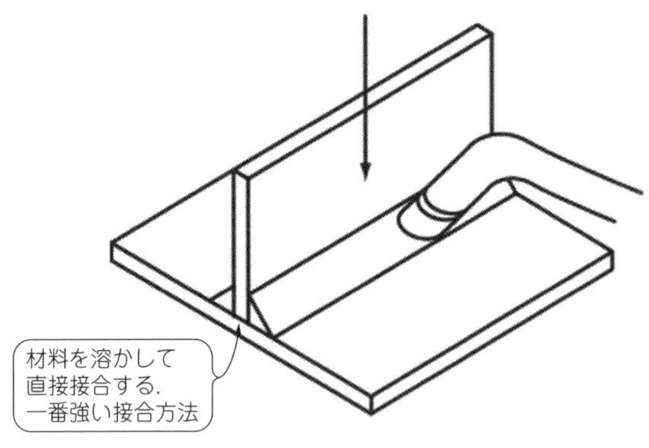
材料を溶かして直接接合する．一番強い接合方法

図40　金属同士を溶かして接合する溶接

## 工程の複雑な部品は高コスト！

町工場で機械加工を行う技術者は，驚くほど何でも造れます．

それは加工法を工夫して，複雑な工程を確実に実行することで部品を造り上げるからです．ただし，その場合は「時間がかかる」=「コストが高くなる」となりますので，注意してください．

(初出：「トランジスタ技術」2013年1月号別冊付録)

**特設 6**

でき上がってから後悔しないために

# 設計が終わったらココをチェック！

青木 岳史 Takeshi Aoki

## 規格品材料を上手に利用しよう

材料屋さんやホーム・センターなどでは，規格品の材料が数多く売られています．それらを利用すると，簡単に設計を進めることができます．代表的な規格品としては，板材，アングル材，チャネル材，角材，丸棒，パイプなど(**図41**)があります．

一般に小売りされていない材料は定尺(購入できる最小単位の長さ)が大きい場合があります．定尺はだいたい長さ4 m(！)と大きく，高価なことがあります．

逆に，肉厚のパイプなど，加工を前提として売られている材料もあり，そのような場合は購入時にサイズを指定すればそのサイズのものが入手でき，無駄がありません．

規格品を使う設計の考え方を示します．

① 規格品の特徴を把握する→ブロックを組み立てるように簡単に設計できる
② キリの良い寸法で設計する→規格品が使える
③ 加工箇所を最小限にする→規格品に追加工を数か所加えることで部品が完成するように設計する
④ アングル材やチャネル材を利用する→曲げ加工を代用できるので加工工程が減らせる
⑤ 角パイプを利用する→丸パイプより強度が高い．平面があるので板材を締結しやすい

## 組み立て工程を検討しながら設計する

組み立て方法(組み立て順序)をよく考えて設計しないと，組み立てられなくなります．

部品を加工してしまってから気が付いたのでは損害が大きいので，必ず設計製図の過程で組み立て工程について検討しながら設計しましょう．

● **注意点①**

締結用のネジを締めるための工具(ドライバ，スパナ，六角レンチなど)の可動スペースは確保していますか？　**図42**に失敗例を示します．

解決方法：
(a) 部品間のスペースに余裕を持たせる
(b) 使用するネジの種類を使い分ける
(c) 組み立て順序を考える
(d) あらかじめ工具を差し込む捨て穴を明けておく

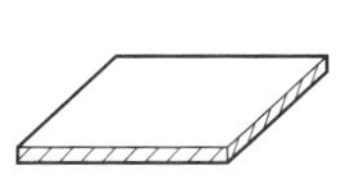

(a) 板材
薄板で，厚さはいろいろ．さまざまなサイズに切断されたものが売られている

(b) アングル材
断面がL字形状になっている材料

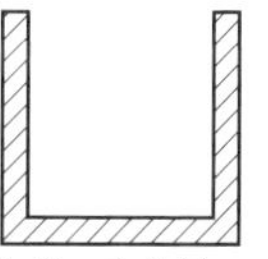

(c) チャネル材
断面がコの字形状になっている材料

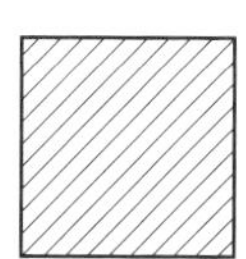

(d) 角材
断面が長方形(正方形)になっている材料

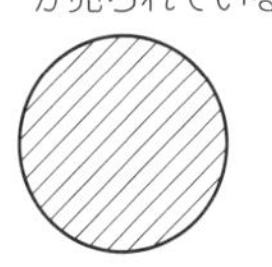

(e) 丸棒
断面が円形になっている材料

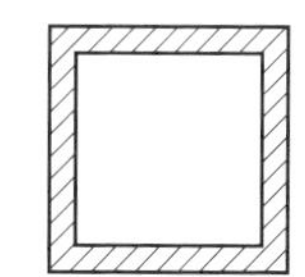

(f) 角パイプ
断面が長方形(正方形)のパイプ状になっている材料

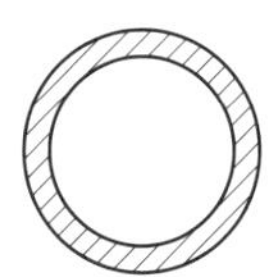

(g) 丸パイプ
断面が円形のパイプ状になっている材料

**図41　安価に入手できる規格品の形状**

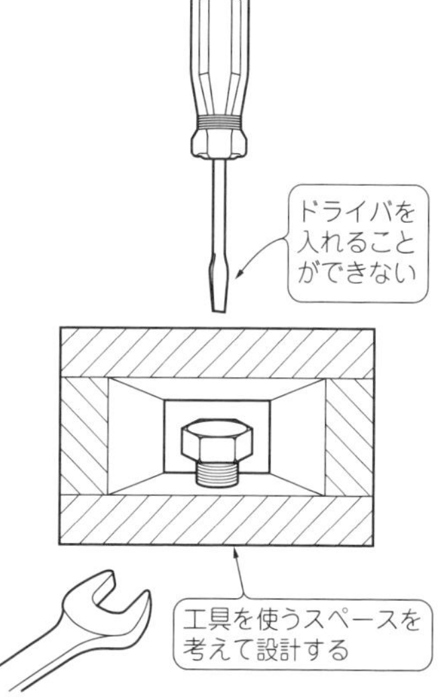
ドライバを入れることができない
工具を使うスペースを考えて設計する

**図42　工具を使うスペースがない…後の祭り**

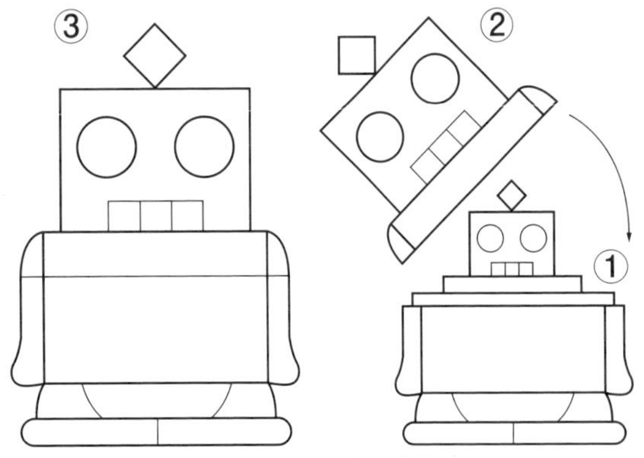


図43　中から順に組み立てられるようにしておく

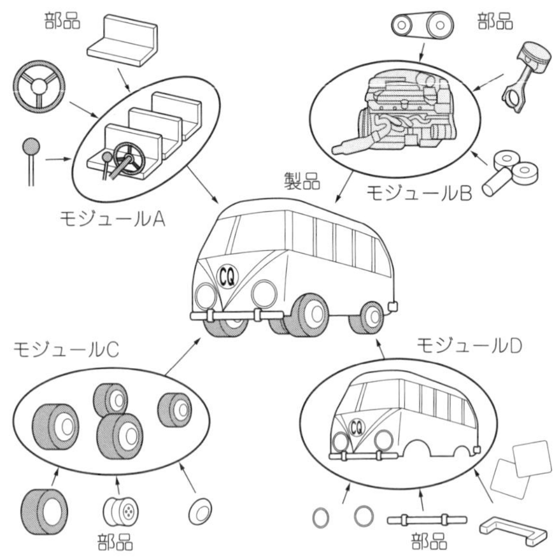


図44　モジュール化しておく

● **注意点②**

ボックス構造の中の部品が組み立てられないようなことになっていませんか？

解決方法は次のとおりです．

(a) 手の届く範囲（工具が届く範囲）から順に組み立てる（**図43**，内から外へ）
(b) モジュール（構成する部品のグループ）ごとに分解・組み立てがしやすいように機能ごとにまとめる

● **注意点③**

メンテナンス性は確保されているでしょうか？

(a) 分解組み立ての頻度が多い部品（モータやギヤ，電子部品など）が単独で取り外しできるように設計する
(b) 使用する締結要素（ネジなど）の数を最小限にする
(c) 各機能要素ごとにモジュール化し，それぞれを単独で取り外し可能とする（**図44**）
(d) なるべく同じ種類の部品を使い回せるように設計する（部品の共通化）

## 材料の基礎知識

設計では，製作する部品の仕様に合わせて最適な材料を選択する必要があります．各材料には機械的特性や価格，加工性などの特徴がありますので，それぞれの特徴をよく理解して適材適所で使用できるとよいでしょう．

● **アルミニウム＆アルミニウム合金：比重2.7 ～ 2.8**

▶純アルミ

一般にホーム・センタで売られているのは1000系と呼ばれる材料です．柔らかいのが特徴です．

▶アルミニウム合金

合金にすることにより機械的特性を改善させた材料です．下記の順で材料強度が高くなり，値段も高くなります．高強度の物は，鉄鋼材に匹敵する強度があります．

A1050 ＜ A6063 ＜ A5052 ＜ A5056 ＜ A2017 ＜ A2024 ＜ A7075

● **鉄：比重7.8**

非常によく使われる材料なので安価に入手できます．基本的には腐食するので，メッキなどの表面処理をする必要があります．SS400，S45Cなど．

● **ステンレス鋼：比重7.9**

ステンレス鋼は一般的に鉄よりも硬く，粘りがあるので加工しづらいのですが，その特性を生かしてバネ鋼として用いられる場合もあります．切削性を高めた快削鋼（SUS303）もあります．SUS303，SUS304など．

● **樹脂材料：比重1.0 ～ 2.2**

金属材料に比べて軽量で加工しやすい材料です．耐候性に優れたもの，接着性に優れたもの，耐衝撃性にすぐれたものなど，材料によって特性が異なるので，よく理解して選ぶ必要があります．ホーム・センターで入手可能な汎用性の高い材料もあります．塩化ビニル樹脂，ポリアセタール樹脂，ABS樹脂，アクリル樹脂，ナイロン，PTFEなど．

下記の順で機械的強度が高くなりますが，値段も高くなります．

塩ビ＜ABS＜ポリアセタール＜PTFE

（初出：「トランジスタ技術」2013年1月号別冊付録）

特設7

一般ユーザ向けに最適！

# 無料で使えるCADソフトウェア

青木 岳史 Takeshi Aoki

CADとは，Computer Aided Design(コンピュータ支援設計)のことで「製品の形状，その他の属性データからなるモデルを，コンピュータの内部に作成し，解析・処理することによって進める設計」(JIS B3401 CAD用語による)とあります．

以前は，CADソフトウェアが高価なうえに，高性能なコンピュータが必要だったのですが，IT化の進行に伴い，CADソフトウェアが比較的安価になり，コンピュータの高性能化により普通のPCでも使えるようになったことから，現在ではCADの使用は一般的になっています．

## 基礎知識

### ● CADソフトウェアの特徴

CADソフトウェアの一般的な機能・特徴を次に示します．

(1) 基本図形や線などが容易に描ける
- 円，円弧，楕円，四角形など基本的な図形が簡単に描ける
- 製図で必要な線(実線，破線，一点鎖線，二点鎖線など)が簡単に描ける

(2) 寸法を正しく描ける
- 長さなどの寸法は正しく表現できる
- 線の太さも自在に変えることができる

(3) 寸法線など簡単に描ける
- 長さなどの情報が含まれるため，寸法の記入は容易

(4) 部品など図面の再使用や編集作業が容易
- 線/図形のコピー，移動，回転，反転，大きさの変更が自由自在にできる
- 線の種類/太さなどはいったん定義すれば，何度でも同じように描くことができる
- 一度使った(定義した)図枠などは，何度でもコピーして使用できる
- ネジ/ナットなどよく使う部品は，ライブラリとして使用できる
- 以前に設計した部品を何度でも繰り返し利用することが容易

(5) レイヤ機能を活用した設計・製図ができる
- いろいろな図をそれぞれ独立した層(レイヤ)に配置することで，複雑な図でも，機能的に分離した単純な図の和の形で表現・管理できる

(6) 何度でも描き直しがしやすい
- 線を描いたり消したりが容易なため，様々なアイデアを図にすることができる

### ● CADソフトとその他のソフトの違い

CADソフトには，大きく分けて2次元CADと3次元CADがあります．線を引くことができれば，2次元CADソフトの機能を持っていると考えてよいです．

したがって，ドロー・ソフト(Adobe Illustratorなど)を使って製図することもできます．これらのソフトでは，線の長さや位置をミリ単位で設定できるので，機能としては十分です．図面の描き方の基本的な知識があれば，これらのソフトを使って図面を描くことができるでしょう．マイクロソフトのPowerPointを使って図面を描くことも不可能ではありません．私はWordの機能を使って図面を描いたこともありますが，これはそれなりに苦労します．

3次元のCADソフトでは，3次元のモデルを作る機能が重要です．最近では3DのCGを作るソフトもあり，それらにはモデルを作る機能が備わっています．それらのソフトと3D CADソフトの大きな違いは，3D CADソフトには3Dモデルを三面図に変換する機能があることです．

### ● CADは設計してくれない

CADソフトは，図面を描くのに適しています．しかしながら大事なことは，これらのソフトが設計してくれるのではなく，あくまでも設計するのは設計者(あなた)自身だということです．

手描きの図面と，CADソフトを使って描かれた図面の違いは，手書きの文章とワープロ・ソフトを使って書かれた文章の関係と同じです．ワープロ・ソフトを使って書いたもののほうがきれいに書けます．しかし，ワープロ・ソフトを使用しても，小説家のような文章を書けるわけではありません．つまり，製図/設計を通して大事なことは，製図の基本，設計の基本が十分に理解できているかどうかにあるのです．

たとえば，寸法線を引く場合，CADの機能を使えば，どこに対しても自動的に寸法線を書いてくれます．し

かし，重複記入のルールは判定してくれません．また，加工のために必要な箇所に寸法線が入れられているかどうかは，CADソフト側ではわかりません．

大事なのは設計者が基本的なルールを理解し，意図をもって図面を描くということです．よく，「CADの設定でそうなっています」とか，「CADソフトの関係でこのようにしか描けません」という話を聞きますが，それでは真にわかりやすい図面とはなりません．

CADソフトに使われるのではなく，CADソフトを使えるようになりましょう．

### ● 定番のCADソフト

例えば市販されているソフトウェアには

- CATIA
- Creo Elements/Pro（2010年以前はPro/ENGINEERという名前だった）
- NX
- AutoCAD（2次元CADの定番）
- AutoCAD Inventor
- Solid Works（国内ではトップシェア）
- 図脳RAPIDPRO（比較的低価格）

など，いろいろなものがあります．

### ● CADソフトが違うと何が違うか

CADソフトはたくさんあります．ソフトが違うと，操作方法や手順が大幅に異なりますが，設計自体が変わるわけではないので，部品の形状や寸法などは変わりません．

ただ，操作方法や手順はCADソフトによって驚くほど異なるので，CADソフトを変えると習得には時間がかかります．特に3次元CADになると，モデリング（部品の立体化）の製作方法，モデルのビュー操作（回転や移動など）がソフトによってすべて異なってきます．

**図45**と**図46**は「CATIA V5」と「Inventor2012」で同じ部品を設計したものです．インターフェースは大幅に異なりますが，設計中の部品自体は同じです．設計者が混乱しなければ，同じ部品を間違いなく設計することができます．

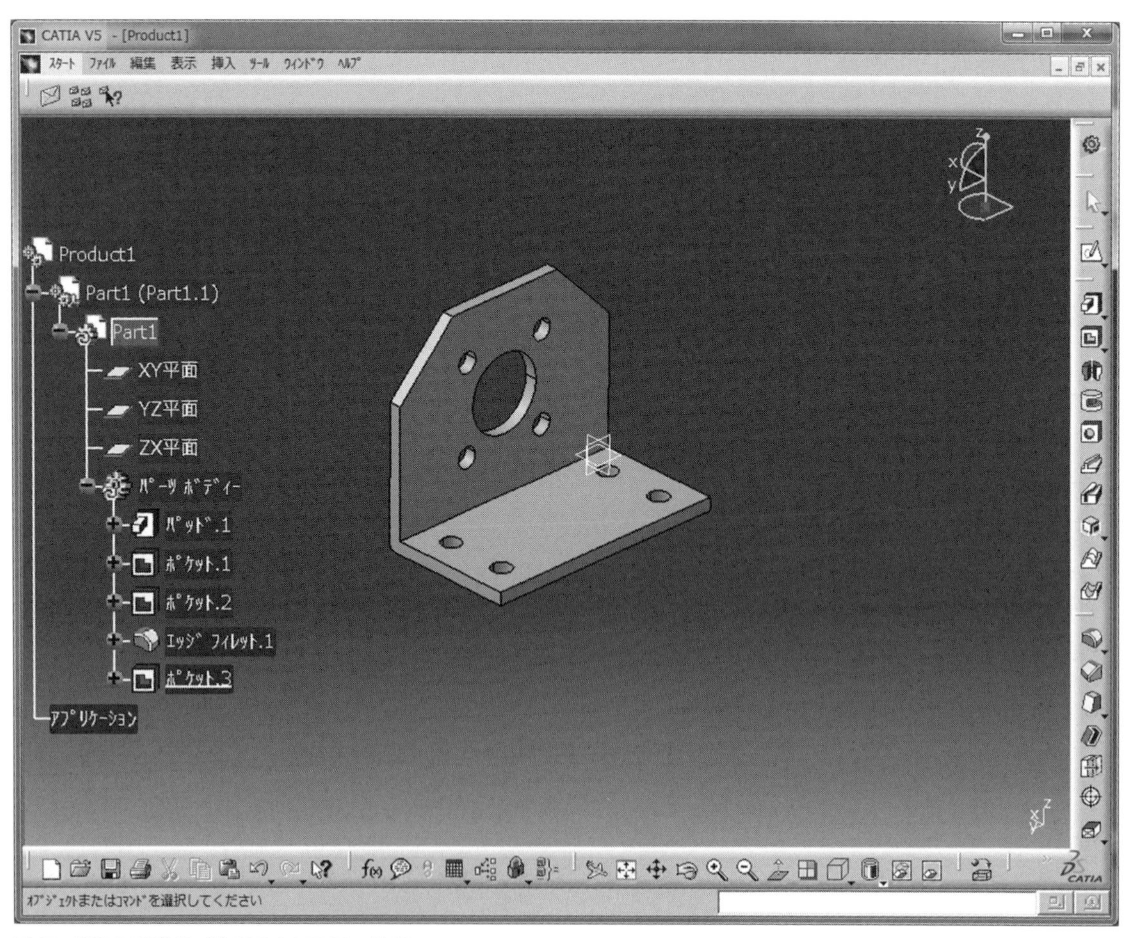


図45　部品のモデリング（CATIA V5R20の場合）

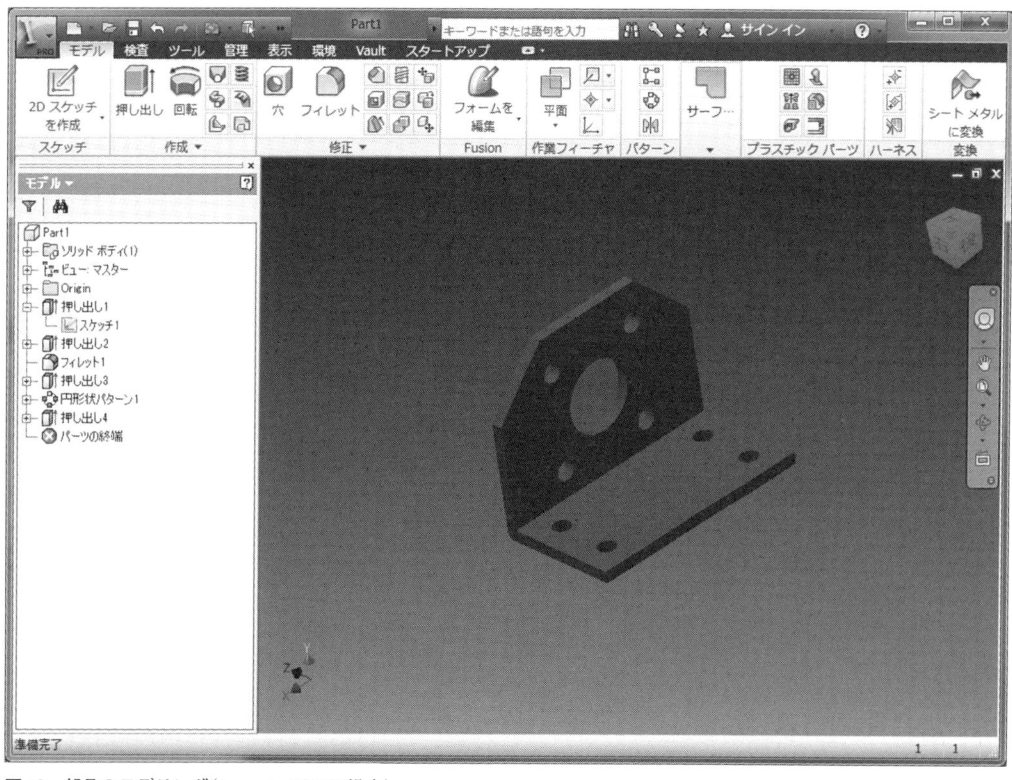


図46　部品のモデリング(Inventor2012の場合)

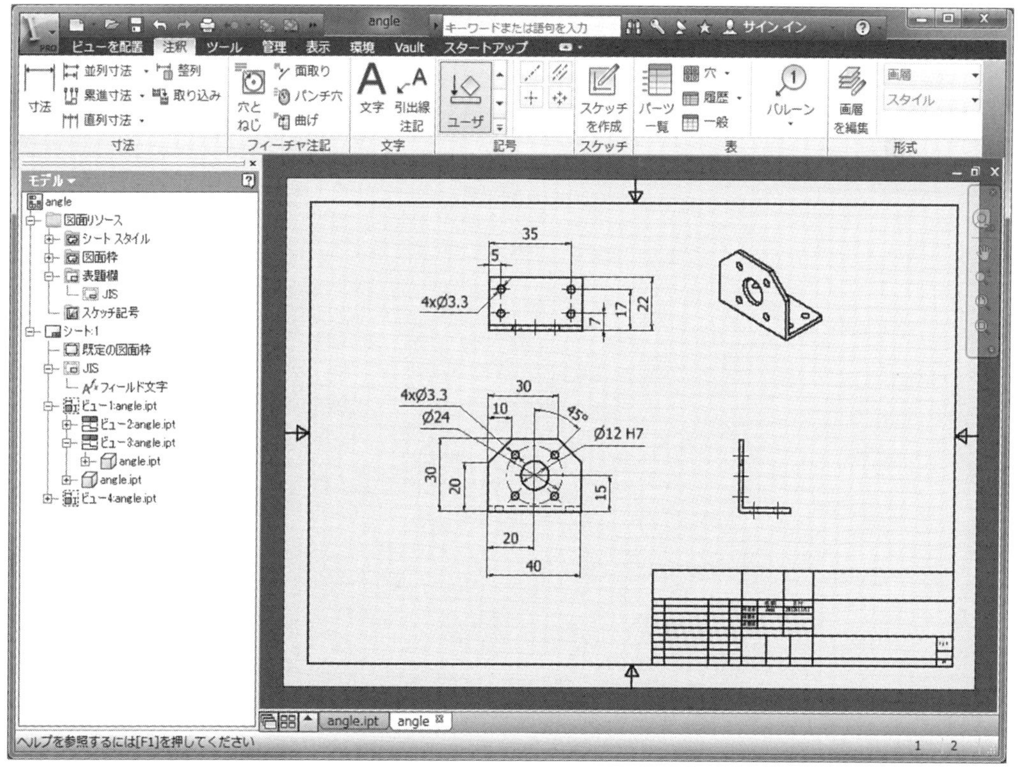


図47　部品の出図(図46の3次元モデル→2次元図面)

## ● 3次元CADでの設計手順は2次元CADのときと少し異なる

3次元CADを用いて設計する場合は，2次元図面を作成する前の段階として，部品のモデリング作業をする必要があります．この作業によって部品の立体的なイメージを持ちながら設計を進めることができるので，設計時のミスを未然に防ぐことができます．この作業の後に，2次元図面への出図作業を行い，部品図面を作成します．

**図47**はInventor2012にて**図46**の部品を図面へ出図したものです．モデルの方向(正面や右側面など)を指定して図枠の中へ貼り付けるだけで，正面図などができあがります．とても簡単に直観的なイメージで作業ができます．またモデリングの際に，設計した各部の寸法がそのまま反映されるので，作業に慣れてしまえば，出図作業自体はそれほど時間を要しません．

一般的な3次元CADでは，3次元モデル同士を組み合わせて3次元空間内でアセンブリ(組み立て)を行うことができます．これは非常に便利な機能で，部品を実際に製作する前に，CAD上で部品同士の干渉チェックや動作確認を行うことができます．**図48**はアッセンブリした部品を3次元空間内に表示させたもので，**図49**はそれを2次元図面へ組立図として出図したものです．

さらに，3次元CADのハイエンド・モデルでは，実際に力を掛けた場合に応力(材料の内部に働く力)によって部品がどう変形するかをシミュレーションすることができる構造解析などの設計補助ツールを備えたものもあります．

# フリーのCADを使ってみよう

## ● 簡単な図面なら十分

現在の設計の現場ではほとんどの場合にCADが使われています．しかし業務用に使用されているCADはどれも高価で，一般ユーザが簡単に購入することはできないでしょう．

最近では一般ユーザ向けに安価なCADが提供されていて，業務用のCADで製作した図面を読み出し，そのデータを編集することができます．効率的に設計作業を進めたい場合は，機能が充実している有償CADの購入をお勧めします．体験版が用意されているソフトもありますので，ぜひお試しください．

しかし「簡単な図面をパッと描きたい」とか「まずはフリーのCADソフトを試してみたい」という方のために，ここではドロー・ソフト(有償版を含む)やフ

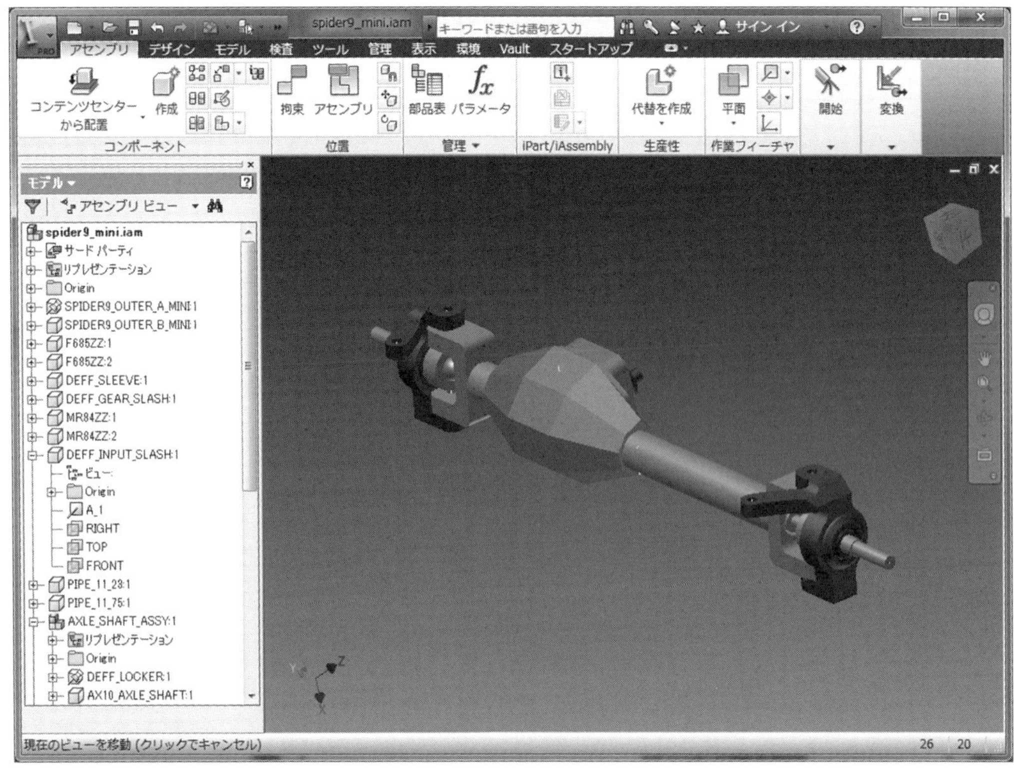


図48　3次元空間内でのアセンブリ

リーのCADソフトを用いた製図の方法を紹介します．

## ● PowerPointでもいける

製図は厳格なルールによって描画方法が決められた作図だと考えてください．簡単な部品であれば単純な図形や線の集まりとして図面を描くことができます．

**図50**はマイクロソフトのプレゼンテーション用ソフトウェアPowerPointによって製作した図面です．この程度の図面であれば，専門のCADソフトでなくとも簡単に描くことができます．ただし注意すべき点として，①線種の種類を使い分ける，②印刷時に縮尺が正確に反映されるよう印刷する，③製図のルールを厳守する，といった点に気をつけてください．

ドロー・ソフトの場合は，すべての線がベクトル情報として扱われ，線を線として認識して正確に描画を行うことができます．ところがペイント・ソフトの場合, 線はあくまでも色の点の集まりなので「線の編集」ができません．つまり，一度線を引いてしまうと，あとから線の太さや種類を変えることができません．

## ● みんなが使っているフリーの2次元CAD

もう少し高度な作図と編集を行いたい場合はフリーのCADソフトを使いましょう．

Jw_cadはフリーの2次元CADとして有名なソフトで，建築用途に強いCADですが，機械部品の設計にも十分使用できます．これで**図50**と同じ部品を作図すると**図51**になります．

CADソフトなので，寸法記入や線種の切り替え，レイヤ構造などが使えます．操作方法さえ習得してしまえば非常に便利なCADです．Jw_cadは下記のサイトからダウンロードできます．

- Jw_cad（清水治郎，田中善文）
  http://www.jwcad.net/

## ● その他の無料で使える2次元CAD

最近では業務用のCADに匹敵する高度な作図機能を持つフリーの2次元CADソフトが複数あります．これらのCADソフトは業務用のCADソフトと同程度の優れたインターフェース上で作図ができますし，データの互換性があるので作ったデータをそのまま加工業者へ渡すこともできます．フリーの2次元CADソフトとしては信じられないぐらいの高機能なので，高機能を体験してみたい場合はぜひお試しください．

▶RootPro CAD Free（ルートプロ）

有償の製品版の機能を制限した無料版の2次元CADソフトです．画面を**図52**に示します．

http://www.rootprocad.com/download/dl.html#standarddl

▶Solid Edge Free 2D（シーメンスPLMソフトウェア）

3次元CAD「NX」をリリースしているシーメンス



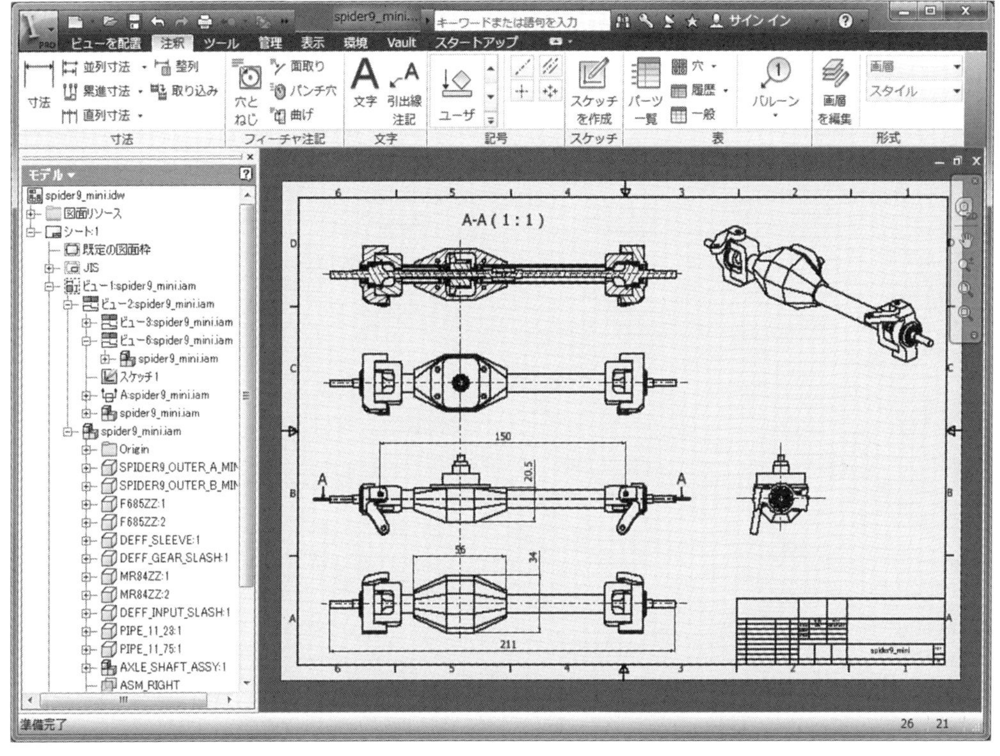


図49　組立図の出図

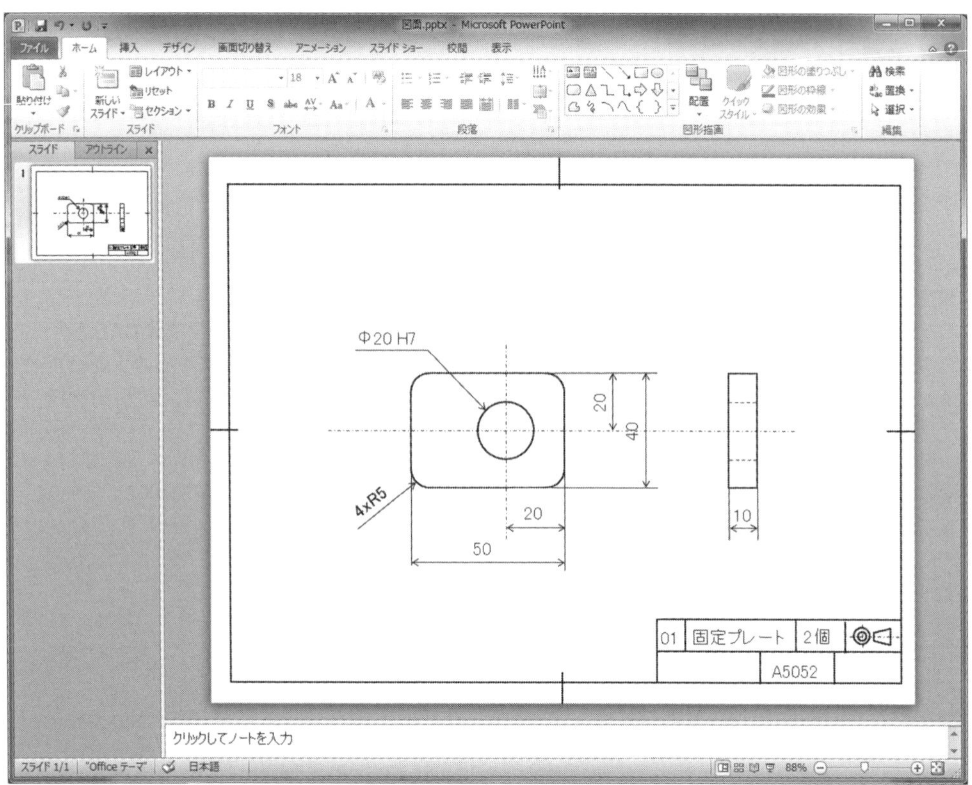


図50　書類作成用ソフトの一つPowerPoint（マイクロソフト）での製図

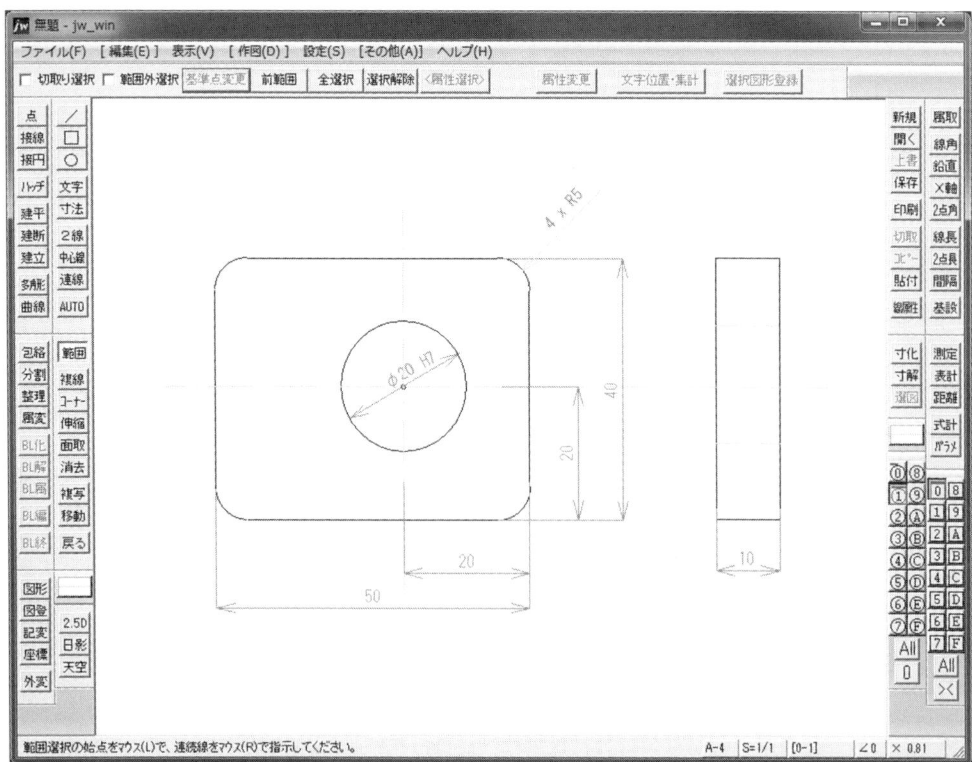


図51　Jw_cadによる製図

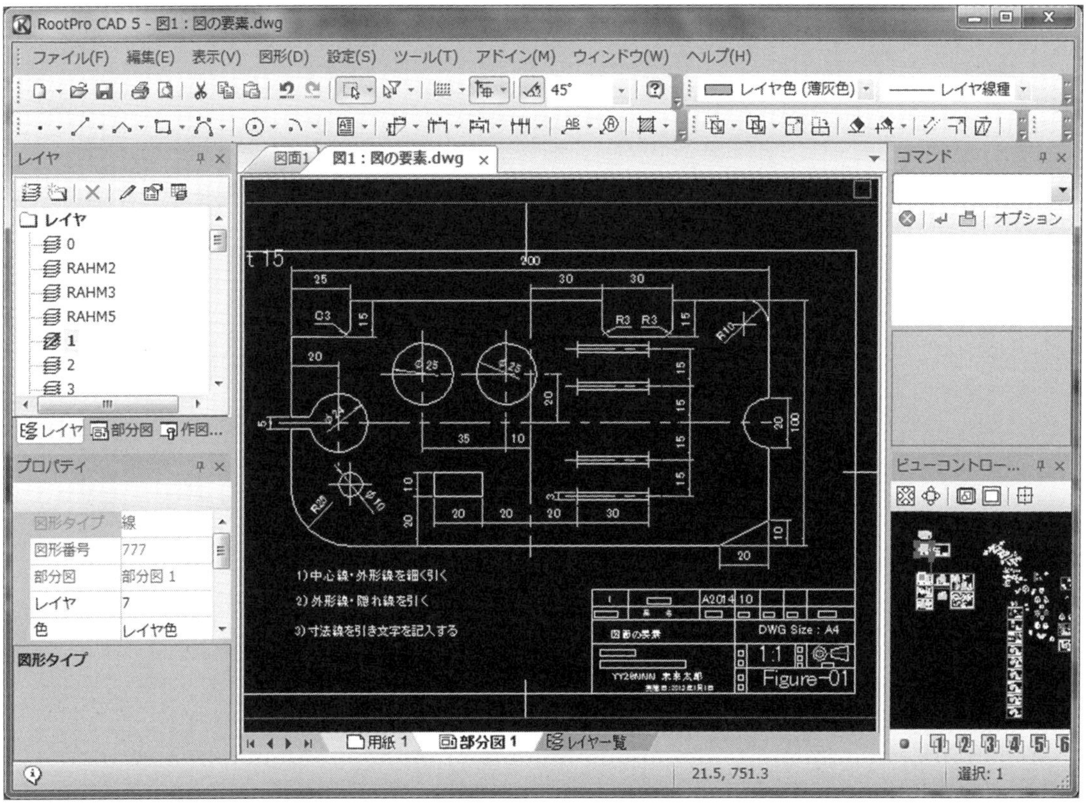

図52　RootPro CAD Free（ルートプロ）の使用例

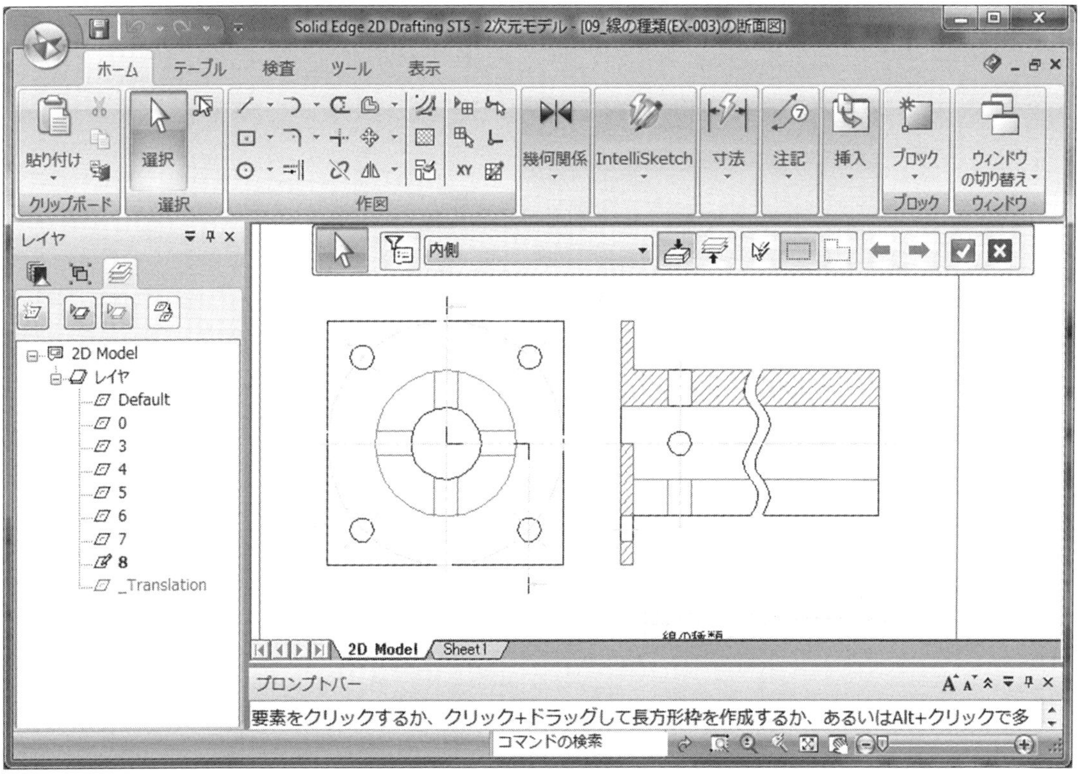

図53　Solid Edge Free 2D（シーメンスPLMソフトウェア）の使用例

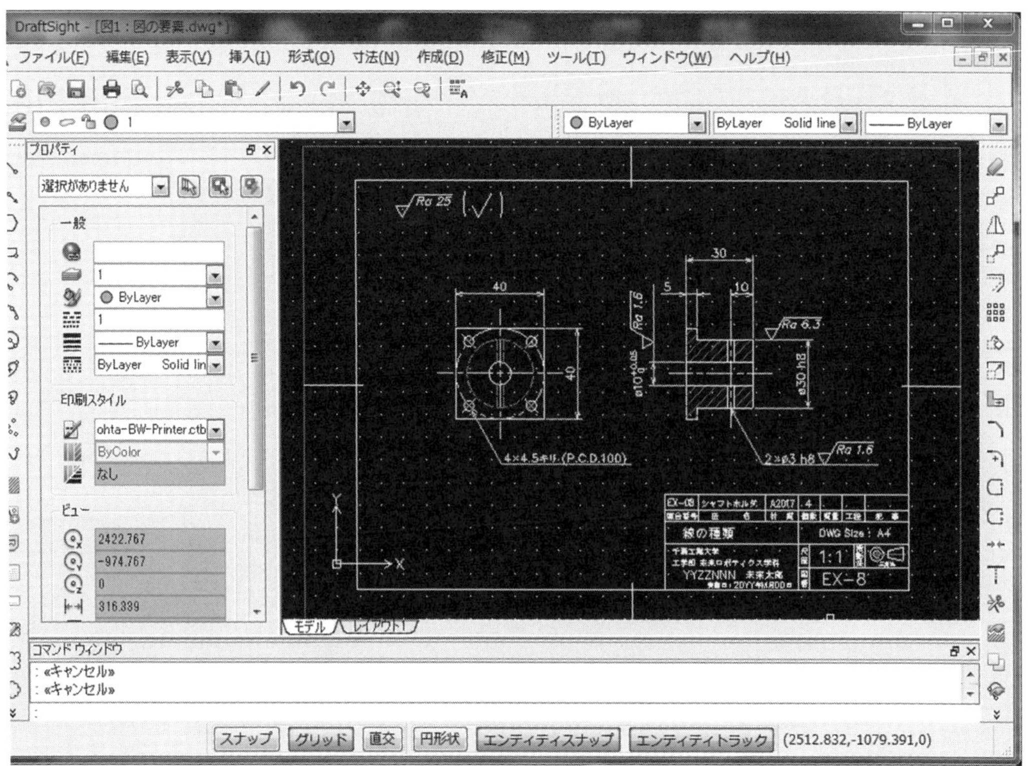

図54　DraftSight（ダッソー・システムズ）の使用例

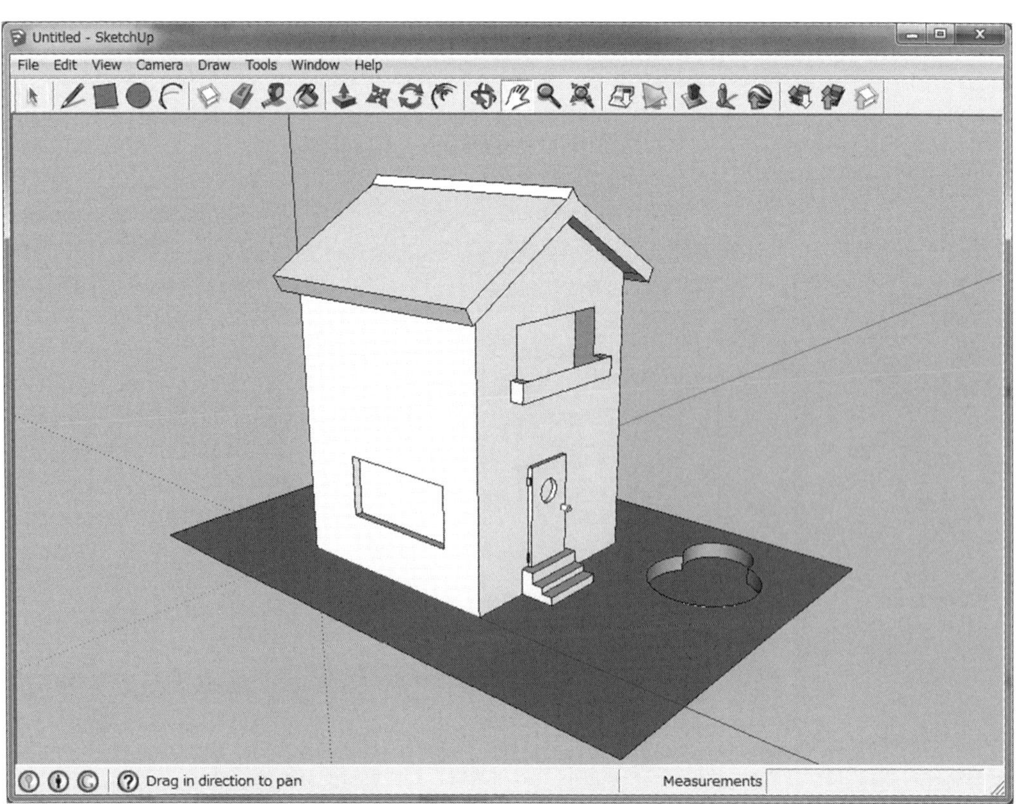

図55　SketchUp（Trimble）の使用例

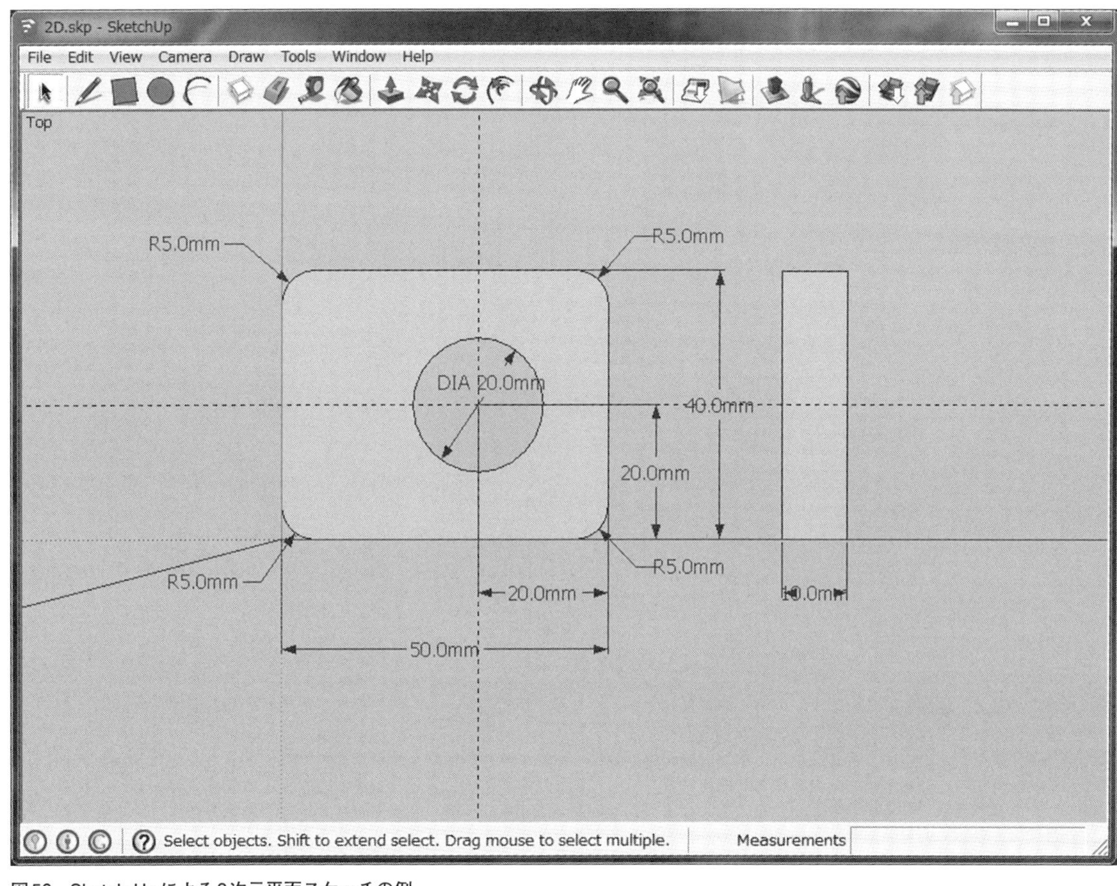


図56　Sketch Upによる2次元平面スケッチの例

の無料版2次元CADソフトです．ダウンロードの際に登録が必要になります．期間制限ありの3次元CAD「Solid Edge」の無料版もあります．画面を**図53**に示します．

http://www.plm.automation.siemens.com/ja_jp/products/velocity/solidedge/free2d/index.shtml

▶DraftSight（ダッソー・システムズ）

3次元CAD「CATIA」をリリースしているダッソーの無料版2次元CADソフトです．スタンドアロンで使用する場合は登録が必要です．画面を**図54**に示します．

http://www.3ds.com/jp/products/draftsight/free-cad-software/

## ● フリーの3次元CAD

フリーの3次元CADも複数ありますが，建築用途のものが多いので，機械設計で使用する場合は「一角法」を「三角法」へ変更して使用する必要があります．

SketchUp（2012年にGoogleがTrimbleへ売却，**図55**）は，3次元のモデルを簡単に作れますが，2次元図面へ出図する場合は，有償版を購入する必要があります．このような場合，ほかの2次元CADを用いて3次元から2次元への変換作業を自分で行いさえすればよいので，立体的なモデリングを簡単に行うことを目的とするのであれば，非常に便利だと思います．ハイエンドの3次元CADよりも直感的に操作できる3次元モデリング・ソフトと同じような使用感なので，機会があれば，ぜひ使ってみてください．

SketchUpは，2次元平面にスケッチとして描画をすることもできますが（**図56**），設計製図のルール通りに作図することはできません．あくまでも部品の大きさや形状の検討などに使用するとよいでしょう．

● SketchUp（Trimble）

世界中のユーザで共有する3Dモデルを自由に使用できます．

http://www.sketchup.com/intl/en/index.html

（初出：「トランジスタ技術」2013年1月号別冊付録）

# トコトン実験！ モータのメカニズムと高効率駆動

編　集　トランジスタ技術SPECIAL編集部
発行人　寺前 裕司
発行所　CQ出版株式会社
〒112-8619　東京都文京区千石4-29-14
電　話　編集 03-5395-2148
広告 03-5395-2131
販売 03-5395-2141

2017年10月1日発行

定価は裏表紙に表示してあります
乱丁，落丁本はお取り替えします
**編集担当者　島田 義人**
**DTP・印刷・製本　三晃印刷株式会社**
Printed in Japan